베이직 육아 **바이블**

초판 1쇄 발행일 2014년 3월 25일
초판 3쇄 발행일 2017년 3월 27일

지은이 레모 H. 라르고
펴낸이 김채수
책임편집 김매이
디자인 박정우
마케팅 백유창
펴낸곳 이마고
주소 63625 제주특별자치도 서귀포시 표선면 세성로 141-4
전화 031-941-5913 **팩스** 031-941-5914
E-mail imagopub@naver.com
www.imagobook.co.kr
출판등록 2001년 8월 31일 제10-2206호
ISBN 978-89-97299-12-6 13590

* 값은 뒤표지에 있습니다.

* 잘못된 책은 바꿔드립니다.

Baby Jahre
by Remo H. Largo
ⓒ 2007 by Piper verlag GmbH, München
All Right Reserved.
Korean Language edition ⓒ 2014 by Imago Publishing Inc.
Korean translation rights arranged with Piper verlag GmbH, München through EntersKorea Co., Ltd., Seoul, Korea.

베이직 육아 바이블

레모 H. 라르고 지음 / 박미화 옮김
임인석(중앙대학교병원 소아청소년과 교수) 외 감수

Entwicklung und Erziehung
in den ersten vier Jahren

BABYJAHRE

이마고 EDU
[Imago + Edu]

　아이들은 만 4살 때까지 인간만이 가지고 있는 고유한 능력을 배우고 익힌다. 물론 만 4살이 지난 후에도 성장발달은 계속되고 세분화되지만 중요한 기초가 형성되는 것은 만 4살 때까지이다. 이 책은 특정 육아 문제를 해결하기 위한 지침서가 아니라 아이의 특성과 욕구를 파악하고 아이를 이해하는 데 도움을 주고자 하는 책이다. 그래서 아이의 성장발달에 나타나는 다양성을 설명하는 데 중점을 두고 그러한 다양성을 설명하기 위해 운동능력, 언어발달, 수면행동 등 각각의 주제에 관련된 도표와 그래프 등 다양한 자료들을 함께 실었다.

　이 책에 실린 자료들은 700명의 아이들을 대상으로 하여 태어난 순간부터 성인이 될 때까지의 성장발달을 연구한 '취리히종단연구*'의 데이터를 바탕으로 한다. 또한 '취리히종단연구'의 영상자료에 실린 자료들 중 아이들의 성장발달의 특징을 잘 나타내는 것을 선택해 추가했다. 그래프를 비롯한 각종 시각 자료들은 아이들이 모든 발달 영역에서 저마다 얼마나 다르게 성장하고 발달하는지 보여주며 모든 아이에게 일률적으로 적용할 수 있는 기준은 존재하지 않는다는 사실을 알게 한다. 그러므로 아이를 키울 때 아이의 특성을 이해하고 그에 맞게 교육을 하는 것이 부모가 해야 할 가장 큰 과제이다.

　이 책의 두 번째 목적은 각 연령별 정신적 · 신체적 특징을 설명하여 부모가 아이들의 정상적인 성장을 돕도록 하는 것이다. 아이의 정상적인 성장을 위해 무엇보다 중요한 것은 부모와 아이가 어떠한 관계를 맺느냐, 부모와 아이가 어떤 경험을 하느냐이다.

　세 번째 목적은 아이들은 스스로 성장하고 발달한다는 것을 부모들에게 보여주는 것이다. 그러나 아이가 성장하고 발달하고자 하는 내적인 욕구를 충족시키려면 먼저 외적인 조건이 갖춰져야 한다. 다시 말해 아이의 욕구에 부합하는 경험을 할 수 있어야 한다. 그러한 과정에서 부모가 할 수 있는 것은 아이를 과소평가하거나 아이에게 부담을 주는 것이 아니라 아이를 도와주고 지원해주는 것이다. 이를 위해선 부모가 아이의 행동을 이해하고 아이를 잘 파악해야 한다.

이 책은 1993년에 처음 출판된 이래 일반 독자는 물론 전문가들에게도 커다란 호응을 얻어왔으며, 현재의 개정판은 최신 자료를 덧붙여 더욱 알찬 내용으로 새롭게 단장하여 재출간되었다.

최신판에서는 일과 육아를 잘 해나갈 수 있는 방법, 훌륭한 육아란 무엇인가, 아빠의 역할, 영상매체와 육아의 관계 등 1990대 초부터 중요하게 대두된 육아 문제들을 추가로 다루었으며, 영유아기 발달에 관한 최신 연구결과를 추가했다. 대표적인 예로 다른 사람의 생각과 감정에 자신을 대입시키는 능력이 만 3~4살 사이에 형성된다는 연구결과를 들 수 있다. 더 나아가 영유아기 성장발달의 특징을 폭넓게 설명하기 위해 만 2살에서 만 4살로 관찰 범위를 넓혔다.

새롭게 단장한 이 책이 전문가들은 물론 일반 독자들에게 아이들의 세계를 좀 더 가까이 이해하고 아이들의 성장발달을 발견하는 즐거움을 느끼는 데 도움이 되길 바란다.

– 2007년 7월 스위스 위에틀리베르크에서

레모 H. 라르고

*취리히종단연구(Zuercher Longitudinalstudien) : 1954년 안드레아 프라더와 귀도 판코니에 의해 시작된 아동 발달에 관한 연구로 700명 이상의 아이들을 대상으로 하여 그들이 태어난 순간부터 성인이 될 때까지 장기간에 걸쳐 그들의 성장발달을 추적 연구하였다. 1970년대 중반부터 이 책의 저자인 레모 H. 라르고 교수가 이 연구를 이어받았으며, 국제간의 폭넓은 협력을 바탕으로 아동 발달에 관한 가장 포괄적인 연구로 알려져 있다. 2006년 이후에는 취리히아동병원의 소아개발 책임자인 오스카 제니가 이 연구를 이끌고 있다.

　이 세상의 아이들은 모두 자기만의 특성과 성향을 지닌 유일한 존재이다. 대부분의 부모는 아이가 때가 되면 뒤집고, 걷고, 말하게 될 거라고 믿지만 실제로 아이의 성장발달은 부모의 예상대로 이루어지지 않는 경우가 많다. 그렇다면 부모는 어떻게 아이의 개별적인 성장발달 속도와 양상을 파악할 수 있을까? 또 어떻게 하면 아이의 고유한 특성과 욕구를 이해하고 적절히 행동할 수 있을까?

　《베이직 육아 바이블》의 저자 레모 H. 라르고는 수십 년에 걸쳐 아이들의 성장발달에 대해 연구하면서 기존의 방식과는 다른 접근방식으로 육아와 아이들의 성장발달 과정을 주목했다. 특히 0~48개월까지 아이들의 생물학적인 특징과 행동의 다양성을 구체적이고 이론적으로 설명하고 있다. 저자는 이 책을 통해 이상적인 육아법을 제시하는 것이 아니라 아이의 있는 그대로의 모습을 인정하고 이해하는 법을 이야기하면서 0~48개월까지 아이들의 성장발달이 얼마나 다양한 양상으로 진행되는지, 아이들의 행동이 얼마나 다른지 자세히 설명한다.

　이처럼 아이들의 다양성에 초점을 두고 있다는 점이 바로 이 책의 가장 큰 미덕이다. 저자는 아이들의 일반적인 발달 기준을 제시하면서 동시에 아이마다 개별화된 발달에 대해서도 자세히 알려줌으로써 내 아이가 이웃의 다른 아이들보다 늦되다고 느낄 때 부모들이 갖게 되는 막연한 두려움을 해소시켜준다.

　소아를 진료할 때면 많은 부모들을 만나게 된다. 예전에는 부모세대로부터 전수받은 방법으로 아이를 키워왔지만 요즘에는 인터넷이나 육아 커뮤니티 등을 통해 다양한 정보를 접하고 병원을 방문하는 경우가 많다. 이는 그만큼 육아와 건강 관련 정보를 접할 수 있는 기회가 많이 열려 있다는 뜻이기도 하지만 한편으로는 그처럼 넘쳐나는 정보들 중 어떤 정보가 신뢰할 수 있는 내용인지 진위 여부를 가리기가 더 어려워졌다는 뜻이기도 하다.

그런 면에서 이 책은 소아청소년과 의사들이 부모들에게 해주고 싶은 말들을 고스란히 담고 있는 신뢰할 만한 육아지침서라 할 수 있다. 아이를 키우는 부모들뿐만 아니라 소아청소년과 의사나 전공자들, 보육교사나 기타 아동의 성장발달 관련 전문가들에게도 참고서가 될 만하다.

독일어권에서 '국민 육아서'라고 불릴 만큼 육아서의 고전으로 정평이 나 있는 이 책은 유럽의 부모들이 어떻게 아이를 키우는지 간접 경험할 수 있는 기회도 제공해 준다. 유럽의 육아 환경은 우리나라의 육아 환경과 어느 정도 차이가 있지만 그럼에도 이 책에서 소개하고 있는 내용들은 우리나라 아이들에게 적용하는 데는 전혀 무리가 없다. 또 기존의 육아 서적과는 달리 한국의 부모들에게는 다소 이론적이고 딱딱하게 느껴질 수도 있는 내용이지만 역설적이게도 바로 그 점이 이 책을 신뢰하게 만드는 최대 장점이라 할 수 있다.

각 단원마다 아이의 성장 시기별로 구분하여 설명하고 있으므로 아이가 커나가는 시기에 맞춰 따라가면 부담 없이 읽을 수 있고, 무엇보다 책의 맨 앞부분에 있는〈책 속의 책〉은 아이의 본격적인 성장발달을 살펴보기에 앞서 아이를 양육할 때 부모가 어떤 태도로 임해야 하는지에 대한 저자의 관점이 핵심적으로 드러나 있는 글로써 그 자체만으로도 훌륭한 육아 지침서 역할을 한다. 또 아이를 키우기 바쁜 부모들은 각 장의 말미에 정리되어 있는 내용요약만 읽어도 아이의 양육에 많은 도움을 얻을 수 있을 것이다.

임인석(중앙대학교병원 소아청소년과 교수)
최태영(대구가톨릭대학교병원 정신건강의학과 교수)
박상학(연세박상학의원 원장)
안지현(대한사회복지회 한서병원 원장)

차 례

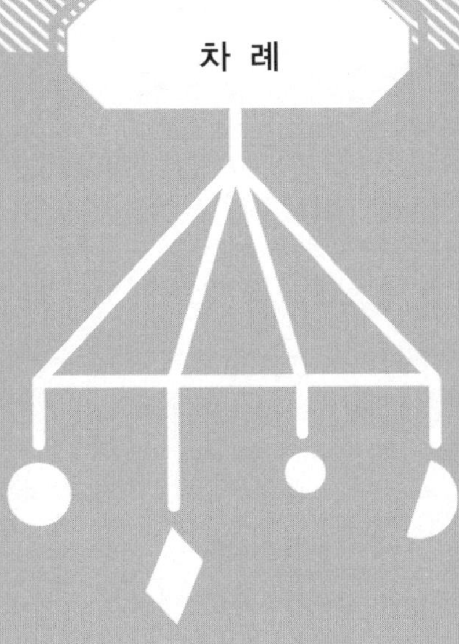

Entwicklung und ~~nung~~
in den ersten vi~~~ ah~~ren

BABY JA HRE

먼저 읽어두어야 할
육아의 기본 상식들

내 **아이**가
이웃집 아이와
다르다는 것을

아는 데서부터
육아는 **시작**된다

"유리는 몇 시간 전에 세상에 첫발을 내디뎠다. 예쁜 머리모양과 동그란 볼, 앙증맞은 손과 발까지 천사가 따로 없다. 3.5킬로그램으로 태어난 유리는 발버둥을 치며 힘차게 운다. 그리고 커다란 눈망울로 엄마와 아빠를 쳐다본다."

유리의 엄마와 아빠는 이루 말할 수 없이 행복하다. 두 사람 사이에서 아이가 태어났기 때문이다. 유리가 태어난 지 한참이 지났는데도 유리의 부모는 유리가 무사히 태어나서 감사하다는 생각뿐이다. 엄마와 아빠는 계속해서 유리를 바라보며 유리의 아주 조그만 몸짓에도 기쁨을 감추지 못한다. 그 순간 부모에게는 이 세상에 아이보다 더 소중한 것은 없다.

며칠 후면 유리의 부모는 유리를 데리고 집으로 가게 될 것이다. 대부분의 부모들은 아이를 데리고 퇴원해서 집으로 돌아가는 순간 작고 연약한 그 생명을 책임질 사람은 자신들뿐이라는 것을 진정으로 깨닫는다. 적어도 20년 동안은 말이다. 유리의 부모는 유리를 잘 키울 수 있을지 걱정이 이만저만이 아니다. 갓 태어난 아이를 품에 안은 여느 부모들처럼 그들도 아마 다음과 같은 질문을 던지게 될 것이다.

- 유리는 어떤 욕구를 가지고 있으며 부모로서 아이의 욕구를 어떻게 충족시켜줄 수 있을까? 유리는 부모에게 얼마나 많은 관심과 애정을 원할까? 유리의 육아를 해결할 방법은 무엇인가?

- 앞으로 유리는 어떻게 성장할까? 유리의 성장을 위해 무엇을 해야 하나? 어떻게 하면 유리를 가장 잘 도울 수 있을까?

- 어떤 교육방침에 따라 유리를 키워야 할까? 유리 스스로 결정할 수 있게 하는 일과 부모가 결정할 일을 어떻게 구분할까?

- 유리는 부모인 우리에게 무엇을 의미하나? 앞으로 유리가 우리의 삶을 얼마나 변화시킬까?

이번 장에서는 위의 질문에 대한 답을 찾으려고 한다. 그것은 아이의 특성과 개별적인 발달에 부합하는 것이어야 한다.

사회적 학습_아이는 타인과의 다양한 접촉을 통해 사회적 능력을 키운다

호기심이 많고 활발하며 사람들과 쉽게 친해질 수 있는 아이로 성장하려면 아이의 육체적·정신적 기본욕구가 충족되어야 한다. 아이에게 해로운 생활조건이나 모성결핍 같은 심리적인 방치가 영유아에게 심각한 영향을 끼칠 수 있다는 사실은 이미 수많은 연구를 통해 입증되었다. 특히 심리적인 방치는 아이의 발달에 심각한 문제를 초래한다.

아이가 건강하게 정상적으로 성장하고 발달하려면 보호자의 진심 어린 관심이 필요하고 무엇보다 갈증과 배고픔, 추위를 비롯한 모든 육체적인 욕구의 충족을 통한 편안함을 느껴야 한다.

부모가 아이의 영양에 신경을 쓰는 것도 그 때문이다. 모든 부모들은 아이가 태어나면 분유나 모유를 얼마나 먹여야 하는지, 이유식은 언제 시작해야 하는지 궁금해한다. 하지만 아이마다 욕구가 다르기 때문에 분유통에 적힌 권장량이나 이유식을 먹는 시기에 관한 일반적인 기준을 모든 아이에게 적용할 수는 없다. 어떤 아이들은 같은 개월 수의 아이들이 먹는 분유 양의 반밖에 먹지 않으며 이유식을 받아들이는 시기도 아이마다 다르다. 다른 발달 영역과 마찬가지로 영양 면에서도 가장 중요한 것은 부모가 아이의 욕구에 맞추는 것이다. 그랬을 때 아이가 가장 잘 성장할 수 있다. 반드시 많다고 해서 좋은 것은 아니다. 과도한 것은 오히려 아이에게 해가 될 수 있다.

정서적 안정_아이가 보내는 신호 읽기

아이의 심리적 욕구는 언제나 육체적 욕구보다 충족되기 어렵다. 아이의 심리적 욕구를 감지하는 것이 쉬운 일이 아니기 때문이다. 아이가 정서적으로 안정감을 느끼려면 관심과 보호를 받고 있다고 느껴야만 한다. 가까운 사람과 정신적·신체적으로 친밀함을 느껴야만 정서적으로 안정될 수 있다.

하지만 모든 아이가 관심을 더 많이 받는다고 더 잘 발달하는 것은 아니다. 과보호는 때때로 아이에게 해로운 결과를 낳는다. 아이를 필요 이상으로 많이 먹이면 더 잘 자라기는커녕 비만이 된다는 것은 누구나 다 잘 알고 있는 사실이다. 마찬가지로 아이를 과보호하면 아이는 정서적으로 부모에게 종속되고 결과적으로 의존성이 강한 아이가 된다. 의존성이 강한 아이는 화를 잘 내고 기분에 따라 겁을 먹었다가도 공격적으로 변하고 애정을 겉으로 잘 드러내지 않으며 자발적인 경험을 두려워한다.

신체적 접촉이나 애정과 관심에 대한 욕구의 크기는 아이마다 다르다. 그러므로 모든 아이에게 공통적으로 적용할 수 있는 이론은 존재하지 않는다. 아이는 자신의 행동과 기분상태를 통해 얼마나 많은 관심과 친밀성이 필요한지 우리에게 알려준다. 이 책은 부모들이 아이가 보내는 신호를 잘 읽을 수 있게 도와주는 일종의 길잡이가 되어줄 것이다.

육아에서 가장 큰 과제는 아이가 언제나 보호받고 있다고 느끼고 정서적으로 안정되게 하는 일이다. 대부분의 부모들은 이 과제를 혼자서 해결하려고 한다. 그러나 육아의 일관성과 질을 유지하려면 누군가의 도움이 필요하다.

모든 아이들은 저마다 다른 속도로 성장한다

시간상으로 보면 태어나서부터 만 4살까지는 유년기의 4분의 1밖에 안 된다. 그러나 이 짧은 시간에 성장의 반 이상이 이루어진다. 영유아기의 아이들은 무서운 속도로 성장한다. 아이들은 조그맣고 무력한 존재로 이 세상에 태어난다. 갓 태어난 아이들은 스스로 움직이지도 못하고 자신이 처한 환경에 아무런 영향을 주지도 못한다. 게다가 아이들은 최소한의 의사소통만 가능하다. 그러나 만 5살이 되면 섬세한 운동능력이 발달하고 일상생활에 필요한 언어를 구사할 수 있게 된다. 그리고 대인관계를 형성할 수 있으며 인과관계, 공간, 시간에 대한 다양한 지식을 습득한다.

영유아의 성장발달은 통일성과 다양성이란 말로 특징지을 수 있다. 아이들은 비슷한 순서로 성장발달하며 일정한 패턴을 지닌다. 예를 들어 말을 배울 때 아이들은 먼저 발음을 습득한 다음 단어를 익힌다. 그 다음엔 두 개의 단어로 이루어진 문장을 구사하고 시간이 지나면 문법에 맞는 문장을 사용한다. 그리고 만 4~5살이 되면 대부분의 아이들이 올바른 문장으로 자신의 뜻을 표현한다.

하지만 행동방식의 특징이나 발달단계의 시간적 차이에 주목하면 아이들의 성장발달은 매우 다양하게 진행된다. 이미 신생아 때부터 아이들은 차이가 난다. 예를 들어 태어날 때 몸무게가 3킬로그램인 아이가 있는가 하면 4킬로그램이 넘는 아이도 있다. 신체적 조건뿐 아니라 표정, 울음소리, 움직임 등등 아이들은 저마다 제각각이다. 성장발달이 진행되면서 이러한 차이는 점점 더 커진다. 만 1살이 되면 어떤 아이는 8킬로그램밖에 안 되는 반면 어떤 아이는 13킬로그램이나 된다. 또 10개월부터 걷기 시작하는 아이가 있는가 하면 12~16개월 사이에 걷는 아이도 있다. 심지어 18개월이 되어서야 걷기 시작하는 아이들도 있다. 말문이 일찍 트이는 아이는 한 살이 되면 말을 하기 시작하지만 대부분의 아이들은 생후 15~24개월에 말을 한다. 만 3살이 되어서야 말을 하기 시작하는 아이들도 있다. 같은 개월 수라고 해도 아이들의 행동과 발달 양상은 차이가 난다.

성장발달의 차이는 아이들 간에도 나타나지만 한 아이의 성장 과정에서도 발견된다. 예를 들어 언어 발달과 운동능력 발달이 불균형하게 이루어져 10개월부터 걷기 시작한 아이가 28개월이 돼서야 말을 시작하기도 하는 것이다. 다음 페이지의 사진들은 아이들의 탐구행동을 관찰한 것이다. 사진을 자세히 보면 아이의 성장발달의 다양성과 통일성이 서로 어떻게 작용을 하는지 알 수 있다. 사진 속의 아이들은 모두 입으로 물건을 탐구하고 다음엔 손으로, 그 다음엔 눈으로 관찰한다. 그러나 탐구활동을 시작하는 개월 수와 탐구활동의 강도와 시간은 아이마다 다르다.

아이마다 각각의 발달단계를 거치는 시기가 다르고 행동패턴 또한 일정하지 않다. 이 세상에 똑같은 성장발달 양상을 보이는 아이들은 없다. 아이들은 각자 자기 나름의 방식대로 성장해간다. 그렇다면 부모는 아이의 특성과 욕구에 어떻게 대응해야 할까?

✪ 아이의 성장발달에 관한 일반적인 기준치에 내 아이를 대입시키지 말라

아이를 키울 때 부모는 의도적으로 계획하여 행동하지 않는다. 부모는 직관으로 아

이의 행동을 파악할 수 있다. 엄마가 우는 아이를 침대에서 안아 올려 품에 안고 토닥여 진정시킬 때 엄마는 직관적으로 아이의 욕구에 부합하는 행동을 한다. 엄마는 아이를 얼마나 빠르게 들어올려야 할지, 어떻게 안아야 아이가 편해 할지, 또 어떻게 해야 아이를 가장 빨리 진정시킬 수 있는지를 느낌으로 안다. 부모가 직관적으로 아이의 행동을 파악하고 올바르게 대처하는 것은 선천적인 능력이다. 만약 그것이 없다면 부모는 아이를 제대로 키우지 못할 것이다.

육아에서 부모의 어릴 적 경험은 직관과 더불어 매우 중요한 역할을 한다. 부모가 어렸을 때 느꼈던 감정과 경험은 자녀교육에 상당한 영향을 준다. 그러나 아이가 나이를 먹을수록 부모는 일반적인 기준과 표준을 중요하게 생각한다. 부모는 친척이나 지인들과의 대화를 통해, 또는 대중매체를 통해 표준치에 대한 정보를 얻게 된다.

부모는 주변에서 말하는 일반적인 기준에 따라 아이가 3개월이 되면 밤에 깨지 않고 자야 하고 만 1살이 되면 걷기 시작해야 하며 만 2살이 되면 말을 할 줄 알아야 한다고 생각한다. 그러나 아이들의 성장발달은 천편일률적으로 진행되는 것이 아니기 때문에 그러한 일반적 기준에 전적으로 의지해서는 안 된다. 일반적인 표준치는 오히려 부모에게 잘못된 생각이 들게 하고 부모를 불안하게 만든다.

만 1살이 되면 아이는 12시간을 잔다는 일반적인 기준치 때문에 부모는 자기 아이도 12시간을 잘 것이라고 기대한다. 물론 12시간을 자는 아이도 있지만 대부분의 아이들은 그렇지 않으며 어떤 아이들은 더 오래 잔다. 심지어 15시간까지 자는 아이도 있다. 반면에 9~10시간밖에 자지 않는 아이도 있다. 예를 들어 10시간밖에 안 자는 아이를 12시간 동안 자게 해야 한다고 저녁 7시에 재운다고 치자. 그럼 어떤 일이 벌어질까? 아이는 쉽게 잠들지 못거나 밤에 여러 번 깨거나 아침에 일찍 일어날 것이다. 최악의 경우 부모는 이 세 가지를 모두 겪어야 할 수도 있다. 10시간 자는 아이를 12시간 동안 침대에 눕힌다고 성장이 빨라지는 것은 아니다.

그렇다면 부모가 일반적인 기준과 표준, 육아지침으로부터 자유로워질 수 있는 방법은 무엇인가? 어떻게 하면 그런 것들을 떨쳐버리고 아이의 발달 상태와 개별적인 욕구에 따라 육아를 할 수 있을까? 그러기 위해서는 아이의 성장과정과 성장의 다양성에 대한 정보를 수집하고 아이의 행동을 인지하고 수용할 수 있는 준비를 갖추어야 한다. 아이마다 필요한 수면시간이 다르다는 것을 아는 부모는 다른 사람들의 말이나 책에 쓰인 숫자에 연연하지 않을 것이다. 그보다는 자기 아이의 수면시간을 주의 깊게 관찰하고 아이의 욕구를 따를 것이다. 10시간만 자도 아이가 잘 먹고 잘 논다면 굳이 12시간을 재울 필요가 없다. 그리고 10시간 자는 것은 비정상이 아니다.

그래서 이 책에는 아이들의 발달 상황에 대한 평균치를 보여주지만 동시에 이 평균치에서 벗어나는 아이들의 경우도 언급을 하고 있다.

✪ 부모는 아이의 성격을 고칠 수는 없지만 아이의 행동을 바꿀 수는 있다

아이의 어떠한 특징이 선천적이며, 또 어떠한 특징이 교육에 의해 후천적으로 형성될까? 아이의 행동을 선천적인 성격의 표현으로 해석해야 할까, 아니면 부모가 자신을 어떻게 대해주길 원하는지에 대한 일종의 힌트라고 봐야 할까? 부모는 나중에 아이와 문제가 생길 때, 아이를 키우는 부모로서의 자신감과 확신이 흔들릴 때 이러한 질문을 해볼 것이다.

유전적인 요소에 중점을 두느냐 후천적인 교육에 중점을 두느냐에 따라 부모의 교육은 크게 차이가 난다. 아이의 모든 특성이나 능력을 유전적인 것이라고 생각하는 부모는 운명론자라 할 수 있다. 만약 그러하다면 모든 것이 자연의 순리대로 진행될 것이며 양육자이자 교육자인 부모는 아이의 인생에서 엑스트라에 불과하다. 반면 아이가 자라는 환경, 즉 후천적인 요소가 아이의 발달과 행동을 결정한다고 생각하는 부모는 너무 큰 부담감을 안게 된다. 그러한 부모는 아이가 전적으로 교육의 결과물이라고 생각한다. 그러나 다행히 대부분의 부모들은 아이의 성장과 발달에 선천적인 요소와 후천적인 요소가 모두 중요한 역할을 한다고 생각한다. 그렇다면 이 두 가지 요소는 서로 어떠한 영향을 주고받을까?

선천적인 소질과 환경은 반대가 아니라 서로 보완적인 관계다. 엄마와 아빠한테 물려받은 유전자는 아이의 육체적·정신적 특징과 전체적인 성장발달에 고스란히 자취를 남긴다. 체격이나 외모 등과 같은 외형적 특징뿐 아니라 아이의 운동능력이나 언어능력도 부모로부터 물려받은 유전자에 입력되어 있다. 유전자는 아이가 만들어지는 기본적 조건이다. 그러나 유전자가 모든 것을 결정하지는 않는다. 이 세상 어떤 생물도 혼자 살아갈 수는 없기에 아이 역시 환경, 무엇보다 부모가 필요하다.

부모가 유전적인 요인뿐 아니라 후천적인 환경이 아이에게 중요하다는 것을 안다면 세 살배기 아들이 성질을 부리며 울고 떼를 쓸 때 후천적 원인, 즉 아이를 둘러싸고 있는 환경에서 그 원인을 찾으려 할 것이다. 그리고 아이의 행동을 이해하고 아이의 행동을 개선하기 위한 구체적인 방법을 원할 것이다. 아이가 악을 쓰며 성질을 부리는 이유는 무엇일까? 어떤 계기로 아이가 그런 행동을 보이기 시작했을까? 부모는 그런 아이를 위해 어떻게 행동해야 할까?

아이들은 보통 원하는 것이 이루어지지 않을 때 고집을 부리고 떼를 써서 좌절감을 표현한다. 오히려 떼를 쓰지 않는 아이가 비정상이다. 그러나 고집을 피우고 성질을 부리며 떼를 쓰는 정도와 양상은 아이의 선천적인 기질에 따라 다르다. 어른들도 다른 사람으로부터 부정적인 말을 들었을 때 성격에 따라 화를 내는 정도가 다른 것처럼 아이도 그만 놀고 자라는 부모의 말을 순순히 따르는 아이가 있는가 하면 울고불고 떼를 쓰는 아이도 있다. 아이를 잘 다루는 부모라고 해도 성질이 불같은 아이가 악을 쓰며 떼를 쓰면 속수무책이다. 그러나 아이가 도에 지나치게 고집을 피우고 떼를 쓰는 것은 부모의 행동과 밀접한 연관성을 갖고 있다. 부모가 아이의 고집을 꺾지 못하고 떼를 쓰게 놔두면 아이는 자기 뜻을 관철시키려고 소리를 지르며 고집을 피우는 횟수가 더 늘어날 것이다. 반면에 부모가 단호하고 일관된 태도를 고수하면 아이가 떼를 쓰는 횟수는 줄어들 것이다. 부모는 아이의 성격을 고칠 수는 없지만 아이의 행동을 바꿀 수는 있다. 아이들은 모든 행동발달 영역에서 자신만의 특정한 기질과 능력을 보인다. 그러나 아이의 행동은 보호자가 아이를 대하는 태도에 따라 달라진다.

부모는 아이의 발달을 위해 무엇을 해야 하나

요즘 부모들은 옛날처럼 대여섯 명씩 아이를 낳지 않는다. 대부분 하나나 둘만 낳거나 아예 아이를 낳지 않는 부부도 있다. 아이가 많지 않다 보니 요즘 부모들은 하나나 둘뿐인 아이들을 애지중지하며 키운다. 아이에게 거는 기대 또한 크다. 그러다 보니 부모들은 아이에게 더 좋은 교육의 기회를 제공하기 위해 노력한다. 그리고 어떻게 하면 아이의 성장발달을 잘 도울 수 있을까 끊임없이 고민한다.

최근에는 아이의 발달이 촉진되길 기대하며 일찌감치 태교를 하는 엄마들이 많다. 가장 대표적인 태교는 태아에게 클래식 음악, 그중에서도 모차르트의 음악을 들려주는 것이다. 이렇게 아이가 배 속에 있을 때부터 교육을 시작한 엄마들은 나중에 아이가 학교에 들어가서 좋은 성적을 받길 원한다. 그러나 일찍부터 강한 자극을 받는다고 해서 아이가 더 잘 발달하는 것은 아니다. 아프리카 속담에 '잔디를 잡아당긴다고 해서 빨리 자라는 것은 아니다'라는 말이 있다. 아이도 마찬가지다. 부모가 억지로 발달을 촉진하려 해도 아이는 자기 속도대로 성장발달한다.

이 책에서는 아이들이 모두 자기 스스로 자연스럽게 발달한다는 전제하에 이야기를 풀어갈 것이다. 아이들에게는 스스로 성장하고 지식과 능력을 습득하려는 내적 충동이 있다. 일정한 발달 단계에 이르면 아이는 스스로 물건을 집으려고 하고, 기려고 하고, 말로 자기 의사를 표현하려고 한다.

그러므로 부모는 아이의 성장발달을 일부러 촉진시킬 필요가 없다. 육체와 정신이 건강한 아이는 스스로 성장발달하기 때문이다. 단, 성장발달에 필요한 경험은 할 수 있어야 한다. 아이가 일상생활에서 그러한 경험을 할 수 있도록 해주는 것이 부모가 할 일이다. 그렇다고 해서 일부러 아이에게 뭔가를 가르치라는 것이 아니라 아이의 성장발달 상태에 맞게 언어, 운동, 놀이에 대한 호기심을 충족시켜줘야 한다는 뜻이다.

아이들은 일정한 시기가 되어야 다음 발달단계로 넘어간다. 다시 말해 다음 발걸음을 내디딜 내적인 준비가 되어야 한다. 아이는 행동을 통해 다음 단계로 넘어갈 준비가 되었다는 신호를 보낸다. 아이들은 보통 만 2살이 되면 혼자서 먹으려고 한다. 그러나 숟가락을 사용할 수 있을 만큼의 정신적 능력이나 운동 능력이 발달하는 시기는 아이마다 다르다. 10~12개월 때부터 숟가락에 관심을 보이는 아이가 있는가 하면, 어떤 아이들은 18~24개월이 돼야 관심을 갖는다. 아이가 관심을 보이기 전에 부모가 아이에게 숟가락질을 가르치려 한다면 아이에게 무리한 일을 시키는 것이다. 반대로 숟가락질에 관심을 보이는 아이에게 숟가락질을 못하게 한다면 아이는 체념할 것이며 앞으로도 계속 엄마나 아빠가 먹여줄 것이라고 생각할 것이다.

아이가 무언가에 관심을 보이면 스스로 경험하게 해야 한다. 그렇게 하면 아이는 중요한 두 가지를 배운다. 하나는 아이 스스로 능력을 키우는 것이고, 다른 하나는 그 경험을 바탕으로 다른 일도 혼자 힘으로 하려 하는 것이다. 그런 과정을 통해 아이는 자존감을 키워나간다.

생후 12개월까지 아이의 학습 형태는 사회적 학습과 탐구적 학습, 이 두 가지로 분류된다. 먼저 사회적 학습은 모방을 통해 다른 사람의 행동을 내면화하는 것이다. 아이들은 갓난아기 때부터 다른 사람을 모방하려는 욕구가 강하다. 갓난아기는 단순히 다른 사람의 표정이나 말소리를 흉내 낸다. 이러한 모방의 단계를 거쳐 아이는 생후 12개월 동안 표정, 몸짓과 같은 의사소통의 표현방식을 습득한다. 또한 다른 사람의 말을 귀 기울여 듣고 발음과 단어를 반복하여 배운다. 그리고 놀이를 하면서 대화의 형태를 모방하고 내면화한다. 물건을 이용하는 방법 역시 모방을 통해 배운다. 아이는 식탁에 앉아 부모나 형제들이 어떻게 숟가락과 포크를 이용하는지 보고 배운다. 그러므로 부모는 아이에게 숟가락질 하는 방법이나 다른 사람을 대하는 방법, 말하는 법 등을 일부러 가르치지 않아도 된다.

아이를 가족의 일상적인 활동과 사회적 활동에 참여시키면 아이는 모방을 통해 자연스럽게 행동양식을 익힌다. 가족의 활동에 아이를 자주 참여시킬수록 아이는 가족의 일원이라는 소속감을 느끼고 자신도 필요한 존재임을 느낀다.

아이들은 공동체 안에서 많은 어른들과 다양한 연령의 아이들과 접촉을 하면서 여러 가지 경험을 한다. 그리고 공동의 경험과 사회적 학습을 통해 사회적·종교적 관습을 익힌다. 그러나 평균 자녀수가 1.3명인 오늘날의 가족 형태에서 아이들은 이러한 공동체 활동에서 점점 소외되고 있고 다른 아이들과 접촉할 기회가 적어진 탓에 풍부하고 다양한 사회적 경험을 충분히 할 수 없게 되었다. 그러므로 부모는 아이의 사회화와 사회적 학습을 위해 다양한 경험을 할 수 있는 기회를 충분히 마련해주어야 하며, 아이가 다른 어른들이나 아이들과 접촉할 기회를 제공하여 다양한 사회적 경험을 할 수 있게 해줌으로써 아이의 사회적 발달을 도와야 한다.

과거에는 아이의 사회적 경험을 그리 중요하게 생각하지 않았다. 그러나 사회적 능력을 키우려면 아이는 반드시 다른 사람과 어울려 폭넓은 사회적 경험을 해야 한다. 그렇게 해야만 아이는 어른과 아이의 관심과 특성이 다르다는 것을 배우고 각기 다른 행동의 특징과 의사소통 양식에 대처할 수 있는 능력을 기를 수 있다. 다양한 사회적 경험을 하려면 아이는 부모 외에도 다른 어른들과 다양한 연령의 아이들과 접촉을 해야 한다.

어린아이들은 혼자 놀 때도 다른 아이들과 함께 있길 원한다. 또래의 아이들이 없으면 아이는 엄마나 친밀한 관계를 맺고 있는 다른 어른에게 다른 아이들의 역할을 대신해줄 것을 요구하지만 어른들은 아이의 요구를 쉽게 충족시켜줄 수 없다. 어른은 아이가 다른 아이들과 할 수 있는 경험을 대신해주기 힘들 뿐더러 아예 대신할 수 없는 부분도 많다. 이러한 사실은 부모에게는 받아들이기 힘든 일이지만 어쩔 수 없는 일이다. 엄마와 아빠가 아이에게 필요한 경험을 모두 맛보게 해줄 수는 없다. 그러므로 초등학교에 입학하기 전까지 아이는 어른들은 물론 다른 아이들과도 폭넓고 다양한 경험을 해야 한다.

아들은 아빠의 행동을 모방한다

탐구적 학습_아이들은 눈이 아니라 입으로 사물을 인식한다

구체적이고 대상적인 세상을 이해하려면 아이는 세상을 집중적으로 경험해야 한다. 그리고 세상의 특성을 파악하기 위해서 적극적으로 사물을 만지고 관찰해야 한다. 아이는 발달단계에 따라 각종 사물을 가지고 놀이를 하면서 크기, 무게, 형태와 같은 사물의 물질적인 성질을 터득한다. 부모는 아이에게 그런 물질적인 세계를 설명할 수 없다. 아이는 무언가로 꽉 찬 통을 기울이면 통이 빈다는 사실을 스스로 발견하게 된다. 아이에게 이러한 사실을 말로 설명해줄 수 있는 사람은 아무도 없다. 세상을 이해하려면 스스로 경험하는 수밖에 없다.

"아이는 우리가 가르친 것 이상을 배울 수는 없다"고 피아제는 말했다. 아이는 가르쳐주는 것 이상은 이해하지 못하고 그 이상은 스스로 경험을 통해 깨닫는 수밖에 없다는 말이다. 또한 부모도 아이에게 사물로 무엇을 할 수 있는지 일일이 보여주거나 설명해줄 수는 없다. 아이는 놀이를 통해 그것을 혼자서 터득할 수 있으며, 또 혼자서 터득하려고 한다. 진정한 배움은 스스로 결정하는 것이다. 세상을 배워가는 과정에서 아이는 실패와 좌절을 반복하겠지만 스스로 무언가를 해냈을 때 이루 말할 수 없는 만족감을 맛보게 된다. 그렇다고 아이를 혼자 놀게 방치하라는 뜻은 아니다. 부모가 아이의 발달상태에 맞는 사물을 아이에게 주면서 놀이를 유도하는 것만으로도 아이의 학습과정을 촉진시킨다.

예를 들면 6개월 된 아이는 입과 혀로 느껴 탐지할 수 있는 물건에 관심을 갖는다. 그리고 12개월 된 아이는 용기에다 다양한 내용물을 담았다 꺼냈다 하는 데 관심을 갖는다. 18개월에는 쌓아올릴 수 있는 물건에 특별히 관심을 보인다. 아이 눈에 흥미롭게 보이는 물건은 모두 장난감이 될 수 있으며, 같은 물건이라도 아이의 발달단계에 따라 다른 의미를 지닌다.

어른들은 아이가 손에 잡히는 물건은 모조리 입으로 가져가는 것을 보고 왜 그런 행동을 하는지 의아해한다. 그러면 아이가 물건을 입으로 가져가는 이유는 무엇일까? 먹는 것이라고 생각하는 걸까? 부모는 이해할 수 없는 아이의 행동에 또 다른 의문도 가질 것이다. 아이가 물건을 입에다 집어넣는 게 비위생적이진 않을까? 입에 물건을 집어넣다가 질식하는 것은 아닐까? 그렇게 하지 못하게 해야 하나?

아이들이 물건을 입에 넣는 이유는 눈이 아니라 입으로 사물을 인식하기 때문이다. 아이는 입술과 혀로 사물의 형태, 크기, 질감과 표면을 감지한다. 물질적인 세계와 접하는 아이의 첫 번째 감각기관은 눈이 아니라 입이다. 따라서 아이는 물건을 입에 넣을 수밖에 없다.

이렇게 아이의 행동을 이해하면 아이가 하는 대로 내버려둘 수 있다. 아이가 입으로 물건을 빠는 이유를 알면 아이가 물건을 입에 넣어도 걱정하거나 넣지 못하게 막지 않을 것이다. 그보다는 위험하지 않은 적당한 물건을 찾아 아이가 감각적 경험을 할 수 있도록 도와줄 것이다.

아이들은 특히 생후 1년 동안 부모가 이해하지 못하는 여러 가지 행동을 한다. 일정한 시기가 되면 아이는 이유식 의자에 앉아서 바닥에 물건을 떨어트리면서 좋아할 것이다. 그러다 몇 개월이 지나면 열심히 서랍을 뒤질 것이다. 아이에게는 이러한 행동들이 매우 중요한 의미를 갖지만 어른들의 눈에는 이상하기만 하다. 심지어 아이의 행동에 화를 내는 어른도 있다. 하지만 아이가 비록 어른의 눈으로 볼 때 이해할 수 없는 행동을 한다 하더라도 그것이 위험하지만 않다면 아이가 하는 대로 내버려둬야 한다. 부모가 아이의 놀이 속에 숨어 있는 의미를 이해하지 못해도 아이에겐 그 놀이의 과정이 중요하기 때문이다.

교육_말 잘 듣는 아이 vs 말 안 듣는 아이

자녀교육에 대한 생각은 사람마다 다르다. 어떤 부모들은 아이의 능력을 발달시킬 수 있도록 뒷받침해주고 아이가 자신의 능력과 지식을 키울 수 있도록 가르치는 것이 교육이라고 생각한다. 또 어떤 부모들은 아이가 사회적으로 인정받고 사회에서 자기 뜻을 관철시킬 수 있도록 완전한 사회적 존재로 만들기 위해 사회의 규범과 행동양식을 가르치는 것이 교육이라고 생각한다. 교육은 아이를 옳은 방향으로 인도하고 아이를 위해 올바른 결정을 하는 것을 의미한다. 어떤 교육방식을 선택하든 간에 부모가 피해갈 수 없는 것은 아이를 길들이는 일이다. 천성적으로 부모의 말을 잘 따르는 아이가 있는 반면 그 반대인 아이들도 있다. 또 같은 부모 아래서도 그 정도는 아이마다 차이가 난다. 이러한 차이는 부모의 교육 스타일 때문에 생길 수도 있지만 아이의 성격과 나이도 중요한 역할을 한다.

최근 들어 어린아이를 키우는 부모들 사이에서 훈육이 다시 호응을 얻고 있다. 부모들은 훈육을 통해 아이를 엄격하게 교육하려고 하지만 이는 어떻게 보면 아이를 위해서라기보다는 아이를 쉽고 효과적으로 통제하기 위해서이다. 그러나 아이를 교육하는 방식은 아이의 행동에 직접적이고 지속적인 영향을 준다는 사실을 잊어서는 안 된다. 과거의 훈육방식대로 교육을 받은 아이는 성인이 되면 독립심이 부족하고 권위적인 성향을 보이며 책임감이 부족할 수 있다. 이런 사람일수록 사회적으로나 경제적으로 상위에 있는 권력에 쉽게 순응하는 사람이 될 가능성이 높다. 그러면 이런 아이로 키우는 것이 오늘날 교육의 목표일까?

⭐ 부모와의 관계가 친밀할수록 아이는 부모 말을 잘 따른다

2003년 쇠비(Schobi)와 페레즈(Perrez)는 스위스에서 1,240가구를 대상으로 교육에 관한 설문조사를 실시했다. 조사 결과 만 1~7살의 아이를 둔 부모의 70퍼센트 이상이 아이가 부모 말을 안 듣는다고 답했다. 특히 만 2.5~4살 사이의 아이들이 가장 심한 것으로 나타났다. 부모의 50퍼센트 이상이 아이의 나쁜 식사 예절, 버릇없는 행동, 특히 소리 지르고 고집 피우는 것에 대한 불만을 토로했다. 그리고 30퍼센트가 아이가 지나치게 어린 나이부터(만 2.5살) 텔레비전을 많이 본다고 답했고 3살 이상의 자녀를 둔 부모의 45퍼센트가 아이가 정리정돈을 못한다고 불평했다. 그리고 설문조사에 응한 부모 전체의 25퍼센트가 아이가 공부를 안 한다고 대답했다.

이처럼 일반적으로 어른들은 아이가 부모의 말을 잘 듣지 않는다고 생각한다. 하지만 정말 그럴까? 어쩌면 어른들은 아이가 뜻을 굽히고 순종하는 것을 당연하게 여기기 때문에 아이가 부모 말을 거역하면 화를 내는 것인지도 모른다.

아이들이 부모 말을 잘 듣는 이유는 혼이 나거나 벌 받을 것을 두려워하기 때문이 아니다. 자신이 애정과 관심을 받길 원하는 보호자를 실망시키지 않기 위해서이다. 그러니까 아이는 사랑과 관심을 잃지 않기 위해 보호자의 요구를 따르는 것이다. 그러므로 아이를 키울 때는 교육보다 관계가 우선되어야 한다. 보호자와 아이의 관계가 어떠한가에 따라 아이의 태도도 달라진다.

예를 들어보자. 일요일 오후 4살짜리 아들과 아빠는 즐거운 시간을 보냈다. 그리고 아빠는 아들에게 텔레비전을 보지 말라고 한다. 이런 경우 아이는 아빠 말을 쉽게 따를 것이다. 그러나 회사에서 늦게 돌아와 다짜고짜 텔레비전을 보고 있는 아이에게 텔레비전을 끄라고 한다면 아이는 말을 듣지 않을 것이다. 즉 보호자와 아이의 관계가 돈독할수록, 보호자가 아이의 감정상태를 잘 이해할수록 아이는 보호자의 말을 잘 따르게 되는 것이다.

아이와 부모의 친밀한 관계는 자녀교육을 위한 근본적인 전제조건이다. 이 조건이 충족되었을 때 부모가 아이를 위해 결정한 교육적 조치는 긍정적인 결과를 낳는다. 더 나아가 부모와 안정된 관계를 맺고 있는 아이는 부모한테 보호받고 있다고 느끼고 부모에 대한 긍정적인 종속성을 발전시키기 때문에 순순히 부모의 뜻을 따른다.

⭐ 모든 아이에게 일률적으로 적용되는 올바른 교육방법이란 존재하지 않는다

아이들은 누구나 스스로 결정하고 독립적이고자 하는 강한 욕구를 지닌다. 신생아도 제한적이긴 하지만 자주적 의지를 보인다. 예를 들어 아이는 먹는 시간과 양, 잠자는 시간 등을 스스로 결정하려 한다. 또 물건을 잡을 수 있게 되면 자기 방식대로 물건을 가지고 놀려고 한다. 그리고 이동을 하기 시작하면 자기가 원하는 방향으로 기거나 걸어가려 한다.

자녀를 교육할 때 가장 어려운 것은 어떤 상황에서 어떤 행동을 아이가 스스로 결정하게 하고 어떤 일을 부모가 결정해야 하는지 판단하는 것이다. 때때로 비권위적인 교육을 잘못 해석한 부모들은 모든 것을 아이가 하는 대로 놔두곤 한다. 그런 부모들은 부모가 일부러 가르치지 않아도 아이는 자신에게 유익한 것이 무엇인지 알고 있다고 생각한다. 그러나 어떤 식으로든 부모의 도움 없이 아이는 정상적으로 성장할 수 없다.

수유를 예로 들어보자. 수유량을 아이가 스스로 결정하게 하면 대부분의 아이는 잘 먹고 잘 자란다. 그러나 잘 먹지 않는 아이도 있다. 이런 아이를 그냥 두면 성장과 발육에 문제가 생긴다. 수면문제도 마찬가지이다. 아이가 자고 싶을 때 재우고 일어나서 놀고 싶을 때 놀게 그냥 두면 문제없이 밤낮을 가리는 아이도 있다. 그러나 어떤 아이는 낮에 잠을 자고 밤중엔 깨서 운다. 이런 아이의 부모는 아이가 규칙적인 생활을 하여 밤에 잠을 푹 잘 수 있도록 도와줘야 한다.

아이들은 저마다 기질이 다르고 다 다르게 성장한다. 그렇기 때문에 모든 아이에게 적용할 수 있는 올바른 교육방법이란 존재할 수 없다. 신생아 중에는 스스로 먹는 양과 시간을 결정할 만큼 발달이 빠른 아이가 있는가 하면 부모의 도움에 전적으로 의존하는 아이도 있다.

그러나 한 가지 분명한 것은 아이에게 스스로 결정할 수 있는 능력이 생기면 그렇게 하도록 놔둬야 한다는 사실이다. 반대로 아이가 아직 스스로 결정하고 행동할 능력이 없으면 부모가 아이를 위해 결정을 해주어야 한다. 혼자서 할 수 있는 일을 부모에게 저지당한 아이는 용기를 잃고 의존적으로 변하게 될 것이다. 또 아이가 할 수 없는 일을 하라고 요구한다면 이 역시 아이에게 부담을 주게 되고 아이의 자존감 형성에 해가 될 것이다.

이전 세대의 부모들은 생후 3, 4개월 때부터 아이가 울지 않게 길을 들여야 한다고 생각했다. 이 때부터 아이의 우는 버릇을 고쳐야 나중에 고집을 부리지 않는다고 믿었기 때문이다. 그러나 요즘 부모들은 그렇게 일찍부터 아이를 훈육할 필요가 없다고 생각한다. 아직은 질서와 무질서를 분간할 수 있을 만한 분별력이 없기 때문이다. 너무 일찍부터 아이에게 규칙을 가르치려 한다면 아이는 부담을 느낄 것이다. 그러나 부모들 중에는 여전히 과거의 교육방식을 중요하게 생각하는 부모도 있다. 부모가 아이에게 무언가를 요구할 때는 먼저 그것이 아이에게 맞는지, 아이의 발달상태와 부합하는지 살펴야 한다.

사랑과 모범은 자녀교육의 알파이자 오메가이다. 부모가 아이에게 본보기가 될 수 있는 행동을 한다면 그리 힘을 들이지 않고도 아이에게 원하는 행동을 가르칠 수 있다. 아이들은 보호자의 행동을 보고 배우기 때문이다. 부모가 늘 식사 전에 손을 씻는다면 따로 가르치지 않아도 아이는 밥 먹기 전에 손을 씻을 것이다. 반면에 부모가 하루에 3시간 이상 텔레비전을 시청한다면 아이에게 텔레비전을 조금만 보라고 설득하기 힘들 것이다.

⭐ 2~4살, 부모의 인내심이 시험대에 오르는 시기

아이가 부모의 말을 잘 따르지 않으면 교육적인 조치를 취해야 한다. 바람직하지 않은 행동을 고치려면 아이한테 싫은 소리를 할 수밖에 없다. 그렇다면 아이가 탐탁지 않은 행동을 했을 때 부모는 어떻게 대처하는 것이 현명할까?

앞의 설문조사를 실시한 쇠비와 페레즈의 연구결과에 따르면 아이가 바람직하지 않은 행동을 하면 꾸중을 하거나 겁을 주는 부모가 많다(90퍼센트). 그러나 꾸중과 위협은 아이가 부모의 말을 듣지 않은 결과 벌을 받았을 때만 효과가 있다. 아이가 나쁜 행동을 했을 때 부모가 주는 벌로 가장 흔한 것은 텔레비전 시청 금지(53퍼센트)로 나타났으며, 그 다음은 아이 방에서 못 나오게 하는 것(50퍼센트)이다. 그리고 설문조사 대상자의 18퍼센트가 간식을 안 준다고 답했고, 저녁을 먹이지 않고 재운다고 대답한 부모도 5퍼센트나 된다. 또한 설문조사에 응한 부모의 약 20퍼센트가 체벌을 한다고 대답했다. 특히 아이가 2.5~4살일 때 체벌 횟수가 가장 많았다.

그렇다면 부모들이 아직도 체벌을 하는 이유는 무엇인가? 체벌을 하는 부모의 13퍼센트만이 체벌이 적절한 교육방법이라고 대답했다. 그렇게 답한 부모 중 3분의 1은 가볍게 찰싹 때리는 체벌은 적절한 훈육방식이기 때문에 해가 되지 않는다고 말했다. 그러나 체벌을 한 경험이 있는 대부분의 부모들은 체벌 후 마음이 편치 않다고 대답했다. 부모들은 때때로 아이의 잘못 때문이 아니라 육아로 인한 과도한 스트레스로 인해 아이를 때리기도 하는 것이다.

그렇다면 부모 입장에서도 부담이 되지 않고 아이에게도 효과적인 좋은 교육법이란 무엇일까? 부모의 말을 잘 따르는 아이로 키우는 세 가지 전략은 다음과 같다.

● **긍정적인 피드백** ● 아이가 부모의 말을 잘 따랐을 때 아이를 칭찬해주는 것이다. 18개월 된 아이가 포기하지 않고 열심히 숟가락으로 혼자서 먹으려는 것을 보고 칭찬을 해주면 아이는 다음번에는 숟가락질을 더 열심히 할 것이다. 칭찬을 하면 아이의 버릇이 나빠진다고 생각하는 부모도 간혹 있지만 벌이나 꾸중이 부정적인 결과를 낳는 것과 달리 칭찬은 부모와 자식 간의 관계에 긍정적인 영향을 준다.

● **무시** ● 바람직하지 못한 아이의 행동을 고칠 수 있는 또 다른 방법은 무시다. 무시

는 금지보다 효과적이다. 예를 들어 어린아이가 우연히 어디선가 배운 욕설을 재미있다는 듯 내뱉는다고 치자. 아마도 아이는 그 욕이 정확히 무슨 뜻인지조차 모를 것이다. 이럴 때 부모가 감정적 반응을 보이거나 화를 낸다면 아이는 자신이 내뱉은 말이 부모를 당황하게 만드는 중요한 무엇이라는 것을 기억 속에 각인하게 된다. 하지만 부모가 그것을 모른 척 무시하고 넘어가면 아이는 별다른 흥미를 갖지 않게 되고 스스로 그만하게 된다.

● **부정적인 피드백** ● 아이는 자신이 바람직하지 못한 행동을 했을 때 안 좋은 결과가 따른다는 것을 깨달으면 나쁜 행동을 멈출 것이다. 이 때 부모는 아이의 특성과 상황에 맞게 미리 훈육방법을 생각해놓는 것이 안 좋은 상황에서 즉흥적으로 조치를 취하는 것보다 효과적이다. 부모의 교육적 조치는 아이의 발달상태와 맞아야 하고 위협에서 멈춰서는 안 되며 실현 가능해야 한다. 그리하여 아이가 부모의 일관적인 교육 태도를 경험하게 해야 한다. 효과적인 교육이란 미리 계획하고 예상하는 것이다.

부모는 아이가 부모의 교육적 조치를 어떻게 받아들일지 항상 고려해야 한다. 보호자가 벌을 주면 아이는 미움을 받는다고 생각하기 때문에 좌절할 뿐 아니라 고통스러워한다. 특히 체벌의 경우 어떤 경우라도 정당화될 수 없다. 덴마크와 같은 나라에서는 아동체벌을 법으로 금하고 있다.

부모에게서 교육적 조치를 받았을 때 부모가 자기를 싫어한다고 느끼면 아이는 부모로부터 인정받지 못한다고 생각한다. 그러나 아이가 부모한테 거부당한 느낌을 받는 것은 교육적 조치 그 자체라기보다는 훈육할 때 부모의 행동에 더 큰 원인이 있다. 안 된다고 말할 때 부모가 친절한 얼굴을 하는지, 아니면 화를 내거나 소리를 지르는지에 따라 아이는 큰 차이를 느낀다.

아이는 특히 보호자가 아이의 행동뿐 아니라 한 인격체로서 아이를 부정했을 때 거부당했다고 느낀다. 따라서 아이의 행동을 올바르게 고치기 위한 교육적 조치는 결코 도덕적 판단과 결부되어서는 안 된다. 이는 교육적 조치의 종류뿐 아니라 그것을 수행하는 방법에도 적용된다.

아이를 맹목적으로 순종하는 아이로 키우고 싶지 않다면 아이가 말을 듣지 않는 것을 인정할 수밖에 없다. 정상적인 아이라면 크면서 부모의 말을 거역하거나 부모가 시킨 일을 바로 하지 않는다. 부모가 아이의 상황이 돼보면 아이가 말을 듣지 않는 것을 이해할 수 있다. 예를 들어 아이가 노는 데 푹 빠져 있다면 빨리 잠자리에 들라는 엄마의 말을 듣지 않을 것이다. 컴퓨터 작업을 하고 있는 아빠가 식사하라는 엄마의 말을 바로 듣지 않는 것과 마찬가지다.

그러나 아이에게 교육적인 조치가 아무런 효과를 발휘하지 못한다면 다음과 같은 질문에 대해 생각해봐야 한다.

● 아이에게 원하는 행동이 진정 아이를 위한 것인가? 그것이 아이의 발달 상태와 부합하는가? 교육적인 조치 때문에 아이가 부담을 느끼거나 용기를 잃는 것은 아닌가?

● 자녀교육과 관련하여 일관성 있는 태도를 취하는가? 아이가 부모가 말한 것을 실천에 옮길지 여부를 예상할 수 있을까?

● 아이가 독립심과 능력을 기를 수 있도록 아이를 충분히 자극하는가? 아이를 응석받이로 키우는 것은 아닌가? 아이가 말을 잘 들을 때 물질적인 보상을 지나치게 자주 주는 것은 아닌가? 아이가 말을 듣는 대가로 무언가를 바라지는 않는가?

● 아이의 정서적인 면을 돌보지 않은 것은 아닐까? 아이가 충분히 사랑을 받고 있다고 느낄까? 혹시 혼자라고 느끼진 않을까? 아이가 부모의 요구를 거부로 받아들이는 것은 아닐까? 아이가 사랑이 부족하다고 말하고자 하는 것은 아닐까? 아이에게는 부정적인 관심이 무관심보다 더 좋은 것일까? 그래서 아이는 관심을 받으려고 일부러 나쁜 짓을 하는 것일까?

● 아이가 엄마, 아빠는 아무렇지 않게 하는 행동을 왜 자기는 못하게 하는지 의아해하지는 않을까?

순종은 단지 아이에게 바람직한 행동을 가르치기 위한 수단이어야 하지 그것이 목적이 돼서는 안 된다. 그리고 힘으로 아이를 굴복시켜서는 안 된다. 더 나아가 부모의 교육적인 조치가 아이에게 오랫동안 영향을 준다는 사실을 명심해야 한다. 그 영향은 아이가 어른이 되어 부모가 될 때까지 계속된다. 부모의 행동은 아이에게 본보기가 된다. 당신은 당신의 손자가 어떻게 자라길 원하는가?

완벽한 부모는 없다

아이를 키우는 것은 풀어주고 제한하고 보호하는 것 사이에서 끊임없이 고민하는 과정이다. 이 사이에서 중용을 찾는 것은 자녀교육의 최고 기술이라고 해도 과언이 아니다. 그러나 적당한 정도를 찾았다고 해서 불변하는 것은 아니다. 아이의 특성과 발달 상태를 고려해서 교육 방침을 바꿔야 한다.

중용을 찾는 것은 부모에게 중요한 과제이지만 중용을 찾는다고 해도 최상의 결과를 얻을 수 있을지는 불확실하다. 예를 들어 심신이 지친 저녁에 아이와 열심히 놀아주기는 쉽지 않다. 부모는 아이만 돌보며 살기를 원하지 않는다. 부모가 원하는 것은 자신들이 좋아하는 일과 부부관계를 위한 시간과 여유다. 부모가 자신이 원하는 것을 할 수 있는 시간도, 여력도 없으면 불만이 쌓이게 되고 그러면 아이에게도 나쁜 영향이 미칠 수 있다. 어떤 부모들은 직업적인 또는 가정적 의무 때문에 계획했던 대로 아이를 돌보지 못한다. 그런 부모들을 위해 위로의 말을 하자면, 자연의 섭리는 완벽한 부모를 원하지 않는다. 부모는 자식에게 적응력과 위기대처 능력을 가르쳐 주면 된다. 그리고 자연의 섭리는 부모가 아이를 혼자서 돌봐야 한다고 말하지 않는다. 다만 부모를 도와 아이를 함께 돌볼 수 있는 공동체가 있어야 하고, 부모가 아이를 위해 꼭 필요한 시간을 내길 기대한다.

⭐ 어떻게 아이를 돌봐야 하는가?

아이를 키우려면 마을 전체가 필요하다는 아프리카 속담이 있다. 하지만 오늘날에는 부모가 홀로 육아를 담당하지 못하는 경우가 많다. 게다가 예전처럼 육아의 부담을 나누어줄 생활공동체도 더 이상 존재하지 않는다. 따라서 육아를 지원해줄 사회 시스템에 의존할 수밖에 없다. 그러면 오늘날처럼 다양한 가족 형태가 공존하는 세상에서 어떻게 하면 육아를 잘 해나갈 수 있을까? 또한 아이의 사회화는 어떻게 책임질 수 있을까?

완전가정 ● 완전가정이란 부모와 부모의 피를 이어받은 자녀로 구성된 가장 일반적인 가정 형태이다. 오늘날 이혼위험률이 40퍼센트를 웃돌고 있지만 젊은 부부의 80퍼센트가 완전한 가정을 지키려고 애를 쓴다. 엄마들 중에는 전적으로 혼자서 육아를 담당하면서 만족을 느끼는 이들도 있다. 반면 혼자서 육아를 담당하는 엄마들 중 다수가 부담을 느끼며 아이를 돌보는 것만으로는 만족감을 느끼지 못한다.

육아를 전담하는 엄마들은 자신을 위해 새로운 일에 도전하고 싶어 하며 무엇보다 다른 사람들로부터 인정받길 원한다. 직장에서 인정받으며 커리어를 쌓던 여성들은 육아와 가사만 전담하게 되면 정신적 스트레스를 많이 받는다. 심지어 사회적인 고립으로 고통 받는 엄마들도 있다. 엄마가 심리적으로 안정되지 않으면 아이 역시 편안할 리가 없다.

이 세상에는 아직도 완전가정이 아이를 키우기에 가장 이상적이라는 생각을 하는 사람들이 지배적이다. 가사와 육아에만 전념할 수 있는 여성은 행복하다고 생각하는 사람들이 많고 워킹맘들을 부정적으로 보는 이들도 적지 않다. 그런 사람들은 일하는 엄마들은 자식보다 자신이 우선이고 자신의 꿈을 실현시키기 위해 육아에 소홀하다고 생각한다. 그러나 완전한 가정에서 엄마가 육아와 가사를 전담해야 한다는 이상주의적인 가족모델은 생물학적 필연성이 아니라 지난 50년 동안 인위적으로 굳어진 결과물이다.

인류의 역사를 돌아보면 여성이 혼자서 육아를 전담했던 시기는 없었다. 과거에 아이들은 엄마의 육아를 도와줄 친척이나 이웃, 지인들이 있는 생활공동체에서 그들과 함께 생활했다. 자녀의 수가 적으면 혼자서 아이를 키울 수도 있지만 그럼에도 혼자서 육아를 전담한다는 것은 쉬운 일이 아니다. 특히 소가족 속에서 자란 아이는 가족이 아닌 다른 어른들이나 아이들과 다양한 접촉을 해야만 연령에 맞는 사회적 능력을 발전시킬 수 있다. 그러므로 육아를 혼자 책임지지 못한다고 해서 부모가 죄책감을 느낄 필요는 없다.

한편 엄마, 아빠가 육아를 분담하는 것도 아이에게는 긍정적인 영향을 미친다. 엄마뿐 아니라 아빠와도 다양한 경험을 할 수 있기 때문이다. 하지만 부부가 육아를 분담하려면 파트타임 근무라든지 급여나 승진에서 차별이 없는 회사 분위기 등 사회적 차원에서 다양한 지원이 필요하다. 특히 일을 하는 엄마들은 가정과 직장이라는 이중부담을 안고 생활한다. 엄마가 일을 하면 아이를 육아시설에 맡겨야 하는데 필요한 만큼 육아시설의 수가 충분하지 않고 비용 또한 만만치 않다는 것이 현실적으로 가장 큰 문제이다.

한부모가정 ● 편모나 편부가정에서 자라는 아이들의 수는 나날이 점점 증가하고 있다. 이런 가정에서 육아는 전적으로 육아시설 또는 육아를 대신해줄 사람의 도움에 의존할 수밖에 없다. 하지만 한부모가정의 아이들을 맡아줄 육아시설이나 육아에 도움을 줄 공동체가 있다면 이런 아이들은 오히려 다른 아이들과 함께 시간을 보낼 수 있으므로 사회성 발달에 긍정적으로 작용하는 면이 있다. 단 육아에 너무 많은 사람들이 관여하게 되면 일관성을 유지하기 힘들다는 단점도 있다. 그러므로 부모가 육아를 잘할 수 있느냐 없느냐는 생활공동체의 성격에 따라 달라진다.

✪ 탁아시설은 아이를 보관하는 곳이 아니라 아이를 돌보는 곳이다

질 좋은 육아시설은 부모의 짐을 덜어줄 뿐 아니라 교육적인 측면에서도 아이에게 좋은 영향을 준다. 얼마 전부터 아이들의 사회화와 성장경험에 대한 연구에 관심이 높아졌다. 연구결과에 따르면 질이 우수한 육아시설에 다닌 아이는 사회성이 뛰어나며 집에서만 생활한 아이보다 언어능력을 비롯한 여러 분야에서 발달이 앞서는 것으로 관찰되었다. 이런 아이는 같은 나이의 아이들뿐 아니라 자기보다 나이가 많은 아이들이나 어른들과의 접촉을 통해 폭넓은 경험을 하게 되고, 발달단계에 맞는 다양한 놀이와 체험도 할 수 있다. 이러한 경험은 이후 유치원과 학교에서 정서, 학습능력, 행동 면에서 긍정적인 결과를 낳는다.

하지만 아이에게 가장 중요한 것은 뭐니 뭐니 해도 엄마와 아빠다. 아이가 제대로 성장하려면 무엇보다 부모의 관심과 사랑이 필요하고 아무리 좋은 육아시설이라 해도 부모를 대신할 수는 없기 때문이다.

아이가 긍정적으로 성장하려면 육아시설의 질이 높아야 한다. 좋은 시설을 선택하기 위해서는 아이들을 돌보는 선생님이 전문 육아교육을 받았는지, 아이들을 다루는 데 능숙하고 의욕은 있는지, 아이들에게 적합한 시설과 환경을 갖추고 있는지, 제대로 된 체계를 갖추고 있는지 살펴봐야 한다.

육아시설의 질을 판단할 수 있는 가장 중요한 척도는 시설에서 일하는 사람의 지속성, 아이를 돌보는 사람의 수다. 아이가 충분한 관심을 받고 돌봐주는 사람과 친밀한 관계를 유지하려면 사람이 자주 바뀌어서는 안 되고 아이를 돌봐줄 사람도 충분해야 한다.

어떤 부모는 탁아시설에 빈자리를 찾은 것만으로도 행복해서 감히 무언가를 물어보거나 요구할 용기를 내지 못한다. 그러나 탁아시설은 아이를 보관하는 곳이 아니라 아이를 돌보는 곳이다. 따라서 아이에게 맞는, 아이의 요구를 충족시켜줄 수 있는 육아가 보장되어야 한다. 탁아시설에 아이를 부탁하는 부모는 아이를 어떤 식으로 돌보는지, 아이가 어떤 경험을 하는지, 특히 사회성을 기르기 위해 어떤 경험을 하는지 물어볼 권리가 있다. 또한 시설이 어떻게 운영되는지 알아봐야 하고 그곳에 이미 아이를 맡긴 다른 부모들의 이야기도 들어보아야 한다.

check list!

탁아시설에 아이를 맡기기 전에
꼼꼼히 따져보고 점검해야 할 체크리스트

Q 시설

☐ 시설이나 운영자가 자격증을 소지하고 있는가?

☐ 재정상태는 안전한가?

☐ 아이들의 성장발달을 촉진시킬 수 있는 육아 콘셉트를 갖추고 있는가?

□ 위생시설이 제대로 갖추어져 있는가?

□ 아이들에게 적합한 식재료와 음식이 제공되는가?

Q 교사

□ 교사들이 직업교육과 연수/전문적인 컨설팅/관리감독을 통해 전문으로 관리, 양성되고 있는가?

□ 교사들이 육아교육을 받은 사람들인가?

□ 교사들이 얼마나 적극적이며 아이들에게 관심이 많은가?

□ 업무분배가 제대로 이루어져 있는가?

□ 공정한 근무조건과 급여가 보장되는 곳인가?

Q 아이들의 놀이환경

□ 놀이구역이 별도로 있는가?

□ 아이들이 자유롭게 그룹을 만들어 놀 수 있는가?

□ 아이들이 좋아할 만한 시설을 갖추고 있는가?

□ 놀이기구나 교구 등이 아이들에게 적합한가?

□ 움직이고 뛰어놀 수 있는 공간이 충분한가?

Q 선생님 한 명이 담당할 수 있는 적절한 아이의 수

□ 18개월 미만: 선생님 한 명당 2~3명

□ 18~36개월: 선생님 한 명당 4명

□ 37~60개월: 선생님 한 명당 5명

□ 60개월 이상: 선생님 한 명당 6~8명

아이를 탁아시설에 맡길 때는 무엇보다 교사의 일관된 보살핌이 보장되어야 한다. 아이가 한 사람 이상과 지속적으로 친밀한 관계를 형성해야 하며 아이가 찾을 때 언제나 곁에 있어야 한다. 그리고 구성원의 변동이 적어야 하므로 주말반 아이들이 많은지, 반일반 아이들이 많은지, 종일반 아이들이 많은지 확인해볼 필요가 있다. 만약에 아이를 탁아시설에 맡길 여건이 되지 않아 탁아모에게 아이를 맡기게 되거나 베이비시터를 고용하게 된다면 아이를 돌보아줄 탁아모나 베이비시터의 자질도 반드시 확인해보아야 한다.

question list!

베이비시터에게 질문할 사항

Q 베이비시터라는 직업과 관련하여

- ☐ 베이비시터로서 아이들을 돌보는 직업을 선택한 동기는 무엇인가?
- ☐ 아이의 성장과 교육에 대해 어떤 생각을 가지고 있는가?
- ☐ 아이에 대해 알고 싶은 점은 무엇인가?
- ☐ 아이의 부모와 가족에게도 관심이 있는가?
- ☐ 지속적으로 직업교육이나 연수를 받고 있는가?
- ☐ 관련 단체에 가입되어 있는가?

Q 개인적인 질문

- ☐ 어떤 교육을 받았으며 아이들을 돌본 경험은 얼마나 되는가?
- ☐ 과거에 어떤 일을 했는가?
- ☐ 아이가 있는가? 아이가 있다면 몇 살이며 무엇을 하는가?
- ☐ 베이비시터로 일할 때 생활조건은 어떤가?
- ☐ 가정환경이나 가족관계는 어떠한가?
- ☐ 베이비시터로 일하는 것 외에 다른 일을 하는가?

Q 일반적인 조건과 관련하여

- ☐ 베이비시터로서 여러 명의 아이를 돌보고 있는가?
- ☐ 돌보고 있는 아이들의 연령대는 어떻게 되는가?

☐ 일주일에 몇 번, 하루에 몇 시간 아이들을 돌보는가?

☐ 건강상태는 양호한가?

☐ 거주 지역은 어디이며 거리는 얼마나 되는가?

Q 기타

☐ 아이의 이유식이나 음식을 요리해본 적이 있는가?

☐ 종교는 무엇인가?

☐ 다른 아이를 돌보다 그만두었다면 그 이유는 무엇인가?

우선순위 정하기_ 부모가 아이에게 줄 수 있는 가장 소중한 것은 시간이다

아이가 태어나면 부모들은 아이에게 그리고 자기 자신에게 큰 기대를 품게 된다. 그리고 앞으로 아이를 위해 어떻게 최선을 다할 수 있을까 생각한다. 0~48개월까지 아이를 키우는 부모라면 반드시 다음과 같은 사항들을 알아두어야 한다.

● 아이가 부모로부터 관심과 사랑을 받고 있다고 느껴야 한다.

● 아이를 돌보는 보호자는 아이의 욕구를 인지하고 충족시켜줘야 한다.

● 아이가 다른 사람으로부터 관심을 받고 그들로부터 영향을 받을 수 있다는 것을 경험해야 한다.

● 아이가 물건을 가지고 놀면서 스스로 배우게 해야 하며 스스로 환경을 변화시킬 수 있다는 것을 경험하게 한다.

● 자존감을 키우기 위해 아이가 혼자 할 수 있는 일은 혼자 하게 놔둬야 한다. 그리고 아이의 발달상태보다 낮거나 높은 요구를 해서는 안 된다. 아이가 의지할 곳이 없다고 느껴서는 안 되고 세상은 무언가 성취할 수 있는 곳이라고 생각할 수 있도록 해주어야 한다.

부모는 아이에 대한 기대와 함께 스스로에 대한 요구도 높아진다. 아이가 세상에 태어나고 몇 년 동안 부모는 아이를 위해 정서적·심리적·신체적 에너지를 소비하게 된다. 그러나 무엇보다 가장 필요한 것은 아이를 위한 시간이다. 아이와 함께 하는 현실에 적응하려면 부모는 생각을 바꿔야 하며 삶의 우선순위를 다시 정해야 한다. 아이를 위해 얼마나 시간을 할애해야 할지, 혹은 할애하고 있는지 구체적으로 체크해볼 필요가 있다. 당신은 전체 시간 중 아이를 위해 사용하는 시간이 몇퍼센트이면 충분하다고 생각되는가? 다음 각각의 항목에 주말 포함 주당 할애하는 시간을 기입한 다음 7로 나누어 하루 평균시간을 계산해보자. 예를 들어 일주일에 세 번 1시간씩 운동을 한다면 하루에 운동을 위해 사용하는 시간은 약 26분 정도로 볼 수 있다.

항목	육아	부부 관계	일	가사	대인 관계	취미 활동	수면	식사	기타
시간									
비율									

이렇게 해보면 당신이 아이를 위해 할애하는 시간이 얼마나 되는지, 애초 아이를 위해 사용하는 시간으로 충분하다고 생각했던 비율과 일치하는지 여부를 구체적으로 알 수 있다.

⭐ 여자는 엄마로서 아이를 돌보는 일에만 전념하도록 만들어진 존재가 아니다

우선순위를 새로 정하는 것은 쉬운 일이 아니다. 부모 역시 아이만큼이나 다양한 욕구와 관심을 갖고 있기 때문이다. 그러나 대부분의 엄마들은 자기 자신을 위해 시간을 쓰는 것에 과도한 부담감과 심지어 죄책감을 느낀다. 하지만 여자는 엄마로서 아이를 돌보는 일에만 전념하도록 만들어진 존재가 아니다. 현대의 여성들은 교육과 일을 통해 자아실현을 하고 더 이상 육아에만 전념할 수 없는 세상이 되었다. 하지만 아직도 여전히 고전적인 엄마 역할에 대한 고정관념을 고수하고 있는 남성들이 많고 여성들 스스로도 그러한 고정관념을 완전히 떨쳐버리지 못하고 있다.

여성의 다양성을 받아들이는 것에는 비단 워킹맘의 경우뿐만 아니라 육아에만 전념하고자 하는 엄마도 있다는 것을 인정하고 그들의 일을 사회적인 차원에서 인정해주는 일도 포함된다. 또 엄마들 중에는 육아보다는 자기가 좋아하는 일을 우선하는 이들도 있고, 집에서 아이들과 함께 있고 싶지만 경제적인 이유 때문에 어쩔 수 없이 일을 해야 하는 엄마들도 있다.

아빠들 역시 마찬가지이다. 일과 개인적인 흥미, 아이에 대한 관심, 가족을 위한 시간에 대한 아빠들의 생각은 천차만별이다. 과중한 업무 대신 아이들과 더 많은 시간을 보내길 원하는 아빠가 있는 반면 가족보다 일을 중요하게 생각하는 아빠도 있다. 한 가지 주목할 만한 것은 아빠가 되면서부터 우선순위를 다시 정하려는 남성들이 점점 늘고 있다는 사실이다.

아이가 어렸을 때 함께 많은 것을 경험하는 것은 아이에게도 아빠에게도 매우 가치 있는 일이다. 취학 전에 아이와 많이 시간을 보내면 신뢰와 사랑이 쌓이게 되고 안정된 관계가 지속될 수 있는 든든한 버팀목이 된다. 또한 아빠가 육아에 적극적으로 임하면 부부관계에도 긍정적인 영향을 준다. 가족과 아이를 위해 되도록 많은 시간을 보내길 바라는 엄마들의 기대를 충족시키기 때문이다.

부부가 함께 우선순위를 정하는 것은 육아를 위해 가장 중요하고 어려운 과제다. 그리고 우선순위를 정할 때 아이에게 반드시 필요한 경험을 할 수 있도록 일상생활을 설계해야 하며 부모가 아이에게 줄 수 있는 가장 소중한 것은 시간이라는 점을 잊어서는 안 된다.

01

Entwicklung und Erziehung
in den ersten vier Jahren
BABY JAHRE

관계성 행동

부모가 행복해야
아이도 행복하다

들어가기

아기 태어나다

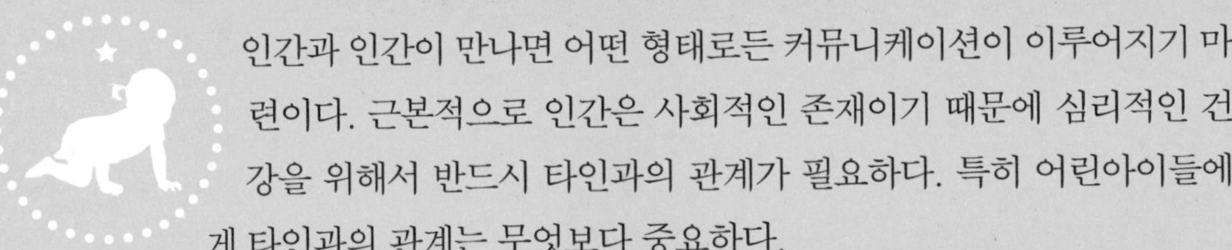

인간과 인간이 만나면 어떤 형태로든 커뮤니케이션이 이루어지기 마련이다. 근본적으로 인간은 사회적인 존재이기 때문에 심리적인 건강을 위해서 반드시 타인과의 관계가 필요하다. 특히 어린아이들에게 타인과의 관계는 무엇보다 중요하다.

아이들은 이미 신생아 때부터 사회적인 능력을 지니지만 관계성 행동의 발달은 영유아기 전체에 걸쳐 완성된다. 연령에 따라 아이의 사회정서 발달과 관련된 관계성 행동은 각기 다른 의미를 지닌다. 예를 들어 생후 12개월 무렵이 되면 낯을 가리기 시작하는 것처럼 아이들은 연령에 따라 고유한 특정 행동을 보인다. 부모는 한 번 형성된 관계의 형태를 유지하려고 하지만 아이와 부모와의 관계는 끊임없이 변한다. 아이들은 성장을 거듭하기 때문에 아이를 대하는 부모의 행동도 아이의 발달단계에 맞게 변해야 한다.

이 장에서는 아이의 관계성 행동발달에 대해 살펴볼 것이다. 이론보다는 경험을 통해서, 아이와의 일상적인 생활을 통해 알게 된 관계성 행동의 양상을 관찰하려 한다. 그리고 아이의 관계성 행동의 본질을 결정짓는 네 가지 영역을 자세히 살펴볼 것이다. 네 가지 영역이란 애착행동(보호와 애정에 대한 욕구), 비언어적 의사소통(신체적 언어, 인식, 사회적 신호의 표현), 사회적 학습(행동과 가치의 습득), 사회적 인지(타인의 감정과 사고의 의식화)이다. 마지막으로 아이의 눈높이에 맞는 육아방법에 관한 문제를 근본적으로 다룰 것이다.

애착행동_중요한 것은 아이와 함께 하는 시간의 양이 아니라 질이다

아이가 보여주는 애착행동의 핵심은 보호받고자 하는 욕구이다. 아이는 혼자서 살 수 없기 때문에 친밀한 관계를 맺고 있는 사람의 애정과 보살핌이 필요하다. 보호에 대한 이러한 욕구는 모든 고등동물에서 공통적으로 나타나는 애착행동으로 표현된다. 그렇다면 아이들의 애착행동이 독특한 이유는 무엇일까? 여러 가지 원인이 있겠지만 그중 핵심적인 것 몇 가지는 다음과 같다.

- 아이들은 15살 혹은 그 이후까지 부모나 다른 양육자의 보호에 의존한다. 그들의 보호가 없으면 아이들은 살아남을 수 없기 때문에 보살핌과 보호받기를 원한다.

- 아이가 우리 사회의 복잡한 사회적 행동을 습득하려면 본보기로 삼아야 할 부모나 부모를 대신해줄 양육자, 형제자매, 다른 아이들이 필요하다.

- 읽기, 쓰기와 같은 문화적 기술과 인류 문명이 이룩한 지식을 습득하고 수용하려면 장기적으로 관계를 유지하며 적극적으로 아이를 가르쳐줄 사람이 필요하다.

사회화와 교육의 과정이 아이의 개별적인 욕구에 맞게 진행되려면 부모는 물론 다른 어른들이나 다른 아이들과의 상호적이고 지속적인 오랜 애착관계가 반드시 필요하다. 어린아이는 혼자서 살아갈 수 있을 때까지 부모(엄마에 국한되지 않는다) 혹은 친밀

낯을 가리는 아기, 생후 8개월

한 관계를 맺고 있는 사람에게 의존한다. 그러나 사춘기가 지나 스스로의 힘으로 자신을 돌볼 수 있게 되면 아이는 부모나 여타의 보호자로부터 정서적으로 멀어지게 된다. 그렇게 되면 행동생물학적인 관점에서 본 애착은 목적을 달성한 것이다.

⭐ 부모가 아이를 방치해도 아이는 무조건 부모를 따르고 사랑한다

그렇다면 애착은 어떻게 형성될까? 아이와 부모 혹은 다른 보호자의 애착관계는 주로 공통된 경험을 통해 형성된다. 생후 4~5개월이 지나면 아이는 자신을 돌봐주는 사람을 신뢰하게 되고 그 사람과 애착관계를 형성한다. 이렇게 애착관계를 맺은 사람에게 아이는 관심과 애정, 보호받길 원한다. 그리고 생후 1년 동안 신체적·정서적으로 애착관계를 형성한 사람에게 종속하게 된다. 이러한 종속성은 관심, 분리불안장애, 낯가림과 같은 특정 행동을 통해 표현된다.

아이와 보호자의 애착관계가 안정되려면 아이와 함께 많은 시간을 보내야 한다. 하지만 중요한 것은 시간의 양이 아니라 질, 다시 말해 아이와 어떻게 시간을 보내는가이다. 부모와 함께 있는 동안 아이는 부모와의 정서적 결속감은 물론 편안함을 느껴야 한다. 아이가 정서적으로 편안함을 느끼려면 부모와 아이의 관계의 질이 중요하다. 애착은 한 번 형성되었다고 계속 지속되는 것은 아니다. 아이는 계속해서 발전하고 아이의 욕구와 관계성 행동 역시 변화, 발전한다. 따라서 애착관계는 보호자와 함께 많은 것을 경험하면서 끊임없이 변화되어야 한다.

아이는 무조건적으로 부모와 애착관계를 형성한다. 볼비(Bowlby)는 아이의 이러한 애착행동을 본능적이라고 설명한다. 아이는 자기 부모가 이해심이 깊고 사랑이 많은지, 아니면 새끼를 둥지 밖으로 내버리는 까마귀 같은 부모인지 검증하지 않고 무조건적으로 부모에게 강한 정서적 유대감을 느낀다. 부모가 아이를 방치해도 아이는 부모와의 관계에 의문을 품지 않는다. 부모와의 관계를 끊고 다른 부모를 찾겠다는 어린아이는 이 세상에 없다. 아이들은 무조건적으로 부모를 따르고 사랑한다. 부모로서 우리는 이 점에 대해 항상 감사해야 한다. 아이들은 우리가 대단한 부모여서 우리를 사랑하는 것이 아니다. 아이들은 이 세상에 태어나는 순간부터 부모에게 변함없는 애정을 보낸다. 그것은 우리 인생에 보너스와 같은 존재다.

부모에 대한 아이의 애착은 만 2살까지 증가하다 그 이후부터 서서히 감소한다. 그러나 아이가 초등학교에 입학한 후에도 부모와 아이의 애착관계는 지속된다. 이른 나이에 조부모, 이웃 등등 가족 외 사람들과 애착관계를 맺는 아이들도 있다. 그리고 학교에 입학하면 선생님과도 강한 정서적 유대감을 형성한다. 형제자매간에도 애착이라고 할 수 있는 강한 유대감이 형성된다. 그리고 학교에 입학하면 다른 아이들과 우정의 형태로 유대감을 형성한다. 사춘기가 되면 부모에 대한 애착은 점점 약해지고 부모를 떠나 새로운 관계를 맺고 다른 사람, 특히 이성과 지속적인 애착관계를 형성할 준비를 한다. 부모와 멀어지면서 사춘기의 아이는 감정적으로 독립하게 된다. 사춘기가 되면 부모에 대한 애착이 점점 옅어지는 대신 또래 아이들과 유대감을 형성한다. 아이가 정서적으로 독립하면 부모는 아이의 무조건적 사랑과 통제권을 잃는다. 그래서 아이의 정서적 독립을 달갑게 여기지 않는 부모도 많다.

⭐ 아이만 부모에게 애착하는 것이 아니라 부모도 아이에게 애착한다

아이의 애착행동은 끊임없이 발전할 뿐 아니라 아이마다 다른 양상을 보인다. 보호자의 관심과 애정을 많이 받길 원하고 보호자와 쉽게 떨어지려 하지 않으며 낯을 심하게 가리는 아이가 있는 반면, 부모로부터 감정적으로 일찍 독립하는 아이도 있다. 그런 아이들은 애착욕구가 적다고 할 수 있다. 이런 아이들은 갓난아기 혹은 아주 어릴 때부터 할머니, 할아버지, 이웃, 탁아소나 유치원 선생님 등 가족이 아닌 사람과 유대감을 형성하려 한다. 또 어떤 아이들은 일찍부터 다른 아이들과 우정이라는 형태로 유대감을 쌓으려 한다.

아이의 정서적 안정을 위해서는 보호자가 아이의 욕구를 충족시켜주는 방식과 아이에게 관심과 애정을 표현하는 방법이 중요하다. 아이는 신체적·심리적인 욕구를 적절하게 충족시켜줄 때에만 정서적으로 안정되고 보호받고 있다고 느낀다.

보호자에 대한 아이의 정서적 유대감은 정서적 안정뿐 아니라 교육의 기본이 된다. 사랑과 보호를 받는다고 느끼는 아이는 보호자에게 순종적일 수밖에 없다. 보호자의 뜻에 반하는 행동을 하여 보호자의 사랑을 잃고 싶지 않기 때문이다. 순종적인 아이를 만드는 것은 애착이라는 말로 설명할 수 있는 정서적 유대감과 일관적인 교육방침이다.

첫애가 태어나면 아빠들은 감격한 나머지 아이가 사랑스러워 어쩔 줄을 모른다. 아이만 부모에게 애착하는 것이 아니라 부모도 아이에게 애착한다. 아이에 대한 부모의 애착은 부모에 대한 아이의 애착과는 달리 무조건적이지 않지만 아이의 애착심만큼 강하다. 부모는 아이가 태어나기 전부터 아이를 보호하고 돌볼 준비를 한다. 그리고 아이가 태어난 후부터 자립할 때까지 고난과 자제의 시간을 보내야 한다.

부모에 대한 아이의 애착과 마찬가지로 부모도 아이와 함께 많은 것을 경험해야 아이에 대한 강한 애착을 형성할 수 있다. 특히 아이가 태어난 후 2~3개월 동안 부모에게 주어진 가장 큰 과제는 아이를 전반적으로 파악하는 것이다. 그러기 위해서는 아이와 많은 시간을 보내고 친밀한 관계를 형성해야 한다. 그러나 이에 대한 구체적인 기준은 존재하지 않는다. 아이와 친밀한 관계를 형성하기 위해 필요한 시간은 아이와 부모의 성격 그리고 생활환경에 따라 달라진다. 부모가 아이에게 줄 수 있는 가장 소중한 것은 시간이라는 사실은 몇 번이고 강조해도 지나치지 않다.

인식과 사회적 신호의 표현

아이가 만 1살이 될 때까지 아이와 보호자의 관계는 몸짓언어에 기반을 둔다. 만 1살이 지나면 음성언어가 중요해지기는 하지만 몸짓언어는 유아기는 물론 성인이 돼서도 중요한 역할을 한다. 그러면 몸짓언어의 몇 가지 요소를 자세히 살펴보자.

몸짓언어의 7가지 요소

● **외모 _** 체형과 옷차림은 인정하고 싶지 않아도 한 사람에 대해 많은 것을 이야기한다. 더 나아가 상대방을 대하는 태도를 결정할 때도 영향을 미친다. 아이들 역시 마찬가지이다. 신생아와 어린아이의 외모는 어른들에게 강한 인상을 준다. 특히 어린아이의 얼굴은 어른에게 호의적인 태도를 이끌어낸다. 이러한 특징은 다른 포유동물에서도 관찰된다. 콘라트 로렌츠(Konrad Lorenz)는 특징적인 어린아이의 외모를 유아도해(幼兒圖解, baby schema)라고 명명했다. 유아도해의 특징은 성인과 비교해서 머리가 크고 몸통이 작으며 이마가 크고 넓은 데 비해 얼굴이 작다. 또한 볼은 크고 통통하며 작은 얼굴에 비해 눈이 큰 것이 특징이다. 이러한 특징은 인간뿐 아니라 포유류 동물의 새끼에서도 발견된다. 그래서 인간은 포유류 동물의 새끼를 볼 때 사람의 갓난아기를 볼 때와 같은 감정을 느낀다.

우리 사회는 유아도해의 효과를 다양한 방법으로 활용하고 있다. 아이들은 물론 강아지와 새끼 고양이를 모델로 세워 큰 성공을 거둔 광고가 적지 않다. 만화나 애니메이션, 각종 카드에도 유아도해의 특징을 의도적으로 과장한 캐릭터들이 자주 등장한다. 상품기획자들은 유아도해를 이용한 이미지가 보는 사람들의 관심과 호감을 자극하여 구매충동을 일으킨다는 생물학적인 특징을 최대한 이용한다.

● **몸짓 _** 우리는 피곤하면 어깨가 축 처진다. 반면에 투지에 불탈 때는 온몸이 긴장

한다. 또 공격적인 분위기에서는 팔꿈치를 밖으로 내민다. 우리는 대부분 무의식적으로 몸짓을 통해 감정상태를 표현한다. 상대방을 대할 때도 그 사람의 행동을 보고 감정 상태를 파악한 후 어떻게 행동할지 결정한다. 그리고 상대방에게 관심이 있으면 말뿐 아니라 몸짓으로 표현한다. 상대방이 아주 마음에 들었을 때는 호감을 표시하기 위해 상대방의 몸짓을 따라 하기도 한다.

● **움직임 _** 움직임도 표현수단의 하나이다. 우리는 초조하면 의자를 움직이면서 다리를 떨거나 옷을 만지작거린다. 춤을 출 때도 몸짓과 움직임으로 풍부한 감정을 표현한다. 반면에 군인들은 행진할 때 팔과 다리를 기운차게 뻗어 규율과 집중된 힘을 표현한다.

　아이들은 외모와 몸짓뿐 아니라 움직임으로 어른들을 감동시킨다. 어른들은 갓난아기가 손을 뻗치면 거부하지 못하고 아이를 안아준다. 그러나 3살짜리 아이가 고집을 피우며 바닥에 누워 팔다리를 구르면 어른들은 어쩔 줄을 몰라 한다.

● **표정 _** 기쁨, 슬픔, 의심, 놀람, 공포 등 모든 감정은 얼굴에 표현된다. 입, 얼굴주름, 코, 눈, 눈썹, 이마, 머리의 위치는 감정을 표현하는 수단이다. 감정을 표현할 때 얼굴의 각 부위는 특별한 의미를 지닌다. 예를 들어 눈의 위치가 어떤 연상적 효과를 주는지 옆 페이지의 그림을 보면 알 수 있다. A와 B는 그저 위치가 다른 점 두 개로 보이지만 C는 눈처럼 보인다.

　눈썹의 위치도 감정 상태를 알리는 신호다. 고민이 있으면 인간의 눈썹은 그림 D처럼 아래로 처진다. 반면에 놀라면 그림 E처럼 눈썹이 위로 올라가며 화가 나면 안쪽에서 바깥쪽으로 비스듬하게 치켜올라간다. 그리고 무언가를 거부할 때 눈을 찡그리며 공포감을 느낄 때는 눈을 동그랗게 뜬다. 불쾌한 것을 만졌을 때는 코를 찡그리고 놀라면 입을 크게 벌린다. 또 무언가 의심스러울 때는 입을 삐죽거리며 기쁠 때는 입꼬리가 위로 올라간다.

　각각의 요소들을 결합하면 우리는 표정으로 다양한 감정을 표현할 수 있다. 어이없는 일을 당했을 때 우리는 눈썹을 치켜올린다. 당황했을 때도 어이없는 일을 당했을 때처럼 눈썹이 올라가지만 이때는 눈을 가늘게 뜨는 대신 눈꼬리가 위로 올라간다. 그리고 고민이 있을 땐 이마와 눈썹 사이에 주름이 생기며 눈빛이 힘이 없고 눈과 입 꼬리가 아래로 처진다. 반면에 화가 날 때는 날카로운 눈빛과 꽉 다문 입술, 이마의 주름으로 분노를 표현한다.

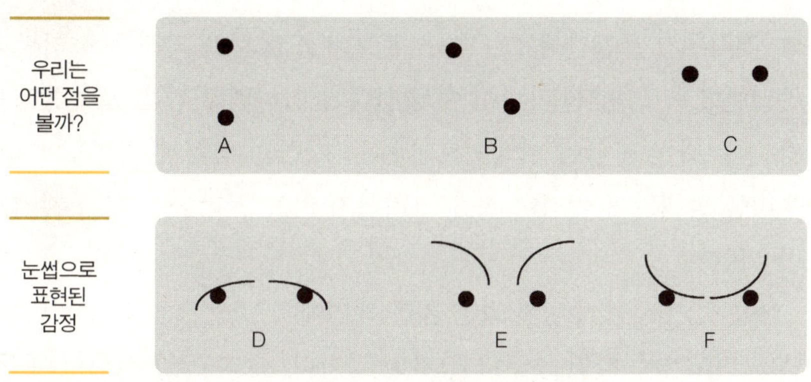

● **눈맞춤(eye contact)** _ 사랑에 빠진 사람들은 상대방에게서 눈을 떼지 못한다. 또 서로에게 화가 난 사람들도 상대방의 눈을 오랫동안 응시한다. 눈빛에는 그 사람의 의도가 담겨 있기 때문에 우리는 눈빛만 보고도 상대방의 감정을 읽을 수 있다. 신생아와 젖먹이 아기들은 말을 못하기 때문에 눈으로 이야기한다. 그래서 아이와 의사소통을 하려면 오랫동안 아이를 바라봐야 한다. 커가면서 아이의 눈빛은 표현력이 점점 풍부해지고 눈빛에 담긴 의미 또한 중요해진다.

● **목소리** _ 사람의 목소리 중에는 따뜻하고 부드러운 목소리가 있는가 하면 얼음처럼 차가운 목소리도 있고 아첨하는 목소리, 상대방에게 상처를 주는 목소리도 있다. 말을 할 때 대부분 상대방은 말의 내용보다는 말을 하는 방법과 스타일을 더 중요하게 생각한다. 예를 들어 다정한 목소리로 "못된 녀석"이라고 말하면 친밀함을 나타내지만 냉정한 목소리로 쌀쌀맞게 말하면 욕이 된다.

아이들은 대부분 만 1살 전까지 말의 언어적인 의미를 이해하지 못하지만 아이에게 목소리로 표현되는 감정은 아주 중요하다. 아이들은 목소리 톤과 크기, 선율에 민감하게 반응한다. 만 1살 무렵이 되면 일상적인 단어의 의미를 이해하기 시작하지만 내용보다는 언어의 감정적 표현이 더 중요하다. 아이는 엄마나 아빠의 목소리를 듣고 엄마의 기분이 어떤지 아빠가 뭘 원하는지 짐작한다.

● **거리두기** _ 인간에게는 누구나 보이진 않지만 자신을 둘러싸고 있는 안전구역이 존재한다. 만약 낯선 사람이 이 공간을 침범하면 인간은 공격적인 태도를 취하거나 도망간다. 다른 사람이 지켜줬으면 하는 거리는 상황과 친밀도에 따라 크게 달라진다. 우리는 상대방이 이러한 점을 고려하지 않고 거리를 제대로 지키지 않으면 민감하게 반응한다.

예를 들어 사람이 얼마 없는 넓은 해변에서 낯선 사람이 10미터도 안 떨어진 곳에 자리를 펴고 눕는다면 누구나 당황할 것이다. 그리고 그 사람이 좋든 나쁘든 뭔가 원하는 것이 있다고 생각할 것이다. 반면에 교통이 혼잡한 시간에 전철 안에서는 낯선 사람이 아주 가깝게 다가와도 개의치 않는다. 그때 낯선 사람은 목적지에 도착할 때까지 시선을 다른 곳으로 돌려 눈을 마주치지 않음으로써 감정적인 거리를 둔다.

우리는 갓난아기를 만지거나 품에 안는 것을 꺼리지 않는다. 생후 2~3주된 갓난아기는 아직 개체공간에 대한 개념이 발달하지 않은 탓에 타인과 거리를 두려고 하지 않는다. 그러나 생후 2~3개월이 되면 아이가 필요한 공간을 존중하기 시작해야 한다. 가까이 접근하는 방식에 따라 아이는 편안함을 느낄 수도 있고 불편함을 느낄 수도 있다. 그리고 늦어도 6개월부터 아이는 낯선 사람이 안전거리를 침범하면 예민하게 반응한다. 낯선 사람이 천천히 접근하면 아이는 처음엔 호기심을 보이지만 일정한 선을 넘어서면 거부 반응을 보인다.

아이가 낯선 사람에게 두는 거리는 보호자의 행동에 따라 달라진다. 엄마가 낯선 사람을 소극적으로 대하고 거리를 둔다면 아이도 일찍부터 낯선 사람을 피하려 한다. 반면에 엄마가 타인에게 너무 가까이 접근해도 아이는 엄마가 자신에게 소홀하다고 느껴 타인을 질투하고 타인의 접근을 거부할 수 있다. 타인을 대하는 엄마의 태도는 아이의 개체공간 형성에 결정적인 영향을 끼치는 것이다.

이처럼 아이가 사용하는 비언어적인 커뮤니케이션의 신호 하나하나는 각기 고유한 의미를 지니며 일정한 발달단계를 가리키는 지표가 되기도 한다. 아이들은 누구나 비언어적인 커뮤니케이션을 할 수 있는 기본적인 능력을 갖추고 태어나지만 부모나 또래 아이들, 혹은 본보기가 되는 다른 사람들을 보고 인간관계에서 사회적 신호가 어떻게 사용되는지를 보고 배운다. 예를 들어 인사를 할 때 상대방을 쳐다보는 시간과 방식은 유전적으로 결정되는 것이 아니라 사회적인 학습을 통해 몸에 익히는 것이다. 중부유럽에서는 인사할 때 상대방의 눈을 바라보지 않으면 예의에 어긋나지만 어떤 문화권에서는 그 반대이다. 이렇듯 사회적 신호는 문화권에 따라 사용방법과 의미가 다르다. 따라서 아이는 충분한 사회적 경험을 통해 비언어적 커뮤니케이션의 다양하고 특수한 의미를 배워야 한다.

사회적 학습_아이의 태도와 가치관은 본보기가 되는 어른에 의해 결정된다

부모라면 누구나 자녀의 사회적 능력이 뛰어나길 바란다. 부모는 아이가 다른 사람들과 얼마나 잘 융화하느냐에 따라 학교와 사회에서의 성공이 좌우된다는 것을 잘 알고 있다. 그렇다면 아이들은 어떻게 다른 사람을 대하는 태도와 가치관을 습득할까? 또 부모와 사회적 환경은 어떤 도움을 줄 수 있을까?

아이가 사회적인 능력을 습득하는 것은 사실 아주 간단하다. 사회적 학습의 기본은 다른 사람의 행동을 모방하고 내면화하는 것인데 아이는 선천적으로 그것을 위한 준비상태가 되어 있다. 어떤 인류학자는 인간의 진화는 모방하고 내면화하는 인간의 특별한 능력 덕분이라고 주장한다. 어쨌든 어떠한 태도와 가치관을 갖게 되느냐는 무엇보다 본보기가 되는 어른에 의해 결정된다. 예를 들어 어른이 아주 어릴 때부터 아이에게 고맙다는 인사를 한다면 아이도 자연스럽게 다른 사람에게 무언가를 받으면 감사 인사를 할 것이다. 아이의 사회적 행동은 아이 혼자서 발달시킬 수 없다. 아이는 함께 사는 사람들을 보고 그들의 가치관을 수용하고 그들의 행동을 모방하여 사회적인 존재로 성장한다.

⭐ 지적하고 명령함으로써 문제를 고치려 하지 말고 먼저 본보기를 보여주라

제한적이긴 하나 아이들은 신생아 때부터 이미 다른 사람의 표정을 모방할 수 있다. 그리고 몇 주, 몇 개월이 지나면서 아이는 친밀한 관계를 맺고 있는 어른의 대인행동을 내면화한다. 이는 아이들의 놀이에도 반영된다. 아이는 만 2살 때부터 인형을 가지고 부모의 행동을 흉내 낸다. 그리고 나중엔 병원놀이와 같은 역할놀이를 통해 다른 어른들의 행동을 모방한다.

아이는 만 1살까지 어떻게 행동해야 하며 주위에서 어떠한 사회적 행동을 요구하는지 보고 배워서 자기 것으로 내면화한다. 특히 생후 1년 동안 아이가 습득하는 사회적 행동의 범위는 매우 넓다. 그리고 초등학교에 입학하기 전까지 본보기가 되는 사람을 보고 그들의 행동을 수용하려는 욕구가 강하다.

이 시기의 아이들이 사회적 행동을 습득하는 능력은 가히 놀랄 만하며 이 시기에 형성된 사회적 행동은 성인이 되었을 때 행동의 기본이 된다. 사회적 행동을 수용하려는 내적인 준비상태는 취학 후 점점 감소되며 성인이 된 후에는 제한적 범위 내에서만 습득 가능하다.

부모뿐만이 아니라 조부모, 이웃, 탁아시설 보모, 선생님도 아이에게 본보기가 된다. 아이는 다양한 사람과 친밀한 관계를 맺고 그들의 행동을 본보기로 삼아야 한다. 그래야만 다양한 상황에서 그에 맞는 행동으로 대처할 수 있다. 그러나 아이가 사회적 행동을 습득하기 위해서는 무엇보다 또래 아이들과 어울리는 것이 중요하다. 아이들은 또래 아이들과 어울리면서 꼭 배워야 할 행동을 익힌다. 또 어른이 가르칠 때보다 또래 아이들과 어울릴 때 훨씬 쉽고 빠르게 배운다. 따라서 늦어도 만 2살 때부터 다양한 연령의 아이들과 놀면서 폭넓은 경험을 할 수 있게 해야 한다.

과거에는 본보기가 되는 어른이 아이에게 얼마나 영향을 주는지, 또 아이의 사회화에 얼마나 기여하는지 중요하게 생각하지 않았다. 아이의 행동을 지적하고 명령하는 것으로 아이를 교육하려 한다면 쓸데없는 노력이다. 아이는 말로 하는 설명보다 구체적인 예를 더 따른다. 그렇기 때문에 부모와 보호자는 자신의 행동을 돌아보고 아이의 관점에서 아이에게 본보기가 되려면 어떻게 행동해야 하는지 심각하게 고려해봐야 한다.

만약 부모가 텔레비전 앞에서 떠날 줄 모른다면 아이도 텔레비전 앞을 떠나지 않을 것이다. 또 부모가 인스턴트 음식이나 패스트푸드만 먹는다면 아이도 부모의 식습관을 따를 것이다. 그리고 부모가 책을 잘 읽지 않는다면 아이도 독서에 대한 자극을 받지 못해 책읽기를 좋아하지 않을 것이다.

사회인지 아이들은 만 4살까지 철저히 자기중심적 입장에서 세상을 인식한다

사회인지는 인간이 사회적 행동을 발달시킨 중요한 전제조건이다. 사회인지는 자신의 감정, 행동, 생각을 인지하고 성찰하는 것을 뜻한다(자기 관찰). 우리는 특정 상황에서 자신이 어떻게 느끼며, 어떻게 행동할지 생각할 수 있다. 뿐만 아니라 타인의 입장에서 타인의 감정, 생각, 행동을 이해할 수 있다(타인 관찰). 심지어 다른 사람이 특정 상황에서 어떻게 행동할지 미리 예상할 수도 있다.

사회인지는 인간과 가장 흡사한 유인원에게서도 발견된다. 그러나 유인원의 사회인지 수준은 만 2~3살 어린아이보다 낮다. 지구상에서 인간만이 자기 관찰과 타인 관찰을 통해 세분화된 사회인지 능력을 갖고 있다.

그렇다면 아이는 언제부터 스스로를 인간으로 인식하는 것일까? 아이가 자신에 대해 생각하기 시작하는 것은 언제부터일까? 보통 만 2살이 되면 아이들은 자신에 대한 이해력을 기르기 시작한다. 그러나 자기 이해력은 인간 상호간의 충분한 경험과 기억력, 상상력과 같은 정신적 능력이 바탕이 되어야만 발달할 수 있다. 인격이 발달함에 따라 아이는 자신의 의지를 관철시키려 하며 자신의 감정 또한 확실히 인지한다. 그런 다음에 타인의 감정을 인지할 수 있게 되고 감정이입능력을 키우고 타인의 기쁨과 슬픔을 공감하고 그것을 행동으로 표현한다. 그리고 만 4살이 되면 타인의 생각을 이해하기 시작한다.

어른들은 종종 어린아이의 자기이해력과 감정이입 능력에 대해 너무 큰 기대를 한다. 예를 들어 만 3살이 된 아이가 다른 아이를 때렸을 때 부모는 아이가 다른 아이의 감정을 이해할 수 있다는 전제하에 아이의 양심에 호소한다. 그러나 아이들은 만 4살까지 철저히 자기중심적인 존재이기 때문에 자기중심적 입장에서 세상을 인식한다. 아이는 사회인지 능력을 키운 후에야 비로소 다른 사람의 입장에서 다른 사람의 감정과 사고를 이해할 수 있다. 또한 아이가 습득한 인지적 기초만으로는 충분하지 않다. 아이가 사회 인지능력을 어떻게 사용하는가는 아이의 본보기가 되는 어른의 행동에 따라 크게 달라진다. 보호자가 사려 깊은 행동으로 아이를 대하면 아이도 자연스럽게 그런 행동을 몸에 익힌다. 반대로 주변 환경이 아이의 감정을 고려하지 않는다면 아이 역시 다른 사람의 감정을 고려하지 않는다.

보살핌_과연 엄마만이 아이의 정서적 안정을 위한 절대적인 존재일까?

어떻게 하면 아이가 스스로 편안하고 보호받고 있다고 느낄 수 있도록 보살필 수 있을까? 어떻게 하면 신체적 · 정신적 욕구, 특히 애정과 관심을 받고자 하는 욕구를 적절하게 충족시켜줄 수 있을까? 다른 어른들이나 아이들과 어울리면서 충분한 경험을 하고 그를 통해 사회적 능력을 발전시킬 수 있도록 하려면 부모는 어떻게 해야 할까?

과거에는 아이의 정신적 안정을 위한 절대적인 존재는 엄마뿐이라고 생각했다. 실제로 아이와 가장 많은 시간을 보내고 아이를 가장 많이 돌봐주는 엄마는 아이에게 유일무이한 존재이며 가장 가까운 사람이다. 하지만 그렇다고 해서 엄마만이 아이의 욕구를 충족시킬 수 있다는 뜻은 아니다. 아빠나 조부모 혹은 친척이나 지인들, 육아전문가도 아이와 지속적인 관계를 유지할 수 있다. 그러기 위해서는 물론 아이와 규칙적이고 지속적으로 시간을 보내야 한다.

아이에게 정서적인 편안함을 주려면 보호자는 다음의 조건을 충족시켜야 한다.

1 아이와 친밀한 관계여야 한다

아이와 친밀한 관계를 맺고 있는 사람만이 아이의 특성을 알고 그에 따라 아이의 욕구를 충족시켜줄 수 있기 때문이다. 또 아이의 연령에 맞는 육아를 해야 아이가 편안함과 안정감을 느낄 수 있다. 아울러 도움과 보호가 필요할 때 아이는 앞의 조건을 충족시켜주는 보호자를 찾는다.

2 아이를 돌볼 수 있는 여유가 있어야 한다

보호자가 아이를 돌볼 수 있는 여유가 있어야만 아이의 욕구를 인지하고 아이가 홀로 방치되었다고 느끼거나 자신의 요구가 무시당했다는 느낌을 받지 않도록 재빨리 아이의 욕구에 반응할 수 있다.

3 아이가 신뢰할 수 있어야 한다

아이에게 신뢰감을 주는 사람은 언제나 아이에게 안정감과 신뢰감을 주기 위해 일관성을 유지해야 한다.

4 아이를 돌보기 위해 적절한 행동을 할 줄 알아야 한다

어떤 상황에서든 아이를 돌보기 위한 적절한 행동을 할 수 있어야만 아이의 개별적 욕구에 제대로 반응할 수 있다.

아이를 잘 돌보기 위해서 갖춰야 할 또 한 가지 조건은 한 사람이 지속적으로 아이를 돌봐야 한다는 것이다. 일관적인 육아가 보장되어야만 아이가 안정감을 느낄 수 있다.

⭐ **아빠에게도 아이를 돌볼 수 있는 기회를 주라**

그렇다면 부모는 아이가 태어난 후 얼마나 많은 시간을 투자해야 아이와 친밀한 관계를 형성할 수 있을까? 엄마들은 천성적으로 아이에 대해 모든 것을 알고 있다고 생각할 때까지 아이와 가능한 한 집중적이고 오랫동안 시간을 보내고자 한다. 아빠들 중에도 엄마와 같은 욕구를 가진 사람도 있다. 반면에 단순히 분유를 먹이거나 기저귀를 가는 일조차 힘들어하는 아빠들도 있다.

하지만 마음만 있다면 아빠도 엄마만큼이나 아이와 정서적인 유대를 형성할 기회가 많다. 아이를 달래고 재우고 품에 안으며 많은 시간을 보내면 아빠와 아이의 유대관계도 돈독해진다. 아이와 많은 시간을 함께 보내고 아이가 성장하는 것을 함께 지켜보면서 아빠로서의 만족감을 경험할 수 있는 것이다. 아이와 많은 시간을 함께 하면 할수록 아이는 아빠와 둘만 있어도 편안해한다. 그러기 위해서는 엄마들도 아빠가 아이를 돌볼 수 있게 기회를 주어야 한다. 엄마가 불안한 눈초리로 아빠가 아이를 잘 돌보는지 아닌지 감시한다면 아빠는 육아에 대한 의욕을 잃고 말 것이다.

아빠는 엄마와 다른 방식으로 아이를 돌본다. 기저귀 가는 것도 아이와 놀아주는 스타일도 아이 재우는 방법도 다르다. 분명한 것은 아이가 엄마의 방식뿐 아니라 아빠의 방식도 좋아한다는 것이다. 부모에게 육아는 끊임없는 도전이다. 아이가 생기면 가정과 아이, 부부관계를 위한 시간, 일과 취미생활을 위한 시간분배를 완전히 바꾸어야 한다. 아이가 부족함을 느끼지 않게 하려면 엄마보다는 아빠가 우선순위를 제대로 정했는지 검토해봐야 한다.

Das Wichtigste in Kürze

내용 요약

1. 애착행동의 핵심은 보호받고자 하는 욕구이다. 아이는 혼자서 살아갈 수 없다. 아이가 정서적·신체적으로 편안하려면 친밀한 사람의 보호와 관심이 절대적으로 필요하다.

2. 아이와 보호자 간의 애착은 공통된 경험을 통해 형성된다. 아이는 자신을 돌봐주고 신뢰할 수 있는 사람에게 애착을 갖는다.

3. 아이는 분리불안, 낯가림 등 특정 행동으로 신체적·정신적 친밀감을 표현한다.

4. 관계성 행동은 영유아기 전체에 걸쳐 발전하며 연령별로 다른 양상을 보인다.

5. 아이와 부모의 친밀도는 함께 보내는 시간의 양과 질에 따라 달라진다.

6. 보호자가 아이의 심리적·육체적 욕구를 어떻게 충족시키느냐에 따라 아이가 편안함을 느낄 수도 있고 그렇지 않을 수도 있다.

7. 아이와 친밀한 관계를 맺고, 아이를 위해 언제나 시간을 낼 수 있고, 아이가 신뢰할 수 있으며 아이의 행동에 적절하게 반응하는 사람이 돌봐줄 때 아이는 편안함을 느낀다.

8. 생후 1년 동안 아이와 부모의 의사소통은 대부분 몸짓언어로 이루어진다.

9. 사회적 학습은 타인의 행동을 모방하고 내면화하려는 선천적 능력에 기반을 둔다. 아이가 사회적 능력을 키우려면 본보기로 삼을 수 있는 어른이나 다른 또래 아이들이 필요하다.

10. 사회인지가 발달하면 아이는 자신의 감정, 행동, 자신에 대한 생각뿐 아니라 타인을 인지할 수 있게 된다.

11. 아이를 돌보는 사람의 자질과 일관된 육아가 육아의 질을 결정한다.

태아시기

아이의 탄생이라는 변화를 맞이하는 예비 부모의 자세

태아는 신체적으로 엄마와 가장 밀접하게 연결되어 있다. 그렇다면 정서적으로도 그럴까? 태아와 엄마와의 관계에 대해서 우리가 알고 있는 사실은 그리 많지 않다. 그러나 엄마 배 속에 있는 아이가 엄마의 목소리를 알아챌 수 있다는 것은 어느 정도 입증된 사실이다. 그만큼 엄마는 아이에게 중요한 존재이다.

부모와 아이의 관계는 아이가 세상에 태어나기 전부터 시작된다. 그것은 앞으로 태어날 아이에 대한 부모의 기대와 밀접하게 연결되어 있다. 아이에 대한 부모의 기대는 어린 시절의 경험, 부부에 대한 가치관, 가족관, 배우자와의 경험 등에 따라 달라진다.

임신초기 임신 중의 감정 기복은 극히 정상적인 것이다 대부분의 임신부는 임신 초기에는 육체적인 변화를 크게 느끼지 못한다. 그러나 시간이 지나면서 피로, 구토 증세, 식욕 증가, 특정 음식에 대한 거부감 등등 전형적인 임신 증세가 나타난다.

임신부는 배 속의 아이를 느낄 수는 없으나 임신과 태아에 대해 여러 가지 생각을 한다. 임신기간과 출산을 잘 견뎌낼 수 있을까? 아이에게 좋은 엄마가 될 수 있을까? 직장을 그만 다녀야 할까? 남편이 아빠 역할을 잘 해줄까? 그리고 자신의 유년시절과 어릴 적 기억 속의 부모의 모습을 떠올리며 아이가 자신의 삶을 크게 변화시킬 것임을 예상한다. 더 나아가 사적인 삶과 공적인 삶에 두루두루 변화를 준비하고 엄마로서 새로운 역할을 내면화하기 시작한다.

예비 엄마들은 태어날 아이와 육아휴직을 생각하며 들뜬 마음으로 시간을 보내지만 다른 한편으론 앞으로 다가올 변화에 대한 걱정과 근심을 떨치지 못한다. 그러므로 임신 중의 감정의 기복은 극히 정상적인 것이다.

하지만 대부분의 아빠에게 임신 초기 배 속의 아이는 단순한 통보에 불과하다. 다만 임신에 의한 아내의 변화는 확실히 인지한다. 임신 전보다 조용해지는 임신부도 있고 신경질적으로 변하는 임신부도 있다. 또 예전보다 남편과 더 가까이 지내려는 이도 있고 반대로 혼자 있길 원하는 이도 있다. 아내의 성적인 욕구 역시 변한다.

예비 아빠들은 아내가 직장을 그만두었을 때 가정경제에 어떠한 영향을 줄지, 또 앞으로 태어날 아이가 자신의 일에 어떤 영향을 줄지 생각해본다. 아이의 탄생은 여러 방면의 제약, 특히 재정적인 제약과 결부된다. 예비 부모는 아이에 대해 아는 것이 별로 없지만 아이가 그들에게 큰 기쁨이 될 것이며 그들의 삶을 크게 변화시킬 거라고 예상할 수 있다.

태동_자신의 존재를 알리는 태아

임신 16~20주가 되면 산모는 처음으로 태동을 느끼고 배 속의 아이가 엄마에게 전적으로 의존하는 존재임을 인식한다. 태동으로 엄마는 배 속의 아이가 어떤 아이일지 상상해본다. 대개는 배 속의 아이가 밤중에 활발하게 움직이면서 힘차게 발길질을 하면 남자아이라고 생각하고, 엄마가 조용히 누워 집중해야만 움직임을 느낄 수 있을 정도면 여자아이라고 생각한다. 독일의 예비 부모 중에는 초음파 검사를 받지 않으려는 이들도 많다. 그리고 아이의 성별 또한 미리 알려고 하지 않는다. 대신 아이에 대한 자신들만의 내면의 그림을 그려본다.

태동을 시작하면 아빠들도 배 속의 아이를 현실로 받아들인다. 임신 주 수가 늘어나면서 엄마 배에 손을 대면 아빠도 느낄 수 있을 정도로 태동이 강해지고 말기에 접어들면 눈으로도 태동을 관찰할 수 있다.

임신 말기에 태아의 체중은 급격히 증가하고 엄마의 배 역시 점점 커진다. 대부분의 임신부들은 태어날 아이 생각에 한편으로는 기쁘면서도 다른 한편으로는 아이가 정상적으로 자라는지 걱정한다. 아이가 기형은 아닌지, 어디 아픈 곳은 없는지, 아이를 잘 낳을 수 있을지 등등 이런저런 걱정을 한다. 이런 걱정들은 예비 엄마들이 극복해나가야 할 내적인 변화이기 때문에 부정적으로 해석할 필요는 없다.

출산 준비 출산 준비는 아내와 남편이 함께 하는 것이다

아이 아빠가 임신부터 출산 후까지 많은 시간을 엄마와 함께 한다면 아이도 엄마도 힘든 시기를 훨씬 잘 이겨낼 것이다. 아빠는 아이의 출생으로 인해 발생할 여러 가지 변화에 적응할 마음가짐과 이해심을 보여주는 것만으로도 아내에게 큰 힘이 된다. 남편이 아내의 욕구를 인지하고 앞으로 아이와 함께 새로운 삶을 꾸려갈 준비가 돼 있으면 아내도 변화에 적응하기 쉽다. 이미 자녀가 있는 부부의 경우 아빠가 큰아이를 돌봐주는 것만으로도 엄마에게 큰 도움이 된다.

부부가 함께 출산을 준비하는 데 도움이 될 출산준비교실이나 수유방법이나 분유 먹이기, 기저귀 갈기 등을 연습해볼 수 있는 신생아교실 등에 부부가 함께 참여해보는 것도 좋은 방법이다. 예비 아빠들은 엄마를 도와 능동적인 역할을 할 수 있고 더 나아가 다른 예비 부모들과 의견과 경험을 교환하면서 출산과 육아에 대한 걱정과 근심을 줄일 수 있기 때문이다.

그러나 출산 전과 후에 가장 중요한 것은 앞으로 아이와 함께 할 생활을 위한 마음의 준비다. 앞으로 아이와 함께 일상생활을 어떻게 꾸려갈지 부부가 구체적으로 의논하는 것도 그중 하나이다. 가사와 육아를 놓고 누가 어떤 일을 담당할지 분명히 정해놓아야만 아이가 태어난 후에 상대방에 대한 막연한 기대 때문에 실망하는 일이 없다.

워킹맘들의 경우에는 경제적인 이유나 그 밖의 다른 이유 때문에 출산 후 바로 직장에 복귀하는 경우가 많다. 하지만 여건이 허락한다면 최대한 아이가 태어난 후 엄마가 된다는 것, 아이를 돌보는 것이 무엇을 의미하는지 직접 경험을 한 후에 복귀할 것을 권유하고 싶다. 출산 후 육아에 의한 신체적·심리적 부담이나 아이를 돌보는 시간과 육아에 따른 피로를 회복하는 데 걸리는 시간, 아이로 인한 삶의 변화 등은 예상보다 더 많은 시간을 요할 수 있기 때문이다.

Das Wichtigste in Kürze

내용 요약

1 아이가 태어나기 전 아이와 부모의 관계는 부모의 가족관과 임신 중의 경험에 따라 달라진다.

2 임신 중 아이와 부모의 관계는 기대와 걱정, 내적 변화가 따른다.

3 임신과 출산은 많은 여성들에게 사적인 삶과 공적인 삶에 근본적인 변화를 가져온다. 아빠도 임신기간 동안 아내의 변화를 함께 하고 이해하면서 앞으로 있을 변화에 적응할 준비를 해야 한다.

4 출산준비교실이나 신생아교실은 여러 가지 실습은 물론 출산과 신생아 돌보기에 대한 대화의 기회를 마련해줌으로써 예비 부모에게 출산과 육아를 효율적으로 준비할 수 있도록 도와준다.

5 예비 부모는 아이가 태어나기 전까지 아이가 그들의 삶을 얼마나 변화시킬지 예상하지 못한다. 일하는 엄마라면 출산 후 아이와 함께 충분한 시간을 보내고 새로운 삶에 적응한 후 직장 복귀 여부를 결정할 것을 권한다.

6 아이가 태어난 후 부모에게 가장 중요한 과제는 아이로 인해 변화될 삶을 준비하는 것이다.

0~3개월

아기는 태어난 직후부터 부모와
적극적으로 관계를 형성한다

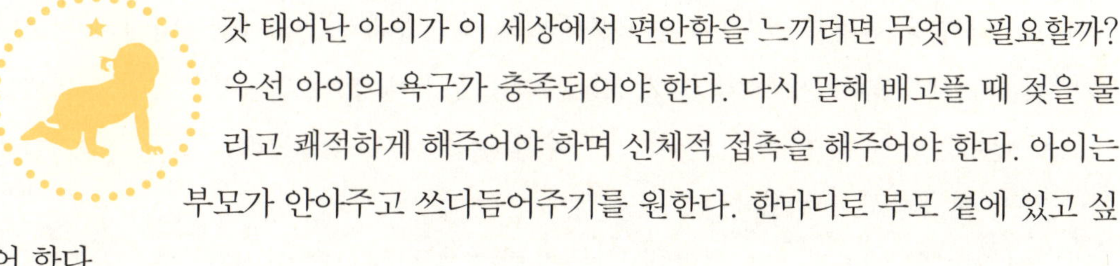

갓 태어난 아이가 이 세상에서 편안함을 느끼려면 무엇이 필요할까? 우선 아이의 욕구가 충족되어야 한다. 다시 말해 배고플 때 젖을 물리고 쾌적하게 해주어야 하며 신체적 접촉을 해주어야 한다. 아이는 부모가 안아주고 쓰다듬어주기를 원한다. 한마디로 부모 곁에 있고 싶어 한다.

갓난아기는 울음소리로 자신이 원하는 것을 알린다. 배가 고플 때, 기저귀가 젖었을 때, 혼자 있다고 느낄 때 큰 소리로 운다. 아이가 울면 어른들은 바로 반응한다. 우는 아이를 오랫동안 놔두는 어른은 많지 않다. 아이가 울면 아이의 부모뿐 아니라 낯선 사람들도 아이가 왜 우는지 살펴본다. 아이들은 이렇게 울음으로 원하는 것을 주변 사람에게 알려 욕구를 충족시킨다. 아이의 울음에 대해서는 뒷부분에서 자세히 다룰 것이다.

아이는 울음에 미묘한 차이를 두어 주변에 자신이 원하는 것을 효과적으로 알린다. 그러나 아이가 할 줄 아는 것은 우는 것만이 아니다. 태어난 지 몇 시간이 채 지나지 않아서 아이는 다른 사람에게 관심을 보이며 제한적이긴 하지만 자신의 관심을 전달할 수 있다. 신생아와 젖먹이 아기들은 표현능력과 인지력에 한계가 있음에도 다른 사람과 관계를 맺을 수 있다. 갓난아기는 태어난 후 며칠 동안 부모와 적극적으로 관계를 형성한다. 지금부터 신생아와 젖먹이 아기들의 관계성 행동에 대해 알아보자.

인지와 전달_아기는 생후 1~2주만 지나도 엄마의 체취를 구분할 수 있다

출생 후 몇 시간은 부모에게도 아이에게도 아주 특별한 시간이다. 태어난 직후부터 아이와 부모는 서로에 대해 알고자 한다. 신생아들은 대부분 출생 직후 두 눈을 말똥말똥하게 뜨고 주의 깊게 주변을 살핀다. 그러나 태어난 지 몇 시간이 지나면 깨어 있는 시간보다 잠자는 시간이 더 길어진다. 그리고 가끔 두 눈을 크게 뜨고 표정과 몸짓으로 부모에게 관심을 표현한다.

염소나 양 같은 유제류 동물은 어미와 새끼의 애착관계가 생후 15분 내에 형성된다고 한다. 태어난 직후 2시간 이상 새끼를 어미에게서 떼어놓으면 어미는 자기 새끼를 새끼로 받아들이지 않는다. 반면 자기가 낳지 않은 새끼 동물이라도 출산 직후 곁에 두면 자기 새끼처럼 보살핀다.

반면에 인간의 애착과정은 시간에 구속을 받는 반사행위는 아니다. 부모와 아이의 애착관계는 서서히 지속적으로 발달하며 부모와 아이가 함께 하는 경험에 따라 끊임없이 변화한다.

갓난아기는 보고 들을 수 있을 뿐 아니라 선천적으로 사람의 목소리와 얼굴에 특별한 관심을 가지고 태어난다. 그렇기 때문에 얼굴과 목소리만큼 갓난아기의 관심을 집중시키는 것은 없다. 갓난아기는 후각이 아주 뛰어나기 때문에 생후 1~2주만 지나도 엄마의 체취를 구분할 수 있다. 또 아이들의 감각중추는 다른 사람이 자신을 안는 것,

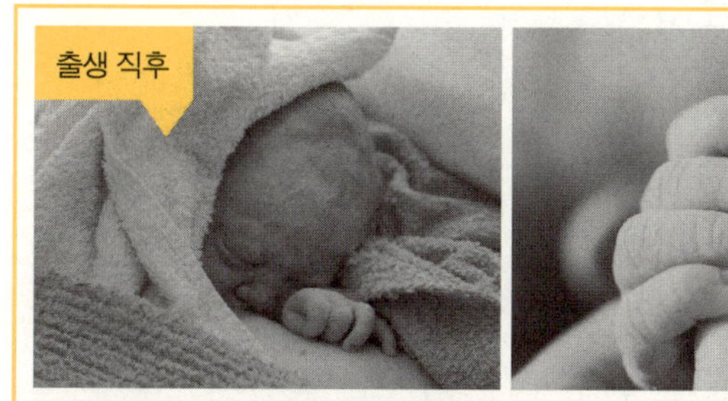

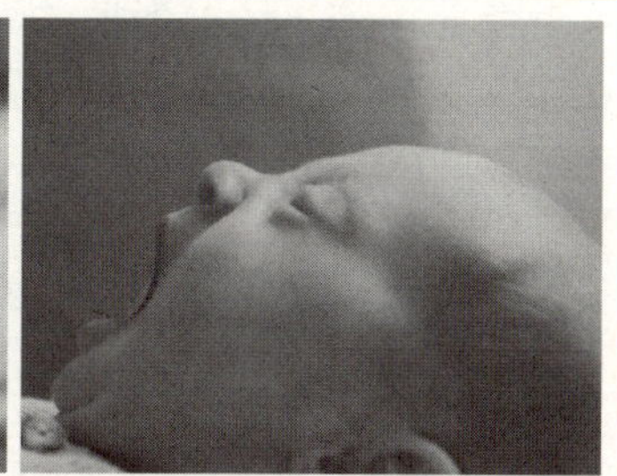

어루만지는 것을 인지할 수 있으며 엄마와 아빠, 낯선 사람의 손길을 구분할 수 있다.

신생아는 다른 사람에게 관심을 보일 뿐 아니라 제한적이긴 하지만 자신의 감정을 표현할 수도 있다. 아기들은 신기할 정도로 다양한 표정을 지을 수 있다. 주의 깊게 엄마의 얼굴을 관찰할 때 아기는 눈을 크게 뜨고 입을 살짝 벌린다. 아이들은 신생아 때부터 얼굴에 다양한 감정을 표현한다. 사람 얼굴에 대한 관심을 표정으로 나타낼 뿐 아니라 모유나 분유를 먹고 배 속에 공기가 들어갔을 때는 슬픈 표정을 짓는다. 또 짜거나 신 것을 먹었을 때는 역겨운 표정을 짓고 불편하게 안거나 바닥에 거칠게 내려놓았을 땐 놀란 눈으로 입을 벌린다.

아기는 편안하고 기분이 좋으면 옹알이를 한다. 그리고 손짓이나 발짓과 같은 몸짓으로 주변 사람에게 접촉하고 싶다는 의사를 표현한다. 신생아가 엄마에게 관심을 보일 때는 엄마를 바라보며 생기 있게 움직인다. 반면에 피곤할 때는 손발이 축 늘어지고 엄마에게서 고개를 돌린다.

신생아에게 발견할 수 있는 또 다른 능력은 모방이다. 미국의 발달심리학자인 앤드류 멜조프(Andrew Melzoff)는 신생아가 다른 사람의 입모양을 흉내 낼 수 있다는 것을 발견했다. 아이들은 다른 사람이 입을 벌리고 혀를 내밀고 입술을 뾰족 내미는 것을 따라 할 줄 안다.

그러나 만 1살 이하 영아의 인지력과 표현능력은 한계가 있다. 세상의 자극을 수용하고 소화하려면 아이들은 많은 시간을 필요로 한다. 또 강하고 반복적이고 오래 지속되는 감각적 인상만을 인지한다. 표정, 시선, 옹알이, 몸짓으로 주변에 자신의 의사를 표현하려고 할 때도 쉽게 피곤해한다. 다행히 어른들은 직감적으로 아기의 제한된 표현능력에 빨리 적응한다. 엄마는 아기의 표정을 따라 하고 아이가 내는 소리를 흉내 낸다. 그때 소리의 크기와 표현방법을 다양하게 변화시키며 아기의 관심을 끈다.

신생아들의 표현방법과 행동은 생후 며칠 후부터 개별적인 차이를 나타낸다. 표정이 풍부한 아기가 있고 옹알이를 잘하는 아기도 있다. 반면에 엄마나 아빠의 얼굴에 특별한 관심을 보이거나 목소리를 주의 깊게 듣는 아기도 있다. 또 어떤 아기는 안기기를 좋아하고 어떤 아기는 몸을 만져주는 것을 좋아한다. 부모들은 대부분 직관적으로 아이의 특징을 파악하고 그에 맞게 반응한다.

잠자는 아기가 양쪽 입꼬리를 동시에 올리면 마치 웃는 것처럼 보인다. 독일에서는 '천사의 미소'라고 불리는 이 배냇짓은 사회적 웃음의 전조로 간주되기도 한다. 아기는 빠르면 생후 2~4주에 '천사의 미소'를 짓는다. 하지만 이때의 웃음은 기분이 좋다거나 특별한 이유가 있는 것은 아니다. 아기는 생후 6~8주가 돼야 사회적 의미의 웃음을 띠기 시작한다.

기분이 좋으면 사람 얼굴을 보고 웃는데 가까운 사람을 볼 때도 낯선 사람을 볼 때도 똑같이 웃는다. 하지만 생후 8주가 지나면 눈 주변에 대한 관심이 증가해 아기는 눈과 눈썹의 움직임을 보고 웃음을 터트린다. 그러다 20주가 되면 입 주변을 보고 웃기 시작하고 더이상 낯선 사람을 볼 때는 웃지 않는다. 늦어도 생후 6개월이 지나면 아이는 표정에 반응하고 친절한 표정을 짓는

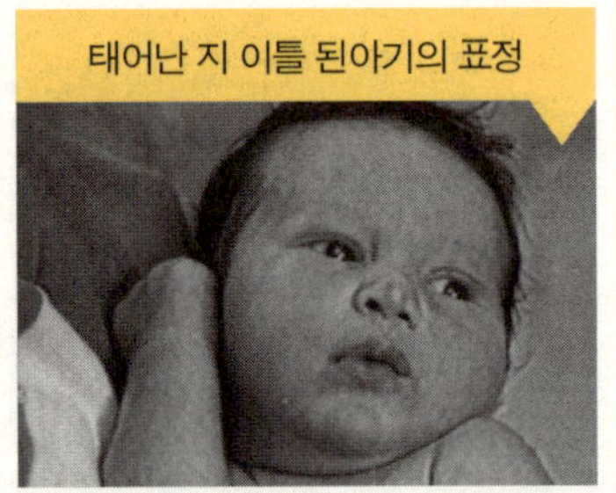

아기가 엄마의 얼굴을 유심히 보고 있다.

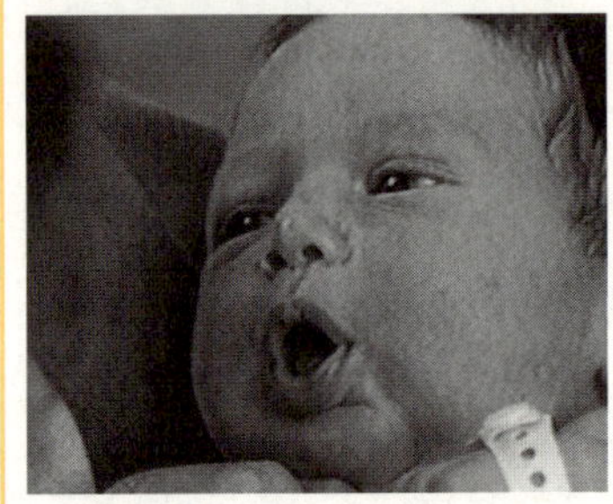

피곤해진 아기가 시선을 다른 곳으로 돌리고 있다.

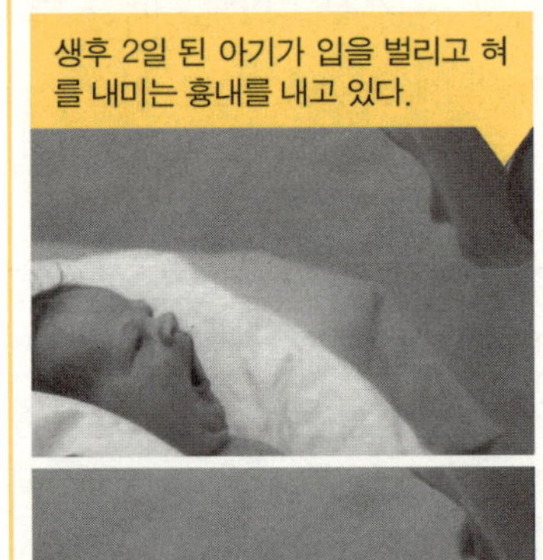

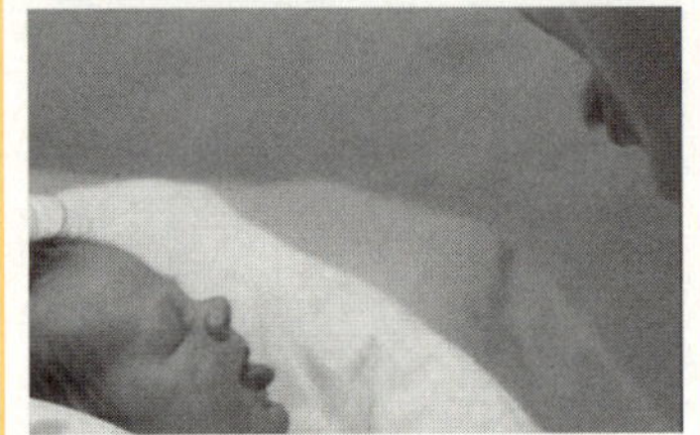

사람에게만 미소를 지으며 무표정하거나 불친절한 얼굴을 보고는 웃지 않는다.

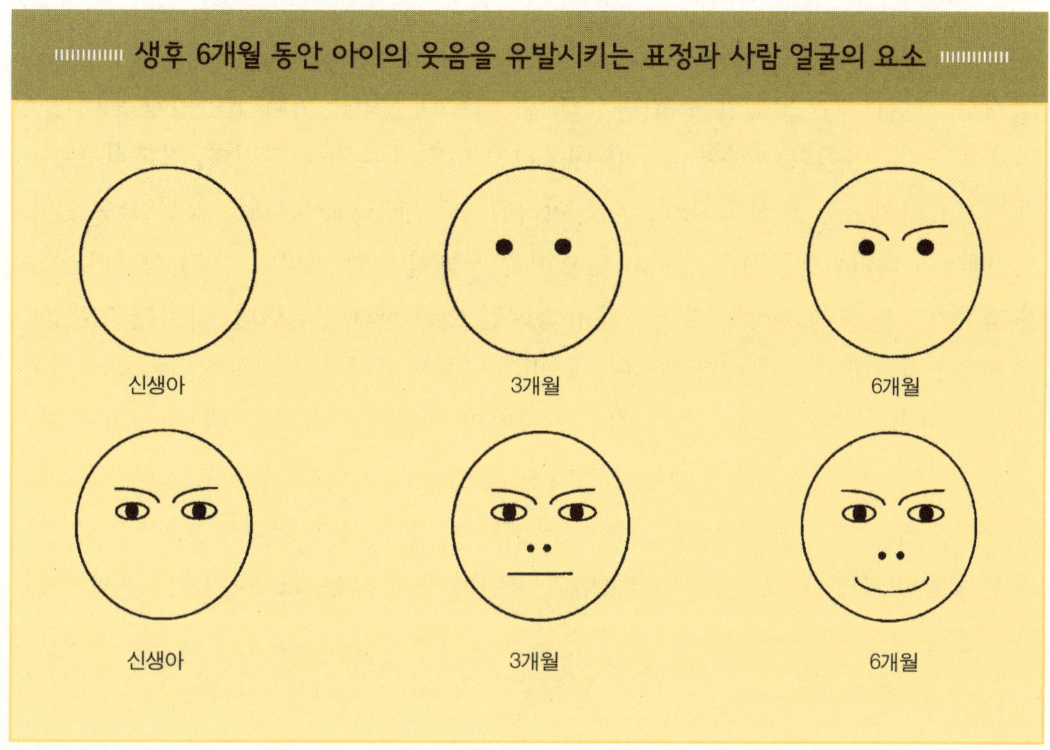

아이는 아빠와도 엄마만큼이나 강한 애착관계를 형성할 수 있다

아이는 생후 2~3주가 지나면 엄마, 아빠가 자신의 욕구를 충족시켜준다는 것을 알게 된다. 배가 고파서 울면 먹을 것을 주고 어딘가 불편하거나 혼자 있기 싫거나 잠에서 깨어 있을 때는 엄마나 아빠가 옆에 있어준다. 아이는 세상에 자신이 믿고 의지할 수 있는 엄마와 아빠가 있다는 것 그리고 이 세상은 어느 정도 예측 가능하다는 것을 경험하게 된다. 이러한 경험은 세상에 대한 신뢰를 쌓는 초석이 된다.

엄마와 아이가 서로를 알아가고 서로에 대한 감정을 교환하는 데는 시간이 많이 필요하다. 이렇게 같이 보낸 시간 덕분에 엄마와 아이는 뿌리 깊은 관계를 형성할 수 있다. 그렇다면 엄마만이 아이와 그러한 내면적인 관계를 형성할 수 있는 것일까? 오늘날 발달심리학자들의 대부분은 그렇지 않다고 말한다. 아이는 아빠하고도 엄마만큼이나 강한 애착관계를 형성할 수 있다. 그러나 애착의 깊이는 아빠가 아이와 보내는 시간의 양과 질, 아이의 다양한 요구에 대응하는 방법에 따라 달라진다. 기본적으로 아이는 보호자의 조건을 충족시키는 어른이라면 누구와도 애착관계를 형성할 수 있다.

신생아의 대인관계능력은 한계가 있으며 인지능력 또한 발달이 덜 된 상태다. 아이가 감각기관을 통해 세상의 자극을 수용하려면 오랜 시간이 걸린다. 아이는 오랫동안 반복해서 자극이 주어질 때만 그 자극에 익숙해진다. 사람과의 관계도 마찬가지다. 아이가 한 사람과 관계를 맺기 위해서는 그 사람과 오랫동안 지속적이고 안정된 경험을 쌓아야 한다. 아이는 젖먹이 때부터 이미 여러 사람과 관계를 맺을 수 있다. 단, 그들은 아이에게 믿음을 주고 아이와 함께 충분한 시간을 보내야 한다. 아이는 여러 사람과 관계를 형성할 수 있을 뿐 아니라 엄마나 아빠 혹은 다른 보호자의 각기 다른 행동에 적응할 수 있다.

Das Wichtigste in Kürze
내용 요약

1. 아이가 태어난 직후 부모와 아이는 서로를 알아가려는 욕구가 아주 강하다. 갓 태어난 아이는 신기하리만치 말똥말똥한 눈으로 주위를 살펴본다.

2. 추울 때, 배고플 때, 기저귀가 젖거나 어딘가 불편할 때, 엄마나 아빠의 따뜻한 체온이 필요할 때 아이는 울음으로 자신의 요구를 표현한다.

3. 신생아는 선천적으로 사람의 얼굴과 목소리에 흥미를 갖는다. 또한 엄마, 아빠의 냄새를 인식하고 엄마나 아빠가 안아주고 쓰다듬어주길 원한다.

4. 신생아는 표정이나 시선, 옹알이, 자세, 움직임으로 감정을 표현한다. 그리고 특정 입 모양을 흉내 낼 줄 안다.

5. 신생아를 다룰 때 부모는 아이의 수용, 표현 능력에 본능적으로 적응한다. 부모는 아이를 대할 때 반복적이고 단순하고 과장된 표현을 쓴다.

6. 부모는 아이를 모방하는 것을 통해 아이의 태도와 감정을 반영한다.

7. 신생아는 처음엔 사람을 볼 때마다 웃지만 나중엔 친숙하고 친밀한 사람에게만 웃어 준다.

분리불안과 낯가림에 대처하는부모의 자세

생후 3개월간 아이의 관심은 부모에게 집중된다. 신생아는 시력이 극히 제한적이기 때문에 자신의 행동반경을 벗어난 곳에 있는 사물은 전혀 인식하지 못한다. 그래서 자신을 돌봐주는 보호자에게 의지하고 보호자에 대한 애착을 표현하는데, 이때 아이는 반복해서 보호자의 얼굴을 바라본다. 그렇기 때문에 보호자는 아이가 바라본 세상의 전부라 할 수 있다.

그러나 3개월이 지나 시력이 좋아지면 아이는 주변에서 일어나는 일에 관심을 갖기 시작한다. 부모가 방안을 돌아다니면 부모를 지켜본다. 그러다 좀 더 시간이 흘러 아이가 손을 뻗어 물건을 잡기 시작하면 아이는 부모의 얼굴보다 물건에 더 관심을 갖게 되고 혼자서 노는 시간이 길어진다. 이제 아이의 놀이상대는 더 이상 부모에 국한되지 않는다. 기기 시작하면 아이는 다른 사람의 도움을 받지 않고 혼자서 주변에 있는 신기한 물건을 잡는다. 그리고 손에 닿는 것은 모조리 만지고 입에 넣으려고 한다.

이 장에서는 우선 생후 6개월 이후 부모와 아이 사이에 형성되는 관계성 행동에 대해 살펴볼 것이다. 그런 다음 분리불안과 낯가림이 육아에 어떤 영향을 주는지 알아보자.

분리불안_ 분리불안은 아이를 위험으로부터 보호하는 일종의 방어기제이다

아이가 이동을 시작하면 위험이 따르기 마련인데 이 세상은 전기 콘센트나 독성 세제 등이 발명되기 전부터 아이에겐 위험한 곳이었다. 오래전 인간이 자연생활을 했을 때에도 세상은 아이에게 위험했다. 포유류와 인간은 이러한 위험으로부터 보호해줄 엄마에게서 떨어지지 않기 위해 분리불안이라는 일종의 방어기제를 발달시켰다. 분리불안 덕분에 아이는 탐험충동에 브레이크를 걸 수 있으며 보호자와 애착을 형성할 수 있다. 이처럼 분리불안은 아이와 보호자를 연결시켜주는 보이지 않는 끈이다. 이 끈의 길이는 아이마다 다르다. 놀이터에서 아이와 부모를 관찰해보면 분리불안을 결정짓는 요소가 무엇인지 짐작할 수 있다.

분리불안의 정도를 결정짓는 네 가지 요소

● **나이** _ 분리불안은 만 2~3살의 유아에게서 가장 두드러지게 나타난다. 그러다 만 3살이 지나면 점점 감소하여 다른 아이들이나 어른들과도 쉽게 어울린다. 그렇다고 해서 분리불안이 완전히 사라지는 것은 아니다. 어른에게도 분리불안은 존재한다. 낯선 외국에 있을 때보다 친숙한 장소에 있을 때 훨씬 편한 것이나 낯선 도시에서 홀로 골목길을 지나갈 때 불안한 느낌이 드는 것도 일종의 분리불안 증세이다. 외국여행을 할 때 단체여행을 선택하는 사람이 적지 않은 것도 그런 이유 때문이다.

● **성격** _ 나이와 더불어 아이의 성격은 분리불안 정도를 결정하는 데 중요한 역할을 한다. 겁이 많고 신중한 성격의 아이는 대부분의 시간을 부모 곁에서 보낸다. 반면 호

기심이 많고 용감한 아이는 활동반경이 훨씬 넓다. 그런 아이를 둔 부모는 아이와 연결된 끈이 좀 짧았으면 좋겠다고 생각할 것이다.

● **환경이나 사람에 대한 친밀도 _** 환경은 아이가 부모로부터 얼마나 멀리 떨어질 수 있는지 결정하는 중요한 요소다. 아는 놀이터에서 아는 아이들과 놀 때와 처음 가는 놀이터에서 놀 때는 분명히 다르다. 익숙한 곳에 있을 때 아이는 부모한테서 빨리 떨어지지만 낯선 곳에서는 쉽게 떨어지려 하지 않는다. 손위 형제가 함께 있을 때도 아이의 활동반경은 넓어진다. 그러나 낯선 사람이 가까이 있으면 아이는 부모에게서 멀리 떨어지지 않는다.

● **보호자의 행동 _** 놀이터에 가서 부모가 안절부절못하며 계속 아이를 걱정하면 아이도 부모한테서 잘 떨어지지 않는다. 반면 부모가 다른 아이의 부모와 쉽게 말문을 트고 아이에게 다른 아이들과 놀라고 용기를 주면 아이도 용기를 내어 부모한테서 더 빨리, 더 멀리 떨어져 놀 수 있을 것이다.

낯가림_ 아이는 낯선 것을 두려워함으로써 자신을 안전한 사람 곁에 둔다

아이들은 생후 6개월이 되면 낯선 사람을 보고 얼굴을 돌린다. 한 마디로 낯가림을 시작한다. 그런데 낯가림은 사람에 따라 정도가 달라진다. 사람에 따라 아이의 반응이 달라지는 이유는 다음 장에서 자세히 다룰 것이다.

낯가림은 '8개월 불안'이라고 불리기도 한다. 만 8개월에 낯가림 현상이 뚜렷해지는 아이들이 많기 때문이다. 전형적인 낯가림 현상은 아이가 낯선 사람의 얼굴을 보고 우는 것이다. 낯가림은 대개 아이가 친숙한 사람과 낯선 사람의 얼굴을 구분하기 시작하면서 시작된다고 알려져 있지만 생후 2~3개월만 지나도 아이는 낯선 사람과 친숙한 사람을 구분할 줄 안다. 그러나 그때는 시각적인 인식이 다른 감각보다 중요한 역할을 하지 못하기 때문에 낯가림을 안 하는 것이다.

젖먹이 아기들에게 가장 잘 발달된 감각은 신체감각, 그중에서도 촉각과 운동감각이다. 낯선 사람이 생후 2개월 된 아이를 안으면 아이가 울음을 터뜨릴 수도 있다. 아이는 낯선 사람이 자기 엄마나 아빠와 다르게 안는다는 것을 감각적으로 알아차린다. 갓난아기는 낯선 목소리와 냄새도 구분할 줄 안다.

친숙한 사람과 낯선 사람을 구분하는 것은 낯가림의 전제조건이긴 하나 그것이 낯선 사람을 회피하는 아이의 행동을 설명해주진 못한다. 낯가림은 분리불안과 비슷한 기능을 한다. 자연의 섭리를 따라 아이들은 생후 1년 동안 낯선 것을 두려워함으로써 신체적으로 정신적으로 자신을 편안하게 해주는 사람과 가까운 곳에 머문다.

분리불안과 마찬가지로 낯가림 정도는 개월 수가 같아도 아이마다 제각각이다. 낯가림 정도에 영향을 주는 중요한 요소는 분리불안을 결정하는 요소와 같다.

낯가림 정도에 영향을 주는 네 가지 요소

● **나이 _** 낯가림 현상이 뚜렷이 나타나는 시기는 아이마다 다르다. 5개월 때부터 낯가림을 시작하는 아이가 있는 반면, 만 2살이 돼서 낯가림을 하는 아이도 있다. 그러나 대부분의 아이들은 6~9개월 사이에 낯가림을 시작한다. 정리하자면 낯가림 현상은 8~36개월 사이에 나타나며 36개월이 지나면 낯가림도 분리불안 증세도 줄어든다. 아이가 낯선 사람과 자주 어울리고 엄마 없이 몇 시간씩 보내는 연습을 하면 낯가림도 분리불안도 가볍게 극복할 수 있다.

● **성격 _** 분리불안과 마찬가지로 아이의 성격도 낯가림 정도를 결정짓는 중요한 요소이다. 전혀 낯가림을 하지 않는 아이가 있는가 하면 어떤 아이는 낯가림이 심해 몇 년 동안 낯선 사람을 회피한다. 낯가림과 성격의 연관성은 성인에게서도 발견할 수 있다. 어른들도 성격에 따라 낯선 사람을 대하는 태도가 다르다.

● **다른 사람과의 경험 _** 생후 1년 동안 아이가 부모 이외의 사람들과 얼마나 접촉을 했느냐에 따라 낯가림 정도가 달라진다. 어릴 때부터 다양한 사람들과 어울릴 기회가 많았던 아이는 낯가림이 심하지 않다. 반면 엄마, 아빠 외에 다른 사람과 접촉할 기회가 적었던 아이는 낯을 심하게 가린다. 또한 식구가 많은 대가족에서 자란 아이는 단출한 가정에서 자란 아이보다 낯을 안 가린다.

● **사람에 대한 친근성 _** 친숙함 역시 낯가림의 정도를 결정하는 요소다. 낯선 사람이라도 아이에게 어떤 사람은 친숙하게 다가오고 어떤 사람은 완전히 낯선 존재로 받아들여진다. 아이가 이웃집 아줌마를 보고는 낯을 가리지 않았다면 아줌마의 말투와 자신을 안는 방식이 엄마와 크게 다르지 않았기 때문일 것이다. 반면 이웃집 아저씨를 보고는 울음을 터뜨렸다면 아이에게 이웃집 아저씨의 중저음의 목소리가 낯설게 들렸고 엄마가 안을 때보다 너무 세게 안았기 때문에 낯설게 느껴졌을 것이다. 게다가 엄마나 아빠한테서 한 번도 맡아본 적이 없는 담배냄새까지 났다면 아이에게 낯설 수밖에 없다.

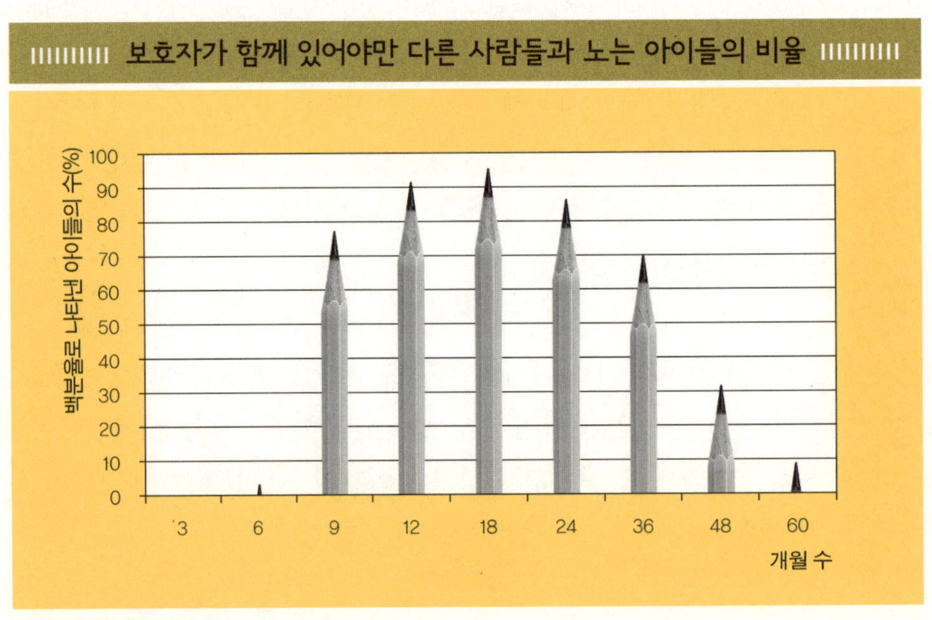

● **거리두기(사회적 거리)** _ 낯선 사람이 아이에게 얼마나 거리를 두느냐에 따라 아이의 낯가림 정도는 달라진다. 낯선 사람이 아이에게 조심스럽게 접근하면서 적정 거리를 유지하면 아이는 친근하거나 중립적인 태도를 보일 것이다. 반면 임계거리를 무시하고 아이에게 너무 가까이 다가오면 아이는 거부반응을 보이기 시작한다. 따라서 아이를 대할 때는 인내심이 아주 중요하다. 아이가 친숙함을 느낄 수 있도록 충분한 시간을 갖고 기다린다면 아이는 낯선 사람을 친숙하게 받아들일 것이다.

아이 맡기기 아이를 누군가에게 맡기는 것이 아이에게 나쁜 영향을 미칠까?

맞벌이 부부의 경우를 비롯해 가정마다 부모가 아이를 다른 사람에게 맡길 수밖에 없는 사정이 있다. 그러나 생후 6~18개월에는 특히 낯가림과 분리불안이 심한 시기이므로 아이에게 정서적 안정감을 줄 수 없는 낯선 사람에게 무작정 아이를 맡겨서는 안 된다. 다른 사람에게 아이를 맡기려면 부모가 함께 있는 자리에서 아이가 그 사람에게 친숙해질 수 있도록 해야 한다. 다른 사람에게 맡겨진다고 해서 아이가 부모에게 버림받았다는 느낌을 받으면 절대 안 된다. 그러면 아이뿐만 아니라 부모와 아이를 돌봐줄 사람 모두 힘이 들 것이다.

그러므로 충분한 시간을 갖고 아이를 다른 사람에게 맡겨야 한다. 예를 들어 베이비시터가 오자마자 아이에게 서둘러 작별인사를 하고 성급히 집을 나선다면 아이는 방치되었다고 느낄 것이다. 아이가 편안함을 느끼려면 아이가 베이비시터에게 익숙해질 수 있는 시간을 주어야 한다. 그리고 아이가 베이비시터와 놀이에 푹 빠져 있을 때 아이에게 작별인사를 하는 것이 좋다.

외가나 친가 등 한시적으로 다른 집에 아이를 맡길 때는 아이가 좋아하는 물건을 가지고 가야 한다. 잠옷뿐 아니라 이불이나 침낭도 가져가는 것이 좋다. 익숙한 이불이나 침낭에서 자면 아이도 안심할 것이다.

아이를 다른 사람에게 맡긴다고 해서 무조건 아이에게 심각한 영향을 미치는 것은 아니다. 아이의 욕구를 충족시켜주고 아이에게 충분한 관심과 애정을 주는 사람이 아이를 돌봐준다면 아이는 부모와 떨어져 있는 시간을 충분히 잘 견딜 수 있다.

아이에게 생후 3~6개월까지는 기쁨의 시기라 할 수 있다. 이 시기에 아이는 몸이 편하고 충분한 관심과 애정을 받으면 대체적으로 만족한다. 아이는 기분이 좋으면 미소를 짓고 소리 내서 웃기도 하며 트림을 하거나 옹알이도 한다. 이 시기에는 세상 모든 것이 아이에겐 기쁨이고 이 세상엔 좋은 것만 있다. 아이를 두렵게 하는 것이나 낯선 것은 존재하지 않는다.

하지만 안타깝게도 6개월이 지나면 그 기쁨의 시기는 끝이 난다. 6개월이 지나면 아이는 낯을 가리기 시작하고 불안과 두려움을 보이기 시작한다. 그리고 아이가 좋아하는 사람과 무서워하는 사람이 생기고 밝은 표정과 어두운 표정을 구분할 수 있게 된다. 또한 다른 사람의 감정에 영향을 받으며 부모나 형제자매들의 표정을 수용하기 시작한다. 그래서 아빠가 웃으면 아이도 웃고 형제가 울면 아이도 덩달아 울음을 터뜨린다.

생후 4~9개월이 되면 아이는 주변을 탐구하기 시작한다. 주변에 있는 온갖 물건들을 잡고 입에 넣고 탐구하며 기려고 애쓴다. 그러나 아이의 호기심은 분리불안과 낯가림이라는 현상과 충돌한다. 이러한 상반된 감정이 아이의 행동을 결정하기도 한다. 이때 아이의 보호자는 아이가 낯설고 신기한 세상을 탐구할 수 있는 든든한 방패가 되는 것이다.

Das Wichtigste in Kürze

내용 요약

1 3개월부터 아이의 관심은 부모에게서 주변 세상으로 쏠리기 시작한다.

2 생후 1~2개월부터 아이는 후각, 촉각, 청각, 시각을 이용해 친근한 사람과 낯선 사람을 구분할 줄 안다.

3 생후 6~9개월에 낯가림과 분리불안 증세가 나타나기 시작한다. 이는 아이와 부모를 묶는 일종의 끈과 같다.

4 분리불안과 낯가림의 정도는 아이마다 다르게 나타나며 아이의 성격, 나이, 생활환경에 크게 좌우된다.

5 아이를 다른 사람에게 맡길 때는 아이의 욕구를 충족시켜줄 수 있고 아이에게 필요한 관심과 애정을 줄 수 있는 사람에게 맡겨야 한다. 이러한 조건이 충족되었을 때 아이는 부모와 떨어져도 잘 지낼 수 있다.

6 생후 6개월이 지나면 아이의 행동은 종종 상반되는 감정의 지배를 받는다. 한편으로 아이는 호기심에 가득 차 주변 세상을 탐구하려 하지만, 다른 한편으로 낯가림과 분리불안 때문에 주저하기도 한다. 아이의 보호자는 아이가 세상을 탐구할 수 있도록 해주는 안전한 방패막이다.

관 계 성 행 동

동생을 **질투하는** 큰아이의 **마음**은 누가 보듬어줄까

한 엄마가 만 2살 된 아들을 데리고 장을 본다. 엄마가 계산대 앞에 줄을 서자 쇼핑카트에 앉아 있던 아이가 내리려고 한다. 엄마가 아이를 번쩍 들어 바닥에 내려놓자마자 아이는 진열대로 달려가 사탕을 잽싸게 집어 든다. 그 모습을 본 엄마가 아이 손에 있는 과자를 다시 진열대에 돌려놓자 아이는 바닥에 드러누워 발을 구르고 머리를 바닥에 박으면서 목청이 터지도록 울기 시작한다. 엄마는 당황해서 어쩔 줄 모른다. 그 광경을 보고 있던 한 여자가 친절한 얼굴로 이렇게 말한다.

"저 나이 땐 우리 애도 그랬어요. 그냥 기다리세요. 보세요, 애가 혼자 진정하고 있잖아요."

만 2살이 되면 아이는 자신이 독립적인 존재임을 인식하기 시작한다. 자기인식이 시작되면 아이는 자신의 뜻을 관철하려 하지만 언제나 뜻대로 되지는 않는다는 것을 경험하게 된다. 자기 뜻대로 안 되면 심한 경우에는 분노발작을 일으키거나 제어하지 못할 정도로 울부짖으며 날뛸 수도 있다. 이 시기를 극복하는 것은 아이에게도 부모에게도 쉽지 않은 일이다.

이 장에서는 우선 자아발달에 대해 살펴본 후 만 2살에 나타나는 관계성 행동을 자세히 관찰할 것이다. 그러기 위해 이행대상과 어린 동생에 대한 질투를 다룬 후 마지막으로 자립심의 발달에 대해 설명할 것이다.

자기인식의 시작_거울 속에 있는 저 귀여운 아이는 누구지?

만 1살까지 아이는 거울에 비친 자신의 모습 자체에 관심을 보인다. 그 모습이 아이에게는 놀이 대상이기 때문이다. 아이는 거울에 비친 자신의 모습을 주의 깊게 관찰하며 웃기도 하고 말을 하기도 하고 그러다 거울을 두드리기도 한다.

그러나 이러한 행동은 만 1살을 전후해서 달라진다. 아이는 거울 속의 자신에게 장난감을 권하기도 하고 손을 뻗어 자신의 모습을 잡으려 하거나 거울 뒤로 끌어당기려고 한다. 그리고 거울 주위를 돌며 거울 속의 놀이 상대를 찾다가 아무것도 없는 걸 알고는 놀란다. 이렇게 생후 1년이 지나면 아이들은 거울을 탐구하기 시작하고 거울은 신기한 존재가 된다. 하지만 이 시기의 아이들은 거울 앞에서 오래 놀아도 거울 속의 모습이 자기 자신이라는 것을 아직은 인식하지 못한다.

자기인식 발달에 대한 여러 연구가 있지만, 그중에서 영아의 자기인식능력을 알아보기 위한 실험으로 연지검사(Rouge Test)가 있다. 연지검사란 다양한 연령의 아이들을 거울 앞에 앉혀놓고 거울에 비친 모습을 보고 어떤 반응을 보이는지 관찰한 실험이다. 아이들을 거울 앞에서 놀게 한 다음 아이들이 눈치 채지 못하게 볼이나 이마에 빨간 점을 찍은 다음 거울을 보는 아이들의 반응을 살폈다.

실험결과 18개월 이전의 아이는 아무런 변화를 보이지 않았다. 자신의 얼굴에 빨간 점이 찍힌 것을 알아채지 못했기 때문이다. 반면 18~24개월 된 아이들은 얼굴에 찍힌 빨간 점을 보고 놀라서 점을 잡으려 했다. 이 시기의 아이들은 거울에 비친 모습이 자기 자신이라는 것을 아는 것이다.

거울에 비친 모습이 자기 자신이라는 것을 인식할 정도로 자기인식능력이 발달하면 아이는 다른 사람들을 독립적인 인격으로 인지한다. 그리고 다른 사람의 감정을 공감하기 시작하고 공감적인 행동을 보인다. 아이는 15개월 이전에 가족의 기쁨, 슬픔, 고통에 반응하고 동감한다. 아이의 첫 번째 공감 대상은 손위 형제이다. 그래서 손위 형제가 울면 어린 아이도 따라 우는 것이다. 그러다 가족 외에 다른 사람의 고통, 슬픔에도 공감을 표시하게 된다. 아이는 슬픔과 고통을 공감할 뿐 아니라 그들의 아픔을 덜어주려고 노력한다. 예를 들면, 언니나 오빠가 울면 아이는 장난감을 주며 위로를 하려 한다. 그런데 중요한 것은 아이가 다른 사람을 돕거나 위로하는 방식은 부모가 슬픔이나 두려움, 아픔에 대처하는 방법에 깊은 영향을 받는다는 사실이다.

아이가 떼를 쓰는 것은 지극히 정상적인 발달의 한 부분이다

만 1살이 되면 의지가 발달하기 시작하기 때문에 자신이 스스로 결정하고 행동하려 한다. 아이들은 대부분 자신의 뜻을 관철시키지만 가끔 인정할 수 없는 한계에 부딪히기도 한다. 그러면 발을 구르며 소리를 지르거나 심지어 자기 몸을 때리기까지 한다. 이처럼 아이들은 자기 뜻대로 못했을 때 불만을 표현하는데 아이의 기질에 따라 그 표현 정도는 크게 달라진다.

만 1살이 되면 아이들은 지속적인 시행착오를 통해 사물의 인과관계를 이해하기 시작한다. 전기스위치를 켜고 끄는 데 재미가 들린 아이는 손이 닿는 곳에 있는 스위치란 스위치는 다 만지고 논다. 또 어쩌다 혼자서 문을 여닫는 데 성공하면 그 다음부터는 반드시 혼자서 문을 열고 닫으려 한다. 그러나 다른 사람이나 사물이 자신의 뜻대로 움직여주지 않으면 아이는 쓰라린 경험을 하게 된다.

이때 아이가 성질을 내며 고집을 부리는 정도가 심하면 부모는 겁을 먹는다. 예를 들

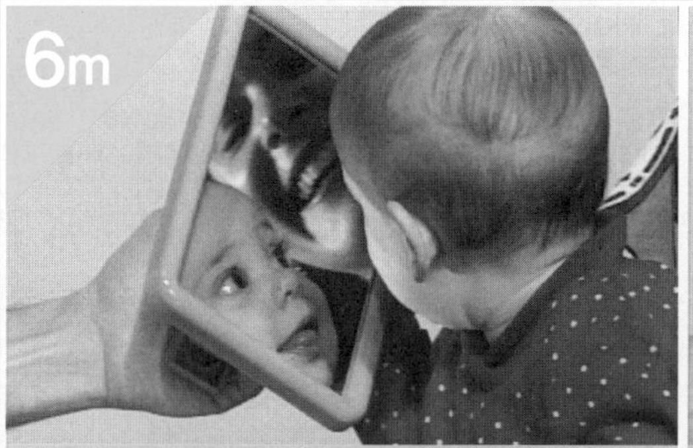

6개월 된 아이는 거울에 비친 엄마를 인식한다.

그러나 자기 자신은 인식하지 못한다.

12개월 된 아이는 거울 속의 아이에게 친절한 미소를 짓는다.

12개월 된 아이는 또한 거울에 비친 아이를 거울 뒤에서 찾는다.

18개월 된 아이는 '이게 내 귀야?'라는 표정으로 거울을 본다.

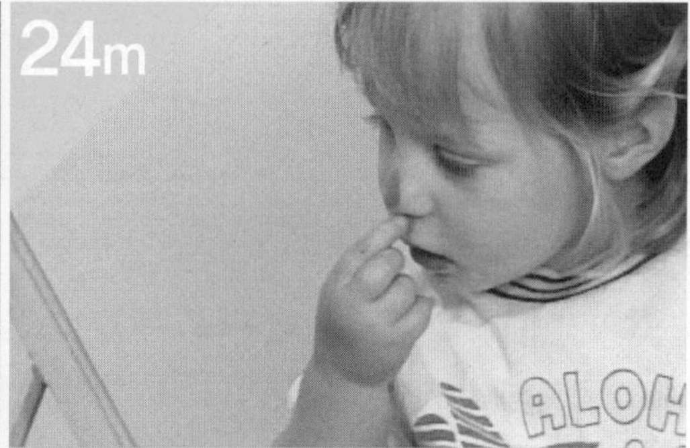

24개월 된 아이는 '내 얼굴에 뭐가 묻었네.'라는 표정으로 거울을 바라본다. 자기 자신은 인식하지 못한다.

어 아이가 바닥에 누워 손발을 구르는 것까지는 참을 수 있지만 바닥에 머리를 박으면 대부분의 부모는 아이가 다칠까 봐 겁을 먹는다. 그러나 부모가 우려하는 일은 발생하지 않는다. 붓거나 멍이 들 수는 있어도 뇌가 손상될 정도까지는 아니다.

특히 공공장소에서 아이가 성질을 부리면 부모는 당황한다. 그렇다면 이런 경우 엄마는 어떻게 행동해야 할까? 아이를 안아주고 쓰다듬으면서 부드럽게 타이를 수도 있겠지만 사실 그런 방식으로 아이를 위로하는 것은 소용이 없을 때가 많다. 오히려 더 오래, 더 심하게 성질을 부린다. 또 엄마가 포기하고 아이의 요구를 들어주면 아이는 울고 떼를 쓰면 자기 뜻대로 된다고 생각하고 엄마가 자기 말을 안 들어줄 때마다 생떼를 쓸 것이다. 경험상 아이가 억지를 부릴 때는 아이가 스스로 진정할 때까지 기다려주는 것이 가장 좋은 방법이다. 단 아이가 울며 떼를 쓸 때 엄마가 아이 옆에 있어야 한다. 그래야만 아이가 엄마가 자기를 버렸다고 생각하지 않을 것이다.

⭐ 떼를 쓰고 울다가 호흡곤란 증세를 보여도 놀라지 말고 침착하게 기다려라

어떤 아이들은 간혹 호흡정지발작이나 분노경련으로 좌절감을 표시하곤 한다. 호흡정지발작이나 분노경련은 아이가 심하게 울다가 얼굴이 파랗게 변하고 팔다리를 떨다가 몸이 축 늘어져 호흡곤란 증세를 보이는 것이다. 이럴 때 부모는 놀라고 당황하겠지만 실제로 호흡정지발작은 길어야 2~3분 동안 지속되며 얼굴이 파랗게 변하는 청색증이 나타나도 인공호흡을 하거나 하지 않아도 된다. 아이가 울다가 점점 심해져 발작을 일으키며 호흡 곤란 증세를 보이는 것은 과도한 호흡 때문이다. 호흡정지발작은 아이의 좌절감의 표현이기 때문에 부모는 침착하게 아이가 안정을 찾을 때까지 기다려야 한다.

아이가 심하게 고집을 부리고 떼를 쓰는 것보다 더 심각한 것은 오히려 아이가 아예 고집을 부리지 않는 것이다. 자신의 뜻을 관철시키려고 떼를 쓰고 고집을 부리는 것은 정상적인 발달의 한 부분이기 때문에 만약 고집을 안 부린다면 자아발달에 문제가 있는 것이다.

만 1살부터 유치원에 갈 즈음까지 고집 부리고 떼를 쓰는 행동은 반복된다. 아이는 자신의 행동에 제약이 가해질 때 자신을 절제할 줄 모르고 좌절감을 표현한다. 아이가 자신의 감정을 통제할 수 있으려면 오랜 시간이 필요하다. 심지어 어른이 되어서도 감정을 통제하지 못하는 사람도 있다. 그래서 화를 참지 못하고 불같이 성질을 내는 것이다.

고집을 피우고 떼를 쓰는 정도와 빈도는 연령과 아이의 기질에 따라 다르다. 아무리 좋은 교육법을 동원해도 어린아이가 고집을 부리고 떼를 쓰는 것은 막지 못한다. 단 부모의 대처방법에 따라 아이가 떼를 쓰는 빈도가 달라질 수 있으며 떼를 쓰는 정도는 아이의 기질과 연령에 크게 좌우된다.

자아감정이 생기기 시작하면서 아이는 '나의'라는 소유격의 의미를 이해하기 시작한다. 그러면서 아이는 자기 물건을 절대 뺏기지 않으려 한다. 그러나 다른 아이의 물건을 뺏는 것은 주저하지 않는다. '너의'라는 단어의 의미를 이해하려면 조금 더 시간이 걸리기 때문이다. 그렇기 때문에 생후 10~24개월의 아이들은 장난감을 빼앗긴 아이들이 우는 것을 이해하지 못한다.

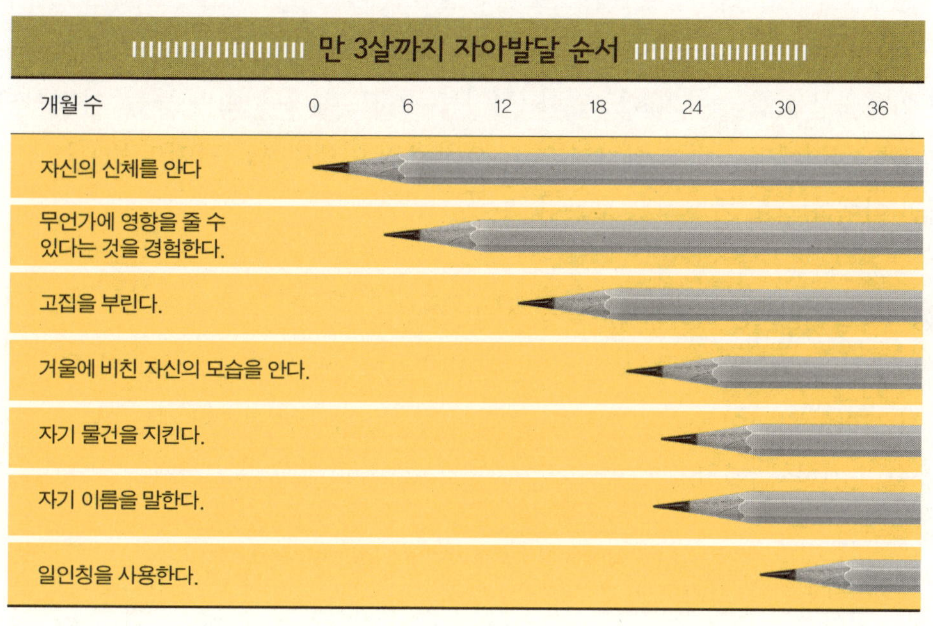

이행대상_엄마와의 신체적 접촉이 적을수록 아이는 이행대상을 필요로 한다

만 2~3살은 아이가 보호자의 곁에서 떨어지려 하지 않는 나이다. 그러나 키도 크고 몸무게도 늘어 아이를 하루 종일 안고 있을 수도 없을 뿐더러 운동능력이 발달해서 안 기려 하지도 않는다. 그래도 아이는 보호자와 가까이 있으려 한다. 아이는 하루에도 수없이 보호자가 곁에 있는지 확인한다.

만 2~3살이 되면 아이가 애착을 갖는 특정 사물이 생기는데 이를 이행대상이라고 한다. 전형적인 이행대상은 천기저귀, 수건, 담요, 베개커버인데 아이가 좀 더 크면 곰 인형이나 봉제인형을 선호한다. 어떤 아이들은 유치원에 다닐 나이가 될 때까지 수건 을 가지고 다닌다. 심지어 이행대상을 한시도 떼어놓지 못하고 늘 가지고 다니는 아이 들도 있다. 그런 아이들은 기분이 안 좋을 때마다 이행대상을 찾으며 그것이 없으면 잠도 못 잔다. 애착하는 이행대상을 잃어버린 아이는 불안해한다. 그래서 좋아하는 이 불을 빨면 익숙한 냄새가 사라지기 때문에 울음을 터트리기도 한다.

3~4년씩이나 이행대상을 떼지 못하는 아이들도 있다. 심지어 초등학교 들어갈 때 까지 이행대상을 찾는 아이들도 있다. 성인들 중에도 간혹 돌이나 동전, 목걸이, 반지 등 특정한 물건에 집착하는 사람이 있는 것을 보면 이행대상은 단어의 뜻과는 달리 일 시적인 이행 현상이 아닌지도 모른다.

⭐ 정서적으로 방치된 아이에게는 이행대상이 없다

그렇다면 이행대상은 아이에게 무엇을 의미할까? 프로비던스 대학 연구팀은 고아 원에서 생활하는 아이들을 관찰한 결과 정서적으로 방치된 아이에게는 이행대상이 없 는 것을 발견한다. 관찰결과 연구팀은 애착관계가 이행대상의 전제조건이라는 결론 을 내렸다.

이 밖에도 아동학자들은 다양한 문화권에서 이행대상과 신체적 접촉 정도의 상관관 계를 연구했는데, 엄마와 아이의 신체적 접촉이 잦은 문화권에서는 이행대상이 관찰되지 않는 반면 엄마와 아이의 신체적 접촉이 적은 서구 국가들에서는 이행대상을 가지고 있는 아이들이 많았다. 아이들은 부드럽고 따듯하고 익숙한 냄새가 나는 이행대상에서 보호자와의 신체적 접촉이 이루어질 때 느끼는 안도감을 찾는다.

10~24개월의 아이들은 유난히 보호자의 품에서 떨어지려 하지 않는다. 그렇기 때문에 갑자기 그들과 떨어지면 몹시 불안해한다. 이때 이행대상이 아이에게 안도감을 준다. 그러나 아이의 정서적 안정은 보호자가 얼마나 아이와 함께 있고 얼마나 애정과 관심을 갖느냐에 따라 달라진다.

질투_아이가 동생을 질투를 하는 이유는 동생 때문이 아니라 부모 때문이다

부모는 동생이 태어난다고 기뻐하는 아이의 모습을 보면 안도한다. 갓 태어난 동생에게 질투하는 아이는 거의 없다. 하지만 엄마 품에 동생이 안겨 있는 것을 보면 큰아이는 상반된 감정을 갖는다.

아이가 태어난 후 몇 주가 지나도 큰아이가 동생을 질투하지 않으면 부모는 큰아이가 동생을 받아들였다고 생각한다. 그러나 그것은 부모의 큰 착각이다. 큰아이는 앞으로 다가올 몇 개월, 아니 몇 년 동안 동생에 대한 질투를 확실히 보여줄 것이다. 그렇게 해서 아이는 부모에게 부모가 충족해줘야 할 욕구를 지닌 아이가 또 있다는 것을 상기시켜준다. 어떤 부모라도 큰아이의 동생에 대한 질투를 피해갈 수는 없다. 그리고 자녀가 세 아이 이상일 경우 대부분의 아이들은 바로 아래 동생을 질투한다. 즉 세 아이가 있는 집에서 큰아이가 바로 아래가 아닌 막내동생을 질투하는 경우는 드물다. 동생이나 손위 형제에 대한 질투심의 강도는 아이마다 다른데 아이의 질투심의 강도를 결정하는 요소는 다음과 같다.

질투심의 강도를 결정하는 4가지 요소

● **나이 _** 동생이 태어날 때 아이가 만 2.5~5살이면 동생에 대한 질투가 가장 뚜렷이

나타난다. 그러나 2살이 안 됐을 때는 동생을 질투하지 않다가 나중에 질투하기 시작하는 아이도 있고 5살을 넘어 만 10살이 된 아이도 갓난아기를 질투하기도 한다. 그러나 다른 형제와 사이가 돈독하면 동생을 덜 질투한다.

● **아이의 성격 _** 애착행동처럼 동생이 생기면 불안해하는 정도는 아이들마다 다르다. 부모가 동일한 육아방식으로 아이를 키워도 아이마다 기질이 다르다는 사실을 잊어서는 안 된다.

● **가족이나 주변의 관심도 _** 천사 같은 아이의 미소는 다른 가족에게는 화창한 햇빛 같지만 손위 형제에게는 고통이 될 수도 있다. 가족뿐 아니라 친척이나 지인들 모두에게 갓 태어난 아이가 중심이 되기 때문이다. 그리고 큰아이에게는 "넌 다 컸잖아"라고 말하며 이성적으로 행동하기를 바란다. 게다가 동생이 태어났으니 기뻐하라고 한다. 그러나 아이 입장에서 보면 동생은 경쟁상대인데 어찌 기뻐할 수 있겠는가. 만약 큰아이가 산만하고 활달한 반면 작은 아이가 말을 잘 듣고 돌보기 편하다면 부모는 작은 아이를 편애하기 쉽다. 이럴 경우 큰아이는 어릴 때는 물론이고 학교에 입학한 후에도 동생을 질투하게 된다.

● **엄마를 둘러싼 경쟁 _** 아이가 질투어린 행동을 보이기 시작하는 이유는 갓 태어난 동생 때문이 아니라 부모 때문이다. 아이는 부모한테 더 많은 관심과 애정을 원할 뿐이다. 특히 아이가 질투하는 것은 어린 동생과 엄마의 잦은 신체적 접촉이다. 엄마는 동생에게 젖이나 분유를 먹이고 하루에도 몇 번씩이나 기저귀를 갈아주고 애정이 가득한 말투로 이야기를 한다. 아이의 작은 움직임 하나에도 부모는 기쁨을 감추지 못하는 반면 큰아이에게는 하지 말라는 일이 많아진다.

그런 모습을 보면 큰아이는 당연히 엄마와 아빠가 동생을 편애한다고 생각한다. 그렇기 때문에 동생이 태어나면 큰아이는 엄마와 아빠의 관심을 더 많이 갈구한다. 그리고 일종의 퇴행현상을 보인다. 엄마에게 더 붙어 있으려 하고 동생이 부모와 같이 자면 자신도 부모와 함께 자려 든다. 또 혼자서 먹으려 하지 않고 엄마한테 먹여달라고 하거나 다시 분유병을 빨기도 하고 자기도 동생처럼 엄마한테 기저귀를 채워달라고 하기 위해서 바지에 용변을 보기도 한다. 또한 큰아이의 질투심은 종종 어린 동생에 대한 공격적인 행동으로 표현되기도 한다.

하지만 아이가 어린 동생을 질투하느라 칭얼대고 공격적인 행동을 한다고 해서 엄하게 다스려서는 안 된다. 그보다는 아이의 정서적 불안을 받아주고 두 아이를 되도록 공평하게 대하여 두 아이와의 관계에 균형을 유지하는 것이 중요하다.

아이들은 다른 아이들을 필요로 한다

어른들은 어린아이들이 장난감을 뺏고 자주 싸우는 것을 보고 아이들끼리 놔두면 안 된다는 선입견을 갖는다. 10~24개월 된 아이들은 아직 서로 물건을 주고받고 공통된 목적을 가지고 행동하고 역할을 분배하는 능력이 없다. 그렇다고 해서 이 시기의 아이가 다른 아이들이랑 노는 것, 다른 아이들에게 무언가를 배우는 것을 싫어한다는 뜻은 아니다.

생후 12개월이 지나면 아이들은 다른 아이들과 노는 데 점점 많은 관심을 갖는다. 아이는 다른 아이들을 관찰하고 그들의 놀이를 모방하려고 한다. 놀이터에 가면 다른 아이들이 노는 것을 보고 모래상자 앞에서 똑같은 놀이를 하지만 함께 어울려 놀지는 않는다. 아이는 어른들의 행동보다는 또래 아이들의 행동을 더 쉽게 이해할 수 있다. 아이에게는 다른 아이들의 행동과 동기, 관심사가 더 친숙하다. 특히 자기보다 한두 살 위 아이들에게 관심이 많다. 어린 아이들에게는 자기보다 나이가 많은 아이들이 스승이나 마찬가지이다. 어린 아이들은 큰 아이들의 행동을 신기하게 느끼고 관찰하고 모방하기 때문이다.

만 2살 미만의 영아는 다른 아이들의 놀이에만 관심이 있는 것이 아니다. 다른 아이들과의 관계를 맺는 행위 자체만으로 아이에게는 중요한 의미가 된다. 아이들은 같이 놀면서 서로에게 친근함을 느끼고 서로에 대한 관심을 교환한다. 항상 둘이서 같이 있는 쌍둥이들을 보면 아이들에게 다른 아이와의 관계가 얼마나 중요한지 잘 알 수 있다. 둘이서 같이 누워 있고 같이 자고 대부분의 생활을 함께 하는 쌍둥이들은 신생아 때부터 혼자가 아니라고 느끼는 탓에 굳이 엄마나 아빠와 함께 자려고 하지 않는다. 그것만으로도 부모에게 큰 짐을 덜어준다.

아이들은 만 1살이 되기 이전부터 다른 아이들과 눈빛이나 표정을 교환하고 옹알이를 주고받으며 서로 재미있어 한다. 그리고 만 1살이 지나면 다른 아이들에 대한 관심이 점점 더 커지고 서로 의사소통을 하려고 한다. 처음 보는 아이를 봐도 아이는 관심을 갖고 다가가 그 아이가 무엇을 하는지 알려 한다. 그렇기 때문에 사회적·언어적으로 많은 것을 교환하지 못한다 해도 다른 아이들과 함께 있는 것이 아이에게는 매우 중요하다.

독립심의 발달_부모는 대신 해주기보다는 아이를 서포트해주어야 한다

아이가 맘대로 자신의 몸을 움직일 수 있게 됐을 때, 구체적으로 말하면 만 2~5살에 이루어지는 사회적 발달은 영유아 발달 전반에 중요한 위치를 차지하게 된다. 만 1살 이후 아이는 다른 사람의 행동을 모방하기 시작한다. 그렇게 아이들은 숟가락질이나 컵으로 물을 마시는 방법을 배운다.

그리고 만 2살이 될 무렵에는 머리, 배, 다리의 위치를 알 만큼 자신의 신체를 잘 파악한다. 또 이 시기가 되면 옷에 관심을 보이기 시작하며 신발이나 양말을 혼자서 벗기 시작한다. 하지만 옷을 혼자서 입으려면 적어도 만 3살이 되어야 한다. 또 대소변을 가리는 것 역시 독립심 발달의 또 다른 기본이다.

혼자서 이것저것을 해보려는 아이에게 부모가 해야 할 일은 아이를 적절하게 서포트해주는 것이다. 발달상황과 단계에 맞게 독립심을 기르는 것은 자신감을 갖기 위한 초석이 된다.

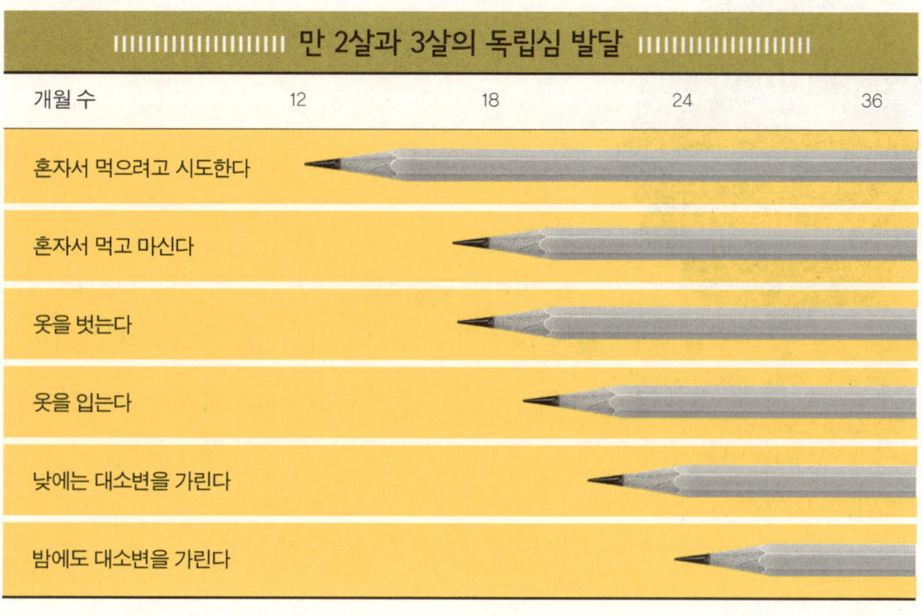

만 2살과 3살의 독립심 발달

개월 수
12
18
24
36

혼자서 먹으려고 시도한다
혼자서 먹고 마신다
옷을 벗는다
옷을 입는다
낮에는 대소변을 가린다
밤에도 대소변을 가린다

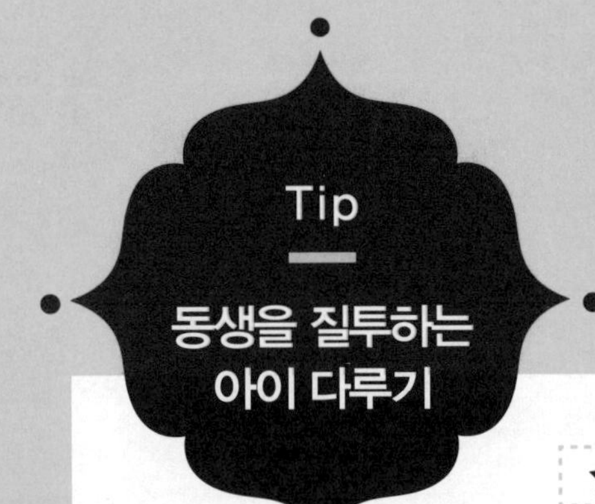

★☆ **아기처럼 대해주기**　　부모는 아이의 퇴행현상을 너그럽게 받아주어야 한다. 아이의 나이와 이성에 호소하는 것은 부질없는 짓이다. 부모가 바라봐주지 않으면 아이는 거부당했다는 생각에 동생을 더욱 질투하게 된다. 아이가 어린 동생처럼 행동하려 들면 야단을 치기보다는 오히려 동생에게 하듯이 큰아이에게도 젖병을 물려주고 기저귀를 채워주라. 그러면 아이는 정서적 불안을 쉽게 극복할 뿐만 아니라 스스로 나이에 맞는 행동을 되찾게 된다.

★☆ **동생 돌보기에 참여시키기**　　큰아이를 아기 돌보는 일에 참여시켜 자신도 엄마 역할을 함께 하면서 아기를 돌보는 경험을 하게 하면 아이는 질투를 덜 느낄 뿐만 아니라 나중에 커서도 부모 역할을 멋지게 해낼 수 있다. 인간뿐 아니라 유인원의 암컷도 어릴 때부터 어린 새끼를 돌보면 나중에 어미 역할을 잘 한다고 한다.

★☆ **큰아이만 데리고 놀아주기**　　부모가 큰아이에게 동생과 똑같이 사랑한다는 것을 보여주는 효과적인 방법은 큰아이만 데리고 나가 노는 시간을 갖는 것이다. 이 경우는 아빠가 그 역할을 해주면 엄마의 육아 부담을 덜어줄 수 있으므로 일석이조이다.

★☆ **주변의 배려**　　집에 손님이 오면 새로 태어난 아기에게 관심이 쏠리게 마련이다. 친척이나 지인들과의 대화에서도 늘 아기가 이야기의 중심이 된다. 그러므로

아이가 있는 집을 방문했을 때 큰아이에게 먼저 인사를 건네고 작은 선물이라도 건네는 배려가 필요하다. 그러면 큰아이는 기뻐할 것이고 사람들이 동생에게 관심을 보여도 소외감을 덜 느끼게 될 것이다.

★☆ **두 아이가 다툴 때 편들지 않기** 동생이 기거나 걸을 수 있게 되면 큰아이는 일종의 위협을 느낀다. 동생이 자기 영역을 침범하기 시작한다고 생각하기 때문이다. 기기 시작하는 아이는 형이 조립한 장난감을 부수고 언니의 인형을 엉망으로 만든다. 그런 아이의 행동은 큰아이의 공격성을 자극시킨다. 처음에는 타이를 수도 있지만 아무런 소용이 없다는 것을 알게 되면 아이는 동생에게 소리를 지르거나 심한 경우에는 때리기도 한다. 그러나 아직 자신을 방어하지 못하는 동생은 자지러지게 울며 엄마에게 구조 요청을 보낸다. 이런 경우 부모는 어떻게 해야 할까?

이럴 때 부모들이 가장 먼저 취하는 행동은 대부분 큰아이의 이성에 호소하는 것이다. 동생은 아직 어려서 자기가 뭘 잘못하는지 모르니까 동생을 때리면 안 된다고 타이른다. 하지만 이런 식의 대처는 오히려 문제를 더 크게 만들 뿐이다. 큰아이는 엄마의 꾸중을 거부로 받아들이고 엄마가 자신보다 동생을 더 좋아한다고 생각한다. 더구나 엄마가 대놓고 작은아이 편만 들면 작은아이는 그 점을 이용해 큰아이가 때리지 않았어도 큰 소리로 울며 엄마를 찾게 된다.

그러므로 두 아이가 다툴 경우 부모가 재판관 역할을 하는 것보다는 아이들이 스스로 해결하도록 놔두는 것이 더 현명하다. 그리고 큰아이에게 동생을 책임지게 하면 큰아이는 책임감을 갖고 어떻게 하든 동생과 사이좋게 지내는 방법을 찾는다. 다만 이때 부모는 동생이 형의 '결정'을 따르도록 해야 한다.

Das Wichtigste in Kürze
내용 요약

1. 12개월이 지나면 사회적 · 정서적 발달의 질이 급격히 발전한다.

2. 자아 발달: 아이는 자기 스스로를 독립적인 인간으로 인식한다.

3. 아이는 타인의 감정을 공감하고 그것을 행동으로 표현한다.

4. 아이는 자신의 의지를 관철시키려 한다. 뜻대로 안 되면 불만을 표현하는데 아이의 기질에 따라 성질을 부리고 떼를 쓰는 정도가 달라진다.

5. 2~5살까지의 아이가 떼를 쓰는 것은 정상적인 발달의 한 부분이다. 분노경련이나 호흡정지발작은 아이의 건강을 위협할 만큼 심각한 현상은 아니다.

6. 형제끼리 질투하는 것은 정상적인 행동이다. 질투의 정도는 아이의 나이와 기질, 가족과의 관계, 부모의 교육방식에 따라 달라진다.

7. 만 1살이 지나면 다른 아이들에 대한 아이의 관심이 점점 증가한다. 아이는 다른 아이들과 함께 있고 싶어 하며 다른 아이들의 행동과 놀이를 배운다.

8. 12개월이 지나면 아이는 혼자서 먹고 마시고 옷을 입고 벗고 혼자서 화장실을 가려 하는 등 독립심이 생기기 시작한다.

9. 혼자서 이것저것을 시도하는 아이를 서포트해주는 것이 부모의 과제이다. 자립심을 키우는 것은 자신감 형성을 위한 중요한 기초가 된다.

25~48개월

관 계 성 행 동

존중받고 자란 아이가
다른 사람도 존중할 줄 안다

부모들은 얌전했던 아이가 만 3~4살이 되면 갑자기 소리를 지르며 돌아다니고 다른 아이들을 때리거나 물어뜯고 할퀴는 일이 발생하는 경험을 하게 된다. 이 시기의 아이들은 친구들과 함께 노는 것을 좋아하지만 자기 뜻대로 안 되면 순식간에 공격적으로 변하기도 한다. 다른 아이의 장난감을 빼앗거나 때리고 심지어 물기까지 한다.

만 3~4살이 되면 아이의 행동만 고집스럽게 변하는 것이 아니라 삶 자체가 아이에게는 새로운 도전이 된다. 만 3살이 지나면 아이는 정서적으로 부모로부터 분리되기 시작하는데 바로 그 점이 아이를 불안하게 한다. 아이는 언제 어디서나 자신의 뜻을 관철시키려 하지만 자주 반대에 부딪힌다. 3~4살의 아이는 자립하고픈 욕구와 자립했을 때 버림받을지도 모른다는 불안감을 동시에 지니고 있다. 아이는 세상에서 자신의 뜻을 관철해야 한다는 부담을 느끼면서도 엄마, 아빠의 사랑을 잃어버릴까 봐 두려

위한다. 이러한 갈등은 아이뿐만 아니라 부모까지 힘들게 한다.

만 4살로 접어들면 아이들은 성장발달의 측면에서 봤을 때 중요하면서도 독특한 발달과정을 경험한다. 바로 다른 사람의 입장에서 생각할 수 있는 능력을 갖추는 것이다. 25~48개월의 애착과 관계성 행동, 사회적 인지의 발달을 살펴보면 아이의 이런 행동을 이해하는 데 도움이 될 것이다.

애착과 분리의 균형_아이가 24개월이 되면 아이에게 통제권을 넘겨주라

생후 1~2년은 부모와 아이의 애착이 가장 두드러지는 시기이다. 그러나 24개월이 지나면 아이는 서서히 부모와 정서적으로 물리적으로 분리되기 시작한다. 이때 부모와 아이 모두를 위해 애착과 분리의 균형을 찾는 것이 중요하다. 아이는 변함없이 정서적으로 부모와 안정된 관계를 원하는 동시에 여러 가지 측면에서 자율적으로 행동하려 한다.

자기 인식의 발달과 그로 인한 의지의 발달은 정서적인 갈등을 야기한다. 아이는 변함없이 부모의 무한한 애정을 원하면서 다른 한편으로는 부모 앞에서 자기 의지를 관철시키려 한다. 예컨대 아이는 "아니오"라고 말하면서 부모에게는 거부당하지 않길 원하며 부모의 사랑을 잃지 않으면서 스스로 결정하길 원한다. 부모 역시 아이에게 어떤 일을 금지시키면 아이는 거부당했다고 느낄 수 있고 또 허락하면 애정의 표현이라고 오해할 수 있기 때문에 딜레마에 빠진다.

⭐ 아이에게 결정권을 주면 아이는 부모가 정한 경계를 잘 받아들인다

하지만 부모와 아이가 조화로운 관계를 형성하고 있다면 자기주장과 자립심이 강해지기 시작하는 생후 25~48개월에도 부모가 아이의 행동을 통제하기 쉽다. 그리고 부모가 아이의 순간적 욕구를 인식하고 아이가 변화에 적응할 수 있도록 시간을 주면 아이는 부모의 뜻을 훨씬 쉽게 수긍한다.

예를 들어 엄마가 어린이집에 아이를 데리러 갈 때마다 아이가 밖에서 뛰어다니며 집에 갈 생각을 안 한다면 엄마는 아이에게 그네를 타거나 정글짐에서 잠깐 놀다가 가자고 제안할 수 있다. 그러면 아이는 엄마의 제안에 만족하며 정글짐에서 놀고 난 후 순순히 엄마를 따라나서게 되는 것이다.

이처럼 부모가 아이에게 결정권을 주면 아이는 부모가 정한 경계를 잘 받아들인다. 또한 아이에게 여러 가지 가능성을 제공해주면 아이와의 갈등을 줄이거나 피할 수 있다. 그리고 이때는 단순히 가능성을 주는 데 그치는 것이 아니라 함께 결정할 수 있도록 해주는 것이 중요하다. 아빠가 자동차가 많이 다니는 도로에서 아이와 길을 건너는 연습을 한다고 하자. 아이가 아빠의 손을 잡고 다니는 것을 싫어한다면 아빠는 횡단보도를 건너기 전에 아이에게 어떤 횡단보도를 선택할지, 어떤 손을 잡고 건너고 싶은지 물어봐주는 것이다.

아이는 생후 24개월이 지나면 혼자서 먹거나 신발과 옷을 입고 벗는 법을 배운다. 그리고 좀 더 시간이 지나면 혼자서 용변을 볼 수 있게 된다. 어떤 일은 아이에게 불편하고 귀찮기도 하지만 그래도 아이는 혼자서 하려 한다. 이때 부모는 아이에게 도움을 주고 용기를 북돋아주어야 한다. 무엇보다 인내심과 시간을 가지고 아이가 혼자 할 수 있을 때까지 지켜봐야 한다.

자신을 통제할 수 있고 또 부모에게 그것을 인정받으면 아이는 새로운 형태의 정서적 안정과 자존감을 가지게 된다. 아이가 스스로 이동할 수 있게 되면서부터 만 4살까지는 부모에 대해 신체적으로 종속되는 정도는 점차 감소하지만 정서적으로는 여전히 부모와 신체적 접촉을 원하고 애정을 갈구한다.

허락과 금지 사이에서 균형을 찾는 것은 높은 곳에 걸쳐진 줄을 타는 것과 같으며 능수능란한 부모도 항상 균형을 유지하지는 못한다. 따라서 부모는 아이가 24개월이 되었을 때부터 아이에게 통제권을 넘겨주고 아이가 스스로 독립심을 기르도록 도와주는 법을 배워야 한다.

대인관계 | 관심과 사랑을 받고 자란 아이일수록 대인관계에 개방적이다

생후 24개월이 지나면 아이는 새롭고 다양한 경험을 하려고 한다. 움직이려는 욕구가 커지면서 다양한 방법으로 자신의 운동능력을 시험하려 한다. 무엇보다 밖에서 뛰어다니면서 모래나 돌, 물, 풀, 나무 등 다양한 재료를 가지고 놀고 싶어 한다.

또 어른들이 하는 일을 보고 모방하려는 욕구가 커진다. 아이들은 역할놀이를 하면서 동물병원에 갔을 때, 장보러 갔을 때 경험했던 일을 내면화한다. 이밖에도 다른 아이들과 함께 그림을 그리고 무언가를 만드는 일도 좋아하며 서로 어울려 놀면서 의사소통 능력을 발전시킨다.

아이는 다른 아이들을 보고 서로 어울리는 법을 배우고 집단의 규칙을 몸에 익히며 집단 내에서의 자신의 위치를 찾는다.

⭐ 한두 살 때의 경험이 향후 아이의 대인관계에 큰 영향을 미친다

부모가 아무리 노력을 한다 해도 아이가 다른 아이들과 어울려 맛볼 수 있는 경험을 대신 해줄 수는 없다. 아이에게 다른 아이들은 스승이나 다름없다. 아이가 다양한 경험을 하려면 부모 외에 다른 어른들이나 특히 다양한 연령층의 아이들과 접촉해야 한다. 아이들은 친척이나 이웃 등의 다양한 사람들, 놀이방이나 어린이집 같은 다양한 장소에서 여러 가지 경험을 하게 된다.

다른 사람과 관계를 맺고자 하는 마음의 준비는 아이마다 다르다. 예를 들어 두 살밖에 안 됐어도 6살 된 아이보다 훨씬 더 독립적이고 대인관계에 적극적인 아이도 있다. 이러한 차이는 아이의 기질 때문이기도 하지만 한두 살 때의 경험이 훨씬 더 큰 영향을 미친다. 집에서 관심과 사랑을 받고 자란 아이일수록 대인관계에 개방적이다. 또 일찍부터 여러 사람들과 긍정적인 경험을 한 아이는 소수의 사람과만 친밀한 관계를 맺은 아이와 사람을 대하는 태도가 다르다.

아이가 처해 있는 현재 상황도 대인관계 형성에 중요한 역할을 한다. 예를 들어 3~4

살 된 아이가 동생이 생기면서 정서적으로 불안해지면 엄마, 아빠의 관심을 더 받으려고 하거나 어린이집에 가는 것을 거부하기도 한다. 부모의 사정으로 집이 아닌 다른 곳에서 시간을 보내야 하는 아이는 언제나 자기를 도와주고 보호해줄 사람이 있다고 느낄 때에만 정서적으로 편안함을 느낀다. 그럴 때에만 아이는 새로운 것을 경험할 마음, 다른 사람과 관계를 맺을 마음이 생긴다.

마음이론_다른 사람의 입장에서 생각하기

인간은 일정한 정도까지는 다른 사람의 입장에서 생각하고 느끼고 그들의 생각과 사고방식을 이해할 수 있다. 이러한 능력은 마음이론(Theory of Mind)에서 중요하게 다루어지는데, 마음이론이란 신념이나 의도, 바람이나 이해 등과 같은 정신적 상태가 자신 또는 상대방의 행동에 영향을 미친다는 것을 이해하는 능력을 가리킨다. 마음이론이 잘 발달되어 있는 사람일수록 타인의 마음 상태를 인지하고 이해하는 공감 능력이 우수한 것이다. 그러므로 마음이론은 관계성 행동의 본질적인 요소라 할 수 있다.

그렇다면 마음이론은 어떻게 발달할까? 만 3살까지 아이는 감정이나 인식, 사고에서 자기중심적이다. 피아제는 이 시기의 특징을 자기중심성이라는 말로 설명했다. 아이는 자신을 세상의 일부인 동시에 세상의 중심이라고 생각한다. 앞서 언급했듯이 인지발달은 태어난 후부터 서서히 진행되는데 자기인식능력은 만 2살 무렵이 돼야 발달한다. 만 2살이 되면 아이는 거울에 비친 자신의 모습을 인식하고 자신이 독립적인 인간이라는 것을 인지하며 자기인식과 더불어 타인과의 경계도 형성되기 시작한다. 이러한 자기이해는 마음이론이 발달하는 출발점이 된다.

마음이론의 발달과정

● **감정 _** 만 2살이 지나면 아이들은 타인의 감정을 공감하기 시작한다. 거울에 비친

자기의 모습을 인식한 아이는 공감적 행동을 하고 자신의 바람과 욕구뿐 아니라 타인의 그것도 이해하기 시작하며 자신의 감정을 묘사하려고 노력한다. 만 2살 이후 아이가 자주 사용하는 단어는 "~하고 싶다"이다. 부모들은 하루에도 수십 번씩 "나 ~하고 싶어"라는 말을 들을 것이다. 그러다 만 3살이 되면 자신과 타인의 감정 상태의 차이를 이해한다.

자신과 타인의 감정 상태를 이해하는 데는 언어능력 발달이 큰 몫을 한다. 아이는 만 3살이 되면 자신의 감정을 말로 표현할 수 있을 만큼 언어능력이 발달하기 때문이다. 만 3살의 아이는 알다, 느끼다, 원하다, 바라다와 같은 동사를 자유롭게 사용할 줄 안다. 언어능력이 늦게 발달하는 아이는 자신의 생각이나 감정, 욕구를 표현할 수 없기 때문에 답답해한다. 그리고 그런 아이의 부모 역시 아이가 무슨 말을 하고자 하는지 이해하는 데 애를 먹는다.

● **인식** _ 만 2살이 지나면 아이는 자기가 못 본 것을 다른 사람은 볼 수 있다는 것을 알게 된다. 그러나 다른 사람과 동시에 같은 사물을 관찰할 때 자신과 다른 사람의 관점이 똑같다고 생각한다. 한마디로 자기와 똑같이 본다고 생각한다. 예를 들어 장난감 자동차를 앞에 놓고 다른 사람과 마주 앉았을 때 마주 앉은 사람도 자동차의 보닛부터 본다고 대답한다. 다양한 관점에서 사물을 관찰할 수 있다는 사실을 인식하려면 적어도 만 4살은 되어야 한다.

만 3살짜리 아이는 자기가 눈을 감으면 다른 사람도 아무것도 볼 수 없다고 생각한다. 예를 들어 숨바꼭질 놀이를 할 때 자기 눈에 술래가 안 보이면 술래도 자기를 못 본다고 생각하는 것이다. 하지만 만 4살이 지나면 다른 사람의 관점에서 생각할 수 있기 때문에 다른 사람이 찾을 수 없는 곳에 숨어야 한다는 것을 알게 된다. 술래에게 들키지 않으려면 술래, 즉 다른 사람의 눈앞에서도 사라져야 한다는 것을 인식하게 된다.

● **사고** _ 오랫동안 어린아이들에게 마음이론이 발달했는지 증명하는 것은 방법론적으로 풀기 어려운 문제로 간주되었다. 그러나 1980년대 초반 심리학자 빔머(Wimmer)와 페르너(Perner)가 탁월한 방법으로 이 문제를 해결했다. 그들은 만 4살이 된 아이의 사고의 질적인 전환을 명쾌하게 증명할 수 있는 이야기를 만들어냈다. 그것은 바로 '안나의 인형 이야기'이다.

☆ 만 4살, 거짓말이 시작되는 나이

빔머와 페르너는 아이들에게 안나의 인형 이야기를 들려주거나 인형을 가지고 상황을 직접 설명해준 다음 안나가 방으로 들어와 제일 먼저 인형을 찾는 곳은 어디일지 물었다. 만 3살이 된 아이들 중에는 안나가 동생이 인형을 숨겨놓은 옷장을 열어서 인형을 찾을 거라고 대답하는 아이들이 많았다. 아이들은 자신들과 마찬가지로 안나도 이야기를 전부 알고 있을 거라 생각했기 때문이다.

그러나 만 3.5~4살까지의 아이들 중에는 안나가 제일 먼저 침대에서 인형을 찾을 것이기 때문에 결국 인형을 못 찾는다고 대답하는 아이들이 많았다. 만 3.5살이 지나면 아이들은 사람들은 각기 다른 경험을 하고 그것을 바탕으로 자기만의 생각을 갖는다는 것을 이해하게 되는 것이다.

이 시기의 아이들은 다른 사람이 자기와 다른 생각과 믿음을 가질 수 있다는 사실을 이해하기 시작한다. 그리고 다양한 욕구와 의도가 사람의 행동을 결정하는 중요한 동기가 된다는 것도 알게 된다. 더 나아가 사람마다 처한 현실이 다르듯 생각과 신념이 다르기 때문에 다른 사람의 생각을 잘못 읽을 수 있다는 것도 깨닫게 된다.

만 4살이 지나면 아이는 솔직함과 거짓의 뜻을 이해한다. 그러니까 거짓말이란 잘못인 줄 알면서도 의식적으로 틀리거나 잘못된 이야기를 하는 것이라는 사실을 안다. 그리고 틀린 것을 옳다고 생각하는 것은 실수라는 것도 안다. 어떤 아이들은 부모가 자신의 실수와 거짓말의 차이를 알아채는지 시험을 하기도 한다. 그래도 부모는 아이가 자신의 추측과 확신에 대해 생각하고 정직성을 키울 수 있도록 인내심을 가지고 지켜봐야 한다.

☆ 마음이론이 제대로 발달한 아이는 또래 아이들한테 인기도 많다

학교에 들어가면 아이의 사고력은 점점 향상된다. 아이들은 자신의 믿음에 의문을 갖고 다른 사람과 그것에 대해 이야기를 나누면서 새로운 시각을 배운다. 학교에 입학하기 전에 아이들은 개별적인 사건으로서 사고를 이해하지만 취학 후에는 사고라는 개념과 내적인 언어를 이해하게 된다. 이때 부모나 선생님이 아이에게 해주어야 할 일은 아이가 자신의 생각을 말하고 다양한 시각에 대해 생각할 수 있도록 용기를 주는 것이다.

다른 사람의 생각이나 사고, 감정을 이해하는 것은 아이의 사회적 생활에 매우 중요한 역할을 한다. 취학 전 아이가 습득한 사회적 인지능력은 유치원과 학교에 들어갔을 때 다른 아이들과의 사회적 상호작용을 위한 바탕이 된다.

마음이론이 제대로 발달한 아이는 일상생활에서 뛰어난 사회적 능력을 보이며 또래 아이들한테 인기도 많다. 그런 아이는 자신의 감정과 생각을 다른 아이들보다 더 잘 표현하고 놀이를 할 때 다른 아이들의 욕구에 귀를 기울인다. 또한 사회적 능력이 뛰어난 아이는 다른 아이들보다 친구관계가 안정되며 또래 집단에서 중심적 위치를 차지한다.

⭐ 폭력적인 아이, 어떻게 다루어야 효과적일까

마음이론은 자녀교육에도 중요한 역할을 한다. 만 4살 이전의 아이가 어린이집에서 자기가 원하는 대로 안 될 때 다른 아이들을 때리거나 자신이 해결하기 힘든 갈등 상황에 직면하면 물리적인 방법을 동원한다면 이럴 때 아이의 부모는 어떻게 대처해야 할까. 이 시기의 아이는 다른 아이들의 입장에서 생각하지 못한다. 자기가 맞았을 때처럼 다른 아이들도 맞으면 아프다는 것을 이해하지 못하는 것이다.

이럴 때 아이에게 이성적으로 폭력적 행동의 잘못을 인식시키려고 한다면 아무런 효과를 보지 못한다. 아이는 이성적인 판단으로 자신의 행동을 변화시키진 못하지만 자신의 행동이 어떤 결과를 가져온다면 다음번에 똑같은 상황에서 같은 결과가 올 수 있다는 것을 예측할 수는 있다. 다음과 같은 사례를 보자.

◎ 만 4살 이전의 아이가 다른 아이들에게 폭력을 쓸 때 효과적인 대처법 사례 ◎

준이 엄마는 준이가 어린이집에서 놀이그룹에 참여하는 데 문제가 있다는 것을 선생님으로부터 전해들었다. 준이는 항상 밝고 친구들과도 잘 어울려 놀지만 무언가 자기 뜻대로 되지 않는 일이 생기면 갑자기 공격적으로 변해 친구들을 심하게 때린다고 했다. 준이 엄마는 평소 어린이집에 가길 좋아하고 그곳에서 선생님이나 친구들과 함께노는 것을 그토록 좋아하는 준이가 왜 그런 행동을 보이는지 당황스러웠다. 그래서 준이 엄마는 어린이집 선생님이 가르쳐준 방법을 준이에게 써보기로 했다.

⭐ 아이는 부모나 보호자를 통해 다른 사람을 이해하는 법을 배운다

아이가 만 4살이 되면 자신이 다른 아이들에게 어떤 짓을 했는지 이해하게 될 것이다. 그렇게 되면 엄마, 아빠는 아이에게 갈등 상황에 부딪혔을 때 건설적으로 대처하는 방법을 이성적으로 설명할 수 있다. 하지만 아이가 만 4살이 되어 자기 자신과 다른 사람의 감정 상태를 이해하기 시작했다고 해서 곧바로 아이가 동정 어린 행동을 하길 기대하면 안 된다. 새로 습득한 능력은 다른 사람과 더불어 생활하면서 다른 사람의 감정에 공감해야 공감적인 행동을 할 수 있다.

아이가 다른 사람을 이해하는 법을 배우는 것은 아이가 모범으로 삼는 사람에 따라 크게 좌우된다. 보호자가 사려 깊고 넓은 이해심으로 아이를 대하고 아이의 감정과 생각을 존중해주면 아이도 다른 사람을 그렇게 대한다. 반면 아이의 감정과 생각이 무시되고 자신의 바람이 존중되지 않으면 아이는 다른 사람도 그렇게 대한다. 그러므로 아이에게 본보기가 되는 사람의 행동이 아이가 사회적 인지능력을 형성하는 데 결정적인 역할을 한다는 점을 명심해야 한다.

Das Wichtigste in Kürze
내용 요약

1. 만 2~4살 사이에 아이는 일종의 감정적인 갈등을 경험하게 된다. 아이는 부모의 관심과 사랑을 지키길 원하면서도 다른 한편으로는 독립적으로 행동하려고 한다. 아이는 부모의 뜻을 거역하기 시작하고 자신의 뜻을 관철시키려고 한다.

2. 부모는 아이의 나이와 발달상태에 맞추어 아이에게 책임을 부여하고 아이의 요구를 존중하고 무슨 일을 결정할 때 아이도 함께 참여시킴으로써 아이의 발달을 도울 수 있다. 그렇게 하려면 시간과 인내심이 필요하지만 아이의 협조성은 크게 성장할 것이다.

3. 아이는 가족 외에도 다른 어른이나 다양한 연령층의 아이들과 함께 다양한 경험을 하길 원한다.

4. 다른 사람과 관계를 맺고자 하는 마음은 아이마다 다르다. 아이의 천성적인 기질뿐 아니라 가정 안팎의 경험들이 아이의 대인관계 성향을 결정짓는다.

5. 아이들은 만 4살을 전후하여 다른 사람의 생각을 이해하기 시작한다(마음이론). 그리고 다른 사람이 자신과 다른 생각, 다른 감정, 다른 의도를 갖는다는 것을 인식한다.

6. 본보기가 되는 사람과 어떤 경험을 하느냐에 따라 아이의 감정이입 능력의 정도도 달라진다.

02

Entwicklung und Erziehung
in den ersten vier Jahren

BABYJAHRE

운동능력

말은 빠른데 왜 아직
걷지는 못할까?

Entwicklung und Erziehung
in den ersten vier Jahren

BABYJAHRE

운동능력 발달의 속도는 아이마다 편차가 크다

생후 12개월 동안 부모는 아이의 운동능력이 하나씩 하나씩 발달하는 것을 보고 아주 기뻐한다. 그리고 그 기쁨은 오랫동안 기억에 남는다. 아이가 처음으로 원하는 물건을 잡던 순간이나 어느 날 밤 갑자기 몸을 뒤집어 침대에서 떨어질 뻔했던 순간, 첫 발짝을 내딛던 순간 등은 소중한 기억으로 오래 자리 잡는다.

생후 6개월이 지나면 다른 사람의 도움 없이는 움직이지 못했던 갓난아기가 혼자서 앉게 되고 어느 정도는 자신이 원하는 대로 움직일 수 있게 된다. 운동능력이 발달하면 중력을 견딜 수 있고 움직일 수 있으며 물건을 잡고 다양한 방법으로 사용할 수 있게 된다. 더 나아가 운동능력 덕분에 아이는 자신을 표현할 수 있게 된다. 표정이나 시선, 제스처, 말하기와 그리기, 쓰기 등도 운동능력이 발달해야만 할 수 있는 일들이다. 다시 말해 아이가 자신의 의사나 감정을 표현하고 주변과 상호작용을 하려면 운동능력이 있어야 그 모든 일들이 가능한 것이다.

출생과 동시에 아이는 중력이 작용하는 세상에 적응해야 한다

태아는 임신 8주가 되면 움직이기 시작한다. 다시 말해 엄마가 태동을 느끼기 8~12주 전에 이미 움직이기 시작한다. 태아는 무중력 상태에서 양수에 떠 있다. 초음파검사를 할 때 배 속 아기의 움직임이 우주선에서 탐사 활동을 하는 우주비행사와 비슷한 이유도 그 때문이다. 태아는 무중력 상태로 3차원적 공간에서 움직일 수 있다.

그러나 출생과 동시에 아이는 중력이 작용하는 세상에 적응해야 한다. 갓난아기는 팔을 움직이고 발버둥을 칠 순 있지만 목을 가눌 수는 없으며 부모의 도움 없이는 자세를 바꾸지도 못한다.

생후 3~4개월 동안 갓난아기는 중력을 이길 수 있을 만큼 운동능력이 발달한다. 가장 먼저 목을 가누는데 처음엔 누워서, 나중엔 앉아서도 목을 잘 가눈다. 신체 일부 중 아이가 가장 먼저 원하는 대로 움직이기 시작하는 것은 손이다. 생후 4~5개월이 되면 아이는 손으로 원하는 물건을 잡기 시작한다. 그리고 8~10개월이 되면 드디어 스스로 이동하기 시작한다. 대부분의 아이들은 생후 9개월이 되면 혼자 앉을 수 있는데, 어떤 아이들은 앉고 난 후 2~3주가 지나면 서기 시작한다.

생후 12개월이 지나면 몸 전체를 통제할 수 있을 만큼 운동능력이 발달하고 인간 특유의 직립보행자세가 발달한다. 비로소 아이는 바닥에 팔이나 손을 대지 않고 두 다리로 서서 걷게 된다.

아이들은 다양한 단계를 거쳐 이동능력을 발전시킨다. 어떤 아이들은 기는 것을 건너뛰고 걷기 시작하는가 하면 어떤 아이들은 배밀이, 기기, 서기를 거친 다음 걷기도 한다. 그러나 걷는다고 운동능력 발달이 끝나는 것은 아니다. 생후 24개월이 지나면 아이들은 세발자전거를 타게 되고 유치원과 학교에서 줄넘기나 수영 등 각종 운동을 배우고 익힌다. 그리고 사춘기가 되면 운동능력의 세분화가 확연히 드러난다.

걸음마 연습, 시켜야 하나 그냥 놔둬야 하나?

　통상적으로 아이들은 돌이 지나면 걷기 시작하지만 10개월 때부터 걷는 아이도 있고 18개월이 되어야 걷기 시작하는 아이도 있다. 부모들은 아이가 12개월이 지나도 걸을 기미가 안 보이면 불안해한다. 더구나 이웃에 사는 또래 아이가 걷는 것을 보면 더 불안해진다. 그런데 이처럼 아이마다 걷는 시기가 다른 이유는 무엇일까?

　아이는 부모가 가르쳐주지 않아도 혼자서 뒤집고 배밀이를 하고 긴다. 만약 어떤 아이가 생후 10~15개월 사이에 깁스를 한 채 침대에 누워 있었다면 그 아이는 깁스를 풀고 난 후 짧은 시간 안에 배밀이나 기는 단계를 건너뛰고 걷기 시작한다고 한다. 이처럼 운동능력의 발달은 내면적인 법칙성을 따르는 성숙과정이다. 아이마다 걷기 시작하는 시기가 다른 것은 운동기능의 성숙 속도가 아이마다 다르기 때문이다. 열심히 연습을 한다고 운동기능의 성숙과정을 단축시킬 순 없는 것이다.

　그러므로 부모가 아이에게 기는 법, 앉는 법, 걷는 법을 가르칠 필요는 없다. 아이는 스스로 이러한 운동능력을 익히기 때문이다. 부모의 역할은 아이가 자신의 발달상태에 맞게 움직일 수 있는 환경을 마련해주는 데 있다. 부모는 비록 아이의 걸음마 시기를 앞당길 순 없지만 다양한 경험의 기회를 부여함으로써 아이의 운동능력에 자극을 줄 수는 있는 것이다. 예를 들어 부모가 아이를 놀이터나 숲에 자주 데려가 신나게 놀게 하면 아이는 다른 아이들과 어울리면서 운동능력을 발달시킬 수 있는 기회를 얻지만 반면에 집안에서만 놀게 하면 아이의 행동반경이 제한되기 때문에 자극을 덜 받게 되는 것이다.

　아이의 운동능력 발달은 아이가 움직이는 환경뿐 아니라 부모의 교육 태도에도 영향을 받는다. 예를 들어 계단이 있는 집에 사는 아이는 부모가 계단을 오르내리도록 해줘야 계단에 오르고 내리는 법을 배운다. 계단이 위험하다는 생각에 접근조차 하지 못하게 하는 것은 바람직한 태도가 아니다. 부모는 아이가 위험하지 않도록 곁에서 지켜봐주면서 아이로 하여금 계단이라는 새로운 영역을 탐구할 수 있게 해주어야 한다.

부모들은 일정한 개월 수가 되면 아이가 당연히 기고, 앉고, 걸어야 한다고 생각한다. 그래서 아이의 운동능력이 기대한 것보다 늦게 발달하면 걱정이 앞선다. 하지만 영유아기 운동능력 발달의 특징을 자세히 살펴보면 아이마다 운동능력 발달의 속도가 얼마나 편차가 심한지 알게 될 것이다. 기거나 걷는 시기도 아이마다 다르고 움직이는 모습도 아이마다 다르다. 대부분의 아이들은 무릎과 손을 이용해 기지만 어떤 아이들은 기지 않고 바로 서서 걷는 아이도 있고 어떤 아이들은 걷기 전까지 앉아서 엉덩이를 밀고 다니기도 한다. 어떤 아이는 한자리에서 오랫동안 노는 반면, 어떤 아이들은 호기심이 왕성하여 하루 종일 쉬지 않고 이곳저곳을 돌아다니기도 한다.

운동능력과 관련된 이러한 차이는 어른도 마찬가지이다. 어른들 중에도 행동이 느리고 몸을 움직이는 걸 싫어하는 사람이 있고 하루 종일 분주하게 움직이는 사람도 있다. 또 산책을 좋아하는 사람도 있고 마라톤이나 철인3종경기와 같은 힘든 운동을 하면서 쾌감을 느끼는 사람도 있다.

아이의 운동능력 발달이 느리면 다른 부분에서도 발달이 느릴까봐 걱정하는 부모가 많지만 이는 기우에 불과하다. 운동능력과 언어능력을 비롯한 다른 발달영역은 연관성이 적다. 따라서 18개월에 걷기 시작한 아이가 언어능력은 다른 아이들보다 앞서기도 하고 10개월 때부터 걷기 시작했어도 언어능력 발달은 느린 아이도 있다. 운동능력은 영유아기의 중요한 발달영역이긴 하지만 그것이 영유아기 발달의 전체를 말해주는 것은 아니다.

Das Wichtigste in Kürze

내용 요약

1. 아이의 운동능력은 임신 8주째부터 발달하기 시작하여 사춘기까지 계속된다.

2. 생후 3~4개월 동안 아이는 중력을 이겨내는 방법을 배운다. 그러고 나면 앉을 수 있고 6개월이 되면 이동하기 시작한다.

3. 운동능력이 발달하는 속도는 아이마다 다르다. 그것은 무엇보다 아이의 내적인 성숙과정에 의해 결정된다. 운동능력이 발달하는 속도뿐 아니라 움직이는 모습도 아이마다 다르다.

4. 운동능력이 발달하는 속도는 연습을 한다고 달라지는 것이 아니다. 예를 들어 부모가 연습을 시킨다고 아이가 빨리 걷는 것은 아니다.

5. 운동능력은 내적인 성숙과 아이의 경험에 영향을 받는다. 따라서 아이가 움직일 수 있도록 다양한 기회를 제공해주어야 새로운 운동능력을 발달시킬 수 있는 자극을 받고 다른 발달영역과 관련시키고 내면화할 수 있다.

6. 운동능력이 발달하는 속도는 다른 영역의 발달 속도와 아무런 관계가 없다. 운동능력이 늦게 발달해도 언어능력은 빨리 발달하기도 하며, 반대로 언어능력이 빨리 발달한 아이가 운동능력은 늦게 발달하기도 한다.

태아시기

||||||| 운 동 능 력 |||||||

엄마가 태동을 느끼기 전부터 태아는 **이미 움직이기 시작한다**

산모들은 보통 16주~20주 사이에 처음으로 태동을 경험한다. 처음엔 편한 자세를 하거나 집중을 해야 태동을 느낄 수 있지만 시간이 지날수록 자주 그리고 강하게 태동을 느낀다. 태아가 커져서 세게 움직이면 아프기까지 하고 아빠도 엄마 배 위에 손을 올려놓으면 태아의 움직임을 느낄 수 있다. 임신 말기로 접어들면 가끔 태아의 머리나 팔, 다리, 엉덩이가 바깥에서도 보일 정도로 엄마 배를 세게 밀기도 한다.

엄마가 처음으로 태동을 느끼는 것은 16주~20주 사이지만 실제로 아이는 임신 초기부터 움직이기 시작한다. 빠르면 임신 8주 때부터 초음파로 태아의 움직임을 볼 수 있다. 그리고 8주~12주가 되면 태아의 움직임도 다양해진다. 아래의 표를 보면 임신 주기별로 나타나는 태아의 행동을 한눈에 알 수 있다.

태아의 사생활_임신 14주차 태아는 출생 후 하는 모든 행동을 다 할 줄 안다

태아가 하는 최초의 움직임은 천천히 몸을 구부리고 팔, 다리, 몸통을 천천히 뻗치는 동작이다. 하지만 이 시기에는 팔다리나 몸 전체를 갑자기 오므리는 일(깜짝반사)은 매우 드물다. 태아는 때때로 딸꾹질을 하는데 이는 횡격막이 너무 빠르게 수축했기 때문이다. 임신 12주가 되면 태아는 팔다리를 각각 움직이기 시작하고 머리를 돌리고 뒤로 젖힐 수 있게 된다. 또 호흡에 의한 움직임도 규칙적이 되고 입을 벌리고 하품을 하고 양수를 마시기도 한다. 그리고 손을 얼굴로 가져가기도 하고 입으로 손가락을 빨기도 하며 이쪽저쪽으로 팔다리를 뻗기도 하고 기지개를 켜는 것처럼 팔다리를 쫙 뻗기도 한다. 14주가 되면 배 속의 아이는 신생아 때 할 수 있는 행동을 다 할 줄 안다.

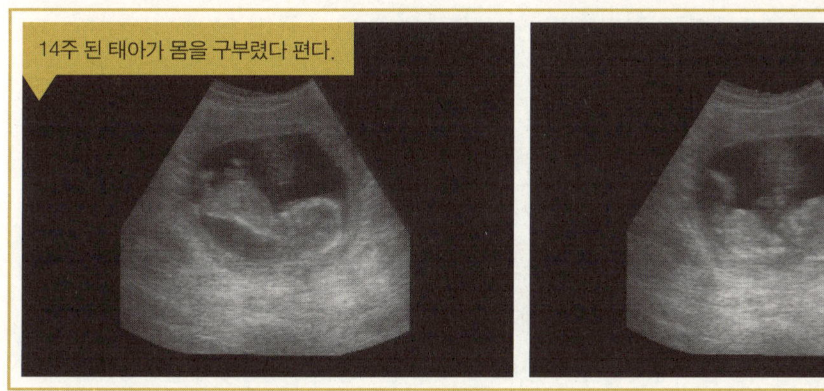

그런데 태아는 이동을 할 수 있는 것도 아닌데 왜 몸을 움직이며 공기를 들이마시는 것도 아닌데 왜 숨을 쉬는 걸까. 태아의 다양한 움직임은 외부 자극에 의해 유발되는 것이 아니라 독립적 근육 운동의 표현이다. 배 속에서의 운동은 출생 후에 여러 과제들을 수행하기 위한 준비인 것이다.

태어날 준비를 하는 태아의 운동과정

움직임 연습 | 배 속에서 태아가 운동을 하는 것은 세상에 태어났을 때 제대로 호흡하고 빨고 삼킬 수 있도록 미리 연습을 하는 것이다. 호흡하고 빨고 삼

키는 행위는 아이가 산소를 들이마시고 영양분을 섭취하는 데 필수적이기 때문에 태어난 직후부터 문제없이 이루어져야 한다. 그래서 배 속에서부터 미리 연습을 하는 것이다.

장기 기능 연습 | 태아의 숨쉬기 운동은 폐의 성장을 촉진하고, 태아가 양수를 마시면 장의 흡수와 신장의 배설기능을 자극한다.

팔다리 발달 | 배 속에 있더라도 규칙적으로 움직여야 태아의 근육과 뼈, 관절이 정상적으로 발달한다. 팔다리 또한 움직임을 통해서 균형 있게 발달한다.

산도로 들어갈 준비 | 출산예정일이 임박하면 가장 안전한 방법으로 산도를 통과할 수 있도록 태아는 머리를 산도 쪽으로 돌려 세상에 태어날 자세를 취한다. 임신 초기 엄마의 배 속은 태아가 움직이기에 넉넉한 공간이기 때문에 태아는 몸을 돌리고 다리를 뻗는 등 양수 주머니 안에서 움직이고 공중제비를 돈다. 그러나 태아가 커질수록 엄마 배 속은 좁아져서 자유롭게 움직이기 힘들어진다. 임신 말기가 되면 태아의 움직임이 제한되지만 그래도 산도로 들어가기 편한 자세를 취할 수는 있다. 세상 밖으로 나오면 아이는 좁고 답답한 공간으로부터 벗어나지만 중력 때문에 자유롭게 움직이지는 못한다.

내용 요약

1. 임신 기간 동안 아이는 무중력 상태에서 생활한다.

2. 8주가 되면 태아는 움직이기 시작한다.

3. 태아는 14주가 되면 출생 후 할 수 있는 모든 행동을 다 할 수 있다.

4. 16~20주에 산모는 태동을 느낀다.

5. 임신 중 태아의 움직임은 장기 기능의 발달, 다양한 움직임 연습, 팔다리 발달, 산도 진입을 위한 준비과정이다.

업어 키울까, 눕혀 키울까?

갓난아기 돌보는 방법은 세대에 따라 다르다. 요즘 부모는 예전 부모보다 아이와 육체적인 접촉을 자주 한다. 엄마는 물론이고 아빠들도 아이를 자주 안아준다. 시중에 판매되는 다양한 아기띠 덕분에 아이들은 유모차에만 묶여 있지 않고 엄마, 아빠와 자주 신체적 접촉을 한다. 생후 1년 동안 운동능력이 발달하면서 아이는 육체적으로 서서히 부모와 거리를 두기 시작한다. 갓 세상에 태어났을 때는 혼자서 자세를 바꾸지 못하지만 12개월이 지나면 혼자서 앉거나 서고 이동할 수 있게 된다. 이렇게 운동능력이 발달함에 따라 아이의 관계성 행동도 함께 변한다.

⭐ 머리 가누기와 손발 바동거리기

아이는 세상에 태어나면 우선 중력에 적응해야 한다. 그런 다음 아이가 처음으로 습득하는 운동능력은 머리를 가누는 것이다. 머리를 가누는 것은 중력을 이겨내고 머리를 똑바로 들 수 있다는 뜻이다. 머리를 가누기 시작하면 아이는 서서히 자세를 바꿀수 있게 된다. 자세를 바꿀 수 있는 순서는 엎드리기, 바로 눕기, 앉기, 서기 순이다.

엎드리기 ● 신생아는 엎드려서 머리를 옆으로 둔다. 가끔 머리를 들지만 방향을 바꾸진 못한다. 머리를 옆으로 두면 자유롭게 호흡을 할 수 있다. 몇 해 전 발달신경학자들은 신생아들이 왼쪽보다 오른쪽으로 자주 머리를 둔다고 밝혔다. 오른쪽으로 머리를 두는 것은 좌뇌가 우세하기 때문인데 나중에 오른손잡이가 되는 아이가 많다는 것도 이를 증명해준다.

생후 2개월까지 아이는 팔다리와 몸을 구부리고 있다. 웅크린 다리를 몸통에 붙이고 있고 엉덩이를 들어 올리고 있다. 그러나 3개월이 지나면 간신히 주변을 볼 수 있을 만큼 머리를 들 수 있다. 아이의 시선은 가족들이 방 안에서 움직이는 모습을 따라갈 수 있으며 팔꿈치나 손으로 지탱하고 머리를 들기도 하고 발을 뻗치는 횟수도 증가한다. 들렸던 엉덩이도 3개월이 지나면 바닥에 붙는다.

6개월이 되면 아이는 좌우로 고개를 돌리고 아래위를 볼 수 있을 정도로 머리를 가눈다. 그리고 마치 수영을 하듯 가끔 팔다리를 들어올리고 배만 바닥에 붙일 정도로 몸을 쫙 뻗기도 한다. 생후 6개월까지 아이는 엎드린 자세에서 처음엔 몸을 구부리고 있다가 서서히 뻗는 자세를 취한다. 바로 누웠을 때는 반대로 뻗는 자세에서 구부린 자세를 취한다.

바로 눕기 ● 신생아는 바로 누웠을 때 엎드렸을 때와 같이 머리를 옆으로 둔다. 몸통은 어느 정도 뻗을 수 있지만 팔, 다리는 반쯤 구부리고 있다.

3개월이 되면 아이는 옆으로보다는 정면으로 머리를 두고 팔을 구부리고 있다. 그리고 손을 얼굴 앞으로 가져가거나 얼굴을 만지며 자기 손을 탐구한다. 4~5개월이 지나면 아이는 물건 잡기를 시도하기 시작하는데 이때 머리를 가운데 두고 팔을 구부릴 줄 알아야 한다. 사물을 잡기 시작할 때 아이는 동시에 양손을 사용한다. 3개월까지 다리는 대부분 구부린 채로 몸에 붙어 있다.

6개월이 되면 아이는 안아줄 때 바로 누운 자세에서 머리를 잠깐 들어올릴 정도로 머리를 가눌 수 있다. 또 손으로 무릎과 발을 만질 수 있을 정도로 다리를 구부릴 수 있고 다리에 큰 관심을 갖는다. 무릎. 다리, 발가락은 아이에게 언제나 매력적인 탐구 대상이 된다. 발가락을 입에 넣는 재주를 부리는 아이도 있다.

끌어당겨 앉히기 ● 신생아를 안을 때는 머리가 뒤로 떨어지지 않도록 머리를 받쳐 야 한다. 3개월이 안 된 갓난아기들은 무거운 머리를 중력에 지탱할 수 있을 만큼 힘이 없기 때문에 머리를 못 가누지만 3개월이 지나면 팔을 끌어당기면 머리도 함께 따라 올라온다. 5~6개월이 지나면 팔을 잡아당겼을 때 머리를 바닥에서 들어올리면서 몸 을 둥글게 구부리고 다리를 잡아당겨 상체를 들어올리는 데 힘을 보탠다.

앉기 ● 신생아가 앉은 자세에서 머리를 들고 있을 수 있는 시간은 2~3초 동안일 뿐 곧 앞이나 뒤로 머리를 떨어트리게 되고 몸통도 함께 앞이나 뒤로 쓰러지게 된다. 그러다 3개월이 지나면 앉을 때 머리를 가누고 옆으로 돌릴 수 있다. 또 6개월이 지나 면 아래위를 볼 수 있다.

서기 ● 머리를 받쳐주면 신생아도 3~4주만 지나면 머리를 세울 수 있으며 흥미로 운 것이 있으면 엄마의 어깨에 기대 머리를 세우고 쳐다본다.

신생아는 발을 바닥에 딛게 하면 다리에 힘을 주고 몸을 쭉 편다. 그리고 몸을 받쳐 주면 잠깐 설 수도 있다. 그러다 3~5개월이 되면 이러한 행동이 사라진다. 몸을 세우 면 다리가 구부러지고 몸을 뻗치지도 않는다. 아이가 본격적으로 설 준비를 하는 것은 6개월부터이다. 6개월 된 아이는 무릎을 구부리고 발 구르기를 좋아한다.

태어난 지 얼마 안 된 신생아를 세워 몸을 앞으로 살짝 숙이면 아이는 한 쪽 발을 앞 으로 내딛는다. 그 모습이 마치 걷는 것처럼 보인다. 학자들은 오랫동안 신생아의 이 러한 행동을 보행을 위한 준비단계로 간주했다. 그러나 임신 중 초음파검사를 통해 확

신생아

3개월

6개월

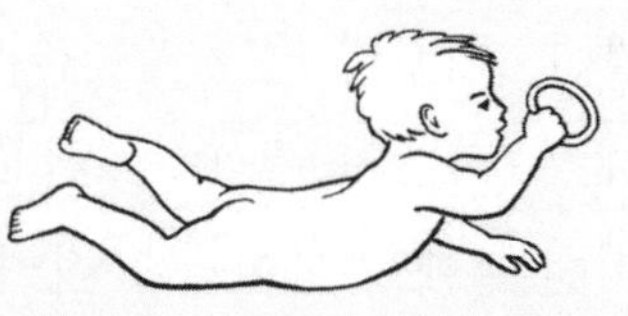

신생아

3개월

6개월

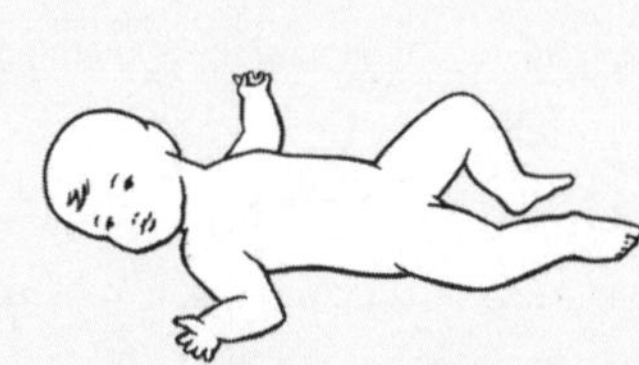
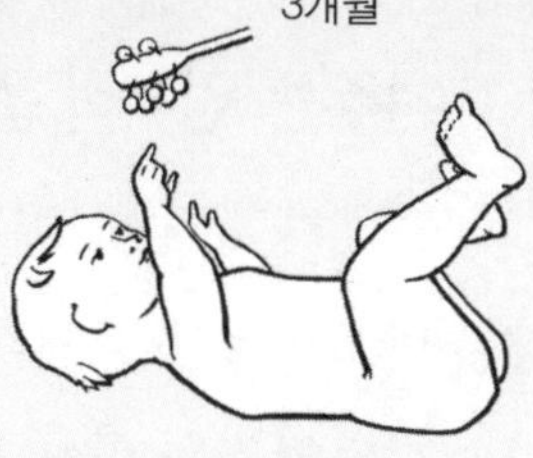
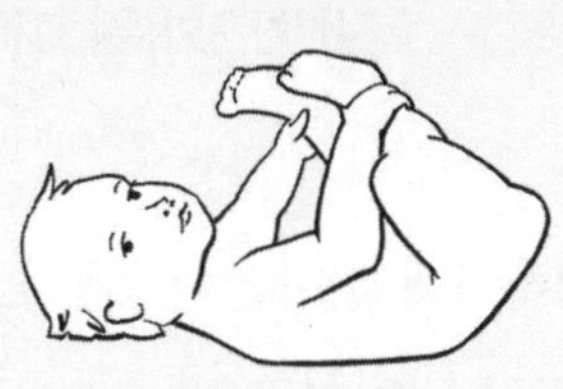

신생아

3개월

6개월

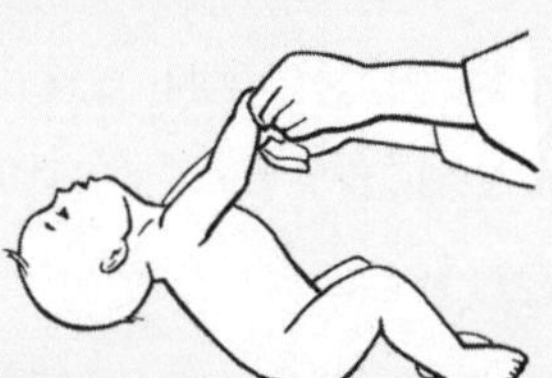

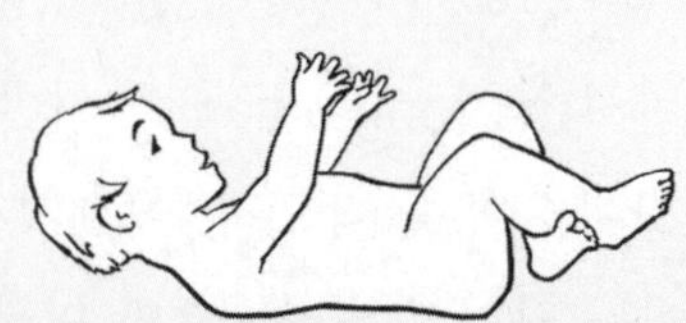

신생아

3개월

6개월

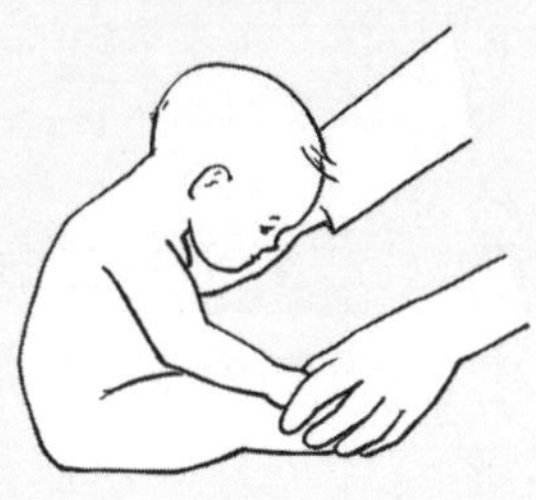
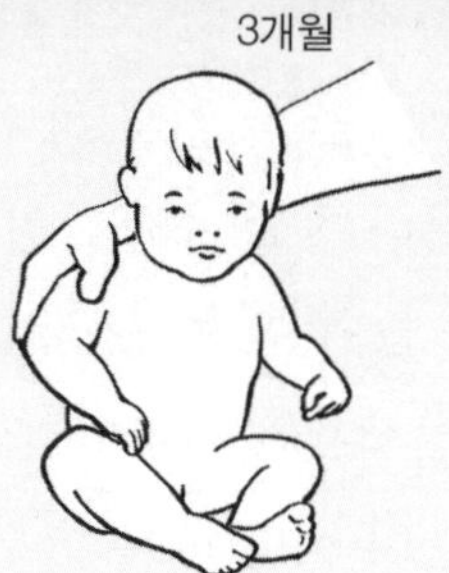
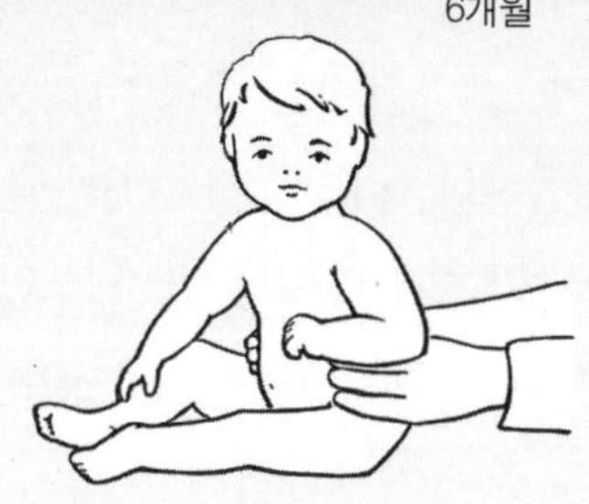

인한 결과 그것은 출생 전 태아의 운동의 잔재로 밝혀졌다. 한 달이 지나면 신생아의 걸으려는 움직임은 점점 약해지다가 완전히 사라진다.

임신 3개월이 되면 배 속의 태아는 움직임이 다양해진다. 태어난 후에도 아이는 배 속에서처럼 손발을 바동거리고 몸을 구부렸다 펴기도 하고 손발을 교차하기도 한다. 태어난 후에도 아이의 움직임이 크게 달라지진 않지만 어떤 아이는 엎드린 자세로 손발을 힘차게 바동거려 침대 머리맡까지 움직이기도 한다.

생후 3개월 미만에 보여주는 원시적 운동능력, 반사반응

생후 3개월 미만의 아이는 다양한 반사반응을 보인다. 반사반응이란 특정 자극을 주었을 때 나타나는 반응을 말하는데, 갓난아기의 반사 행동은 무릎반사와 같은 단순 반사와 달리 복잡하다.

그중 몇 가지 반사는 생존을 위해 매우 중요한 역할을 하는데 예를 들어 머리가 아래로 향하면 아이는 반사적으로 머리를 옆으로 돌리는데 이는 코로 숨을 쉬기 위해서이다. 이밖에 연하반사(swallowing reflex, 삼킴반사), 먹이찾기반사(rooting reflex), 흡철반사(sucking reflex, 빨기반사)는 영양분을 섭취하기 위해 반드시 필요하다. 또 이물질이 기도를 막으려 하면 기침반사를 일으켜 기도를 확보한다.

아이를 거칠게 내려놓으면 머리가 뒤로 떨어지는데 이때 아이는 두 팔을 뻗었다 구부린다. 이것을 모로반사(moro reflex)라고 한다. 머리를 제대로 가눌 수 없는 아이는 모로반사를 통해 자신을 조심히 다루어달라는 일종의 경고 신호를 보내는 것이다. 모로반사가 일어날 때는 종종 다리를 함께 움직이기도 하며 모로반사는 생후 한 달 이내에 가장 뚜렷이 나타났다가 6개월이 지나면 완전히 사라진다.

또 아이의 손바닥이나 발바닥 앞부분을 누르면 아이는 손가락과 발가락을 오므리는데 이는 쥐기반사(grasp reflex, 파악반사)이다. 깃털로 손바닥과 발바닥을 자극하는 것만으로도 쥐기반사를 일으킬 수 있으며 어떨 때는 너무 꽉 쥐어서 손가락 마디가 하

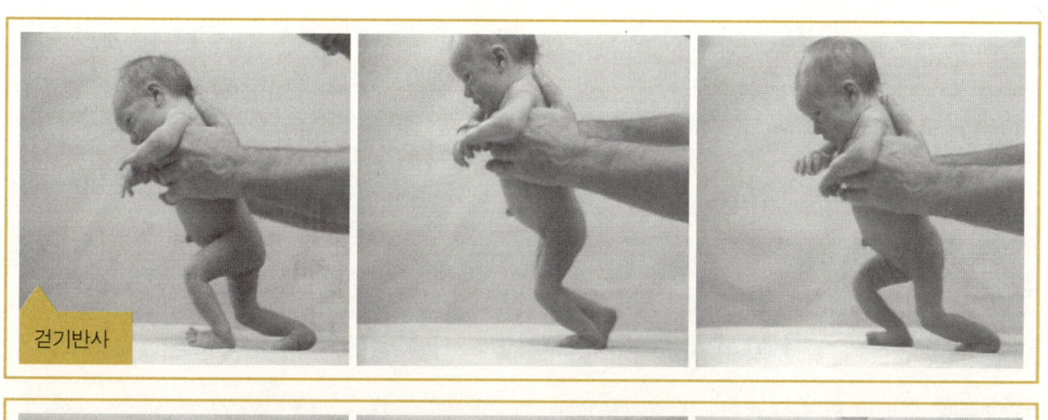

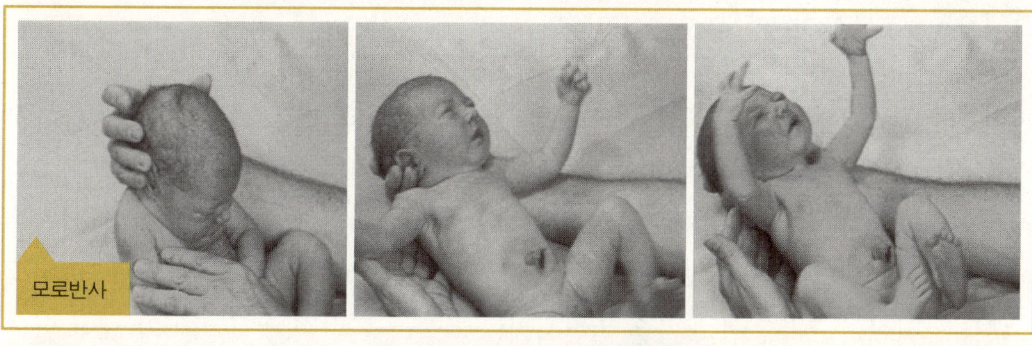

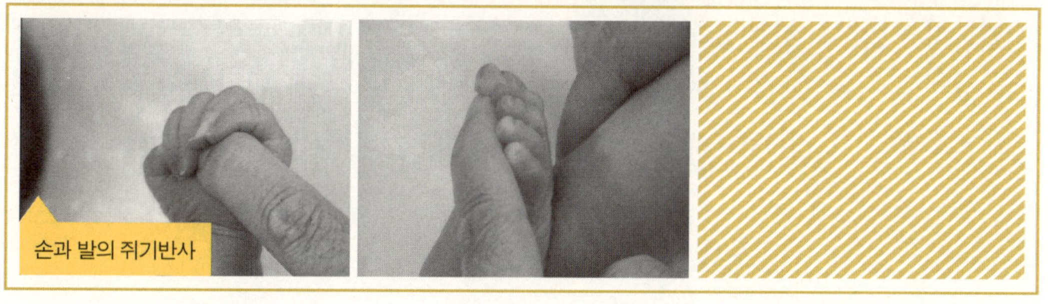

얇게 변하기까지 한다. 보통 생후 2~3개월간 쥐기반사를 보인다.

안아 키울까, 눕혀 키울까?

오랜 인류의 역사를 돌이켜보면 오랫동안 부모는 아이들을 업어서 키웠다. 침대나 바닥에 아이를 눕혀서 키우기 시작한 것은 불과 150년 정도밖에 안 된다. 산업화 시대로 접어들면서 주거환경이 변하고 집안 곳곳에 각종 위험요소가 생기면서 아이를 눕혀서 키우기 시작한 것이다.

요즘 젊은 부모들은 아기띠로 아이를 안거나 업는 데 거부감이 없다. 엄마뿐만 아니라 아빠도 종종 아기띠로 아이를 업거나 안아준다. 하지만 몇 년 전까지만 해도 공공장소에서 아빠가 아기띠로 아이를 안거나 업고 다니면 사람들의 이목을 집중시켰다. 뒤를 돌아보거나 혀를 차며 고개를 젓는 사람마저 있었다. 그러나 요즘엔 아기띠를 한 아빠들을 흔히 볼 수 있다.

아이들은 엄마나 아빠가 만져주고, 쓰다듬어주고, 움직여주는 것을 즐긴다. 최근 베이비 마사지가 유행하는 것도 그런 이유에서이다. 만지고 쓰다듬고 부드럽게 마사지를 해주는 것은 아이에게 신체적으로 편안함을 느끼게 해줄 뿐 아니라 아이와 부모의 관계도 돈독하게 해준다. 그러므로 안아주거나 업어주기와 같은 밀접한 신체 접촉은 아이와 부모의 정서적 유대감을 키워준다.

더불어 아이의 운동능력 발달을 촉진시키는 가장 간단한 방법은 아이가 깨어 있을 때 엎드려 뉘었다가 바로 눕히거나 앉히기를 반복하는 것이다. 아이를 품에 안고 아래위로 둥개둥개 흔드는 것도 아이의 운동능력 발달에 좋다. 또 아이를 반쯤 앉혀놓으면 주위에서 벌어지는 일들을 보고 자유롭게 양손으로 놀기도 한다.

Das Wichtigste in Kürze

내용 요약

1. 생후 3개월 동안 아이는 머리 가누는 연습을 한다. 그리고 3개월이 되면 엎드릴 때와 앉을 때 머리를 가눌 수 있다.

2. 생후 6개월이 지나면 아이는 엎드린 상태에서 웅크리고 있다가 몸을 편다. 반대로 바로 누운 자세에서 아이의 운동발달은 몸을 편 자세에서 구부린 자세로 진행된다.

3. 신생아는 팔다리를 움직이지만 특별한 목적이 있는 것은 아니다. 신생아의 걷기반사는 엄마 배 속에서의 움직임의 잔재이다.

4. 연하반사, 빨기반사, 먹이찾기반사는 복합적인 반사반응으로 아이의 생존과 밀접히 연관되어 있다. 모로반사와 잡기반사는 생후 2~3개월 동안 나타났다가 사라진다.

5. 아기띠를 이용해 안거나 업는 것은 신체 접촉과 움직임에 대한 아이의 욕구에 부합되는 것이다.

6. 갓난아기는 엄마나 아빠와 신체 접촉을 하길 좋아하며 어루만져주길 원한다. 목욕, 베이비 마사지와 같은 감각적 경험은 아이를 육체적으로 편안하게 해줄 뿐 아니라 부모와 아이의 관계에도 도움이 된다.

7. 부모는 아이가 깨어 있을 때 엎드려 뉘었다가 바로 눕히거나 반쯤 앉히기를 반복하여 아이의 운동발달을 촉진시켜야 한다. 바로 눕거나 반쯤 앉으면 아이는 손을 가지고 놀거나 다리를 팔딱거릴 수 있고 주변에서 일어나는 일들을 볼 수 있다.

분리불안은 아이가 스스로를 보호하는 **안전장치**이다

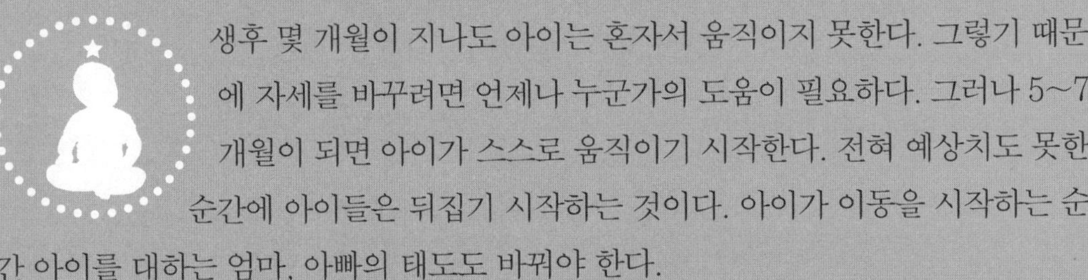

생후 몇 개월이 지나도 아이는 혼자서 움직이지 못한다. 그렇기 때문에 자세를 바꾸려면 언제나 누군가의 도움이 필요하다. 그러나 5~7개월이 되면 아이가 스스로 움직이기 시작한다. 전혀 예상치도 못한 순간에 아이들은 뒤집기 시작하는 것이다. 아이가 이동을 시작하는 순간 아이를 대하는 엄마, 아빠의 태도도 바꿔야 한다.

4개월이 지나면 아이는 스스로 움직이려고 할 뿐 아니라 주변을 탐구하려고 한다. 개월 수가 증가할수록 아이의 이동능력도 증가하여 집안 곳곳을 돌아다니게 된다. 그리고 손에 닿는 것은 모두 입으로 빨고 손에 쥐고 관찰한다. 아이가 움직임이 활발해지면 부모들은 아이를 위해 집안을 바꿔야 하나 아니면 아이가 집안에 적응하도록 해야 하나 고민하기 시작한다.

아이는 움직이기 시작하면 보호자로부터 물리적으로 멀어질 수 있다. 그러나 자연은 아이가 위험을 피하고 엄마와 아빠를 잃어버리지 않도록 분리불안이라는 일종의 안전장치를 선물해주었다. 분리불안 증세는 아이가 이동하기 시작할 때부터 나타나기 때문이다. 분리불안이 비록 아이의 탐구욕을 억제시키긴 못할지라도 최소한 위험수위를 넘지 않도록 공간적인 경계를 그어주는 것이다.

운동능력과 다른 발달영역은 서로 영향을 주고받는다. 이동하기 시작하면 아이의 탐구영역이 단숨에 확장된다. 호기심이 많은 아이는 주변에 관심이 적은 아이보다 활동적이다. 또 엄마한테서 쉽게 떨어지는 아이는 수줍음을 많이 타고 엄마 곁을 떠나지 않는 아이보다 다양한 경험을 한다. 그리고 움직임이 활발한 아이는 활동적이지 못한 아이보다 엄마한테서 잘 떨어진다.

뒤집기 ● 아이들은 대개 5~7개월에 뒤집기를 시작하는데 완전히 뒤집기 전에 먼저 바로 누운 자세나 엎드린 자세에서 옆으로 몸을 돌린다. 그런 다음 엎드렸다가 바로 누울 수 있게 되고 조금 시간이 지나면 바로 누운 자세에서 엎드린 자세로 바꿀 수 있다. 전자보다 후자를 먼저 하는 아이도 있다.

부모는 어느 날 갑자기 아이가 뒤집는 것을 보면 깜짝 놀란다. 뒤집기 시작하면 아이들은 기저귀 갈이대에서도 순식간을 몸을 뒤집기 때문에 한시도 눈을 떼서는 안 된다. 어떤 아이들은 뒤집기를 이동의 수단으로 발달시키기도 한다. 그런 아이들은 뒤집기를 반복해 굴러서 용케도 자신이 가고 싶은 곳에 도달한다. 또 엎드린 자세에서 상체와 다리를 이용해 원을 그리듯 몸을 돌려 가까운 곳에 있는 물건을 잡는 아이도 있다.

배밀이와 기기 ● 7~10개월에 아이는 배밀이를 시작한다. 배밀이를 할 때 아이들은 보통 처음에는 손이나 팔꿈치로 지탱하고 몸을 앞으로 당긴다. 그리고 시간이 조금 지나면 다리도 사용한다. 팔다리의 움직임은 서서히 협응이 이루어져 오른팔과 왼다리, 왼팔과 오른다리를 번갈아가면서 사용할 수 있다.

배밀이 단계를 지나면 아이는 손과 무릎으로 몸을 지탱하는데, 이는 처음으로 바닥에서 몸을 드는 행위이자 서기 위한 중요한 준비동작이다. 아이는 이 자세에서 며칠

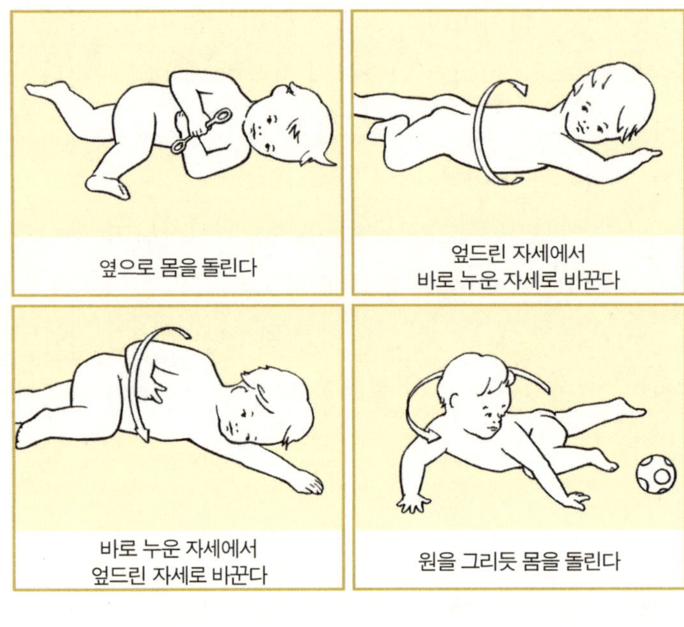

동안 앞으로 이동하지 않고 몸을 앞뒤로 흔든다. 그러다 기려고 하는데 앞으로 기기 전에 뒤로 먼저 기는 아이들도 많다. 일단 앞으로 기기에 성공하면 아이는 무서운 속도로 기어다닌다.

서고 걷기 전에 엉덩이를 들고 다리와 팔로 기는 아이들도 있다. 곰 자세라고 불리는 이 자세는 힘들기만 하지 앞으로 움직이는 데는 별로 효과적이지 않다. 곰 자세는 기기에서 서기로 넘어가는 이행과정일 뿐이다.

상체 일으키기 & 앉기 ● 몸통을 축으로 뒤집고 엎드린 자세에서 무릎을 꿇을 수

있으면 곧 상체를 일으켜 앉고 앉은 자세에서 다시 누울 수 있다. 앉을 때 두 다리를 뻗는 아이도 있고 한쪽 다리는 오므리고 다른 한쪽 다리는 뻗는 아이도 있다. 또 책상다리를 하고 앉는 아이도 있고 W자로 앉는 아이도 있는데 소아과 의사와 정형외과 의사들은 W자로 앉는 것이 고관절 발달에 해롭기 때문에 그렇게 앉지 못하게 해야 한다고 말한다. 그런데 어떤 아이들은 고관절에 문제가 있어서 W자로 앉을 수밖에 없다.

혼자서 앉게 되면 아이는 여러모로 새로운 경험을 할 수 있다. 무엇보다 누워 있을 때보다 가까운 주변에서 일어나는 일을 관찰하기 쉽다. 그리고 균형을 잡기 위해 팔로 지탱하지 않아도 되고 자유롭게 양손을 가지고 놀 수 있다. 이처럼 9~10개월이 되면 배밀이를 하거나 기거나 상체를 일으키거나 앉을 수 있을 만큼 운동능력이 발달한다. 그러나 극히 정상인데도 만 1살까지 이동하지 못하는 아이도 있다. 10~24개월까지

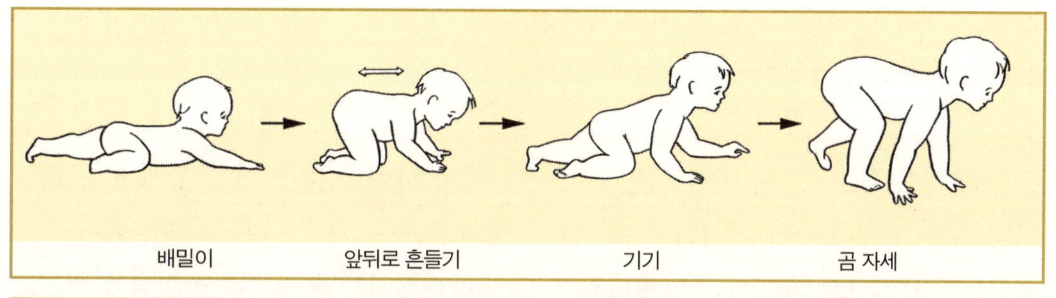

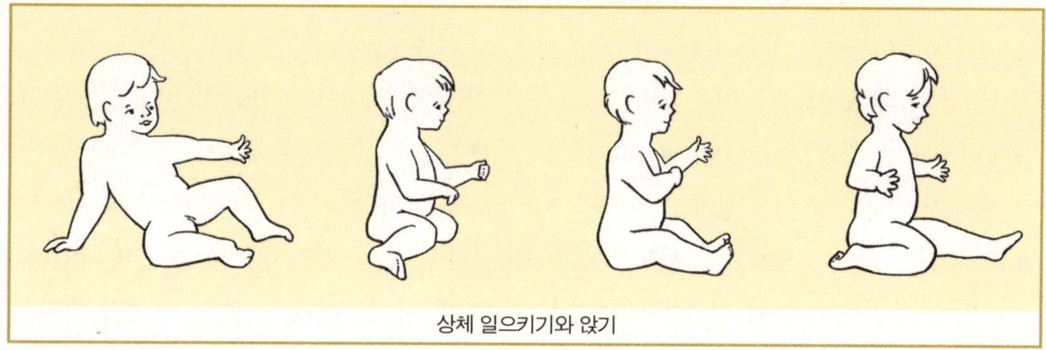

아이들의 운동능력 발달은 매우 다양한 양상으로 진행된다.

허용과 금지의 경계

육아는 허용과 금지 사이에서 끊임없이 고민하는 과정의 반복이다. 특히 아이가 움직이기 시작하면 부모의 가장 큰 과제는 허용과 금지의 경계를 정하는 것이다. 기기 시작하면 아이는 집안에 있는 물건들을 마음대로 만질 수 있게 된다. 그러나 집에는 오디오나 끓는 냄비, 비싼 꽃병 등등 아이가 만지면 안 될 물건들이 대부분이고 아이 역시 위험에 처한다. 화분에 담긴 흙을 먹거나 화초를 먹으면 중독이 될 수도 있고 콘센트나 각종 가전기기를 만지다 다칠 수도 있다.

그러나 이제 막 기기 시작한 아이에게 분별력을 기대할 수는 없다. 그렇다면 부모는 어떻게 해야 할까? 아이를 위해 집안을 바꿔야 하나, 아니면 아이가 스스로 보호하는 법을 배우게 해야 하나? 또 어디까지 아이가 마음대로 움직이면서 이것저것을 경험하게 허용해야 할까?

가장 간단한 방법은 아이가 망가트리면 안 되는 것, 아이에게 위험요소가 되는 물건을 바닥에서 최소 1미터 이상 되는 곳에 올려놓아 아이의 눈에 띄지 않게 하고 콘센트나 가구 모서리 같이 위험한 곳에는 안전장치를 설치해야 한다. 그리고 아이의 움직임을 공간적으로 제한하는 방법으로는 문에 바리케이드를 치거나 놀이울을 설치하는 것 등이 있다.

안전을 위해 아이를 놀이울 안에 넣어두는 문제에 대해서는 찬반양론이 팽팽하다. 교육학적으로 봤을 때 놀이울은 좋다고도 나쁘다고도 말할 수 없다. 서양에서는 이미 오래전에 놀이울을 사용했으며 지금도 놀이울을 사용하는 부모들이 많다. 아이의 움직이려는 욕구는 제어하기 힘들고 놀이울은 이 문제를 해결하기 위해 발명되었다.

다만 한 가지 명심해야 할 점은 움직이기 시작한 아이들은 분리불안 증세가 있다는 것이다. 그렇기 때문에 놀이울 속에 너무 오랫동안 아이를 혼자 놀게 놔두면 안 된다. 어린아이는 혼자서 놀 수는 있지만 엄마나 아빠가 항상 곁에 있어야 한다. 분리불안의 강도는 아이마다 다르다. 어떤 아이는 엄마의 목소리만 들려도 안심하고 혼자 놀지만, 어떤 아이들은 엄마의 얼굴이 보여야만 안심을 한다. 또 어떤 아이들은 엄마가 옆에 붙어 있어야만 만족한다. 앞서 언급한 대로 엄마에 대한 의존도는 아이의 성격과 생후 12개월 동안 형성된 아이와 부모의 관계에 따라 달라진다.

☆ 보행기나 점퍼루 같은 기구는 아이를 '보관하는 장치'가 아니다

신생아와 만 1살 이전의 아이들은 움직이고 싶어하고 또 움직여야만 한다. 만 1살 이전의 아이들은 눈에 보이는 것은 모두 만지고 관찰하고 입에 넣으려고 한다. 이렇게 주변세상을 탐구하는 것은 초기 지능발달에 중요한 부분을 차지한다. 그렇기 때문에 부모는 위험하다고 판단될 때를 제외하고는 최대한 아이의 움직임을 제한해서는 안 된다. 오히려 가능한 한 아이가 넓은 공간에서 움직일 수 있게 하고 탐구할 수 있는 기회를 많이 마련해줘야 한다.

아이가 앉기 시작하면 경험할 수 있는 공간이 확대된다. 또 유아용 식탁의자에도 앉을 수 있기 때문에 가족들과 함께 밥을 먹을 수 있다. 그러나 보행기나 점퍼루 같은 기구에 아이를 앉혀놓으면 엄마나 아빠는 편하지만 한 가지 움직임만 가능하기 때문에 다양한 운동능력을 발달시키지 못한다. 게다가 그러한 기구들은 위험성도 높아서 보행기와 같은 이동기구를 타다 계단에서 떨어지는 사고가 끊임없이 발생한다. 부모들은 이러한 기구들을 아이를 '보관하는 장치'로 이용해서는 안 된다. 최대한 아이가 배밀이를 하고 기고 신나게 움직일 수 있게 해줘야 한다. 맘껏 움직이지 못한 아이는 기분도 안 좋고 다른 활동을 하고자 하는 의욕도 잃는다.

Das Wichtigste in Kürze
내용 요약

1 생후 4~9개월에 아이들은 이동하기 시작한다. 이동하기 시작하는 시기와 양상은 아이마다 다르다.

2 먼저 아이는 자신의 몸통을 축으로 뒤집고 원을 그리듯 돈 다음 배밀이를 하고 긴다. 그 다음에 앉는다.

3 집안은 1) 아이가 혼자 놀 때 방치됐다고 느끼지 않게 2) 아이의 이동 욕구와 호기심을 가능한 한 제한하지 않게 3) 아이에게 위험하지 않게(떨어지면 위험한 물건, 콘센트, 유독성 식물이나 화학물질에 접근할 수 없도록) 꾸며야 한다.

10~24개월

18개월에도 **못 걷는** 내 아이, **문제** 있는 걸까?

아이들 중에는 또래 아이들보다 유난히 운동발달이 늦되는 아이들이 있다. 10개월이 돼서야 뒤집고 12개월 때 앉는다거나 엉덩이로 밀고 다니기는 해도 기지는 않는 아이, 엄마가 일으켜 세워도 서려 하지 않는 아이, 18~20개월이 되어서야 비로소 걷기 시작하는 아이 등이 이런 경우이다.

다른 부분은 아무런 문제가 없는데도 유독 운동발달이 보통 아이들보다 늦게 진행되는 이런 아이들을 둔 부모는 자신의 아이와 옆집의 또래 아이를 비교하며 불안해하고 걱정을 한다. 부모들은 대부분 아이가 7~10개월이 되면 당연히 기고, 12개월이 되면 당연히 걸을 것이라 기대하기 때문이다. 그렇다면 운동발달이 늦는 아이들은 정말 문제가 있는 걸까. 왜 아이들 중에는 부모가 기대한 대로 운동발달이 진행되는 아이들도 있고 그렇지 않은 아이들도 있는 걸까.

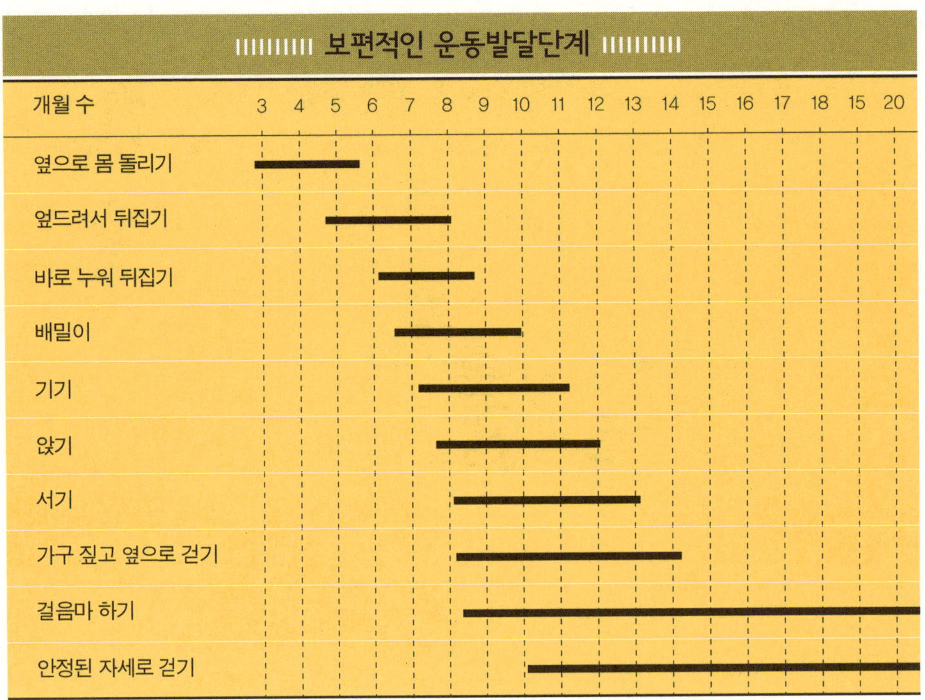

영유아기 운동발달이 늦되는 아이에 관한 최신 연구결과

　몇 년 전까지만 해도 부모들뿐 아니라 전문가들까지도 모든 아이들의 운동발달이 동일하게 진행된다고 확신했다. 5~7개월이 되면 엎드린 자세에서 뒤집고, 그 다음엔 바로 누운 자세에서 뒤집기를 하고 같은 자리에서 원을 그리듯 몸을 돌릴 수 있으며, 7~10개월이 되면 배밀이를 하다가 길 수 있다고 생각했다. 그리고 10~13개월이 되면 두 손 두 발로 기고 그 다음엔 서고 걷는 게 당연하다고 간주했다. 전문가들은 아이의 운동발달이 다르게 진행되면 신경장애가 있다고 보고 아이에게 운동치료를 받게 했다.

　그러나 건강한 아이들의 운동능력 발달에 대한 최근 연구를 보면 만 1살 이전 아이들의 운동발달은 지금까지 알려진 것보다 훨씬 다양한 양상으로 진행된다고 보고하고 있다. 조사에 의하면 전체 아이들 중 약 13퍼센트 정도가 통상적인 운동발달 양상과 다르게 진행되는 양상을 보인다고 한다. 또 운동발달 양상이 다르거나 발달속도가 느린 아이들의 40퍼센트는 부모를 닮은 것으로 나타났다. 즉 운동발달 속도와 양상은 유전적인 영향이 크다고 볼 수 있다.

⭐ 아이들이 보여주는 운동발달의 다양한 양상들

운동발달은 아이마다 그 양상과 순서가 각각 다르게 진행되기 때문에 언제 어떻게 진행될지 예측할 수 없다. 아이들이 보여주는 운동발달의 다양한 양상은 다음과 같이 나타낸다.

- 배밀이와 기기를 건너뛰는 아이
- 두 손과 두 발로 기지(곰 자세) 않는 아이
- 엎드려서 몸을 끌고 다니다가 바로 서는 아이
- 배밀이도 안하고 기지도 않고 앉아서 엉덩이로 밀고 다니는 아이
- 골반과 어깨를 옆으로 밀면서 뱀처럼 꿈틀거려 이동하는 아이
- 구르기를 반복해서 원하는 곳으로 이동하는 아이
- 엎드린 자세에서뿐 아니라 바로 누워서도 둥글게 상체를 돌리는 아이

이처럼 이동하는 방식은 아이마다 각기 다르기 때문에 영유아의 운동발달의 다양성은 배가된다. 예를 들어 엉덩이로 밀고 다니는 아이들도 다리 자세는 제각각이다. 어떤 아이들은 두 다리를 뻗고, 또 어떤 아이들은 다리 한 쪽은 뻗고 다른 한 쪽은 구부린 채 엉덩이로 밀고 다닌다. 또 어떤 아이는 양반다리로 앉지만 어떤 아이들은 W자로 앉는다. 배밀이와 기는 방식도 아이마다 다르다.

운동발달에 대한 과거의 인식

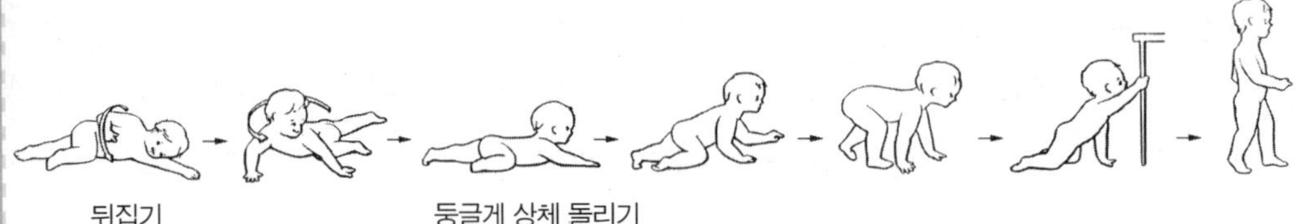

운동발달에 대한 최근의 인식

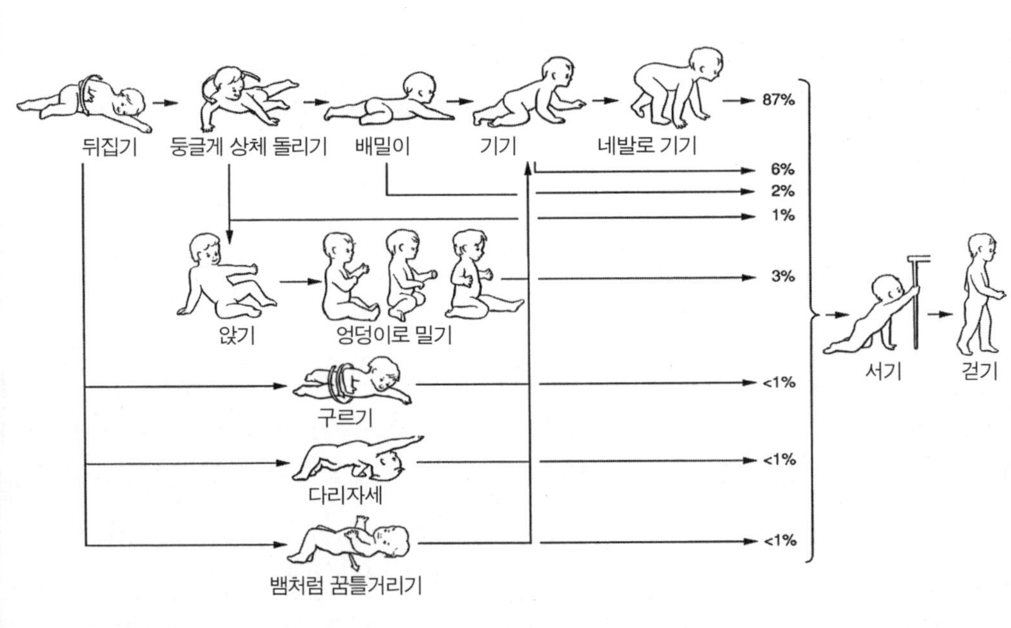

걸음마의 시작_드디어 세상의 문턱을 넘다

아동발달단계 중 차이가 가장 많이 나는 것은 걸음마를 시작하는 시기이다. 대부분의 아이들은 13~14개월 때 걸음마를 시작하지만 빠른 아이들은 8~9개월에 걷기 시작하고 늦은 아이들은 18~20개월이 돼야 걷기 시작한다. 하지만 남자 아이와 여자 아이 간의 차이는 거의 없다.

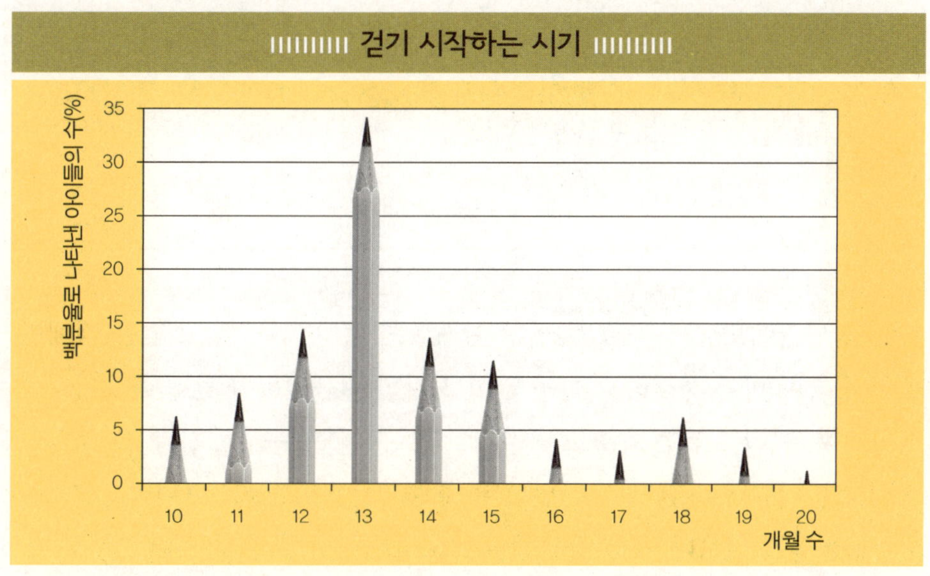

9~15개월이 되면 아이는 의자나 책상다리 같은 가구들을 붙잡고 일어선다. 그리고 서는 것에 자신감이 생기면 가구를 붙잡고 옆으로 발걸음을 옮긴다. 걷기 시작하면 아이는 걷는 일에 몰두한다. 그리고 다양한 방법을 시도해본다. 그러다 쓰러지지 않고 문지방을 넘거나 탁자 주변을 도는 데 성공하면 뿌듯해한다.

그러나 아이는 특정한 목적을 가지고 움직이진 않는다. 그저 걷는 것 자체를 재미있어 한다. 어떤 아이들은 걷는 것에 너무 열중한 나머지 언어발달을 비롯한 다른 발달 영역을 등한시하기도 한다. 그래서 구사할 수 있는 단어의 수가 늘지 않고 그림책

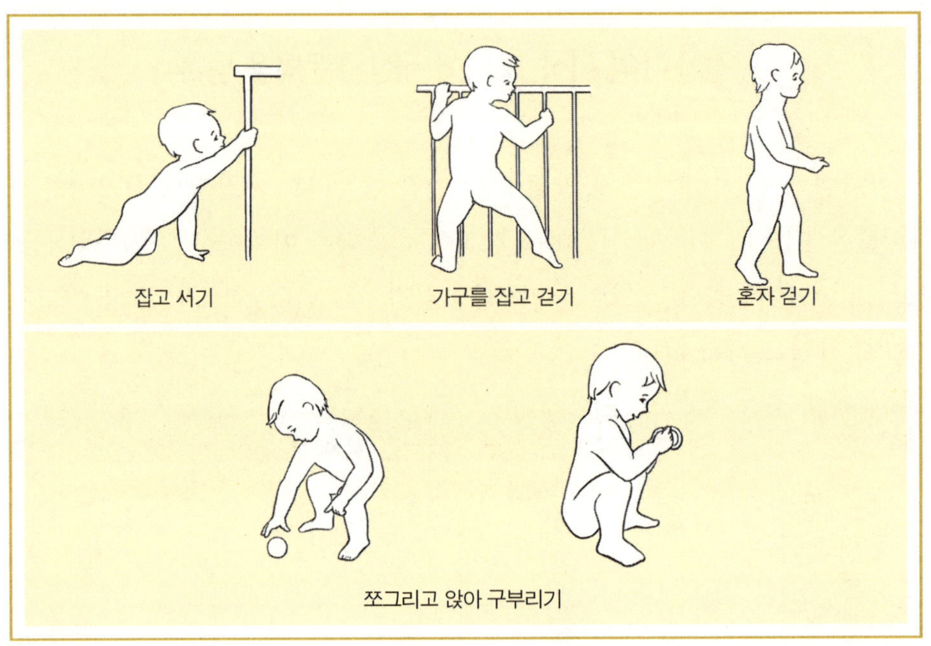

이나 다른 장난감에도 관심을 보이지 않은 채 오직 두 다리로 서고 걷는 것에만 집중하기도 한다. 걸음마를 시작하고 한두 달이 지나면 걸음걸이가 안정되고 다리 사이의 폭도 좁아진다. 그리고 걷는 속도도 빨라지고 방향전환도 수월해진다. 또 보행기용 손수레를 밀고 다니거나 바퀴 달린 장난감 위에 물건을 싣고 끌고 다니기를 좋아한다.

아이들에겐 걷는 것보다 아무것도 잡지 않고 그냥 서 있는 것이 더 어렵다. 그러나 자유롭게 서 있을 수 있으면 앉거나 구부린 자세에서 일어서는 법도 금방 배운다. 아이들은 두 팔과 다리로 엎드려뻗친 자세에서 어느 순간 갑자기 벌떡 일어선다. 이때 중심을 잡기 위해 엉덩이를 뒤로 뺀다. 이렇게 일어설 수 있으면 선 자리에서 앉았다 다시 일어설 수도 있게 된다.

생후 24개월은 아이가 완전한 운동능력을 갖추기 위한 중요한 전환점이다. 두 살이 되면 아이는 두 발로 자유롭게 걸을 수 있고 양팔을 자유롭게 사용할 수 있다. 아이는 양손으로 물건을 사용할 수 있으며 악기를 다룰 수 있다. 다시 말해 '문화적 능력'이라고 지칭하는 일들을 할 수 있게 된다.

Das Wichtigste in Kürze

내용 요약

1. 아이들이 이동하는 방식은 제각각이다. 운동발달 순서 역시 획일적이지 않기 때문에 모든 아이에게 적용시킬 수 있는 일정한 순서는 존재하지 않는다.

2. 아이마다 각각의 운동발달 단계를 거치는 시기가 다르다. 대부분의 아이들은 12~14개월에 첫 걸음을 떼지만 빠른 아이들은 8~10개월에 걷고 늦은 아이들은 18~20개월이 되어서야 걷기 시작한다.

3. 걷기 시작하면 어떤 아이들은 몇 주 동안 걷는 것에만 몰두하여 언어발달을 비롯한 다른 발달 영역에서 아무런 발전을 보이지 않는다.

25~48개월

유난히 **움직임**이 많은 아이 **과잉행동장애**일까?

만 5살 미만의 아이들은 움직이는 것을 아주 좋아한다. 아이가 움직이는 것을 좋아할수록 부모는 힘이 든다. 한시도 가만히 있지 못하고 쉴 새 없이 움직이는 아이를 둔 부모들은 혹시 아이가 과잉행동장애는 아닌지 의문을 가진다. 이에 대한 답을 찾기 전에 만 2~5살의 운동발달에 대해 자세히 살펴보자.

세분화와 적응_ 운동능력은 또래 아이들보다 빠를 수도 있고 느릴 수도 있다

만 2~5살에 이루어지는 운동발달은 걸음마를 시작하는 것만큼 극적이진 않지만, 자세히 살펴보면 가히 놀라운 일이다. 다음의 그림은 아이의 운동능력이 어떻게 발전

하고 주변 환경의 요구에 어떻게 적응하는지 보여준다.

걷기 ● 아이는 걷는 것을 배우면 작은 걸음으로 총총거린다. 그리고 발과 발 사이의 좌우 폭이 넓다. 바닥에 뒤꿈치부터 딛고 발바닥을 굴리듯 걷는 대신 발바닥 전체를 바닥에 내디딘다. 걸을 때 몸통과 머리는 꼿꼿하게 세우고 움직이지 않는다. 양쪽 팔은 팔꿈치를 굽혀 몸통에 붙인다. 팔은 걸을 때 움직이지 않고 중심을 잡기 위해 사용한다.

만 3~4살이 되면 보폭이 커지고 발과 발 사이의 간격은 좁아진다. 그리고 바닥에 뒤꿈치부터 내딛고 발바닥을 앞으로 굴리듯 걷는다. 걸을 때 몸통을 사용하진 않고 양 팔은 자연스럽게 내리고 가볍게 앞뒤로 흔든다.

학교에 입학할 때 즈음이면 보폭이 넓어지고 앞으로 내딛는 발의 무릎을 가볍게 굽힌 채 앞으로 내딛는다. 몸도 걷는 움직임에 맞춰 리드미컬하게 함께 움직인다. 팔도 발과 협응을 이루며 자연스럽게 움직인다.

뛰기 ● 걷기 시작한 아이들은 걷는 속도를 조절하지 못한다. 빨리 걷고 싶을 땐 보폭을 넓히는 대신 발걸음의 수를 늘릴 뿐이며 빨리 걷기 위해 몸통과 팔을 사용하지도 않는다.

만 4~5살이 되어야 아이들은 뛰는 데 필요한 운동요소를 몸에 익힌다. 아이는 지면에 닿지 않는 발을 힘차게 앞으로 내딛고 순식간에 바닥을 박차고 뛰어나간다. 이때 발바닥은 발꿈치부터 발가락까지 바닥에 둥그렇게 굴린다. 뛸 때 팔을 함께 움직이고 몸통을 가볍게 회전하면서 뛰는 동작을 보조해준다.

공 잡기 ● 만 2~3살의 아이들은 공을 던져도 움직이지 않고 공이 앞에 떨어질 때까지 기다린다. 몸통과 팔을 고정시키고 기다리는 자세를 취하지만 아직 날아오는 공을 잡지는 못한다.

그러나 만 3~4살이 되면 공의 크기와 공이 날아오는 속도, 방향에 대처해 미리 공

을 받을 자세를 취한다. 이때 몸을 살짝 앞으로 굽히고 양팔을 구부린 채 앞으로 뻗는다. 날아오는 공을 잡기 위해 아이는 공의 크기에 맞게 두 손을 벌리고 다리를 넓게 벌려 안정된 자세를 취한다. 취학연령이 되면 공 잡는 자세가 완성된다. 아이는 상체를 앞으로 굽히고 두 팔을 벌리고 발 한쪽은 앞으로 내밀어 날아오는 공을 잡는다.

아이가 점프나 텀블링과 같은 운동을 할 때는 움직임의 효율성이 향상된 것을 관찰할 수 있다. 점프나 텀블링 같은 운동은 신체의 협응능력, 균형감각이 발달하고 힘을 적절히 분배할 수 있어야 가능하다. 운동능력만으로는 점프와 텀블링을 할 수 없다. 운동능력과 감각이 상호작용을 해야만 한다. 따라서 점프를 해서 날아오는 공을 잡는 것은 대단한 발전이다. 날아오는 공을 잡으려면 아이는 몇 초 안에 공이 날아오는 방향, 속도, 공의 크기를 정확히 파악하고 그에 맞게 몸을 움직여야 한다.

공 던지기 ● 만 2~3살의 아이는 공을 던질 때 팔꿈치 아랫부분만 살짝 움직여 팔꿈치 관절만 이용해 공을 던진다. 이때 몸통은 전혀 움직이지 않는다. 그러나 만 3~4살이 되면 한 발짝 앞으로 내딛고 공을 잡은 팔을 뒤로 뻗어 어깨 관절을 이용해 공을 던진다. 이때 몸통을 가볍게 회전하고 상체를 앞으로 내밀어 공이 멀리 날아가게 한다.
　취학연령이 되면 공 던지는 자세도 완성된다. 공을 던질 때 전신을 이용하여 공을 잡을 팔을 가능한 한 뒤로 뻗고 반대쪽 팔을 앞으로 뻗어 균형을 잡고 몸통을 회전하여 힘을 싣는다.

　위와 같은 발달은 대근육 운동뿐 아니라 소근육 운동에서도 관찰할 수 있다. 아이는 만 3살 무렵이 되면 그림을 그리고 조립하고 다양한 재료로 공간적인 구조물을 만들 줄 안다. 보고 느낀 것을 손을 사용하여 표현하는 것은 아이에게는 소중한 도전이다.
　이처럼 아이의 운동발달은 매우 다양하게 진행된다. 만 3살 때 이미 5살 된 아이와 비교할 수 있을 만큼 대근육과 소근육의 협응이 잘 발달된 아이도 있다. 균형감각과 근력도 아이마다 발달 정도와 속도가 다 다르다. 따라서 만 3~7살 아이의 운동능력은 또래 아이들과 비교했을 때 3살 정도 빠를 수도 있고 느릴 수도 있다.
　만 7살 이하의 어린아이들의 운동은 대부분 공 던지기나 공 받기처럼 일정한 움직임의 순서를 따르지는 않는다. 아이들은 자신의 운동능력을 혼자서 또는 다른 아이들과 놀면서 다양하게 시험해본다. 특히 영아의 경우 집단 내에서 어떠한 위치를 차지하느냐에 따라 운동발달 양상과 속도가 달라진다. 또래 집단은 아이가 다양하게 운동능력을 발달시킬 수 있도록 자극을 준다.

놀이기구_아이가 스스로 시도하려 할 때까지 기다려주라

운동능력을 통제할 수 있게 되면 아이는 각종 놀이기구와 이동수단에 관심을 보이기 시작한다. 만 3~4살 아이에게 미끄럼틀, 정글짐, 그네는 거부하기 힘든 유혹의 대상이다. 동물모형차 같이 앉아서 발을 바닥에 내딛어 앞으로 움직일 수 있는 놀이기구 역시 아이들에게 인기가 높다. 만 2.5~3살이 되면 세발자전거를 배우기 시작하는데, 이는 아이의 운동발달에 큰 획을 긋는다. 세발자전거에 탄 아이를 보면 아이의 운동능력이 얼마나 세분화되었는지 관찰할 수 있다. 발은 이동하는 데 필요한 동력을 조달하고 팔은 핸들을 잡고 몸통은 자전거에서 떨어지지 않도록 균형을 잡는다. 자전거를 탈 수 있는 아이의 운동능력은 공간적인 환경에 맞게 속도와 방향을 조절할 수 있을 만큼 발달한 상태이다.

아이들의 운동능력 발달은 매우 다양한 양상으로 진행된다. 각종 놀이기구를 타기 시작하는 나이 역시 제각각이다. 어떤 아이들은 만 4살 때부터 자전거를 타기 시작하고 어떤 아이들은 만 6~7살이 되어야 자전거를 탄다.

이때 주의해야 할 것은 아직 준비가 되지 않은 아이에게 놀이기구를 타라고 강요해서는 안 된다는 것이다. 부모는 아이가 스스로 시도하려 할 때까지 기다려줘야 하며, 대신 부모가 운동을 즐기면 아이에게는 좀더 일찍 놀이기구를 탈 수 있는 긍정적인 동기부여가 된다.

중요한 것은 아이가 스스로 무언가를 배우려 하는 것이다. 그래야만 혼자서 해냈다는 성취감을 맛볼 수 있고 다른 것을 해보려는 용기도 갖게 된다. 부모는 아이가 스스로 배우게 지켜보되, 배움의 과정을 단계별로 나누어 아이에게 효과적으로 도움을 주어야 한다.

활동성의 차이 움직임에 대한 욕구를 충분히 발산할 기회를 주라

만 2~5살에 아이들은 엄청난 운동능력을 발달시킨다. 이렇게 새로운 능력을 습득한 아이는 폭넓은 경험을 해야 한다. 어린아이가 움직이려고 하는 것은 지극히 자연스러운 일이며 억압해서는 안 된다. 어른들은 아이가 움직임이 활발하면 대부분이 지극히 자연스러운 행동임에도 불구하고 자신들을 방해하고 힘들게 하기 때문에 운동성 불안이라고 확대 해석한다.

　운동발달의 양상과 시기가 다르듯 활동성도 아이마다 다르다. 활동성의 차이를 결정하는 요소는 다음과 같다.

활동성의 차이를 결정하는 5가지 요소

유전적 기질 | 성인들도 활동적인 사람이 있고 그렇지 않은 사람이 있듯 아이들도 마찬가지이다. 아이가 유난히 움직임이 활발하다면 그 기질은 부모로부터 유전되었을 가능성이 높다.

나이 | 통상 만 2살이 되면 아이의 움직임은 점점 활발해지기 시작해 만 4~6살에 정점에 달한다. 그러다 초등학교에 입학하면서 사춘기 때까지 움직임이 점점 감소한다. 그러나 이러한 과정도 아이마다 다르게 진행된다. 만 4살부터 차분해지는 아이들도 있고 학교에 들어가도 차분히 의자에 앉아 있지 못하는 아이들도 있다.

성별 | 남자 아이들은 여럿이 모이면 대체로 여자 아이들보다 훨씬 활발하게 움직인다. 하지만 여자아이들 중에서도 유난히 활동적인 아이가 있는가 하면 남자아이들 중에서도 활동성이 적은 아이가 있다.

주변 환경 | 맘껏 움직이지 못하면 아이는 침울해하고 돌봐주는 사람을 힘들게 하기도 한다. 자유롭게 움직이고자 하는 욕구를 발산하지 못하면 아이는 집에서 정신없이 뛰어논다. 그러나 집안에서만 놀면 아이의 움직임에 변화가

없기 때문에 운동발달에 도움이 안 된다. 활동의 자유가 없으면 아이는 일종의 운동성 불안 증세를 보일 수 있고 그렇게 되면 부모에게 큰 부담이 된다. 그러나 안타깝게도 오늘날의 주거환경은 아이들이 충분히 움직일 수 있는 공간을 제공하지 못한다. 아파트의 층간 소음 같은 문제로 집안에서도 활동이 자유롭지 못하고 밖에 나가도 자동차를 비롯한 여러 가지 위험요소 때문에 충분히 뛰어놀 수 없는 환경이다. 그러므로 아이들을 안전한 야외로 데리고 나가 맘껏 뛰어놀 수 있는 기회를 만들어주어야 한다.

정서적 불안 | 어른들처럼 아이도 정서적으로 불안하면 움직임이 불안정하다. 예를 들어 놀이방에서 다른 아이들에게 따돌림을 당하면 놀이방에 가기 싫어할 것이고 놀이방에 갈 시간이 되면 불안해할 것이다. 이러한 정서 상태는 움직임으로 표현된다.

최근 과잉행동장애로 소아정신과를 찾는 아이들이 늘고 있다. 그러나 그런 아이들의 대부분은 정상일 가능성이 높다. 다만 움직임에 대한 욕구를 충분히 발산할 기회가 없어서 부산한 것이다.

만 2~5살에 아이는 여러 가지 운동능력을 익혀야 하므로 아이가 제대로 운동능력을 발달시킬 수 있도록 충분히 시간을 내주고 다양한 움직임의 기회를 제공해주어야 한다. 맘껏 뛰어놀게 하면 아이를 돌보는 일도 훨씬 수월해질 것이다.

Das Wichtigste in Kürze

내용 요약

1 만 3~5살에 아이의 운동능력은 크게 발달한다. 협응이나 균형과 관련된 운동능력이 세분화되고 근력 또한 눈에 띄게 증가한다.

2 운동능력은 또래 아이들 사이에도 큰 차이가 난다.

3 아이들을 위한 다양한 놀이기구와 탈것은 아이들마다 그것을 이용하려고 시도하는 시기가 다르다. 예를 들어 자전거를 타기 시작하는 나이는 3살 이상 차이가 날 수 있다.

4 활동성은 만 4~5살까지 증가하다가 만 5살이 지나면 감소하기 시작한다. 활동성의 정도도 아이마다 다르다. 활동성의 강약은 유전적인 기질, 연령, 성별, 주변 환경의 활동 가능성에 따라 달라진다.

5 맘껏 움직이지 못한 아이는 짜증을 부리고 침울해한다. 그러면 아이를 돌보기도 힘들어진다. 이런 경우 아이가 보통 아이들보다 움직임이 많다고 해서 과잉행동장애로 단정하면 안 된다.

관계성 행동 | 운동능력 | **수면** | 울음 | 놀이행동 | 언어발달 | 영양발달과 식습관 | 성장발달 | 대소변 가리기

03.

수면

엄마도 아이도
잠과의 전쟁!

BABYJAHRE

내 아이는 **올빼미형**일까, **종달새형**일까

인간은 인생의 3분의 1 정도를 잠 자는 데 사용한다. 잠을 자는 것은 당연한 일인 것 같지만 인간이 잠을 자는 이유는 아직도 명확히 밝혀지지 않았다. 어른의 수면뿐 아니라 아이의 수면도 비밀로 가득하다. 고대문화에서부터 오늘날까지 잠은 깊고 신비한 의미를 띤 것으로 해석되곤 했다. 지그문트 프로이트의 꿈에 대한 심리학적 해석에서도 잠의 의미는 크게 변하지 않았다.

잠에는 가벼움과 무거움이 공존한다. 그리고 우리는 잠을 자면서 깨어 있을 때의 고통으로부터 도망가기도 하고 삶에 대한 공포가 꿈에 다시 살아나기도 한다. 어떤 시인은 "잠은 신이 우리에게 아무런 대가 없이 준 유일한 선물이다."라고 했다. 또 "잠은 죽음의 형제다."라는 속담도 있다.

잠은 단지 생물학적인 현상으로만 이해하기는 힘들다. 아이의 수면을 좀 더 잘 이해하려면 인간 수면의 근본적인 특징을 살펴봐야 한다.

수면이란 무엇일까?

인간이 일종의 실신 상태인 수면에 그렇게 많은 시간을 소비하는 이유는 무엇일까? 수면시간은 깨어 있는 시간과 마찬가지로 생명의 연속이다. 따라서 수면시간을 단순히 의식이 차단된 상태라고 이해해서는 안 된다. 생명을 유지하려면 수면이 꼭 필요하다. 우리는 잠을 자면서 다음날을 위해 정신적·육체적 힘을 재생할 뿐 아니라 하루 동안 겪었던 일들을 소화한다. 잠자는 동안 면역력도 증가한다.

⭐ 신생아의 렘수면과 비렘수면 주기

아이들의 수면은 학습과 밀접한 관계를 맺고 있다. 잠자는 동안 뇌의 기능은 깨어 있을 때와 마찬가지로 고도로 조직적이고 복잡하며 세분화된다. 전문가들은 지난 50년 동안 각 연령층의 수면 양상을 연구했다. 뇌파검사를 이용해 호흡, 근육 긴장도, 눈의 움직임과 같은 신체 기능을 관찰한 결과 전문가들은 수면을 부활수면(賦活睡眠)과 서파수면(徐波睡眠), 두 가지 상태로 분류했다. 깨어 있는 상태와 흡사할 정도로 얕은 잠이 든 상태를 활동수면 또는 부활수면이라고 하는데, 심박동과 호흡이 불규칙하게 나타나며 근육 긴장도가 높고 안구가 빠르게 움직이는 것이 특징이다. 안구가 빠르게 움직인다는 특징 때문에 부활수면을 렘(rapid eye movement, REM)수면이라고도 한다. 반대로 서파수면은 안구가 움직이지 않는 깊은 수면 상태로, 비(非)렘(non rapid eye movement)수면이라고도 한다. 전문가들은 이러한 비렘수면을 뇌파검사를 통해 4단계로 분류했다.

신생아들의 수면-각성주기는 불안정하지만 신생아의 수면도 렘과 비렘수면 주기로 구분할 수 있다. 렘수면 때 아이의 호흡은 불규칙적이고 얼굴을 살짝 떨기도 하고 찡그리기도 한다. 아주 가끔이긴 하지만 입 꼬리를 올리며 미소를 짓기도 한다. 비렘수면 주기에는 아이의 호흡도 규칙적이고 움직이지 않으며 얼굴을 떨거나 찡그리지 않는다. 그러나 신생아들은 큰 아이들보다 얕은 부활수면, 다시 말해 렘수면 주기가 비렘수면 주기보다 길다.

수면 주기와 리듬

인간의 장기 기능도 식물이나 동물과 마찬가지로 생물학적인 리듬에 따라 움직인다. 생물학적 리듬은 밤낮의 변화에 큰 영향을 받는다. 인간의 잠은 수면 주기로 구분되며 24시간을 주기로 변하는 생물체의 생물학적 주기인 일주율(日周律)을 따른다.

수면 주기는 부활수면과 서파수면, 각성 상태의 규칙적인 반복으로 이루어진다. 인간의 몸은 나른함, 눈 주변의 가려움, 하품 등으로 수면 주기의 시작을 알린다. 그러다 잠이 들면 반은 깨어 있고 반은 잠을 자는 상태가 된다. 이 상태에 빠지면 인간의 인지능력은 저하되고 깊숙한 곳으로 떨어지는 느낌을 받거나 손과 발이 발작을 하듯 갑작스레 움직이기도 한다. 움직임이 심하면 놀라서 깨기도 한다. 그러나 대부분은 깨지 않고 깊은 잠에 빠진다.

앞서 말한 것처럼 서파수면은 4단계로 분류되는데 4단계 중 가장 깊은 수면 상태에서는 천둥번개가 쳐도 아무것도 듣지 못할 만큼 깊은 잠을 잔다. 이 상태에서는 잠에서 잘 깨지 않으며 누군가 억지로 깨우면 시간과 공간을 분간하기 힘들다. 그리고 제대로 생각하고 반응하기까지 시간이 걸린다. 수면에 방해를 받지 않는다면 가장 깊은 수면 상태가 잠시 지속된 후 서서히 얕은 잠으로 바뀐다. 잠에서 깨기 전에 20분가량 렘수면 상태가 지속되는데 이때 꿈을 많이 꾼다.

잠들고 난 후 한두 시간이 흐르면 한 번의 수면 주기가 완료된다. 그러고 나면 다시 깊은 잠에 들기 위해 2~3분가량 각성 상태가 유지된다. 하지만 다음날 아침에 일어나면 잠에서 깬 사실을 기억하지 못한다. 하룻밤에 최고 5회까지 여러 수면단계와 각성 상태가 주기적으로 반복된다.

　그러니까 우리는 밤에 깨지 않고 자는 것이 아니라 2~3분씩 여러 차례 잠에서 깬다. 그러나 특별한 경우를 제외하곤 잠에서 깬 사실을 기억하지 못한다. 밤 수면을 전반과 후반으로 나누면 전반보다 후반에 얕은 잠을 많이 잔다. 이른 새벽에 꿈을 많이 꾸고 깨기 쉬운 것도 그 때문이다. 아침에 깨면 우리는 물소리나 커피냄새 등 소리와 냄새를 먼저 인식한다. 그러나 눈을 감고 있는 한 다시 잠이 들 수 있다.

⭐ 생후 3년이 지나면 아이의 수면-각성 주기가 성인과 비슷해진다

　잠 잘 때와 마찬가지로 깨어 있을 때도 인간의 신체 기능은 주기적으로 변화한다. 그리고 시간에 따라 신체 기능의 '질' 역시 달라진다. 예를 들어 오후보다 아침에 기억력과 주의력이 높다. 반면에 점심식사 후엔 먹은 것을 소화시키느라 졸음이 오고 나른해진다.

　다음 페이지의 표를 살펴보면 인간의 수면 주기는 계속 변화한다는 것을 알 수 있다. 수면 주기가 영원히 정착되는 시기는 존재하지 않는다. 특히 어린아이들의 수면 주기는 끊임없이 바뀐다. 신생아의 경우 한 번의 수면 주기가 끝나는 데는 50분이 걸린다. 생후 12개월까지 수면 주기가 점점 길어지고 성인이 되면 한 번의 수면 주기가 완료될 때까지 90~120분이 걸린다. 그러나 나이가 들수록 수면의 주기적 구조가 무너지고 얕은 잠을 많이 자게 된다. 노인들이 밤에 오랫동안 깨어 있는 것도 그 때문이다.

　신생아들은 수면 주기가 짧기 때문에 1시간에 한 번씩 깨기도 한다. 그리고 3~4번의 수면 주기가 지나면 오랫동안 깨어 있게 된다. 만 3살까지 아이의 수면-각성 주기는 세분화되고 길어지며 규칙적으로 발전한다. 이는 아이가 밤에 푹 자기 위한 생리학적 전제조건이 된다. 생후 3년이 지나면 아이의 수면-각성 주기는 청소년이나 성인의 그것과 비슷해진다.

⭐ 모유도 낮보다 밤에 더 많이 나오고 아이들도 잠 잘 때 성장한다

　수면-각성 주기는 밤과 낮의 변화에 의해 결정되는 24시간 주기를 따른다. 그러나 대부분 24시간 주기는 정확히 24시간이 아니기 때문에 생물학적 주기인 일주율(Cir-

유아, 청장년, 중년과 노년의 수면행동

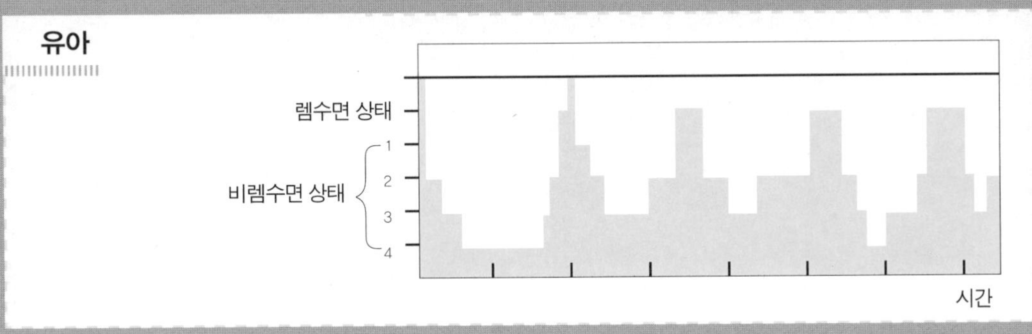

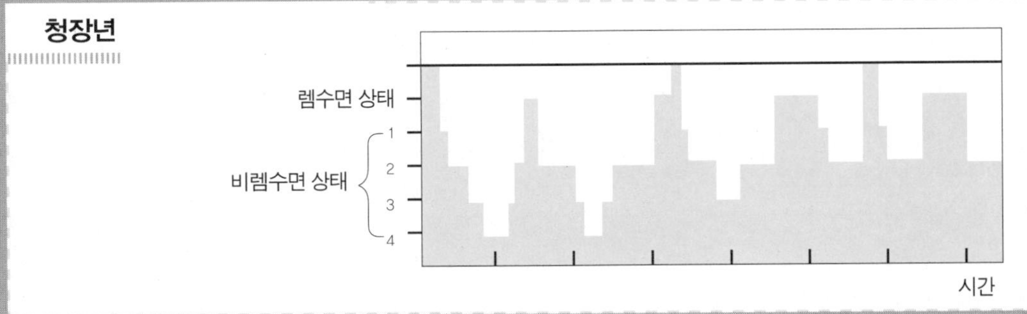

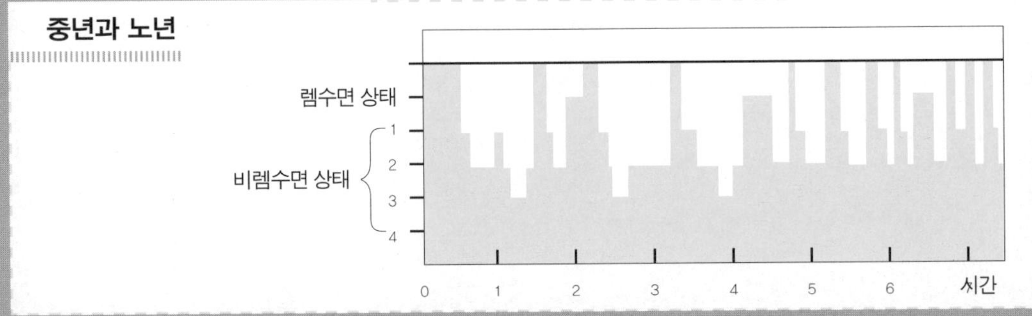

▶ 가로축: 밤 수면을 시간 단위로 표시
▶ 세로축: • 렘수면 상태 - 안구가 빠르게 움직이는 부활수면 • 비렘수면 상태 - 안구가 움직이지 않는 안정된 수면 상태로
   • 린덴(Linden)에 의해 4단계로 분류됨

cadian Rhythm)이라고도 한다.

수면뿐 아니라 신체 기능도 일주율을 따른다. 아침과 저녁, 낮과 밤의 심장 박동수는 다르다. 내분비선과 외분비선의 활동 역시 시간에 따라 변화한다. 모유 수유를 하는 엄마의 유선도 낮보다는 밤에 모유를 더 많이 생산하고, 머리카락과 손톱도 낮보다는 밤에 더 잘 자란다. 잠잘 때 수면호르몬이 많이 분비되기 때문이다. 아이들도 잘 때 성장한다.

막 태어난 아이들에겐 일주율이 존재하지 않는다. 그것은 생후 2년에 걸쳐 서서히 형성된다. 156페이지에 소개된 24시간 주기에 따른 체온의 변화 그래프를 보면 생후 한 달 동안 아이의 밤낮 체온은 거의 변하지 않는다.

생후 6주째부터 밤낮의 변화에 따라 체온도 변화하기 시작하며 낮 동안 체온은 서서히 증가하여 저녁에 최고점에 달한다. 그리고 아침에 체온이 가장 낮아진다. 만 2살 정도가 되면 일주율에 따른 체온 변화가 완전히 정착된다. 이와 같은 생체리듬은 2~3년에 걸쳐 서서히 형성된다. 같은 나이라도 일주율에 따른 수면-각성 주기는 다를 수 있으며, 수면-각성 주기의 지속 시간에 따라 아침과 저녁에 느끼는 피곤함의 정도도 달라진다.

일주율에 따른 수면-각성 주기의 차이

● **일주율이 규칙적인 유형 _** 규칙적인 사람들의 일주율은 정확히 24시간이다. 그러나 이 유형에 속하는 사람은 소수에 불과하다. 생체리듬이 규칙적인 사람은 항상 같은 시간에 피곤함을 느끼고 같은 시간에 일어난다.

● **저녁형 인간(올빼미형 인간) / 아침에 맥을 못 추는 유형 _** 이런 사람들의 일주율은 24시간보다 길다. 대부분의 사람들이 이 부류에 속한다. 이런 사람들은 밤에 피곤함을 느끼지 않기 때문에 늦게까지 깨어 있곤 한다. 대신 아침에 일어나는 것을 힘들어해서 늦게까지 잔다.

● **아침형 인간(종달새형 인간) / 아침에 활동하는 유형 _** 이런 사람들의 일주율은 24시간보다 짧다. 이 유형에 속하는 사람들은 저녁에 일찍 피곤해지기 때문에 저녁 초대를 받으면 일찍부터 하품이 나와 곤란해지기도 한다. 대신 아침엔 가뿐히 일어난다.

⭐ **부모가 올빼미형 아이를 종달새형으로 바꿀 수는 없다**

첫 번째 유형에 속하는 아이를 키우는 부모는 다른 부모의 부러움의 대상이 된다. 이 유형의 아이는 저녁에 항상 같은 시간에 피곤해지고 아침에 같은 시간에 일어난다. 그러나 대부분의 아이들은 저녁형 인간에 속한다. 이런 아이들은 밤에 잠을 잘 자려고 하지 않기 때문에 부모들이 아이를 재우는 데 애를 많이 먹는다. 이 경우는 일단 아이와의 기 싸움에서 부모가 지기 시작하면 저녁에 재우기가 점점 더 힘들어진다. 밤에 늦게 자는 아이들은 아침에 잘 못 일어나고 늦게까지 잔다. 엄마들은 아이들이 저녁에 일찍 자고 아침에 일찍 일어나길 바라지만 아침에 늦게 일어나는 아이가 밤늦게까지 깨어 있는 것은 당연한 일이다.

부모는 아이가 아침형 인간이기를 바란다. 이런 아이는 저녁에 일찍 자려하고 놀다가 침대로 가 스스로 잠이 들기 때문이다. 그러나 이런 아이들은 저녁에 일찍 자기 때문에 아침에 일찍 일어나서 부모들의 달콤한 아침잠을 방해하기도 한다. 수면-각성 주기의 지속 시간은 선천적이기 때문에 부모가 올빼미형 아이를 종달새형으로 바꿀 수 없다. 반대의 경우도 마찬가지이다.

수면시간_ 나폴레옹은 하루에 4시간, 아인슈타인은 하루에 10시간씩 잤다

일주율과 마찬가지로 수면시간도 사람마다 다르다. 신생아 때부터 14시간밖에 안 자는 아이도 있고 20시간이나 자는 아이도 있다. 개인당 필요한 수면시간의 차이는 세월이 지나도 줄어들지 않는다. 성인들 대부분은 7~8시간을 자면 다음날을 위한 에너지를 재생산할 수 있다. 어른들 중에도 하루에 4~5시간만 자는 사람도 있고 9~10시간을 자는 사람도 있다. 나폴레옹은 하루에 4시간만 잤다고 하고 반면에 아인슈타인은 하루에 10시간씩 잤다고 한다.

수면-각성 주기가 계속해서 변하듯 전체 수면시간과 부활수면, 서파수면의 비율도 연령에 따라 달라진다. 수면시간은 나이가 들면서 줄어들고, 렘수면과 비렘수면의 비율도 계속해서 변화한다. 신생아의 경우 하루에 평균 16시간을 자는 반면, 90살 노인의 경우는 평균 6시간을 잔다. 밤에 잠을 잘 못 자서 힘들어 하는 노인들도 많다.

일주율의 길이와 수면 지속 시간은 관계가 있을까? 그렇지 않다. 아침에 맥을 못 추는 사람이라고 반드시 잠을 많이 자야 하는 것은 아니다. 저녁형 인간 중에도 오래 자는 사람이 있고 적게 자는 사람이 있다. 아침형 인간도 마찬가지로 적게 자는 사람, 오래 자는 사람이 있다.

⭐ '좋은 수면'이란 무엇일까?

수면-각성 주기와 수면시간은 체격이나 눈동자의 색깔, 목소리의 높낮이와 마찬가지로 우리 몸의 생체적 특징 중 하나다. 따라서 수면의 특성을 진지하게 생각하지 않으면 육체적·정신적 건강에 문제가 생길 수도 있다.

인간은 수면-각성 주기가 규칙적일 때 편안함을 느끼며 좋은 컨디션을 유지할 수 있다. 불규칙한 근무시간이나 여러 시간대를 넘나들며 장시간 여행을 하면 우리의 몸은 부담을 느낀다. 그리고 평상시보다 늦게 잠자리에 들면 다음날 아침에 늦게 일어나고 하루 종일 피곤함을 느낀다. 자고 싶은 만큼 자야 편안함을 느끼며 좋은 컨디션을 유지할 수 있다. 너무 적게 자도, 너무 많이 자도 건강에 해롭다. 오래 잔다고 건강에 좋은 것은 아니다. 아이도 마찬가지로 적당히 자는 것이 건강에 좋다.

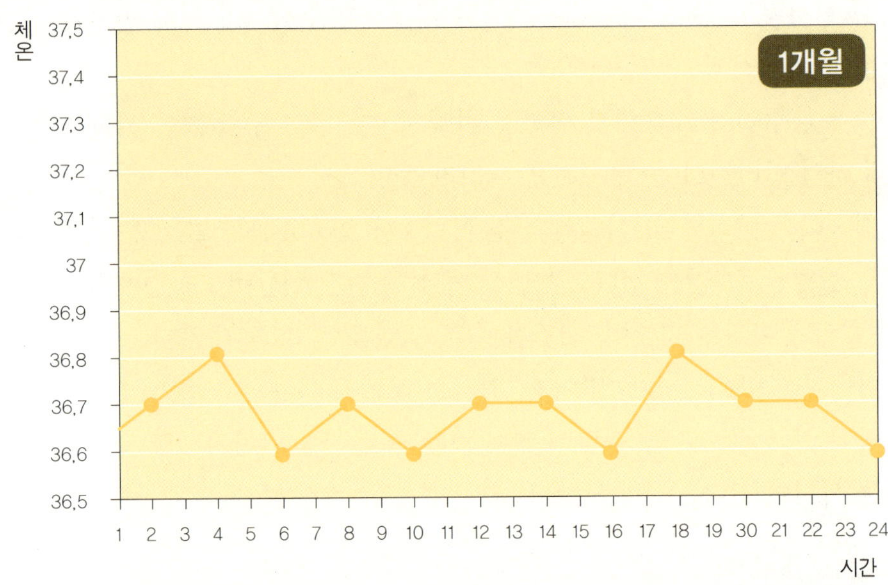
체온
37.5
37.4
37.3
37.2
37.1
37
36.9
36.8
36.7
36.6
36.5
1개월
1 2 3 4 5 6 7 8 9 10 11 12 13 14 15 16 17 18 19 30 21 22 23 24
시간

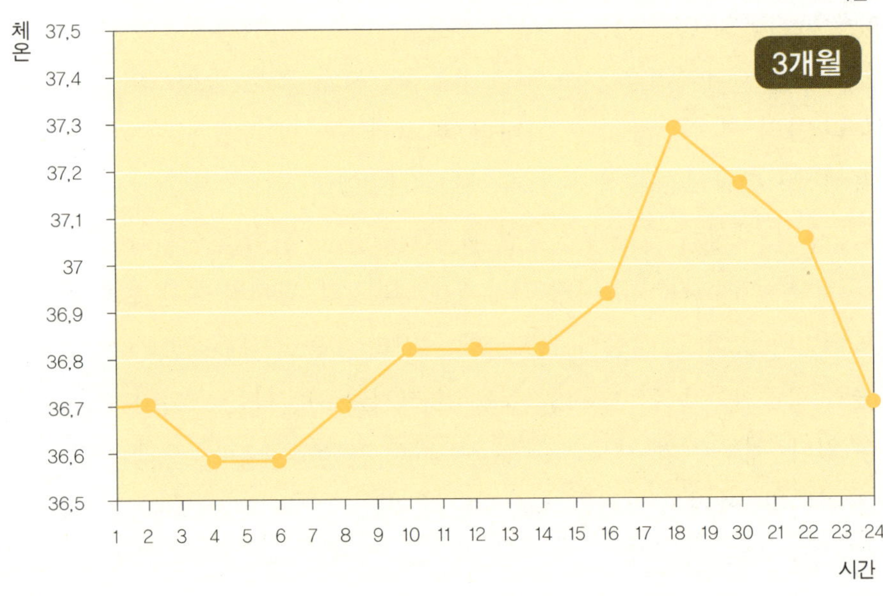
체온
37.5
37.4
37.3
37.2
37.1
37
36.9
36.8
36.7
36.6
36.5
3개월
1 2 3 4 5 6 7 8 9 10 11 12 13 14 15 16 17 18 19 30 21 22 23 24
시간

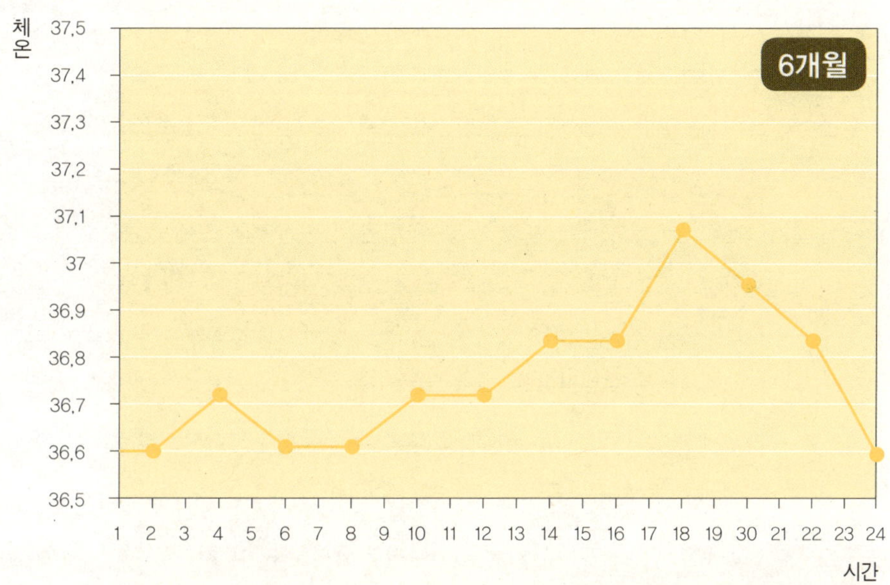

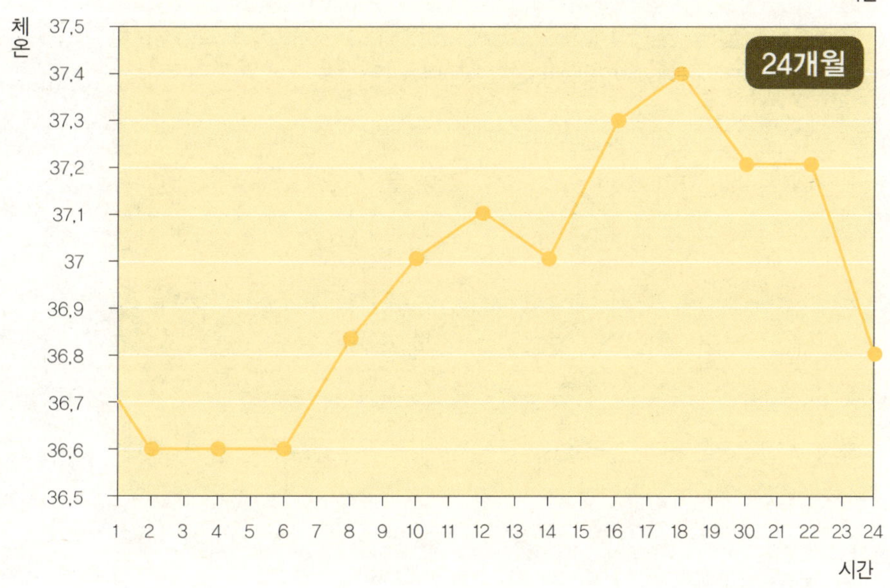

※위 그래프는 헬브뤼게(Hellbrugge)의 연구를 바탕으로 함.

Das Wichtigste in Kürze

내용 요약

① 수면은 부활수면과 서파수면, 이 두 상태로 이루어진다.

② 하룻밤에도 부활수면, 서파수면, 각성 상태가 주기적으로 여러 번 반복된다.

③ 수면-각성 주기는 다른 모든 신체 기능과 마찬가지로 일주율을 따른다. 일주율은 대략 24시간 동안 진행되는 생체리듬이다.

④ 태어나서 죽을 때까지 수면-각성 주기, 수면시간, 일주율은 계속해서 변화한다.

⑤ 수면-각성 주기, 일주율, 수면 지속 시간은 체격이나 눈동자 색깔과 마찬가지로 유전적인 특성이다. 사람들은 모두 자기만의 수면-각성 주기, 일주율을 가지고 있다.

⑥ 필요한 만큼 규칙적으로 잠을 자야만 몸이 편하고 최상의 컨디션을 유지할 수 있다. 이는 어른이나 아이나 마찬가지이다.

0~3개월 사이의 수면에 대해 알아보기 전에 먼저 태아시기의 수면에 대해 잠깐 언급하려 한다. 임신 초기에 배 속의 아이는 각성 상태도 수면 상태도 아닌 그 중간 상태이다. 37주 이전에 태어난 조산아들을 관찰하면 일종의 반(半)의식 상태인 것을 알 수 있다. 아이들은 대부분 눈을 감고 있는데 가끔 잠깐씩 눈을 뜨면 깨어 있는 것 같은 인상을 준다. 36주쯤 되면 배 속의 태아에게도 서서히 수면-각성 주기가 발달한다. 그러나 엄마 배 속은 깜깜하기 때문에 낮과 밤을 구분할 수 없다. 따라서 배 속에서 잠을 자고 깨는 것은 밤낮의 변화와 관계가 없다. 그러니까 배 속의 아이는 낮과 밤을 가리지 않고 잠을 잔다. 태아가 엄마의 수면-각성 주기를 따르는 경우는 매우 드물다.

생후 2~3개월 된 아이를 키우는 부모에게 가장 큰 육아 관심사는 밤에 아이가 깨지 않고 자게 하는 방법일 것이다. 아이가 태어나면 엄마는 녹초가 된다. 매일 밤 우는 아이를 진정시키려고 몇 번씩 일어나야 하기 때문이다. 그러면 엄마는 피곤에 지칠 뿐 아니라 불안하기도 하다. 하지만 어떤 아이는 생후 1개월 때부터 밤에 한 번만 수유를 해도 깨지 않고 잘 자는 아이도 있다. 이런 아이를 둔 엄마는 종종 다른 엄마들의 부러움을 산다.

같은 엄마에게서 태어나 같은 방식으로 키운 아이라 해도 밤에 깨는 문제는 아이마다 다르다. 생후 한두 달만 지나도 밤에 깨지 않고 자는 아이가 있는가 하면 몇 달이 지나도 밤에 몇 번씩 깨는 아이가 있다. 그러면 아이가 밤에 자꾸 깨는 이유는 무엇일까? 밤에 아이가 깨서 울면 그냥 놔두어야 할까? 젖병을 물리는 것이 도움이 될까?

문제의 원인을 제공하는 것은 아이이지만 가장 큰 타격을 입는 것은 엄마와 아빠이다. 밤에 아이가 여러 번 깨면 엄마도 여러 번 깨서 아이에게 젖을 줘야 한다. 2~3개월간 그런 생활이 계속되면 엄마는 녹초가 될 뿐 아니라 우울해지기까지 한다. 아빠도 예외는 아니다. 밤중에 아이가 깨면 아빠도 마찬가지로 어려움을 겪어야 한다. 아이가 태어난 후의 변화를 극복해나가는 것은 쉬운 일이 아니다.

밤과 낮의 변화에 적응하는 아이

신생아는 태어난 지 2~4주까지도 배 속에 있었을 때와 동일한 수면-각성 주기를 따른다. 옆 페이지에 소개된 그래프를 살펴보면 아이의 수면-각성 주기가 어떻게 형성되는지 알 수 있다.

생후 2주 동안 아이의 수면 주기는 2~4시간이며 깨어 있는 시간은 짧고 밤낮으로 고르게 분포되어 있다. 낮에 깨어 있고 밤에 자지 않기도 하고 자고 깨는 시간이 날마다 변한다. 그러다 3~4주가 지나면 서서히 밤낮의 변화에 적응하기 시작한다. 아이는 외부의 여러 자극을 통해 시간을 감지하는데, 가장 결정적인 역할을 하는 것은 빛과 어둠이다. 일상적인 소음이나 밤중의 고요함, 기온의 변화 등은 아이가 밤낮을 구별하는 데 별 도움이 안 된다.

생후 2~4주가 되면 아이의 수면행동은 서서히 규칙성을 찾고 밤에 자고 깨는 시간도 일정해진다. 그리고 저녁에 깨어 있는 시간이 길어진다. 그러다 10주가 지나면 밤에 깨지 않고 자며 낮에 깨어 있는 시간도 점점 길어지고 두 차례의 수면주기가 형성

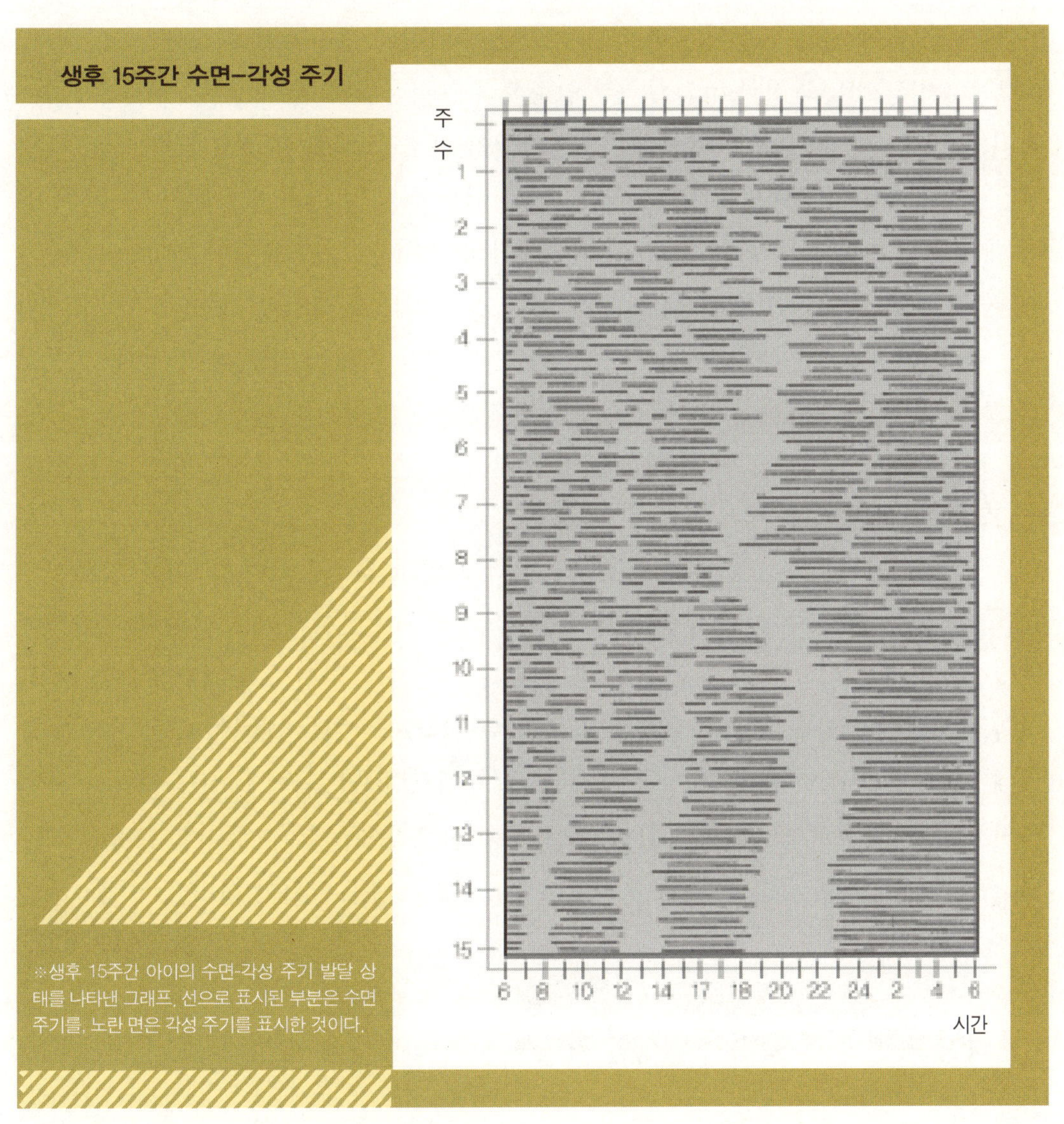

※생후 15주간 아이의 수면-각성 주기 발달 상태를 나타낸 그래프. 선으로 표시된 부분은 수면주기를, 노란 면은 각성 주기를 표시한 것이다.

된다. 15주가 되면 아이의 수면-각성 주기는 규칙성을 찾는다. 앞 페이지의 그래프는 생후 3개월간 이루어지는 수면행동의 평균적인 발달 양상을 나타낸 것이다. 그러나 어떤 아이들은 3개월 전부터, 또 어떤 아이들은 3개월이 지나야 밤중에 깨지 않고 잔다. 일주율과 규칙적인 수면-각성 주기가 형성되는 것은 시교차상핵(suprachiasmatic nucleus, 시상하부에 위치하는 한 쌍의 소형 신경세포로서 우리 몸의 생물학적 시계 역할을 한다—역주)이라는 두뇌의 특정 부위가 성숙하는 과정에 따라 달라진다.

그러나 다른 발달과정과 마찬가지로 일주율과 규칙적인 수면-각성 주기가 형성되는 시기는 아이마다 다르다. 10개월 때 걷는 아이가 있고 19개월 때 걷는 아이가 있는 것처럼 생후 2~3개월부터 밤에 깨지 않고 자는 아이가 있는가 하면 5개월이 지나야 밤에 깨지 않고 자는 아이도 있다. 그러나 신생아의 70퍼센트가 3개월이 지나면 밤에 깨지 않고 잔다. 그렇다면 어떨 때 아이가 깨지 않고 잔다고 말할 수 있을까? 신생아의 경우 잠깐 깨고 3시간 내지 4시간의 수면 주기 두 번을 연이어 잤을 때 깨지 않고 잤다고 할 수 있다. 그러니까 6~8시간을 자면 깨지 않고 잔 것이다.

⭐ 조산아의 수면-각성 주기

신생아들 중 약 5퍼센트는 예정일보다 일찍 태어난 조산아이다. 정확히 말하면 3~14주 일찍 태어난 아이를 조산아라고 한다. 그렇다면 조산아의 수면행동은 어떻게 발달할까? 수면-각성 주기는 신체의 내적 규칙성을 따라 형성되기 때문에 태어난 시점과 관계없이 발달한다. 그러므로 조산아의 수면-각성 주기는 태어난 날이 아니라 출산예정일을 기준으로 해야 한다. 예를 들어 예정일보다 8주 일찍 태어난 아이는 규칙적인 수면-각성 주기가 형성될 때까지 보통 아이들보다 8주가 더 걸린다. 그렇기 때문에 조산아를 둔 부모들은 보통 부모들보다 더 오래 밤잠을 설쳐야 한다.

규칙성_수면-각성 주기가 일정한 아이는 주의력이 깊고 정서적으로 안정된다 아이가 밤에 깨지 않고 잘 수 있도록 하려면 부모는 어떻게 해야 할까? 아이의 수면 행동 형성에 부모는 어떤 식으로 관여할 수 있을까?

부모는 아이가 규칙적인 수면-각성 주기를 발달시키는 데 어느 정도 도움을 줄 수 있지만, 수면-각성 주기를 결정하는 것은 결국 아이 자신이다. 생후 3개월 동안 아이의 몸은 낮과 밤의 변화에 적응하면서 신체적·정신적 활동의 리듬을 찾는다. 그러나 그 속도는 아이마다 다르다.

어떤 아이들은 규칙성을 찾으려는 내적 욕구가 강하기 때문에 스스로 일주율을 발전시킨다. 그리고 항상 같은 시간에 젖을 먹고, 자고, 깨며 다른 아이들보다 일찍부터 밤에 깨지 않고 잔다. 반면에 2~3개월이 지나도 젖 먹는 시간, 자는 시간, 깨는 시간이 일정하지 않은 아이들도 있다.

밤에 깨지 않고 자려면 하루 일과가 규칙적이어야 한다. 일과가 불규칙적인 아이들은 밤에도 여러 번 깬다. 이런 아이들의 부모는 아이의 수면-각성 주기가 빨리 자리를 잡도록 도와줘야 한다. 다시 말해 부모가 차이트게버(zeitgeber: 빛, 어둠, 기온 등 외부 조건에 영향을 주어 신체 내부의 생물시계를 동조시키는 것-역주), 즉 동조자의 역할을 해주어야 한다. 구체적으로는 먹는 시간, 잠자는 시간, 산책하는 시간 등을 정하여 아이가 규칙적인 일과에 따라 생활하게 함으로써 신체리듬을 찾을 수 있도록 도와주어야 한다.

간혹 아이가 스스로 수면 주기와 먹는 시간을 찾도록 놔둬야 한다고 권하는 전문가들도 있다. 경험상으로 보면 대다수의 아이들이 스스로 생체리듬을 찾지만, 만 1살이 되도록 수면-각성 주기를 찾지 못하는 아이도 있다.

항상성과 규칙성은 인간의 신체에 중요한 역할을 한다. 어른들도 하루 일과가 규칙적으로 이루어질 때 좋은 컨디션을 유지할 수 있고 몸과 마음도 편하다. 잠자는 시간, 먹는 시간, 일하는 시간이 계속 바뀌면 집중력도 떨어지고 실수를 자주 할 뿐 아니라 쉽게 피곤해진다. 불규칙한 생활은 일의 능률과 사고력을 저하시키고 기분도 우울하게 한다. 어린아이들도 마찬가지이다. 특히 갓난아기들이 신체리듬을 찾기 위해서는 규칙적인 생활을 해야 한다.

수면-각성 주기가 일정한 아이는 그렇지 않은 아이보다 세상에 관심이 많고 주의력도 깊으며 정서적으로도 안정된다. 규칙성은 아이에게 하루 일과에 빨리 적응할 수 있도록 도와주며 넓게는 아이의 자존감형성에 긍정적인 영향을 준다.

수면 부족의 고통_ 때로는 우는 아이를 증오하며 남몰래 느끼는 죄책감

몇 주밖에 안 된다고 해도 아이 때문에 잠을 푹 자지 못하면 엄마나 아빠는 정신적·육체적으로 스트레스를 받는다. 깊은 잠에서 억지로 깨면 사람은 공격적으로 변하기 마련이다. 아이가 몇 달, 아니 몇 주가 지나도 하루에도 몇 번씩 깨서 울면 부모는 신경이 날카로워질 수밖에 없다. 그래서 아이가 없었다면 얼마나 좋을까 하고 생각하기도 한다.

피곤에 지친 부모는 아이 울음소리 때문에 신경이 극도로 날카로워져 순간적이긴 하지만 아이를 증오하기도 한다. 겉으로 드러내지는 않지만 부모들은 잠시나마 아이에게 그런 감정을 가졌다는 사실에 깜짝 놀란다. 어떤 부모들은 밤에 자주 깨는 아이 때문에 둘째 아이 갖는 것을 포기하기까지 한다.

이처럼 부모들이 힘들어 하는 이유는 한 번 깨면 다시 잠들기 어렵기 때문이다. 달래주면 울던 아이는 다시 곤히 잠이 들지만 엄마, 아빠는 잠을 못 이루고 뒤척인다. 그리고 다음날이 되면 피곤함에 지쳐 우울한 기분으로 하루를 보낸다.

그러므로 이처럼 힘든 시간을 극복하려면 부부가 함께 의논하고 함께 대처해야 한다. 그렇지 않으면 밤마다 두 사람 다 아이 울음소리 때문에 잠을 설칠 것이다. 또 아이 울음소리를 들어도 상대방이 일어나서 아이를 돌봐주길 바라며 자는 척한다거나 일방적으로 한 사람만 계속 희생을 한다면 그 사람은 만성피로에 시달릴 것이며 컨디션도 나쁠 것이다. 결국 그렇게 되면 부부관계에 문제가 발생할 것이다. 그러므로 부부가 하루씩 교대로 밤중에 깨는 아이를 돌본다거나 시간을 정해놓고 서로 번갈아가며 돌본다거나 하는 식으로 부부가 함께 이 시간을 극복하는 것이 중요하다. 서로 교대를 하며 아이를 돌볼 때는 한 사람은 아예 다른 방에서 자는 것이 좋다.

우는 아이 때문에 밤잠을 설치는 부모들이 알아야 할 잘못된 상식 한 가지는 아이가 울어도 달래지 않고 놔둬 버릇하면 밤중에 깨지 않고 자게 된다는 근거 없는 이야기이다. 이 시기 아이들은 스스로 울음 진정시킬 수 없기 때문에 울게 놔두는 것은 아이에겐 고통스러운 일이며 엄청난 스트레스를 받게 되므로 아이가 울면 반드시 달래 주어야 한다.

⭐ 아이들은 소음 속에서도 잠을 잘 수 있는 놀라운 능력을 가지고 있다

젖먹이 아기들은 잠 잘 때 불편한 청각적 자극을 차단할 수 있다. 이러한 능력 덕분에 아이들은 주변에서 소음이 들려도 깨지 않고 잘 수 있다.

젖먹이 아기는 목소리나 소리에 주의를 기울이지 않을 뿐 아니라 청각적 자극에 선별적으로 반응하거나 귀를 기울여 들을 수 있는 놀라운 능력을 갖고 있다. 잠자는 아이는 시끄러운 소리가 들리면 처음에는 얼굴을 잠깐 찡그리지만 다시 소리에 반응하지 않고 잠을 잔다. 이렇게 아이는 성가신 자극을 인지하지만 이에 반응하지 않는 놀라운 능력을 갖췄다.

아이가 깊이 잘 때는 초인종소리나 지나가는 차량의 소음은 방해가 되지 않는다. 얕은 잠을 잘 때도 잠깐 놀라기는 해도 계속 잠을 잔다. 또 소음이 지속돼도 아이는 깨지 않는다. 무의미한 청각적 자극을 무시할 수 있는 능력이 없었다면 아이들은 조그만 소리에도 깰 것이다.

갓난아기는 얼마나 오래 자야 할까?

부모들은 태어난 지 3~4주 동안은 아이가 잠만 잔다고 생각한다. 그러나 다음 페이지의 그래프를 보면 그렇지 않다는 것을 알 수 있다. 그래프를 보면 신생아들은 평균적으로 하루에 8시간은 깨어 있다.

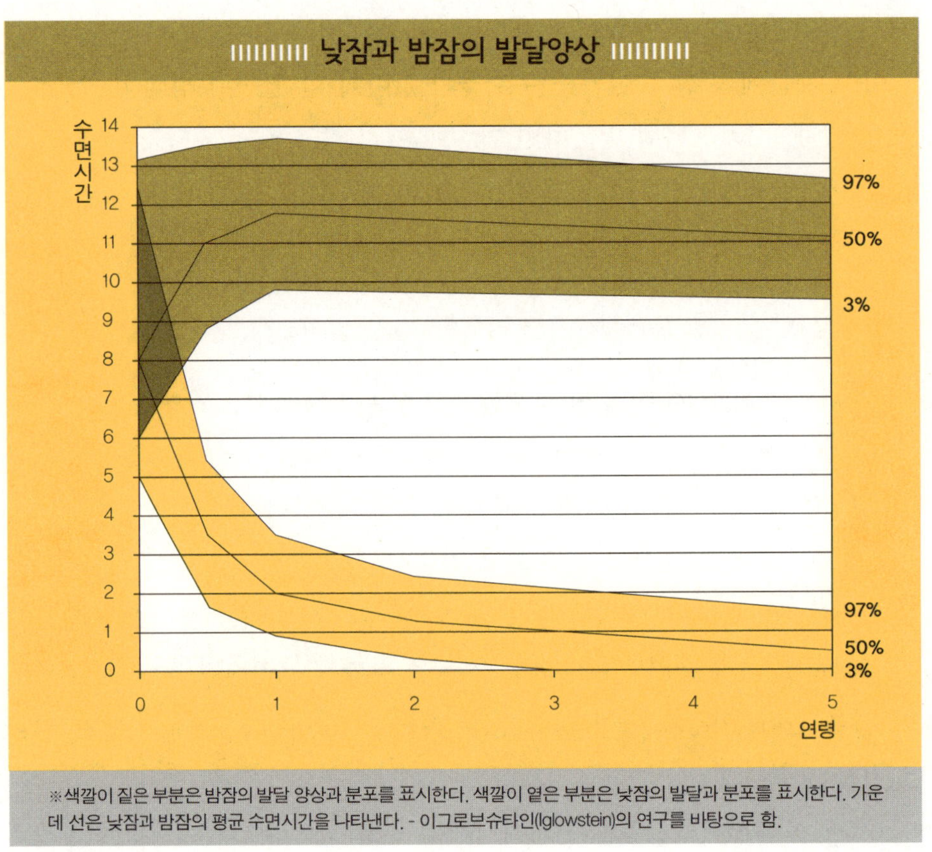

※색깔이 짙은 부분은 밤잠의 발달 양상과 분포를 표시한다. 색깔이 옅은 부분은 낮잠의 발달과 분포를 표시한다. 가운데 선은 낮잠과 밤잠의 평균 수면시간을 나타낸다. - 이그로브슈타인(Iglowstein)의 연구를 바탕으로 함.

같은 연령대라도 수면에 필요한 시간은 아이마다 다르다. 갓난아기들은 보통 하루에 14~18시간을 자지만 12~14시간만 자는 아이도 있다. 이처럼 수면에 필요한 시간은 아이마다 각기 다르기 때문에 보편적으로 적용할 수 있는 기준은 없다. 아이가 얼마나 자야 하는지는 생물학적으로 결정된다. 수면 장애가 생기지 않게 하려면 부모는 아이가 필요한 만큼 잘 수 있도록 주의를 기울여야 한다. 책 뒤 부록에 실려 있는 〈수면기록표〉는 아이에게 필요한 수면시간을 알아내는 데 도움이 될 것이다.

밤낮의 변화에 적응하면 수면 주기도 재분배된다. 생후 2~3개월 동안은 아이가 낮에 자는 시간과 밤에 자는 시간이 비슷하다. 그러나 서서히 밤에 자는 시간이 길어지고 낮에 자는 시간은 짧아진다. 그리고 생후 6개월이 지나면 낮잠과 밤잠의 재분배가 완성된다. 그러나 총수면시간이 아이마다 다르듯 낮잠을 자는 시간과 밤잠을 자는 시간도 아이마다 차이가 있다.

부부 침대에서 함께 재울까, 따로 재울까?

　수천 년의 인류 역사가 흐르는 동안 갓난아기들은 엄마 곁에서 살을 부비며 자랐다. 그러나 산업혁명으로 생활리듬과 업무 방식이 완전히 변하면서 주거문화도 새롭게 바뀌었고 문화권에 따라 아이를 다른 방에서 따로 재우는 경우도 많아졌다. 반면 아직 아이를 따로 재우는 습관이 없는 문화권도 많다. 아이를 따로 재우는 문화권에서는 안정감과 관심을 원하는 아이의 욕구에 부합되는 육아를 실시하고 있는지 잘 생각해봐야 한다. 아이들은 낮에 육체적 · 정신적으로 편안함을 느끼는 만큼 밤에도 엄마, 아빠와 신체적 접촉을 하면서 안정감을 느끼길 원하기 때문이다. 생후 3개월 동안 많이 안아준 아이가 혼자서 침대에서 보낸 시간이 많은 아이보다 덜 우는 사실만 봐도 신체적 접촉이 아이가 안정감을 느끼는 데 얼마나 중요한 역할을 하는지 알 수 있다.

⭐ 부부의 성생활이 아이의 정서 발달에 끼치는 영향?

　몇몇 전문가들과 사회적 집단들은 아이가 부모와 한침대에서 자는 것을 경고한다. 그들이 가장 걱정하는 것은 아이의 안전이 아니라 부부의 성이다. 그러나 부부의 성생활이 아이의 정서 발달에 부정적인 영향을 끼친다는 것은 증명되지 않았다. 어떤 부모들은 아이가 함께 자면 부부의 성생활에 문제가 생긴다고 생각하며 아이들이 비록 잠을 자고 있어도 아이가 있을 때는 부부관계 맺길 꺼린다. 그런 부부에게는 시간과 장소에 변화를 주어 부부관계를 위해 새로운 것을 시도해보라고 권하고 싶다.

　어떤 부모들은 큰 침대에서 아이와 함께 자는 것을 편안해하는 반면 또 어떤 부모들은 부부끼리 자기를 원한다. 아이를 부부침실에서 함께 재울지, 함께 재우되 요람이나 아이 침대에 따로 눕힐지, 아니면 완전히 다른 방에서 재울지 결정하는 것은 물론 부모이다. 다만 아이와 부모 모두가 편하게 잘 수 있는 방법을 찾는 것이 중요하다. 부모는 아이와 자신들의 상황을 고려해 아이를 어디에서 재우는 것이 부모에게도 아이에게도 최선일지 함께 고민해보고 결정해야 한다.

아이를 아이 침대에서 따로 재울 때 주의해야 할 점

● **어떤 침대가 적당할까** _ 아이 침대가 격자침대라면 살과 살의 간격이 7센티미터 미만이어야 한다. 살과 살의 간격이 넓으면 아이 머리가 껴서 다칠 위험이 있기 때문이다.

● **어떤 잠옷을 입힐까** _ 위아래가 붙은 잠옷 하나를 입히는 것이 상·하복으로 나뉜 옷을 여러 겹 입히는 것보다 따뜻하다. 또 잠자면서 심하게 움직이는 아이라면 특히 보온에 신경을 써야 한다. 그런 아이들에게는 유아용 침낭이 적합하다. 유아용 침낭을 사용하면 아이가 이불을 찰까 봐 걱정하지 않아도 되고 아이이게 잘 시간을 알리는 신호 역할을 하기 때문에 일석이조이다. 게다가 아이는 잠옷을 입고 침낭에 들어가면 쉽게 잠이 든다. 주의할 점은 아이 침낭과 이불을 절대 침대에 고정시키면 안 된다는 것이다.

● **엎어 재울까 바로 재울까** _ 부모들이 아이를 재울 때 고민하는 또 한 가지는 아이를 엎어 재울까 아니면 바로 재울까 하는 문제이다. 1960년대 초반까지 유럽에서 아이들은 대부분 바로 누워 잤다. 그러나 1960년대 중반에 접어들면서 소아과 의사들은 두 가지 이유로 아이를 엎어 재울 것을 권장했다. 엎어 재우면 아이가 질식하여 사망할 위험이 줄어들고 고관절탈골을 예방할 수 있다고 생각했기 때문이다. 그러나 엎어 재웠을 때 질식사할 위험이 낮아진다는 것은 증명되지 않았다. 오히려 바로 누워 자는 아이의 돌연사 비율이 낮다고 밝혀졌다. 요즘 의사들은 아이를 바로 뉘어 재우라고 권한다. 그러나 바로 누워 자는 것을 불편해하는 아이도 있다. 그런 아이는 아이가 편한 자세로 재워야 한다.

◎ 영아의 돌연사 위험을 방지하는 방법 ◎

부모가 다음과 같은 점을 주의하면 영아 돌연사 위험을 줄일 수 있다.

① 너무 덥게 재우지 않는다.

② 실내에서는 모자나 장갑을 씌우지 않는다.

③ 베개를 사용하지 않는다.

④ 흡연하는 환경에 노출시키지 않는다.

⑤ 잘 때 공갈젖꼭지를 물리지 않는다.

Das Wichtigste in Kürze

내용 요약

1 생후 2~3개월 동안 아이의 일주율과 수면-각성 주기는 낮과 밤의 변화에 적응한다.

2 수면-각성 주기가 낮과 밤의 변화에 적응하는 시기는 아이마다 다르다. 따라서 밤에 깨지 않고 자기 시작하는 시기도 다르다. 빠른 아이들은 생후 1개월부터 밤에 깨지 않고 자기 시작하지만 아이들 중 70퍼센트는 3개월 후부터 깨지 않고 잔다. 5개월부터는 아이들의 90퍼센트가 깨지 않고 잔다.

3 3개월 미만의 젖먹이 아기가 밤에 깨지 않고 잔다는 것은 6~8시간 연이어 잔다는 것이다. 생후 3개월 이전에 10시간 이상 자는 아이는 매우 드물다.

4 부모는 먹는 시간, 잠자는 시간, 산책 가는 시간을 정해 아이의 일상생활에 규칙성을 부여함으로써 아이가 규칙적인 수면-각성 주기를 발전시킬 수 있게 도와줄 수 있다.

5 3개월 미만의 아이가 육체적·정신적으로 편안함을 느끼려면 반드시 신체 접촉을 해야 한다. 그러나 신체 접촉에 대한 욕구는 아이마다 다르다. 부모는 이 점을 감안하여 아이를 재울 때 아이의 욕구를 충족시켜줄 수 있는 환경을 만들어줘야 한다.

앞장에서도 살펴보았듯이 생후 3개월 미만의 아이를 키우는 부모의 가장 큰 고민은 밤중에 깨지 않고 아이를 재우는 문제일 것이다. 그러면 생후 3개월이 지나면 이 문제가 없어지는 걸까. 물론 그렇지 않다. 아이들 중 4분의 1이 3개월이 지나도 밤중에 주기적으로 깨고 또 밤에 깨지 않고 잘 자다가 6~12개월 사이에 다시 밤에 깨기 시작하는 아이들도 4분의 1이나 된다. 통상적으로 아이가 만 1살이 될 때까지는 밤중에 자다가 자주 깬다. 이는 부모에게 문제가 있어서도 아니고 다른 애들은 다 잘 자는데 우리 애만 못 자는 것도 아니다.

이 장에서는 수면의식에 대해 중점적으로 다룰 것이다. 수면의식은 저녁시간뿐만이 아니라 밤 시간 전체를 결정하는 중요한 요소이기 때문이다.

낮잠과 밤잠의 상관관계

아이는 얼마나 오래, 얼마나 자주 낮잠을 잘까? 대부분의 아이들은 생후 3~9개월에 하루에 두세 번씩 짧게는 30분, 길게는 두 시간씩 낮잠을 잔다. 어떤 아이들은 하루에 몇 시간씩 낮잠을 자는 반면 한 시간도 채 자지 않는 아이들도 있다.

아이마다 수면에 필요한 시간이 다르기 때문에 얼마나 오래, 얼마나 자주 낮잠을 자야 하는지 정해진 규칙은 없다. 낮에 아이가 깨어 있는 때 아이를 자세히 관찰하면 아이가 얼마나 자야 하는지 알 수 있다. 필요한 만큼 낮잠을 자야 아이는 좋은 기분으로 주변 세상에 관심을 갖는다.

⭐ 아이가 낮잠을 너무 오래 자도 될까?

아이가 낮잠을 오래 자면 엄마는 편할 것이다. 아이가 자는 동안 엄마는 맘대로 자기가 하고 싶은 일을 할 수 있으니 말이다. 그러나 아이가 낮잠을 너무 오래 자면 그만큼 밤잠을 적게 자기 때문에 밤에 아이가 잠들 때까지 부모가 고생을 한다. 한 마디로 아이가 낮잠을 오래 자면 그만큼 밤잠을 적게 자고, 낮잠을 적게 자면 밤잠을 오래 잔다.

아이의 수면시간이 단시간에 변하지 않는 이유는 무엇일까? 수면-각성 주기는 도입부에서 언급했던 인간의 생물학적인 시계인 일주율을 따른다. 그렇기 때문에 수면-각성 주기가 갑자기 변하는 일은 좀처럼 발생하지 않는다.

비행기를 타고 여러 시간대를 지나 여행을 해본 사람은 시차 적응을 못해 고생한 경험이 있을 것이다. 이는 한 번 형성된 일주율이 쉽게 변하지 않기 때문이다. 심한 사람은 일주일이 지나도 생체시계가 변하지 않아 하루 종일 피곤해한다. 신체 기능이 낮과 밤의 변화에 새롭게 적응하려면 수일이 걸린다. 마찬가지로 젖먹이 아기나 유아기의 어린아이들이 잠자는 시간, 깨는 시간을 바꾸려면 적응기간이 필요하다. 그러므로 아이의 수면행동에 변화를 주려면 적어도 일주일에서 2주일 동안 지속적으로 시도해야 한다는 것이다. 그래야 일주율이 바뀐다.

아이들의 수면시간은 정해져 있으며 잠자고 깨는 시간은 서로 밀접한 관계를 맺고 있다. 다시 말해 저녁에 일찍 자는 아이는 아침에 일찍 깨고 반대로 저녁에 늦게 자는 아이는 아침에도 늦게까지 잔다. 만약 아이가 잠자는 시간을 2시간 가량 늦추고 싶다면 2주 정도는 꾸준히 시도해야 한다. 잠자는 시간이나 깨는 시간을 늦출 때도 서서히 15분씩 늦추는 것이 바람직하다. 이때 중요한 것은 취침시간을 앞당겼으면 기상시간도 그만큼 앞당겨야 한다는 것이다.

밤중수유 끊어야 할까, 계속해야 할까?

모유를 먹는 아이는 분유를 먹는 아이보다 밤에 재주 깬다. 그 이유는 여러 가지가 있다. 첫째, 모유를 먹이는 엄마는 아이가 젖을 찾을 때마다 바로 젖을 물릴 수 있기에 아이가 밤에 젖을 더 찾는 경향이 있다. 둘째, 모유를 먹는 아이는 분유를 먹는 아이보다 낮에 젖을 먹는 양이 적다. 그렇기 때문에 부족한 열량을 채우기 위해 밤에 젖을 자주 찾게 된다. 셋째, 모유를 먹는 아이 중에는 엄마와 한침대에서 같이 자는 아이가 많다. 한침대에서 같이 자면 아이는 엄마의 움직임을 느낄 수 있다.

가장 바람직한 것은 아이의 욕구에 부응해 아이가 젖을 찾을 때 모유나 분유를 먹이는 것이다. 모유 수유를 하는 엄마들 중에는 아이가 밤에 여러 번 젖을 찾아도 그다지 힘들어하지 않는 엄마도 많다. 엄마와 아이 모두가 편안해하고 만족한다면 굳이 수면 양상과 수유 시간, 방법을 바꿀 이유가 없다.

반면에 어떤 엄마들은 아이가 밤에 깨서 젖을 찾는 것을 힘들어하고 밤중수유를 몹시 피곤해한다. 하지만 아이가 젖을 찾는데 거부할 수도 없으니 이런 경우는 수유 방법을 바꾸는 것이 현명하다. 이때는 낮 동안의 수유 방법을 변화시켜 밤중수유를 중단하면 된다. 즉 3~4시간 간격으로 수유를 하여 아이가 필요한 열량을 낮에 완전히 섭취할 수 있도록 하는 것이다.

밤중수유를 끊어도 해결해야 할 문제는 남아 있다. 모유를 먹는 아이들 중에는 엄마

젖을 빨면서 자는 아이들이 많다. 그런 아이들은 엄마와 신체 접촉을 하지 않으면 잠들지 못하고 밤중에 깨서도 엄마가 옆에 있어야만 다시 잠을 잘 수 있다. 이럴 때 아이가 혼자 잘 수 있도록 하려면 수면의식을 바꾸면 되는데 이는 아래의 '수면의식' 부분에서 자세히 소개할 것이다.

한편 분유를 먹는 아이도 밤중에 분유를 찾기도 한다. 이런 아이는 모유를 먹는 아이처럼 밤중에 영양분을 섭취하는 데 익숙해져 있기 때문에 밤중에 자주 깨는 것이다. 그러나 아이는 생후 3개월이 지나면 밤중에 젖을 먹지 않아도 된다. 수유 습관을 바꾸는 방법은 〈영양발달과 식습관〉 편에서 자세히 다룰 것이다.

수면의식

수면의식이란 아이가 잠자리에 들 때까지 아이가 잠을 잘 수 있도록 유도하는 일정한 행동을 뜻한다. 수면의식은 아이에게는 물론 부모에게도 중요하다. 그 이유는 무엇일까?

예상능력 ● 생후 1년 동안 아이는 기억력을 발전시켜 나간다. 그러나 자기에게 친숙한 것은 기억력이 발전되기 전부터 알아챈다. 그리고 하루 일과를 예상할 수 있는 능력 역시 일찍부터 발전한다. 그릇 부딪히는 소리가 들리고 엄마가 의자에 앉힌 다음 턱받이를 해주면 아이는 밥 먹는 시간이라는 것을 안다. 이와 같은 예상능력을 발전시키려면 날마다 똑같은 행동을 반복해야 한다.

잠들기 전 수면의식도 마찬가지이다. 수면의식은 일정한 개월 수부터 매일 저녁 같은 일을 같은 순서로 반복하여 아이에게 잠들기 전 준비를 해주는 것이다. 매일 같은 시간에 밥을 먹고 같은 시간에 목욕을 하고 엄마나 아빠랑 논 다음 침대에 눕고 엄마가 자장가를 들려주고 입맞춤을 해준 다음 불을 끄면 아이는 잘 시간이라는 것을 안다. 그러나 매일 저녁 일과가 다르게 진행되면 아이는 예상능력을 발전시키지 못한다.

그러니까 언제 자야 할지 알지 못한다는 뜻이다. 아이의 입장에서 보면 갑자기 침대에 누워서 자라고 하는 격이다.

아이는 엄마와 아빠 또는 다른 보호자의 행동을 구분하고 적응할 줄 알기 때문에 엄마와 아빠가 반드시 같은 수면의식을 지켜야 하는 것은 아니다. 아빠가 엄마보다 엄격하지 않다면 아이는 두 사람의 차이를 더 잘 구분할 것이다. 그러나 두 사람이 꼭 지켜야 할 것은 같은 의식을 지속적으로 행해야 한다는 점이다.

아이를 흥분시키는 것은 잠을 재우는 데 독이 된다. 엄마와 아빠가 영화를 보기 위해 정신없이 준비를 하고 수면의식도 안 한 채 외출한다고 치자. 아이에게는 엄마, 아빠의 부재뿐 아니라 수면의식이 행해지지 않는 것도 문제가 된다. 따라서 저녁에 외출하려면 일찌감치 아이를 돌봐줄 사람을 불러 아이에게 익숙한 수면의식을 행하고 사랑과 관심을 충분히 표현해야 한다. 그래야 아이가 문제없이 잠들 수 있다.

아빠들은 아이와 장난치면서 놀기를 좋아하며 아이도 이를 즐긴다. 그러나 엄마들은 아이가 흥분하면 재울 때 고생하기 때문에 자기 전에는 동적인 놀이를 꺼린다. 아빠와 동적인 놀이를 하며 논 아이를 쉽게 재우려면 아이가 진정할 수 있는 시간을 갖게 해야 한다. 그래야 동적인 놀이로 피로가 쌓여 좀 더 쉽게 잠들게 된다.

안정감 ● 인간은 모두 안정된 상태에서 편안하게 잠이 들기를 원한다. 아이도 마찬가지이다. 수면의식은 아이가 안심하고 잘 수 있도록 포근함과 사랑을 느끼게 해주는 것이다. 저녁에 목욕을 시키는 것도 도움이 된다. 목욕을 하면 아이는 육체적으로 긴장이 풀리고 포근함과 다정함을 느낄 수 있다.

아이에게 안정감은 잠들기 전뿐 아니라 밤중 내내 중요하다. 낮 동안 아이는 정서적으로 안정돼야 한다. 낮에 관심을 충분히 받고 안정감을 느끼는 아이는 밤에도 정서적으로 안정된다. 부모가 아이에게 안정감을 느끼게 하는 방법은 〈관계성 행동〉편에 자세히 소개했으니 참고하길 바란다.

종속과 독립 ● 아이는 신생아 때부터 제한적이긴 하지만 스스로를 진정시키고 혼자서 잠을 잘 수 있는 능력을 지닌다. 아이가 손을 빨면서 잠이 드는 것도 그중 하나이다. 이러한 능력은 생후 2~3개월에 빠르게 발전하지만 그 속도는 아이마다 다르다. 태어난 지 몇 주 만에 혼자서 잘 수 있는 아이가 있는 반면, 어떤 아이는 한참 동안 부모의 도움 없이는 잠을 못 자기도 한다. 아이가 스스로 진정시킬 능력을 발전시키는 것은 아이의 성격과 발달 상태뿐 아니라 부모의 행동에 의해 결정된다.

엄마의 두 가지 다른 유형의 행동을 예로 들어보자. 한 엄마는 아이가 잠들 때까지 젖을 물리고 안아주고 얼러준다. 다른 엄마는 아이가 깬 상태에서 침대에 눕힌 다음 침대 옆에 앉는다. 그러나 아이는 잠들지 못하고 울기 시작한다. 그러면 엄마는 아이에게 조용히 말을 걸면서 머리를 쓰다듬으며 손을 잡아준다. 엄마는 이렇게 아이가 혼자서 잠들 수 있도록 도와준다.

첫 번째 아이는 잠들려면 엄마가 젖을 물리고 안아주고 얼러주어야 한다. 이 아이에게 엄마가 옆에 있는 것은 잠들기 위한 수면의식의 한 부분을 차지한다. 아이는 엄마랑 신체적인 접촉을 해야만 잠을 잘 수 있다. 두 번째 아이는 시간이 흐를수록 독립적이 되어 어느 순간 엄마 없이 혼자 잘 수 있게 된다. 그러나 두 엄마 중 어떤 엄마가 더 낫다고 판단할 수는 없다. 단지 애착관계나 자립심 형성과 관련해 양육방식이 서로 다른 것뿐이다.

다만 저녁에 혼자 잠들지 못하는 아이는 밤중에 깨도 마찬가지이다. 저녁에 엄마가 젖을 물리고 안고 얼러서 재우는 아이는 밤중에 깨서 다시 잠이 들려면 역시나 안아주고 얼러주고 젖을 물려야 한다. 반면 저녁에 혼자 잠드는 아이는 밤중에 깨도 혼자 잠든다. 수면의식은 잠드는 것뿐 아니라 밤에 깨지 않고 자는 데도 결정적인 역할을 하기 때문이다.

어떤 부모들은 만 1살이 지나도 아이를 품안에서 재워야 안심한다. 반면 어떤 부모들은 곁에서 자는 아이 때문에 생활에 어려움을 느낀다. 아이가 곁에서 떨어지려고 하지 않는 탓에 부부는 외출은 물론 여러 가지 행동의 제약을 받기 때문이다.

부모는 아이와 자신들의 요구를 고려하여 두 가지 양육방식 중 자신들에게 맞는 것을 선택할 수 있다. 이때 부모는 생후 2~3개월까지는 아이와 신체적 접촉을 많이 하여 안정된 애착관계 형성을 위한 바탕을 마련해야 한다는 점을 잊지 말아야 한다. 신체적인 접촉과 친밀감은 정서적 안정과 애착의 또 다른 말이다.

그러나 아이의 자존감 형성을 위해서는 친밀한 접촉과 애착뿐 아니라 자율성이 필요하다. 부모가 아이에게 자율성을 부여해야만 아이는 자신감을 키울 수 있다. 다만 자존감을 키운다고 부모가 아이에게 부담을 주거나, 반대로 아무 자극도 안 주면 안 된다. 아이가 혼자서 잘 수 있으면 주변 환경에 영향을 덜 받고 깜깜한 방에서 혼자 깨도 크게 동요하지 않는다. 이렇게 독립심이 형성된 아이는 스스로를 안정시킬 수 있다.

⭐ 저녁형 아이의 수면 패턴 바꾸기

밤에 늦게까지 깨어 있으려 하는 사람들은 대부분 아침에 일어나는 것에 어려움을 느낀다. 그런 사람들의 일주율은 24시간보다 길다. '저녁형 아이'는 엄마, 아빠가 침대에 눕히면 한참을 칭얼댄다. 이런 아이의 수면 패턴은 밤보다는 아침에 고치기 쉽다. 밤에 정신이 말똥말똥한 아이를 침대에 눕히면 칭얼대는 것이 당연하다. 그러므로 저녁에 일찍 재우는 대신 아침 일찍 부드럽게 말을 걸어 아이를 깨우면 저녁에 일찍 재우는 것이 쉬워질 것이다.

생후 6개월이 지난 아이, 왜 밤중에 다시 깨기 시작할까?

밤에 깨지 않고 자던 아이라도 생후 6~12개월이 되면 그중 4분의 1은 밤중에 다시 깬다. 아이에게 무슨 일이 생긴 걸까? 엄마나 아빠가 뭘 잘못한 걸까?

⭐ 아이에게 필요한 수면시간은 엄마의 예상보다 길거나 짧을 수 있다

엄마나 아빠는 눈치 채지 못하지만 생후 2~3개월 동안 아이의 수면은 계속해서 발달한다. 따라서 아이의 수면 욕구와 아이의 수면과 관련된 부모의 행동이 서로 맞지 않으면 아이는 밤에 푹 자지 못한다. 그러므로 부모는 아이가 낮과 밤에 얼마나 많이 자는지 체크하여 아이의 욕구에 따라야 한다.

아이가 밤에 깨는 또 한 가지 이유는 부모가 생각하는 것보다 아이의 수면시간이 짧은 것이다. 예를 들어 8개월 된 아이가 필요한 수면시간은 하루에 10시간이라고 해보자. 그러나 부모는 아이가 다음날 7시까지 자길 기대하며 저녁 7시에 침대에 눕힌다. 그러면 다음과 같은 문제가 발생한다. 저녁 7시에 누워도 피곤하지 않은 탓에 아이는 잠을 이루지 못하거나 밤중에 여러 번 깨거나 아침에 일찍 일어나기도 한다. 심각한 경우 부모는 이 세 가지 일을 다 겪어야 한다. 그러나 아이가 잘 수 있는 만큼 침대에 눕힌다는 규칙만 지키면 아이의 수면 패턴을 바꿀 수 있다. 이 경우 아이를 아침 7시까지 재우려면 부모는 밤 9시 전에 아이를 재워서는 안 된다.

어떤 부모들은 밤에 늦게까지 아이와 함께 있어도 불편해하지 않고, 또 어떤 아이들은 아침에 엄마나 아빠보다 일찍 깨도 바로 엄마, 아빠를 찾지 않고 혼자서 노는 것을 좋아하기도 한다. 그러므로 일방적인 규칙에 아이를 대입시키기보다는 아이나 부모 자신들의 성향을 잘 고려해서 아이의 수면 패턴을 잡아나가는 것이 중요하다.

⭐ 아프고 난 후에는 아이의 수면 행동이 달라질 수 있다

몸이 아프거나 병이 나면 아이는 밤에 잠을 잘 자지 못한다. 아이가 아파서 깨면 부모는 자다가도 벌떡 일어나 노심초사한다. 그런데 문제는 아플 때가 아니라 아이가 다시 회복을 하고 난 후에 발생한다. 예를 들어 이가 날 때 아이는 치아가 잇몸을 뚫고 나오는 고통 때문에 밤에 깨서 울 것이다. 그러나 이는 오래가지 않는다. 아이가 일주일 이상 밤에 깨서 운다면 그것은 치통 때문이 아니다.

부모는 아이가 아프면 평상시보다 더 많은 관심을 쏟기 마련이고 아이는 그것에 익숙해져서 병이 나아도 엄마, 아빠에게 여전히 더 많은 관심과 보살핌을 기대하게 된다. 그리고 자신의 바람이 이루어지지 않을 경우 울며 떼를 쓴다.

가장 좋은 해결 방법은 며칠 밤에 걸쳐 서서히 병이 나기 전 상태로 돌려놓는 것이다. 예를 들어보자. 9개월 된 아이가 5일 동안 고열과 설사에 시달리며 고생을 하자 엄마는 밤중에 아이가 깨서 울 때마다 부족한 수분을 보충해주기 위해 따뜻한 보리차를 먹였다. 그런데 건강이 회복된 후에도 아이는 밤중에 보리차를 먹던 습관을 잊지 못해 밤에 자주 깼다. 이런 경우 엄마는 날마다 보리차 먹이는 횟수를 서서히 줄여나간 다음 보리차의 양도 점점 줄여나가면 된다. 그렇게 일주일이 지나면 아이는 원래대로 돌아와 밤에 다시 잘 자게 된다.

Das Wichtigste in Kürze
내용 요약

① 수면 욕구는 아이마다 다르다. 아이들은 자기가 필요한 만큼 잠을 잔다.

② 같은 나이의 아이들이라고 해도 수면시간과 욕구는 차이가 난다. 일반적으로 적용할 수 있는 규칙은 존재하지 않는다. 엄마와 아빠가 아이의 수면 패턴을 관찰하여 아이의 수면 욕구를 충족시켜줘야 한다.(부록5의 〈수면기록표〉참조)

③ 낮잠과 밤잠은 밀접한 관계가 있다. 아이가 낮잠을 많이 자면 그만큼 밤잠을 적게 잔다.

④ 잠자고 깨는 시간도 밀접한 관계를 맺고 있다. 아이가 일찍 잘수록 다음날 일찍 일어난다. 반대로 늦게 자면 그만큼 늦게 일어난다.

⑤ 일주율에 따른 수면-각성 주기 때문에 수면 패턴을 갑자기 바꿀 수는 없다. 따라서 3, 4번의 사항들은 한 번만이 아니라 적어도 7일을 관찰하여야 한다.

⑥ 수면 패턴을 변화시키려면 지속적으로 적어도 7~14일 동안 수면교육을 시켜야 한다. 수면 패턴을 바꾸는 것은 힘들지만 가치 있는 일이다.

⑦ 수면의식을 꾸준히 행하면 밤에 아이가 쉽게 잠을 잘 수 있게 된다.

⑧ 아이가 밤에 깨지 않고 자려면
- 부모가 낮에 아이가 정서적으로 편안하고 안정감을 느낄 수 있게 해주고 아이의 독립심을 장려해주어야 한다.
- 밤에는 부모의 도움 없이도 잠들 수 있도록 정해진 수면의식을 행해야 한다.
- 수면에 필요한 시간만큼만 침대에 눕혀놓아야 한다.

⑨ 머리를 흔드는 것과 같은 반복적인 신체의 움직임은 정상적인 영유아 발달의 일부분이다.

10~24개월

한밤중에 깨서 혼자 노는 아이, 괜찮을까?

이 장에서는 23개월 된 안나의 예를 통해 밤중에 깨는 아이들의 수면 시간을 어떻게 원상 복귀시킬 수 있는지 살펴보려 한다.

안나는 요즘 온 가족이 잠든 새벽 2시에 일어나 침대에 앉아 혼자 놀 곤 한다. 프랑스에서는 안나처럼 아이가 밤에 혼자 깨서 즐겁게 노는 것을 '즐거운 불면(insomnie joyeuse)'이라고 한다. 그러면 왜 안나 같은 아이들은 새벽에 일어나 혼자 노는 것일까? 새벽 2시에 일어났는데도 안나가 충분히 잤다고 할 수 있을까? 그리고 안나가 밤에 깬 것은 일시적인 현상일까?

낮잠은 얼마나 재워야 적당할까?

만 1살이 지나면 수면에 필요한 시간이 점점 줄어든다. 특히 낮잠 시간이 짧아진다. 만 1살이 지나면 대부분의 아이들이 하루에 한 번 그것도 오후에 30분에서 1시간씩 낮잠을 잔다. 그러나 낮잠을 아예 자지 않거나 불규칙적으로 자는 아이도 있다.

부모들은 만 2살이 될 무렵에는 아이에게 낮잠을 재우지 않아도 되는 것은 아닌지 고민한다. 아래 그래프를 보면 18개월부터는 매일 꼬박꼬박 낮잠을 자지 않는 아이들이 생기고, 24개월 때부터 낮잠을 전혀 안 자는 아이들도 있다. 대부분의 아이들은 만 3~4살이 되면 낮잠 자는 시간이 현저하게 준다.

스위스의 경우 만 3살 아이들의 60퍼센트는 규칙적으로 낮잠을 잔다. 만 4살이 되면

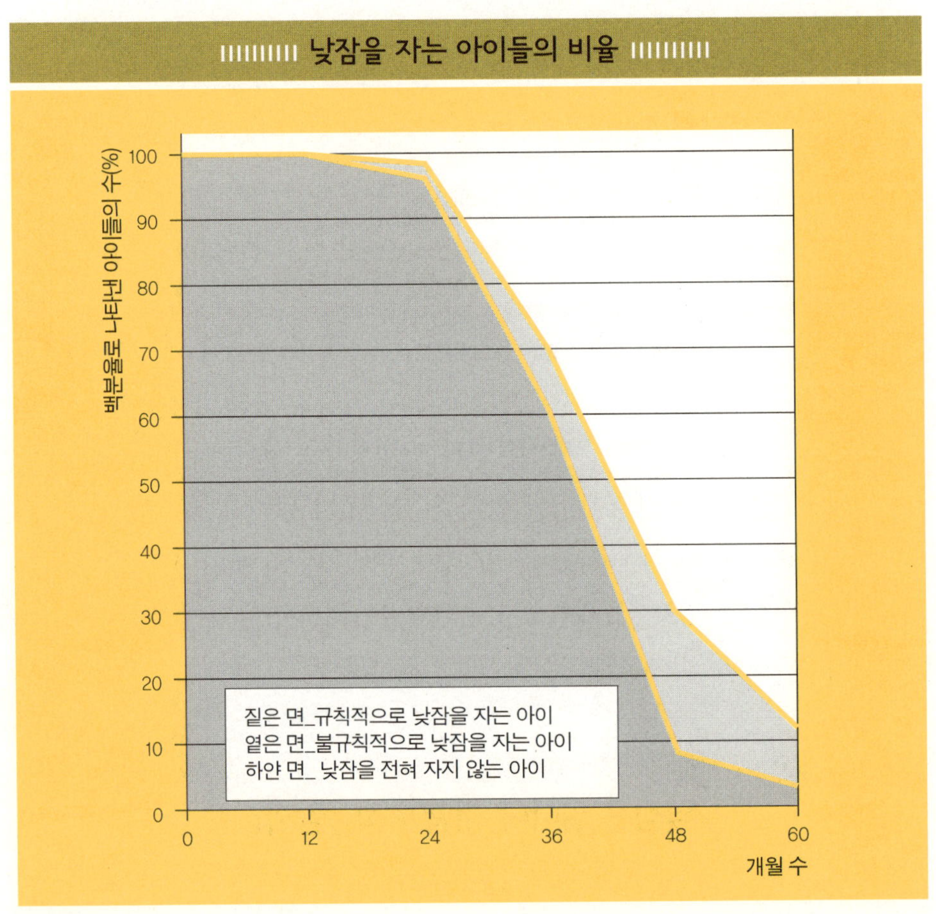

단 10퍼센트만이 규칙적으로 낮잠을 자고 70퍼센트가 낮잠을 전혀 자지 않는다. 그리고 20퍼센트는 낮잠을 자긴 하나 불규칙적이다. 물론 이는 통계수치에 불과할 뿐 보편적으로 적용할 수 있는 규칙은 아니다. 통상적으로 북유럽의 만 3~4살 유아는 같은 연령의 스위스 아이들보다 낮잠을 훨씬 덜 잔다. 반면 남부유럽 국가의 아이들은 유치원에 다닐 나이에도 낮잠을 잔다.

낮잠을 자야 하는지, 잔다면 얼마나 자야 하는지는 아이의 발달 상태와 수면 욕구에 따라 달라진다. 그러나 아이가 크면 클수록 습관과 문화적인 요소에 더 큰 영향을 받는다. 수면생리학적 연구에 따르면 나이와 상관없이 잠깐씩 낮잠을 자는 것이 건강에 좋다고 한다. 그렇다면 부모는 아이가 낮잠을 언제, 얼마나 오래 자야 할지 어떻게 결정해야 할까? 가장 좋은 방법은 깨어 있는 행동을 주의 깊게 관찰하는 것이다. 낮에 기분 좋게 활동적으로 놀면 아이를 안 재워도 된다. 그러나 노는 데 관심이 없고 칭얼대면 낮잠을 재우는 것이 좋다. 하지만 아이가 낮잠을 너무 많이 자면 안나처럼 밤중에 푹 자지 못한다.

한밤중에 깨서 노는 아이 어떻게 변화시킬까

만 2살이 지나면 안나처럼 밤중에 깨는 아이들이 있다. 다음 페이지의 그래프에서 보여주듯 '취리히종단연구'는 만 2~5살의 아이들 중에 밤에 깨는 아이들이 많다고 보고하고 있다. 생후 12~60개월 아이들의 40~55퍼센트가 밤에 한 번 이상 깼다. 성별에 관계없이 그중 20퍼센트에 해당하는 아이들이 매일 밤 깬다.

그렇다면 아이들이 안나처럼 밤에 깨는 이유는 무엇일까? 수면행동 0~3개월을 보면 아이들마다 수면 욕구가 다르다고 이야기했다. 아이는 졸릴 때 필요한 만큼 잠을 잘 수 있다. 낮에 오래 자는 아이는 그만큼 밤에 오래 못 잔다.

안나는 낮잠을 3시간이나 잔다. 그리고 밤에 6시간을 자면 잠에서 깨서 1~3시간 동안 혼자서 논다. 더 이상 졸리지 않기 때문이다. 부모가 충분히 잔 아이를 억지로 재

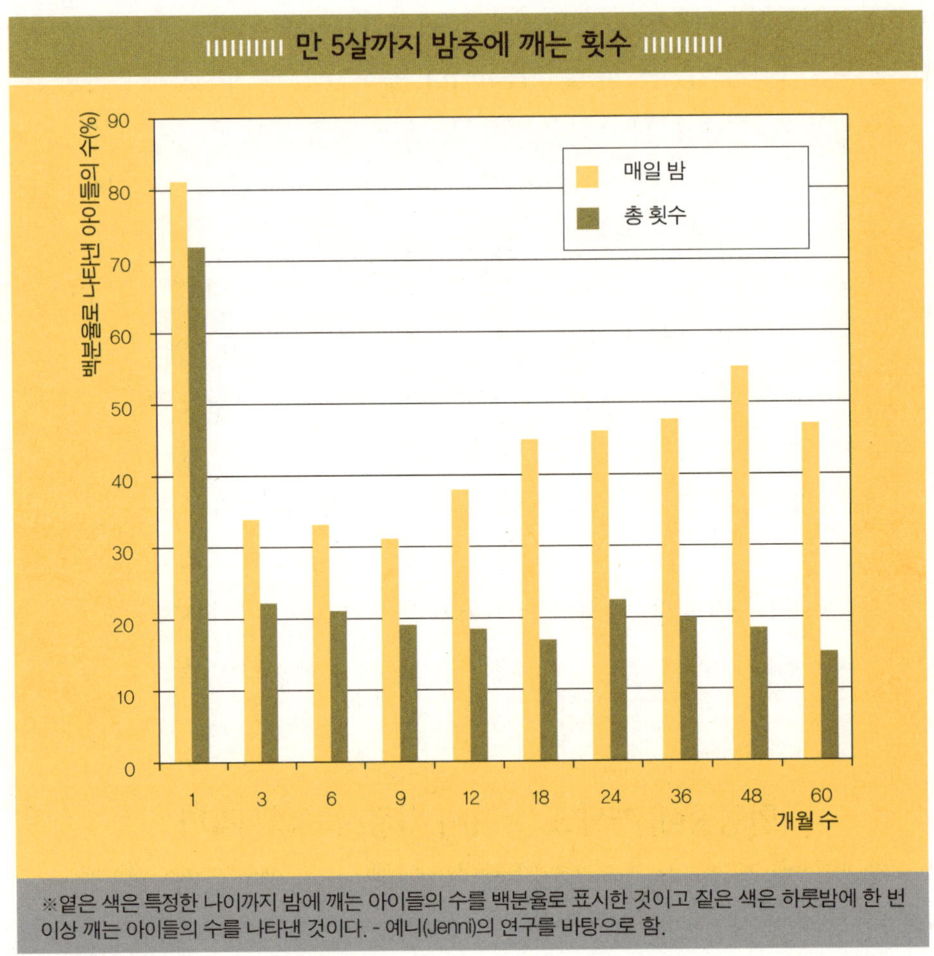

우려고 한다면 아이의 욕구를 무시하는 행위이다. 안나는 충분히 잤기 때문에 더 이상 잘 수가 없다.

그렇다면 어떻게 해야 안나의 수면시간을 조절할 수 있을까? 안나의 부모는 아래의 사항에 대해 깊이 생각했다.

● 안나는 하루에 얼마나 오래 잠을 자야 할까?

● 낮에 기분 좋게 놀려면 안나는 얼마나 낮잠을 자야 할까?

● 낮잠 자기 가장 좋은 시간은 언제인가?

● 밤에는 몇 시부터 몇 시까지 자야 할까?

그런 다음 안나의 부모는 다음 페이지에 나와 있는 안나의 수면기록표를 작성했다.
그리고 그 결과 부모는 다음과 같은 내용을 예측할 수 있었다.

● 안나는 총 12시간을 잔다.
● 안나는 1~2시간 동안 낮잠을 자야 한다.
● 낮잠을 1시간 자면 밤에는 11시간을 자야 한다.

지금까지 엄마, 아빠는 안나를 저녁 7시에 재우고 다음날 8시나 9시에 깨웠다. 수면
기록표를 작성해봤더니 한밤중에 깨서 2~3시간씩 노는 이유를 발견할 수 있었다. 안
나는 낮잠을 너무 많이 잤던 것이다. 안나의 부모는 안나를 밤 8시에 재우고 아침 7시
에 깨우기로 했다. 7시가 지나도 깨지 않으면 조용히 깨워본 다음 불을 켜고 방문을
열어두었다. 2주 동안 지속적으로 이 방법을 지켰더니 안나가 밤중에 깨서 노는 시간
이 사라졌다.

아이들끼리 함께 재우기

부모들은 아이가 혼자 자야 잘 잘 수 있다고 생각하는 사람이 더러 있지만 사실은 그
반대다. 형제나 자매와 함께 자는 것이 아이나 부모에게 훨씬 도움이 된다. 우선 아이
는 형제자매와 함께 자면 외롭지 않기 때문에 특별한 경우를 제외하면 부모의 침실을
찾아들어오지 않는다.

많은 부모들이 아이들을 함께 재우면 시끄럽다고 생각하기 때문에 따로따로 재우려
한다. 하지만 그것은 일시적인 현상이다. 아이들이 한방에서 자면 처음 며칠은 변화된
환경 탓에 들뜨고 시끄러울 것이다. 그러나 며칠만 지나면 아이들 스스로 놀다가 잠을
잔다. 부모는 아이들이 스스로 방법을 찾을 때까지 참고 지켜봐야 한다. 경찰처럼 아

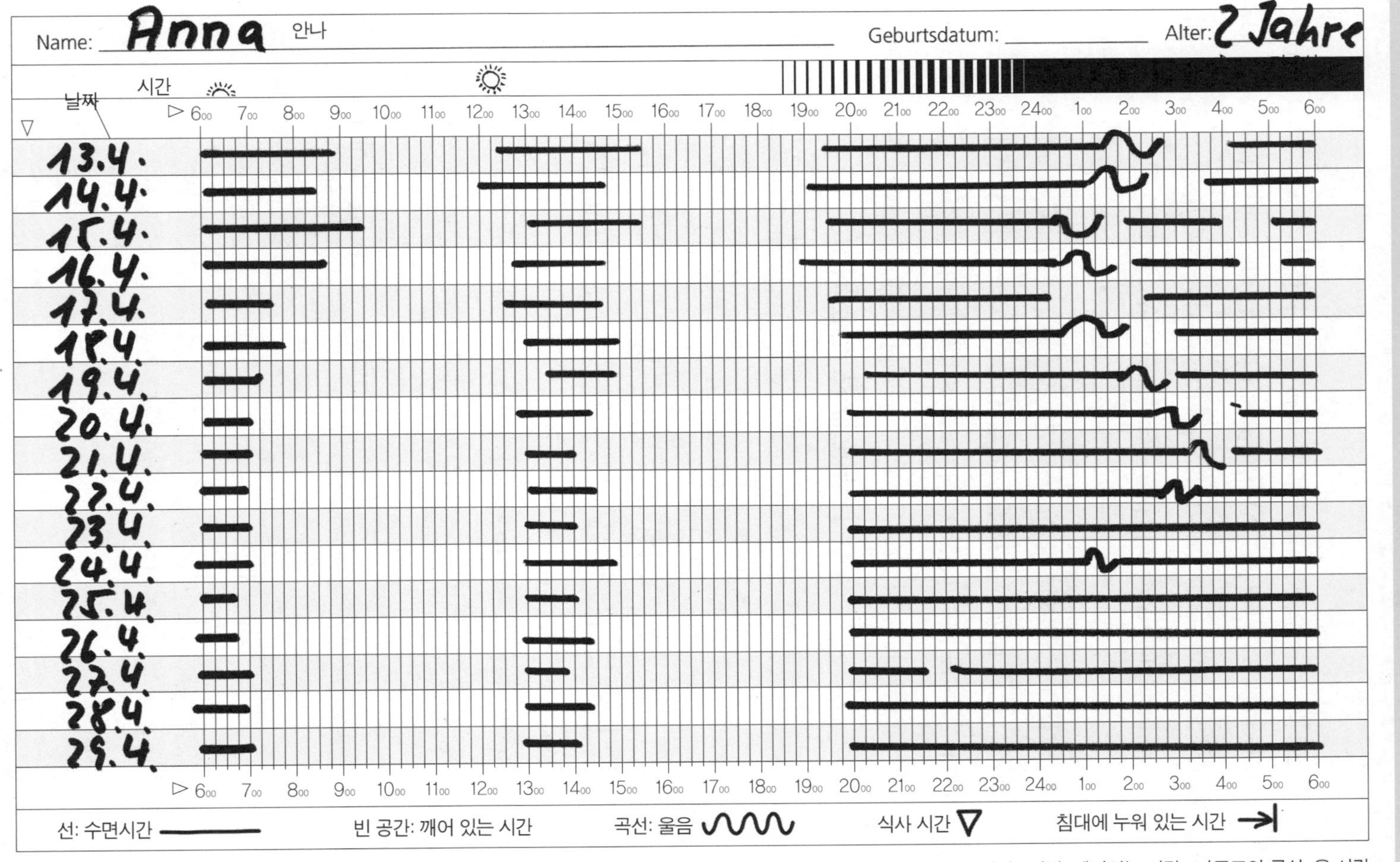

안나의 24시간 수면기록표
Name: Anna 안나
Geburtsdatum:
Alter: 2 Jahre
시간
날짜
6:00 7:00 8:00 9:00 10:00 11:00 12:00 13:00 14:00 15:00 16:00 17:00 18:00 19:00 20:00 21:00 22:00 23:00 24:00 1:00 2:00 3:00 4:00 5:00 6:00
13.4.
14.4.
15.4.
16.4.
17.4.
18.4.
19.4.
20.4.
21.4.
22.4.
23.4.
24.4.
25.4.
26.4.
27.4.
28.4.
29.4.
선: 수면시간
빈 공간: 깨어 있는 시간
곡선: 울음
식사 시간
침대에 누워 있는 시간
직선: 수면시간   빈칸: 깨어있는 시간   파도모양 곡선: 운 시간
186

이들을 통제하고 감시하면 아이들은 절대 조용해지지 않을 것이다.

아이들을 따로 따로 재우는 부모들은 형제자매라 해도 아이마다 습관과 성향이 다르기 때문에 아이들을 한방에서 재우면 서로 방해가 되지 않을까 염려한다. 물론 아이 중 한 명이 젖먹이 아기면 그럴 수도 있다. 그러나 만 1살이 지나면 수면 욕구가 다르다고 해도 형제자매가 한방에서 잘 수 있다. 형제자매와 함께 자는 아이들은 낮에도 훨씬 잘 지낸다. 같은 방에서 자면 아이들은 잠들기 전에 하루에 있었던 일을 서로 이야기할 수 있고, 또 밤중에 깨도 옆에서 자는 형제나 자매의 숨소리에 안심한다. 그리고 아침에 함께 깨면서 형제자매간의 결속력을 다진다.

Das Wichtigste in Kürze

내용 요약

1 만 1살이 지나면 잠자는 시간이 줄어든다. 특히 낮잠 시간이 짧아진다. 24개월이 되면 낮잠을 한숨도 자지 않는 아이들도 있다.

2 아이가 만 1살이 지나서 밤에 자주 깬다면 그 이유는 수면에 필요한 시간이 줄었기 때문이다. 아이가 밤중에 깨지 않고 잘 자게 하려면 아이의 욕구에 따라 잠자는 시간과 일어나는 시간을 조절해야 한다.

3 형제나 자매가 한방에서 같이 자면 결속력이 강해진다. 뿐만 아니라 형제자매와 같이 자는 아이들은 밤중에 깨도 부모가 자는 방을 잘 찾지 않는다.

25~48개월

아이방에 **따로 재울까,** 데리고 잘까?

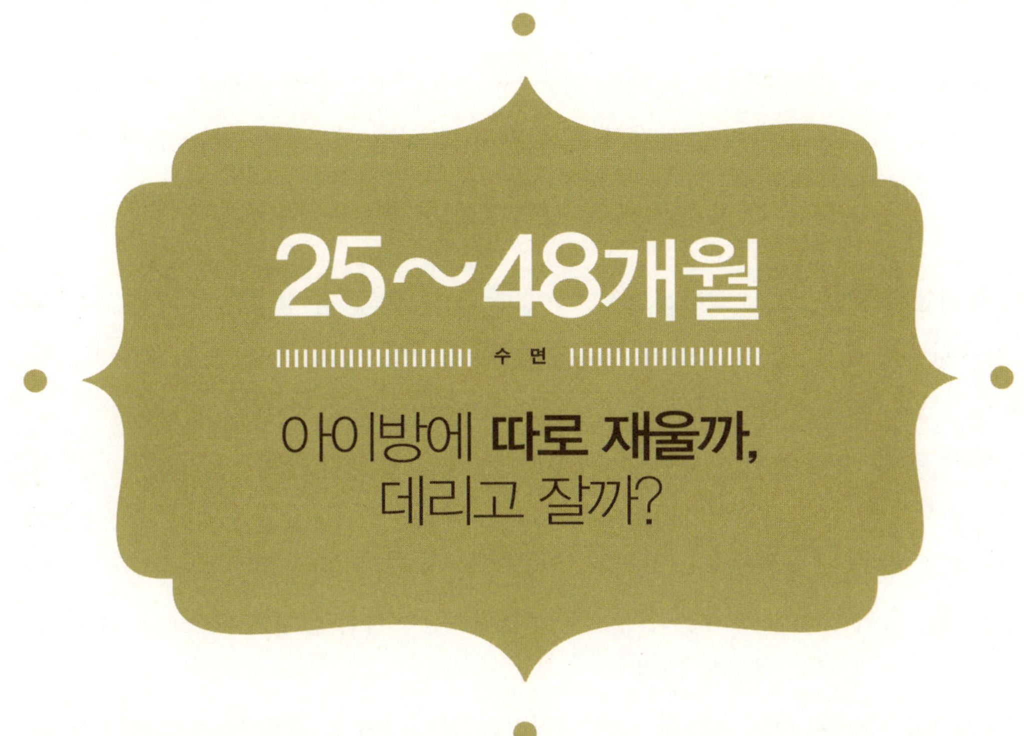

만 1살이 지나면 아이들은 낮에 부모와 떨어져 지내기 시작한다. 이는 내적인 독립을 향한 첫 걸음이라 할 수 있는데 다른 한편으로 그것은 분리불안을 유발한다. 그래서 심리적으로 안정감을 느끼기 위해 아이들은 밤에도 엄마, 아빠 곁에 있으려 한다. 엄마, 아빠와 함께 자면 보호받고 있다고 느끼기 때문이다.

많은 부모들이 일정한 시기가 되면 아이를 따로 재워야 하는지 함께 데리고 자야 하는지 고민을 한다. 아이를 따로 재우는 것은 산업화시대의 산물이다. 산업화시대로 들어서면서 주거환경이 개선되었고 아이 방을 따로 마련할 수 있게 되었다. 그전에는 서구 문화권에서도 엄마, 아빠, 아이들이 한방에서 모두 함께 잤다. 그리고 지금도 세계 여러 문화권에서 엄마, 아빠와 아이들이 함께 잔다.

아이를 따로 재우는 경우 많은 아이들이 자다가 부모방을 찾는다. 밤중에 아이가 엄마, 아빠를 자꾸 찾으면 굳이 아이를 따로 재울 필요가 있을지 다시 한 번 생각해보는 것이 좋다. 아이들이 이처럼 혼자서 따로 자지 못 하고 부모방을 찾는 실질적인 이유는 다음과 같다.

● **독립심의 발달 _** 만 1살이 지나면 아이는 독립적인 인격 형성을 향한 중요한 첫발을 내딛는다. 독립심은 부모에게 기대지 않고 스스로 자신의 욕구를 해결하려는 행동을 시작으로 형성된다. 그러나 아이는 자기가 원하는 대로 안 되면 고집을 피우고 떼를 쓰며 화를 낸다. 독립심에 대한 욕망과 외로움은 동전의 양면과 같다. 그래서 아이들은 혼자서 잘 놀다가 울면서 엄마를 찾는다. 갑자기 방 안에 홀로 남겨져 있다고 느끼기 때문이다. 만 1살이 지나면 부모한테서 떨어지려는 욕구와 부모의 관심과 사랑을 잃지 않으려는 욕구가 공존하게 된다. 이러한 양면적인 감정은 앞으로 아이와 부모의 관계 형성에 계속 영향을 준다.

아이가 외로움을 가장 강하게 느끼는 시간은 잠자리에 들 때와 밤에 잠에서 깰 때이다. 그래서 잠 잘 때가 되면 엄마나 아빠한테서 안 떨어지려고 한다. 밤중에 자다가 깨면 아이는 혼자 있는 게 싫어서 엄마, 아빠의 온기를 찾아 부모 방을 찾는다.

다른 발달 영역과 마찬가지로 독립심의 발달 역시 아이마다 다르게 진행된다. 나이가 같아도 성격과 교육방식에 따라 아이의 자립심과 정서적 독립은 다른 양상을 보이며 분리불안 증세의 강도도 다르게 나타난다. 같은 형제라도 어떤 아이는 밤중에 엄마와 아빠를 전혀 귀찮게 하지 않는 반면 어떤 아이는 오랫동안 엄마, 아빠와 함께 자려고 한다. 이렇게 핏줄이 같은 형제자매라도 불리불안 증세는 다르게 나타난다.

● **자율적인 안정감 _** 정서적 자율성과 독립심의 형성은 자신을 진정시킬 수 있고 안정감을 찾을 수 있는 능력의 유무에 따라 달라진다. 어떤 아이들은 밤중에 깨면 중얼거리거나 혼자 노래를 부른다. 또 어떤 아이들은 머리나 몸을 흔들거나 공갈젖꼭지를 빨면서 안정을 찾는다. 공갈젖꼭지로 안정을 찾는 아이에게는 쉽게 잡고 빨 수 있도록 공갈젖꼭지 여러 개를 침대에 넣어두면 엄마와 아빠도 편하게 잘 수 있다.

만 2~3살이 되면 하루 종일 수건이나 곰 인형 같은 물건을 가지고 다니는 아이들이 많다. 앞서 〈관계성 행동〉 편에서도 언급했듯이 아이들이 각별한 애정을 쏟는 이러한 사물을 이행대상이라고 부른다. 그런 아이들은 수건이나 인형이 없으면 잠을 못 잘 뿐 아니라 자다가 좋아하는 물건이 만져지지 않으면 집이 떠나가라 운다.

이행대상은 아이가 내적인 독립심을 키우는 과정에서 엄마의 역할을 대신해줄 뿐 아니라 혼자 있을 때 외로움을 달래준다. 그러나 이러한 이행대상이 아이에게 얼마나 큰 의미인지 엄마, 아빠는 이해할 수 없다. 단이 다 뜯어진 수건이나 눈이나 팔 한 짝이 없는 곰 인형을 달고 다니는 것을 보면 왜 저러나 싶을 것이다. 그러나 아이에게는 이행대상의 겉모습이 아니라 냄새나 촉감 등이 더 중요하다. 그래서 엄마가 냄새 나고 더러운 수건을 빨면 아이는 울음을 터트린다. 그리고 예전 냄새를 찾을 때까지 별의별 짓을 다 한다.

● **낮 동안의 안정감** _ 아이가 밤에 분리불안 증세를 보이느냐 보이지 않느냐는 낮에 아이가 얼마나 정서적으로 안정되느냐에 따라 달라진다. 아이들은 대부분 낮에 안정감을 느낄 수 있도록 보살핌을 잘 받으면 밤에 외로움을 덜 탄다. 아이가 낮 동안 필요할 때마다 엄마나 아빠가 항상 곁에 있다는 것을 확인하면 아이는 밤에도 안정감을 느낄 수 있다. 반면에 엄마나 아빠가 자주 시야에서 사라지면 아이는 밤에도 엄마, 아빠가 곁에 있다는 것을 확인하려고 부부의 침실을 찾게 된다. 아이에게 엄마나 아빠가 곁에 없다는 것은 물리적인 의미뿐 아니라 감정적인 부재를 뜻한다. 다시 말해 한 공간에 같이 있어도 엄마, 아빠와 감정적인 소통을 할 수 없으면 아이는 안정감을 느낄 수 없다. 이처럼 낮에 관심과 사랑을 충분히 받지 못하면 아이는 밤에 그것을 보충하려 한다.

정서적인 독립은 정해진 시간 동안 아이가 혼자서 놀 수 있고 그것에 만족을 느낄 때부터 형성되기 시작한다. 따라서 낮에 혼자 잘 노는 아이는 밤에도 외로움을 덜 느낀다. 한마디로 아이에게 안정감을 느끼게 해주는 동시에 독립심을 키우게 해주는 것이 가장 바람직한 육아 방법이다.

● **가족 상황 _** 가족 내의 여러 가지 상황들도 아이의 분리불안 형성에 큰 영향을 끼친다. 예를 들어 부모가 교대로 아이를 돌보면 아이는 언제 누가 자기를 돌봐줄지 예측할 수 없기 때문에 정서적으로 안정되기 어렵다. 또 엄마가 며칠 동안 집을 비우면 아이는 엄마가 집에 있는지 확인하려고 밤중에 부부침실을 찾는다. 아빠가 출장간 사이에 엄마와 함께 잤다면 아빠가 돌아와도 아이는 엄마 옆에서 자려고 한다. 아이는 아빠가 집으로 돌아왔기 때문에 자기가 혼자 자야 한다는 사실을 이해하지 못하고 심하면 엄마와 아빠에게 소외당했다고 느끼기까지 한다. 동생이 태어나도 아이는 비슷한 경험을 한다. 부모가 알아듣기 쉽게 잘 설명해주지 않으면 동생은 엄마 옆에서 자는데 자기는 왜 혼자 자야 하는지 이해하지 못한다. 그래서 엄마와 아빠가 동생만 좋아한다고 느끼고 동생을 질투한다.

● **무서운 상상 _** 만 2~5살의 아이들은 '마술적 사고'라고 불리는 내적 상상력을 발전시킨다. 예를 들면 아이들은 어두컴컴한 방에 걸린 커튼을 보고 마녀라고 생각하기도 하고 가구 안에서 나는 정체 모를 소리를 듣고 무서운 상상을 하기도 한다. 그럴 때 방에 은은한 불을 켜놓으면 아이의 두려움을 덜어줄 수 있다.

　아이의 성격과 아이가 낮에 어떠한 경험을 했느냐에 따라 밤중에 무서워하는 정도가 달라진다. 텔레비전 속의 이상한 사진이나 으스스한 이야기 등은 아이의 상상 속에서 무서운 괴물로 변하기도 한다. 그래서 자기 전에 엄마나 아빠에게 자신이 보고 들은 것을 이야기하지 않으면 아이는 자주 깨서 부모의 방으로 온다. 따라서 아이가 무서운 이야기를 듣고 본 날은 잠자리에 들기 전에 그것에 대해 이야기하는 것이 좋다.

● **질병 _** 밤중에 몸이 불편하거나 통증을 느끼면 아이는 부모의 방을 찾는다. 대부분의 부모가 아이가 아플 때는 너그럽게 받아준다. 그러나 문제는 병이 나은 후에 발생한다. 건강을 되찾은 후에도 아이는 계속 엄마, 아빠랑 함께 자려고 하기 때문이다. 다시 아이가 혼자 자는 습관을 들일 때까지 부모는 인내심과 이해심을 가지고 지켜봐야 한다.

한편 아이와 함께 자는 걸 불편해하기는커녕 오히려 아이랑 자는 것을 좋아하는 부모들도 많다. 부모와 아이가 모두 만족한다면 일부러 아이를 따로 재울 필요는 없다. 다만 한방에서 아이를 재울 때는 부부 침대 옆에 아이 침대를 붙여놓는 것도 아이나 부모 양쪽 모두에게 좋은 방법이다.

아이를 혼자 재우려면 자립심을 길러주어야 한다. 아이와 관련된 일은 아이 스스로 결정하게 해주는 것이다. 예를 들어 침대를 살 때 아이와 함께 가서 같이 고르게 하면 아이는 자기가 고른 침대에서 자려고 할 것이다. 아이가 혼자서 잠드는 것도 자립심에 속한다. 아이가 수건이나 공갈젖꼭지와 같은 이행대상의 도움을 받아 스스로 잠든다면 밤에 깨서 엄마나 아빠를 찾는 일이 적어진다. 자립적인 아이들은 낯선 곳에서도 잘 자는데 이때도 잠 잘 때 늘 사용하는 이행대상이 곁에 있으면 안심하고 쉽게 잠이 든다.

야경증과 악몽의 차이

아이가 밤에 일어나서 겁에 질려 식은땀을 흘리며 자지러지게 울 때 부모는 그 이유를 모르기 때문에 아이만큼이나 겁에 질리게 된다. 그토록 겁에 질린 얼굴을 할 만큼 아이는 무서운 일을 경험했을까? 눈을 그렇게 크게 뜰 만큼 무서운 것을 보았을까? 아이는 왜 흔들어도 잠에서 깨지 않는 걸까? 무엇이 잘못된 것일까?

부모를 놀라게 하는 아이의 이런 행동은 일종의 야경증 증세이다. 악몽과 비슷한 증세를 보이는 야경증은 생후 24개월 이후에 자주 나타난다. 아이가 처음으로 야경증 증세를 보이면 부모는 어쩔 줄 몰라 당황하게 된다. 하지만 야경증은 정상적인 수면현상으로 아이가 비렘수면 단계에서 부분적으로 깨어 있을 때 나타난다. 겁에 질려 혼란스러운 행동을 보이는 것도 깊은 수면에서 완전히 깨지 않았기 때문이다.

야경증은 보통 잠든 후 1~3시간 정도 지나서 나타난다. 아이는 두 눈을 크게 뜨고 엄마와 아빠가 나타나도 아무런 반응을 보이지 않거나 비정상적인 행동을 보인다. 아이의 표정과 행동에서 공포, 분노, 혼란의 표현을 읽을 수 있으며 땀을 많이 흘리고 호흡이 가쁘고 심장도 거칠게 뛴다. 엄마나 아빠의 얼굴도 못 알아보고 말을 시켜도 대답을 안 하거나 횡설수설하며 깨워도 일어나지 않는다. 몸을 쓰다듬거나 안아서 진정시키려고 하면 몸부림을 치며 엄마, 아빠를 밀어낸다. 그러나 그러다가 마법이 풀리는 것처럼 순식간에 얼굴에서 공포가 사라지고 호흡도 안정된다. 그리고 바로 잠이 든다. 다음날 부모가 어떤 일이 있었냐고 물어보면 아이는 아무것도 기억하지 못한다. 야경증 증세는 대개 5~15분 동안 지속된다.

야경증은 대부분 만 2~5살에 나타나지만 만 1살 전후에 발생하기도 한다. 야경증이 가장 흔히 발생하는 시기는 만 4~5살이며 학교에 입학한 후에는 잘 나타나지 않는다. 야경증의 발생 빈도에 대한 정확한 통계수치는 없지만 만 2~7살의 아이들의 3분의 1 이상이 야경증 증세를 보이는 것으로 예측된다. 야경증 증세는 간헐적으로 나타나거나 한두 번으로 끝나는 경우가 대부분이다. 1~2년에 걸쳐 한두 달에 한 번씩 야경증이 나타나는 아이도 있지만 매일 밤 야경증 증세를 보이는 아이는 극히 드물다.

야경증은 가족 모임이나 놀이동산에 간 날처럼 많은 일들을 경험한 날 밤에 자주 나타난다. 그러나 너무 늦게 잠자리에 들거나 너무 피곤해도 야경증 증세가 나타날 가능성이 높다. 평소보다 많은 것을 보고 들으면 아이는 그만큼 그것을 소화하기 힘들기 때문이다.

야경증은 정상적인 수면행동이기 때문에 이상행동으로 착각해서는 안 된다. 야경증 증세를 보인다고 아이가 심리적인 문제가 있는 것도 아니며 가정환경이나 육아방식과도 무관하다. 간혹 야경증이 일종의 간질 증세가 아닌지 걱정하는 부모도 있지만 간질과도 무관하다. 전기 생리학적으로 야경증과 동일한 수면행동 유형이 있고 자면서 이를 갈거나 잠꼬대를 하는 아이들도 있다. 이러한 아이들의 일부는 만 7살이 지나면 몽유병 증세를 보인다. 야경증이나 몽유병은 유전적인 영향이 크다.

⭐ 아이가 야경증 증세를 보이면 부모는 어떻게 해야 할까?

아이가 한밤중에 깨서 소리를 지르면 엄마, 아빠는 안아주고 달래서 어떻게든 아이를 진정시키려고 한다. 그리고 아이에게 말을 시키고 젖은 물수건으로 얼굴을 닦거나 해서 잠을 깨우려 한다. 하지만 다 소용없는 일이다. 일정한 시간이 지나면 아이는 스스로 잠에서 깬다. 부모가 할 수 있는 일은 그저 아이가 다치지 않게 지켜주면서 침착하게 아이가 깰 때까지 기다리는 것이다. 아무것도 하지 않고 그냥 지켜본다는 것은 쉽지 않은 일이지만 야경증은 아이의 건강을 해치지 않기 때문에 안심해도 된다.

악몽은 만 1살이 되기 전에도 꿀 수 있고 야경증보다 발생 횟수가 적다. 야경증은 한밤중에 나타나는 반면 악몽은 주로 새벽에 꾼다. 부모가 아이에게 가보면 아이는 이미 잠에서 깨어 있으며 야경증과 달리 아이가 악몽을 꾸면 부모는 아이를 안아주고 쓰다듬어주면서 진정시킬 수 있다. 그리고 아이가 의사소통이 가능한 나이면 아이와 꿈에 대해 이야기할 수 있다.

아이는 다음 날에도 자신이 꾼 꿈을 기억한다. 꿈의 내용은 아이를 힘들게 하기 때문에 부모는 특별한 관심을 기울여 아이가 꿈의 내용을 소화할 수 있게 도와주어야 한다. 그러나 아이에게 억지로 꿈 이야기를 하라고 강요해선 안 된다. 아이들의 꿈은 어른과는 성격이 다르다. 아이들은 허상과 실재를 구분하지 못한다. 그래서 잠에서 깨어도 꿈을 현실로 착각한다. 만약 꿈에서 커다란 검은 개를 봤다면 그 다음 날 부모에게 끈질기게 그 개에 대해 물어볼 수도 있다.

악몽도 야경증과 같이 정상적인 수면행동이다. 악몽을 꾼다고 해도 심리적인 문제가 있는 것은 아니지만 아이가 일주일에 몇 번씩 악몽을 꾸고 낮에도 영향을 받는다면 전문가의 도움을 청하는 게 좋다.

아이들은 물론 좋은 꿈도 많이 꾼다. 아이들은 꿈과 현실을 동일시하기 때문에 자신이 꾼 꿈을 어른들도 다 알고 있을 거라 생각한다. 아이들은 꿈에서 어떤 좋은 일을 경험했는지 설명할 수는 없지만 어른들은 꿈을 꿀 때 행복해 보이는 아이의 얼굴을 보면 아이가 어떤 꿈을 꾸는지 짐작할 수 있다.

	야경증	악몽
수면시기	비렘수면 단계에서 부분적으로 깨어난다.	렘수면 주기에 자주 꾸며 꿈을 꾼 뒤 바로 일어난다.
발생시간	잠든 후 1~3시간 후	새벽
아이의 인상	눈을 크게 뜨고 제정신이 아니며 깨워도 일어나지 않는다.	깨서 울거나 엄마, 아빠를 찾는다.
아이의 행동	침대에 앉아서 사방으로 팔이나 다리를 휘두르며 이리저리 뛰어다닌다. 아이의 얼굴에서 공포, 분노, 혼란을 읽을 수 있다. 땀을 흘리고 맥박이 빠르고 호흡이 거칠다. 잠에서 깨면 바로 정상으로 돌아온다.	겁에 질려 운다. 잠에서 깨도 계속 무서워한다.
부모를 대하는 아이의 행동	부모를 알아보지 못한다. 부모는 아이를 진정시킬 수 없다. 부모를 밀치며 몸을 잡으면 팔을 휘두르며 소리를 지른다.	바로 부모를 알아보고 위로를 받으려 한다.
다시 잠드는 시간	바로 잠이 든다.	시간이 걸리기도 한다.
기억	아무것도 기억하지 못한다.	기억한다.
부모가 어떻게 해야 하나?	아이를 일부러 깨우려 하지 않고 기다린다. 아이가 다치지 않게 한다.	관심을 보인다. 필요하다면 아이와 꿈 이야기를 한다.
나이	만 1~5살	만 3~10살
심리적 문제	없다.	경우에 따라 있을 수도 있다.

Das Wichtigste in Kürze

내용 요약

1. 아이들이 부모와 함께 자려고 하는 이유는 안정감에 대한 욕구 때문이다. 부부와 아이가 모두 괜찮다면 굳이 아이를 따로 재울 필요는 없다.

2. 분리불안이나 무서운 상상 등은 아이가 밤중에 부모 방을 찾는 이유이다. 그리고 동생이 태어나면 아이는 밤에 더 무서움을 타고 부모 방을 자주 찾는다.

3. 아이가 분리불안 증세를 보이지 않게 하려면 부모는 낮에 관심과 사랑을 충분히 표현하는 동시에 아이가 정서적으로 독립할 수 있게 도와주어야 한다.

4. 나쁜 꿈은 야경증과 악몽으로 구분할 수 있다. 야경증과 악몽은 원인도 증상도 다르며 부모의 대처방법도 다르다.

관계성 행동 | 운동능력 | 수면 | **울음** | 놀이행동 | 언어발달 | 영양발달과 식습관 | 성장발달 | 대소변 가리기

울음

아이는 울음을 통해
세상에 말을 건다

아이의 울음
이해하고 대처하기

아이가 울면 어른들은 가만히 있질 못한다. 아이가 오래 울수록 참기 힘든 것은 당연하고 부모는 아이가 잠깐만 울어도 어르고 달랜다. 여자든 남자든 아이가 울면 직관적으로 왜 우는지 살펴보고 달래서 울음을 멈추게 하려고 한다. 갓난아기는 불만이 있으면 울음으로 주변에 알린다. 그러면 주변에 있는 어른이 재빨리 반응하여 아이가 원하는 것이 무엇인지 확인한다. 원하는 것이 충족되면 아이는 울음을 멈춘다.

아이의 울음은 오히려 경험이 없는 부모들에게는 도움이 되기도 한다. 기저귀가 젖었을 때, 배가 고플 때, 졸릴 때 아이는 울음으로 부모에게 신호를 보내기 때문이다. 그러나 아이 울음소리는 생후 2~3개월간 부모에게는 큰 부담이 될 수도 있다. 아이들은 이유 없이 오랫동안 큰 소리로 울 때도 있기 때문이다. 이번 장에서는 아이가 우는 여러 가지 원인과 그것에 대처하는 방법을 살펴볼 것이다.

아이는 왜 우는 걸까?

울음소리로 아이가 왜 우는지 알 수 있을까? 의사나 소아전문 간호사 같은 전문가들은 아이 울음소리를 녹음한 것을 듣고 울음소리를 3가지로 구분할 줄 안다. 이들은 태어날 때, 배고플 때, 아플 때 우는 소리를 정확히 구분한다. 울음의 원인은 다음과 같다.

육체적인 원인	감정적인 원인	불특정한 울음
출산 / 배고픔 / 피곤함 / 과도한 흥분 / 젖은 기저귀 / 아픔 / 날씨와 달의 위상변화 / 질병	외로움 / 육체적 접촉 / 사회적 놀이 / 낯선 사람이나 낯선 환경	원인을 찾을 수 없음

울음소리를 구분할 줄 알면 부모도 아이가 원하는 것이 무엇인지 알 수 있기 때문에 적절하게 대처할 수 있다. 그러나 울음의 차이가 부모의 행동을 결정짓는 요소는 아니다. 그보다는 울음소리와 상황을 연관시켜 어떻게 해야 할지 판단한다. 예를 들어 분유나 모유를 먹은 지 3~4시간이 지난 후에 아이가 울면 배고프다고 생각하고 젖을 준다. 반면 젖을 먹고 30분 후에 울면 아이는 배가 고파서 우는 것이 아니라 배 속에 공기가 차서 트림을 하려고 울거나 기저귀가 젖었거나 졸려서 우는 것이다. 아이가 우는 시간과 상황, 울음소리의 특징을 잘 알면 아이 울음을 제대로 해석할 수 있다. 그러나 부모가 언제나 아이의 울음을 제대로 판단할 수는 없다. 특히 아이가 잘 우는 아이일 땐 더욱 그러하다. 일반적으로 아이는 다음과 같은 상황에서 울게 된다.

● **태어날 때 _** 태어날 때 아이는 울음을 터트려 폐에 공기가 들어갈 수 있게 한다. 첫 울음은 부모와 태어날 때 함께 있는 사람들에게 아이가 건네는 첫 번째 인사이자 아이

가 건강하다는 신호이다. 아이가 태어나서 바로 울지 않거나 울음소리가 약하면 부모나 의사는 아이한테 문제가 있을까 봐 걱정한다.

● **배고플 때 _** 건강한 아이는 배가 고프면 운다. 아이는 생후 2~3개월까지는 2~4시간마다 먹어야 하지만, 3개월이 지나면 수유 간격이 길어진다. 갓난아기는 분유나 모유를 먹은 지 2시간만 지나도 배고파한다.

● **아플 때 _** 신생아와 갓난아기, 조산아도 통증을 유발하는 자극에 울음과 무작위인 방어자세로 반응한다. 아이들은 어른들처럼 통증을 느끼지만 영아는 유아보다 자극역(자극의 양이 그 이하가 되면 느낄 수 없고, 그 이상이 되면 느낄 수 있는 경계에 해당하는 자극치-역주)의 수치가 높고 반응시간이 길다.

● **심심할 때 _** 아이들은 혼자 있고 싶지 않을 때 울기도 한다. 예를 들어 아침에 일찍 일어났을 때 아무도 놀아주지 않으면 아이는 울음으로 주위 사람에게 무료함을 알린다. 젖먹이 아기들은 친밀한 사람과 신체적인 접촉을 하길 원하며 그들이 안아주고 살을 만져주고 얼굴을 보며 이야기해주길 원한다.

● **극도로 피곤할 때 _** 아이는 낮에 너무 많은 것을 경험하여 피곤해도 잠을 못 자고 울기도 한다.

● **과도한 흥분 상태 _** 아이는 자극이 강한 환경에 노출되면 울음을 터트린다. 예를 들어 사람이 가득한 슈퍼마켓에 가면 범람하는 시청각적 자극 때문에 아이가 울음을 터트릴 수 있다. 또 부모가 아이가 쉴 수 있는 시간도 주지 않고 격렬하게 놀아주면 아이는 울거나 잠이 든다.

● **낯선 사람이나 낯선 환경 _** 낯선 사람이 안으면 울음을 터트리는 아이도 있다. 낯

선 냄새나 색깔, 불빛이 익숙하지 않은 낯선 환경은 아이가 우는 원인이 될 수도 있다.

● **대변이나 소변을 볼 때 _** 대변이나 소변을 보기 직전에 아이는 몸과 다리를 움찔하면서 울음을 터트리기도 한다. 이는 주변사람에게 보내는 일종의 신호이다. 특히 엄마가 아이를 알몸으로 안아서 키우는 문화권에서는 이러한 행동은 중요한 역할을 한다. 아이가 몸이나 다리를 움직이면서 울면 엄마는 몸에서 아이를 떼어 소변이나 대변으로 몸이 더러워지는 것을 막을 수 있기 때문이다. 그 외의 문화권에서 태어난 신생아들도 처음엔 그런 행동을 보이지만 어른들이 아무런 반응을 하지 않기 때문에 곧 사라진다.

● **날씨와 달의 위상변화 _** 어른들 중에도 날씨나 달의 위상변화에 민감하게 반응하는 이들이 있듯이 갓난아기 중에도 날씨와 달의 위상변화에 영향을 받는 아이들이 있다. 뮌바람이 불면 쉽게 잠들지 못하고 불안해하며 평소보다 많이 우는 아이도 있다. 그러다 날씨가 바뀌면 밤중에 깨지 않고 편안하게 잘 잔다. 어떤 아이들은 보름달이 뜨면 잠을 잘 못 자고 밤중에도 몇 번씩 깨서 운다고 한다.

원인 모를 울음

생후 2~3개월 동안 아이들은 자주 우는데 그 원인을 알지 못할 때가 많다. 서양 문화권에서는 생후 3개월간 원인 모를 울음이 전형적인 과정을 거친다고 본다.

아이들은 주 수가 증가할수록 많이 우는데 생후 6주가 되면 정점에 달한다. 그러나 6주가 지나면 우는 시간이 짧아지고 3개월이 되면 우는 빈도와 강도가 훨씬 줄어든다. 하지만 우는 시간은 아이들마다 차이가 많이 나는데 어떤 아이들은 보통의 아이들보다 하루에 3배는 더 운다. 울음이 정점에 달하는 시기도 아이마다 다르다. 어떤 아이들은 4~5주 때 가장 많이 울고 또 어떤 아이들은 7~8주 때 가장 많이 운다.

⭐ **조산아들의 울음 시기는 태어난 날이 아니라 예정일을 기준으로 한다**

세상에 태어나는 아이들의 약 5퍼센트가 예정일보다 3~14주 일찍 태어난다. 조산아들의 울음의 변화과정은 태어난 날이 아니라 예정일을 기준으로 따져야 한다. 예를 들어 6주 일찍 태어난 아이는 생후 6주가 아니라 생후 12주에 가장 많이 울며 울음주기도 3개월이 아니라 4~5개월이 지나야 끝난다. 그러니까 일찍 태어난 아이를 둔 부모는 그렇지 않은 부모보다 좀 더 인내하고 참아야 한다. 그래도 언젠가 울음의 주기는 끝나니까 불안해하지 않아도 된다.

아이들이 원인을 알 수 없이 우는 시간은 대체적으로 늦은 오후나 저녁이다. 부모들은 아이가 원인을 알 수 없이 오랫동안 울면 안절부절 못한다. 그리고 시간이 흐르면서 울음이 점점 더 심해지면 혹시 아이 돌보는 방법에 문제가 있나 걱정한다. 심지어 어떤 엄마들은 모유 수유를 끊고 이런저런 방법을 다 써보거나 친구나 전문가의 도움을 구하기도 한다. 그렇다면 원인을 알 수 없는 울음을 어떻게 설명할 수 있을까?

원인을 알 수 없는 울음의 요인

● **영아산통 _** 전체 아이의 5퍼센트가 영아산통 증세를 보인다. 아이가 원인을 알 수 없이 갑자기 크게 울면 보통 영아산통을 의심한다. 아이가 울면서 몸을 웅크리고 배에서 가스가 나오기 때문에 영아산통이라고 생각하는 것이다. 하지만 그러한 증상은 오히려 울음의 결과로 볼 수 있다. 울면 필요 이상으로 많은 공기가 배 속으로 유입되기 때문에 배에 가스가 찬다. 또 장 속의 소화효소가 덜 성숙해서 영아산통이 생긴다고 보는 이들도 있지만, 갖은 노력에도 불구하고 장 속의 소화효소는 아직 발견되지 않았다. 먹는 것으로 영아산통을 치료하려는 노력도 성과가 없다. 영아산통은 모유, 분유, 두유, 우유를 먹는 것과 상관없이 나타난다.

● **환경적인 요소 _** 몇몇 학자들은 아이들이 주로 저녁에 우는 것은 저녁시간이 되면 가족이 모두 피곤해서 집안 분위기가 긴장되고 그것이 아이에게 전달되기 때문이라고

말한다. 그러나 생후 6주까지 우는 횟수와 강도가 증가하다가 그 후에 감소하는 원인을 설명하지는 못했다. 어쨌든 환경적인 요소가 아이의 울음에 영향을 주는 것은 사실이다. 예를 들어 둘째나 셋째 아이보다 첫아이가 많이 우는 경우가 많은데 이는 첫아이를 키울 때 부모가 아이를 돌보는 게 서툴기 때문이다.

그러나 무엇보다 중요한 환경적 요소는 우는 아이에 대처하는 부모의 행동이다. 경험이 풍부한 부모는 그렇지 않은 부모보다 상황을 빨리 파악하고 적절한 순간에 적절한 조치를 취하기 때문에 우는 아이를 빨리 달랜다. 상황에 따라 작은 소리로 부드럽게 말을 해주는 것만으로도 우는 아이가 안정을 찾고 잠이 들기도 한다. 그러나 아이를 달래는 데 시간이 오래 걸리면 잠들 시간을 놓쳐버리기도 하고 아이를 달랜다고 이리저리 안고 돌아다니면 오히려 흥분시켜 더 울게 되기도 한다.

● **문화적 요소** _ 갓난아기가 엄마나 그밖의 친밀한 사람과의 신체적 접촉이 잦은 문화권에서는 아이가 이유 없이 우는 횟수가 적다. 부모들은 인류의 역사 속에서 어른들이 아이를 안고 업어서 길렀다는 사실을 상기해볼 필요가 있다. 이 사실은 세상에 태어난 지 얼마 되지 않은 아이를 오랫동안 혼자 눕혀놔도 되는지에 대해 다시 한 번 생각하게 한다.

어쩌면 아이가 이유 없이 우는 원인이 현대사회에 정착된 육아문화에 있는 것일지도 모른다. 하루에도 몇 시간씩 아이를 침대에 눕혀놓고 키우기 때문에 신체 접촉에 대한 아이의 욕구가 충족되지 않고 그 결과 원인 모를 울음이 증가된 것일 수도 있다.

여러 연구결과를 보면 하루에 3시간 이상 안아주거나 업어주면 아이가 덜 우는 것으로 나타났다. 그러나 아이가 울어야 안아주는 방식보다는 하루 중 규칙적으로 시간을 안배해서 안아주는 게 중요하다. 반복해서 안아주고 균형기관과 운동기관에 자극을 주면 다양한 신체 기능에 규칙적인 영향을 주어 우는 시간을 감소시켜 준다. 많이 안아준다고 아이가 더 많이 자진 않지만 많이 안아주면 쉽게 잠들고 주변 세상에 흥미를 많이 갖는다.

아이가 덜 우는 문화권의 특징을 살펴보면 아이를 많이 안아줄 뿐 아니라 분유보다 모유를 많이 먹인다. 자주 젖을 물리면 아이의 구강만족도를 높이고 지속적으로 영양을 공급하여 아이를 안정시키기 때문에 아이가 우는 횟수가 적다.

● **생체리듬 _** 원인불명의 울음은 생후 3개월 이전에만 나타난다. 이 시기에 아이의 뇌는 놀라운 속도로 발전하고 그것은 아이의 행동에 반영된다. 예를 들면 아이가 주의 깊게 주위를 둘러보는 횟수가 늘고 주변 환경에 대한 시각적인 관심도 증가한다. 그리고 말소리 등 주변의 소리를 듣는 것을 좋아하고 처음으로 물건 잡기를 시도하고 다른 사람을 보고 웃기 시작한다. 생후 3개월 동안 일주율, 다시 말해 생체리듬이 자리가 잡히면 아이가 우는 횟수가 점점 줄어들고 수면-각성 주기도 규칙성을 찾고 원인불명의 울음도 점점 사라진다. 손과 입의 협응이 일찍 이루어지고 옹알이를 일찍 하고 수면-각성 주기가 안정된 아이들은 그렇지 않은 아이들보다 덜 울고 이유 모를 울음도 일찍 그친다. 반면 생후 3개월이 지나도 수면-각성 주기를 찾지 못한 아이는 더 오래, 더 많이 운다.

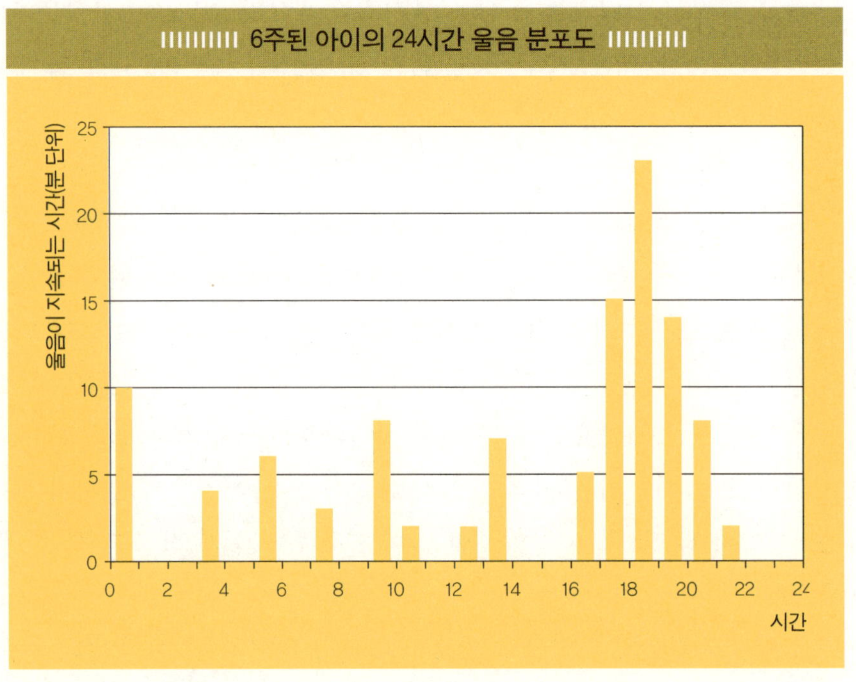

아이의 울음에 대처하는 방법

　자연의 섭리는 부모가 아이의 울음소리에 민감하게 반응할 수 있게 해주었을 뿐 아니라 직관적으로 아이의 신체적·심리적 욕구에 적절히 반응할 수 있게 해주었다. 우는 아이를 달래기 위해서는 감정이입 능력뿐 아니라 경험과 지식이 필요하다.

　우는 아이 달래기와 관련해 몇 가지 설명을 덧붙여보자.

　아이의 울음을 항상 배고픔의 표현이라고 해석해서는 안 된다. 그러나 경험이 부족한 부모들은 충분히 영양 공급이 안 되어서 아이가 운다고 걱정하고 아이가 울면 젖이나 우유병을 물릴 때가 많다. 생후 2~3주만 지나도 울음을 통해서 아이들의 특성과 욕구가 얼마나 다른지 알 수 있다. 어떤 아이는 너무 피곤해서 잠을 못 잘 때 울고, 또 어떤 아이는 주변이 너무 시끄러우면 울고, 또 어떤 아이는 기저귀가 젖어서 불편하면 운다. 생후 3~4주는 갓난아기뿐 아니라 부모에게도 적응과 배움의 기간이다. 이 기간에 부모는 아이의 특성과 욕구를 배우게 된다. 그러나 너무 욕심을 내면 그만큼 좌절감도 크기 때문에 천천히 시간을 두고 아이에 대해 알아가는 것이 좋다. 그리고 육아지침서나 주변사람들의 말에 의지하기보다 구체적인 경험을 통해 육아방법을 익혀야 한다. 구체적인 경험을 해야만 아이의 개성을 파악하고 그에 맞게 대처할 수 있기 때문이다.

　밤중에 아이가 우는 것은 갓난아기를 키우는 부모에게 가장 큰 문제가 될 수도 있다. 하루 종일 아이가 칭얼대고 잠을 푹 못 자면 아빠, 엄마는 스트레스를 많이 받을 것이

다. 아빠는 다음 날 일을 하러 가야 하기 때문에 잠을 자길 원하고 엄마는 엄마대로 아이를 안고 달래느라 지칠 대로 지친다. 그러니 종일 기분이 안 좋을 수밖에 없다. 심지어 아이한테 휘둘려 자신이 무능력하다고 느끼는 엄마도 있다.

이렇게 부정적인 감정이 축적되면 엄마도 공격성이 드러나 아이에게 손을 대기도 하고 우는 아이를 심하게 흔들기도 한다. 그러나 어린아이를 심하게 흔들면 뇌에 손상이 올 수 있기 때문에 이는 절대 해서는 안 되는 행동이다. 자신을 더 이상 통제할 수 없다고 느낀다면 혼자 해결하지 말고 다른 사람에게 도움을 청해야 한다.

이처럼 우는 아이 때문에 힘들어하는 부모라면 다음 사항을 다시 한 번 상기해볼 필요가 있다.

- 생후 6주가 될 때까지는 부모가 무슨 짓을 해도 아이의 울음은 증가한다.
- 부모의 육아방식이 아니라 아이의 기질이 울음을 결정짓는 요소이다. 아이가 많이 울고 적게 우는 것은 부모의 행동이 아니라 아이의 성향에 따라 달라진다.
- 생후 3개월이 지나면 우는 빈도와 강도가 줄어든다.

부모는 원인을 알 수 없는 울음을 줄일 수는 있어도 완전히 없앨 수는 없다. 원인을 알 수 없는 울음을 줄일 수 있는 방법은 다음과 같다.

◎ 원인을 알 수 없는 울음을 줄일 수 있는 방법 ◎

- 낮에 규칙적으로 안아준 아이는 적게 운다. 아이가 울고 난 후에 안아주는 것이 아니라 반복해서 규칙적인 간격을 두고 안아주어야 한다.
- 깨어 있는 동안 엄마, 아빠와 활동적으로 시간을 보낸 아이는 덜 울고 쉽게 잠이 든다.
- 부모가 자고 깨는 시간, 먹는 시간을 정해 아이의 일과를 규칙적으로 꾸리면 아이의 생활리듬이 안 정되기 때문에 우는 시간도 줄어든다.

어떻게 우는 아이를 진정시킬까?

신생아와 젖먹이 아기들은 제한적이긴 하지만 스스로를 진정시킬 수 있는 능력을 가지고 있다. 예를 들어 자세를 바꾸거나 손이나 공갈젖꼭지를 빨면서 아이들은 스스로 안정을 찾는다. 이때 손을 빠는 것은 배가 고파서 빠는 게 아니라 스스로를 진정시키기 위한 것이다. 젖먹이 아기는 미약하긴 하나 자신을 통제할 수 있는 능력이 있으며 전적으로 환경에만 의존하진 않는다.

부모가 아이를 진정시키는 방법에는 여러 가지가 있다. 아이의 얼굴을 보고 조용히 이야기만 해도 아이가 안정을 취할 때도 있고 아이의 배 위에 손을 얹고 팔과 다리를 붙잡아주면 아이를 안정시키는 효과가 있다. 그보다 효과적인 방법은 아이가 빨 수 있도록 손가락이나 공갈젖꼭지를 입에 물리는 것이다. 아이를 안아서 요람을 태우듯 부드럽게 흔들거나 안고서 천천히 걷는 것은 더 효과가 좋다. 아이를 움직이게 하면 평형기관과 운동기관을 자극(전정 자극)하여 아이를 진정시키기 때문이다.

아이가 밤에 몇 시간씩 울면 아이를 차에 태우고 2~3시간씩 드라이브를 하는 부모도 있다. 해먹이나 유모차도 아이를 진정시키는 데 도움이 된다.

◎ 우는 아이 달래는 방법 ◎

- 아이를 바라본다. ● 조용하게 말을 건넨다. ● 노래를 불러준다. ● 안아준다.
- 아이 배 위에 손을 올려놓는다. ● 빨 수 있게 공갈젖꼭지나 손가락을 물린다.
- 아이를 안고 요람을 태우듯 좌우로 가볍게 흔든다. ● 팔과 다리를 잡는다.
- 품에 안아 좌우로 흔들면서 천천히 걸어 다닌다.

그러나 아이를 진정시킬 수 있는 만병통치약은 없다. 업고 안아서 달래고 어른다고 반드시 아이가 울음을 그치는 것도 아니다. 아이가 잠을 자려고 애쓸 때 울기도 하는데 이럴 때는 배 위에 손을 얹고 조용히 이야기하는 것만으로도 충분하다. 졸릴 때 아이를 침대에서 꺼내 안고 어르면 오히려 아이가 더 오래 울기도 한다.

순간순간 아이의 상태에 맞는 방법을 써야 효과가 있다. 어떤 아이는 좌우로 가볍게 흔들어주면 안정을 찾는 반면 또 어떤 아이는 엄마가 손을 부드럽게 만져주면 안심한다.

⭐ 아이를 울게 놔둬도 될까?

갓난아기들은 인내심의 한계가 올 때까지 오래 울기도 한다. 그러나 어떤 부모들은 아이가 울 때 즉각 반응하면 버릇이 나빠질까 봐 걱정한다. 그러나 생후 2~3개월에는 그런 일은 발생하지 않는다. 오히려 아이 울음에 바로 반응하면 덜 운다. 아이 울음에 바로 반응하는 것이 울음을 감소시키는 것이 아니라 오히려 증가시키는 습관화 효과는 생후 6개월이 지나야 나타난다.

◎ 신생아를 이해하는 데 도움이 될 만한 사항들

- **신생아는 병에 잘 걸리지 않는다.** 엄마로부터 전염병에 대항할 수 있는 항체를 받고 태어나기 때문이다. 그러나 신생아도 서혜부 탈장과 같은 질병에 의한 통증 때문에 심하게 울기도 한다. 신생아가 이유 없이 울고 축 처져서 열이 나고 먹지 않으면 빨리 병원에 가봐야 한다.

- **신생아도 제한적이긴 하지만 사회적인 관심을 가진 호기심 많은 존재이다.** 그러나 그 정도는 아이마다 다르다. 신체 접촉에 대한 욕구도 아이마다 다르다. 어떤 아이는 엄마 얼굴에 관심이 많고 어떤 아이는 엄마 목소리에 관심이 많다. 또 모든 부모가 아이와 함께 많은 시간을 보낼 수 있는 것은 아니다. 어떤 아빠들은 퇴근하고 집에 와서 아이를 안아줄 수 있는 시간이 있지만 여러 가지 이유로 아이와 시간을 많이 못 보내는 아빠도 있다. 그러나 아이들은 발달에 지장을 받지 않고 상황에 따라 자신의 욕구를 적응시키는 능력이 있다.

Das Wichtigste in Kürze
내용 요약

1. 생후 3개월 동안 아이의 울음은 전형적인 과정을 거친다. 태어나서 6주까지 우는 시간이 계속 증가하다가 6주가 지나면 서서히 감소한다. 조산아의 경우 태어난 날짜가 아니라 출산예정일을 기준으로 계산해야 한다.

2. 울음의 강도와 지속 시간은 아이마다 다르다. 이는 아이를 대하는 부모의 행동이 아니라 아이의 기질에 따라 달라진다.

3. 아이는 배가 고플 때나 피곤할 때처럼 특정한 원인이 있어 울기도 하지만 원인을 찾을 수 없을 때도 있다. 원인 불명의 울음은 대개 저녁시간에 자주 나타난다.

4. 부모는 주기적으로 아이가 우는 것을 완전히 없앨 수는 없지만 낮에 자주 안아주고, 아이가 깨어 있을 때 열심히 놀아주고, 먹는 시간이나 산책 시간, 잠자는 시간을 정해 아이 일과를 규칙적으로 꾸리면 아이가 우는 시간을 줄일 수 있다.

5. 가장 중요한 것은 아이가 운다고 절망하지 않는 것이다. 아이가 자주 우는 시기는 오래 가지 않는다.

05.

Entwicklung und Erziehung
in den ersten vier Jahren

BABYJAHRE

놀이행동

아이는 놀이를 통해
세상을 경험한다

Entwicklung und Erziehung
in den ersten vier Jahren

BABYJAHRE

아이의 놀이를 **방해하지 말**라

이 장에서는 아이의 놀이행동을 다루려고 한다. 그러나 즉흥성이 특징인 아이들의 놀이를 논리적인 방법으로 설명할 수 있을까? 이성이라는 도구로 아이들의 놀이를 이해한다면 자연스러운 접근이 불가능하진 않을까? 이성과 논리로 파악하려고 하지 말고 아이들이 그냥 놀 수 있게 놔둬야 하는 것은 아닐까?

그러나 서구사회에서 어른들은 아이들을 맘대로 놀게 그냥 놔두지 않는다. 부모들은 크리스마스가 되기 전부터 장난감 카탈로그를 뒤적이며 아이들에게 어떤 선물을 사줄까 한참을 고민한다. 또 교육학자, 심리학자, 소아과 의사들은 각자의 방식으로 아이들의 놀이를 이해하고 분석한다. 그들은 아이들이 혼자 또는 그룹 안에서 어떻게 놀아야 하는지, 어떤 장난감이 정신적·사회적·언어적 발달에 도움이 되는지, 어떤 놀이가 아이들의 발달에 도움이 되지 않는지 다양한 의견을 제시한다. 그렇지만 아이들에게 그런 것들이 정말 필요할까?

아이의 놀이 속에 담긴 의미

9개월 된 마로는 이유식을 먹고 자기 식탁 의자에 앉아 있다. 엄마는 마로가 가지고 놀 수 있는 요리도구 몇 개를 식탁 위에 놓았다. 엄마가 주방을 정리하는 동안 마로는 국자로 프라이팬 뚜껑을 두드리고, 거품기로 식탁을 긁고, 요리 주걱과 국자를 맞부 딪친다. 몇 분 동안 그렇게 놀더니 이번에는 바닥에 물건을 던지면서 어떻게 떨어지 는지 유심히 지켜본다. 물건들은 바닥에 떨어질 때 다양한 소리를 냈다. 그중 몇 개는 식탁 밑으로 들어갔다.

잠시 후, 식탁 위에는 아무것도 없었다. 마로는 엄마를 부르며 부탁하는 눈빛으로 팔 을 뻗으면서 요리도구들을 다시 갖고 싶다고 강하게 요구했다. 엄마는 물건들을 다시 주워서 마로의 식탁에 올려놓는다. 그러자마자 마로는 다시 국자, 거품기, 프라이팬 뚜껑을 신나게 바닥에 던지기 시작한다.

마로가 식탁에서 노는 장면을 다시 한 번 짚어보자. 엄마는 마로가 요리도구에 관심 을 보이는 걸 알아채고 요리도구를 식탁 위에 올려놓는다. 마로가 요리도구에 각별한 관심을 보이는 것은 엄마가 매일 요리도구를 사용하기 때문이다. 마로는 요리도구로 식탁을 두드리고 서로 맞부딪히고 결국에는 바닥에 힘껏 내던진다. 그러자 요리도구 들은 큰 소리를 낸다. 아마도 어른들 중에는 이렇게 노는 아이들의 모습을 보고 아이 들의 놀이가 폭력적이고 파괴적이라고 생각하는 이들도 있을 것이다. 그리고 아이들 이 시끄럽게 놀지 못하게 막는다. 그러나 아무 의미도 없어 보이는 아이들의 놀이 속 에는 어른들이 쉽게 헤아리지 못하는 중요한 의미가 담겨 있다.

마로는 심심해서, 혹은 엄마를 방해하려고 일부러 시끄럽게 하는 것이 아니다. 다른 장난감이 없어 요리도구를 바닥에 던지는 것도 아니다. 아이에게는 엄마가 사용하는 요리도구가 신기할 뿐 아니라 그것을 부딪치고 두드리고 바닥에 던지는 행위가 흥미로운 것이다. 이렇게 요리도구를 이용하여 여러 가지 행동을 함으로써 마로는 다음과 같은 중요한 경험을 쌓게 되는 것이다.

◎ 놀이를 통해 마로가 경험한 것들

● 우선 요리도구로 식탁을 치고 서로 맞부딪치는 과정을 통해 그것의 물리적인 성질을 알아간다. 다시 말해 특정 물건의 무게, 크기, 형태, 질감을 감지한다. 마로는 나무주걱, 거품기, 프라이팬 뚜껑이 서로 맞부딪혔을 때, 바닥에 떨어졌을 때 어떻게 소리가 다른지 듣는다. 그러나 한 번에 그 차이를 알 수는 없다. 다양한 물질의 성질을 인식하고 구별하기 위해서는 물건을 여러 번 두드리고 바닥에 던져봐야 한다.

● 요리도구 몇 개가 식탁 밑으로 사라졌다. 그러나 9개월이 지난 마로는 식탁 밑에 요리도구가 있다는 것을 안다. 생후 9개월이 되면 단기 기억력이 발달해서 아이들은 사물이 시야에서 사라져도 여전히 존재한다는 것을 인식하기 때문이다. 마로는 엄마에게 단기 기억력이 발달했다는 것을 증명해 보이기라도 하는 듯 식탁 밑에 떨어진 요리도구를 끄집어낸다. 이러한 행위는 한 번에 그치지 않고 여러 번 반복된다.

● 요리도구를 가지고 노는 마로의 행동에서 우리는 사회적인 의미도 관찰할 수 있다. 마로는 놀이에 엄마를 포함시키고자 한다. 다시 말해 엄마가 같이 놀아주길 원한다. 마로에게는 주방을 정리하려는 엄마의 계획은 중요하지 않다.

어쩌면 마로가 요리도구를 바닥에 던지는 이유는 단순한 것일 수도 있다. 요리도구를 바닥에 던져 엄마에게 식탁의자에서 내려달라고 신호를 보내는 것일 수도 있다. 마로가 바닥에 물건을 던지는 행위를 폭력적이라고 생각하는 어른들도 있겠지만 아이들의 놀이를 단순한 행위로 받아들이지 말고 놀이 속에 담긴 의미를 이해하면 부정적인 인상을 극복하는 데 도움이 된다. 그러기 위해서는 영유아 놀이에 대한 기본지식도 필요하다. 그러면 마로의 행동을 폭력적이거나 파괴적으로 생각하지 않을 것이다. 마로의 예를 통해서 알 수 있듯이 아이들에게 장난감은 가게에서 돈을 주고 살 수 있는 것만이 아니라 가지고 놀 수 있는 물건 전부를 의미한다.

아이들의 놀이행동을 이해하게 되면 아이들에게 훌륭한 놀이 상대가 되어 줄 수 있다. 더 나아가 아이의 입장에서 놀이의 의미를 새로 발견하고 그것의 가치를 가늠할 수 있게 된다. 그렇게 되면 아이의 행동을 이해하지 못해 아이의 놀이를 방해하거나 막는 일은 발생하지 않을 것이다.

놀이란 무엇일까?

어른은 일하고 아이들은 논다. 일과 놀이를 어떻게 구분할 수 있을까? 가장 큰 차이는 아이들의 놀이는 일과 달리 최종 결과물을 보여줄 필요가 없다는 것이다. 아이에게 놀이의 의미는 노는 행위 그 자체에 있다. 예를 들어 마로의 경우 요리도구를 다양한 방법으로 갖고 노는 것을 통해 경험을 쌓는 것, 그것이 놀이의 본질적인 의미이다. 그렇다고 아이들의 놀이에 목표가 없다는 것은 아니다. 아이들의 놀이는 즉흥적이긴 하지만 장기적인 목표를 향해 서서히 나아가는 과정이다. 그러니까 아이가 놀이를 통해 터득하는 행동방식은 앞으로 다가올 발달단계의 목표가 된다.

예를 들어 아이는 놀이를 통해 기고 걷는 연습을 한다. 그리고 기고 걷는 즉시 목표물을 손에 넣기 위해 그 능력을 사용한다. 또 아이가 놀다가 우연히 통을 기울이면 내용물이 쏟아진다는 것을 발견하고 나면 내용물을 비우고 싶을 때만 통을 기울인다. 그렇게 되면 아이에게 기울이는 과정은 중요하지 않다.

만 4살 이하 영유아의 놀이의 특징

1 스스로 편안하고 안전하다고 느끼는 아이만이 놀이를 한다

아이가 아프면 건강할 때와는 달리 잘 놀지 않는다. 심지어 아예 놀지 않는 아이

도 있다. 피곤하거나 즐겁지 않거나, 혼자 남겨졌다고 느껴질 때 아이의 놀이행동도
달라진다. 육체적·정신적 안정은 아이의 놀이에 꼭 필요한 전제조건이다. 아이가 노
는 데 의욕을 보이지 않는 것은 아프다는 첫 번째 징표이다. 세심하게 아이를 관찰하
는 부모는 아이의 상태 변화를 금방 알아차린다.

2 놀이는 아이의 발달 상태를 말해준다

아이는 발달 단계에 따라 주변의 사물을 놀이에 활용하며 아이의 놀이는 아이의
발달 상태를 반영한다. 예를 들어 용기에 내용물을 채우고 비우는 행동은 만 1살 이후
에 나타나는 특징적인 놀이행동이다. 이런 행동은 만 1살 이전이나 만 2살 이후에는
관찰하기 힘들다. 이 밖에도 우리는 모든 발달영역에서 특정한 연령에만 나타는 고유
의 행동을 관찰할 수 있다. 예를 들어 만 3살이 되면 운동영역에서 계단에서 뛰어내리
는 행동을 관찰할 수 있고 만 2살 된 여자아이의 언어영역을 살펴보면 수화기를 대고
엄마 흉내를 내며 재잘거리는 행동을 관찰할 수 있다. 또 15개월 된 아이가 숟가락질
을 하려는 것은 그 시기에 나타나는 사회적 행동으로 해석할 수 있다.

3 놀이 순서는 모든 아이들에게 동일하게 진행된다

놀이와 관련된 다양한 행동양상은 아이마다 각기 다른 시기에 나타난다. 그러나
놀이행동의 발달순서는 모든 아이들에게 동일하게 진행된다. 수백 명이 넘는 아이들
을 관찰한 결과 놀이행동이 같은 순서로 진행된다는 것을 알 수 있었다. 아이들은 12
개월쯤이 되면 통에 담긴 물건을 쏟았다 담기를 반복한다. 그리고 18개월이 되면 수
직으로 블록을 쌓기 시작하고, 24개월이면 수평으로 블록을 나열한다. 통의 내용물을
쏟고 담기 전에 수직으로 블록을 쌓거나 수평으로 블록을 나열하는 아이는 없는 것으
로 나타났다.

4 놀이행동은 세계 공통이다

앞서 언급한 놀이 양상은 다양한 문화권의 모든 아이들에게서 관찰할 수 있다.

그러나 표현방식과 놀이방법은 문화적 환경에 따라 다르다. 예를 들어 유럽 아이들은 통을 비우고 채우는 놀이를 할 때 플라스틱 컵과 모래를 사용하지만 아프리카 아이들은 토기와 흙을 사용한다. 또 발리 아이들은 표주박과 씨앗을 사용한다. 놀이의 표현 방법은 시대와 문화뿐 아니라 아이가 속한 세대와 사회에 따라 달라진다. 그러나 놀이의 순서와 내용은 아이의 지적 발달에 의해 결정된다.

5 아이는 스스로 놀이를 통제한다

아이는 스스로 놀이를 통제하려고 하고, 또 그래야만 한다. 놀이에 흥미를 잃지 않고 그 놀이가 아이에게 의미 있는 경험이 되려면 놀이행동을 통제해야 한다. 왓슨의 연구를 보면 생후 2~3개월부터 벌써 자기 통제가 무언가를 습득하는 데 얼마나 중요한 역할을 하는지 알 수 있다.

아래 그림에서처럼 왓슨과 그의 동료들은 생후 8주된 아이들 머리 위에 매일 10분씩 모빌을 걸어두었다. 그들은 아이들을 A, B, C 그룹으로 나누어 A그룹 아이들에게는 평범한 모빌을, B그룹 아이들에게는 1분마다 5초씩 돌아가는 모빌을 걸었다. 그리고 C그룹 아이들에게는 머리를 움직이면 베갯속 센서가 작동해 움직이는 모빌을 걸어두었다. 다음의 그림을 보면 알 수 있듯이 아이들의 행동은 3주 후에 여러 가지 측면에서

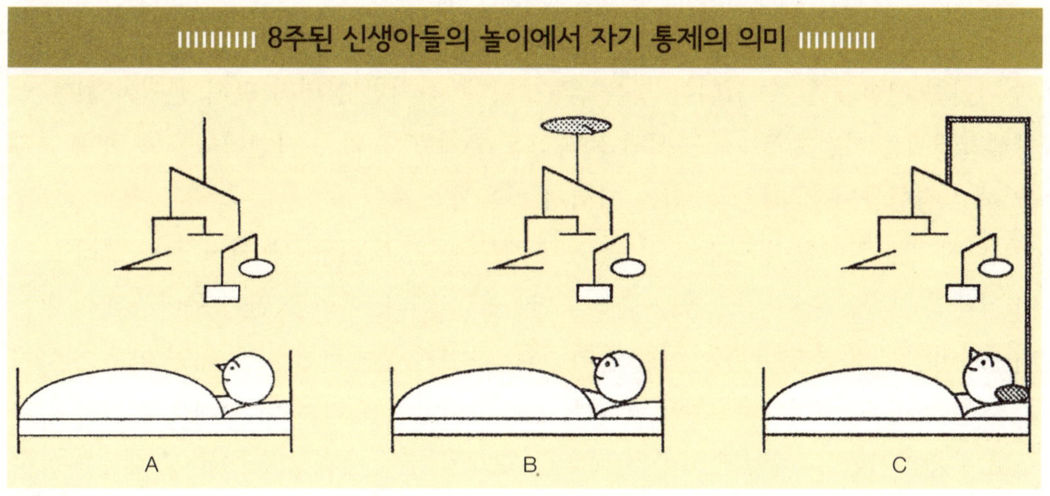

아주 다르게 나타났다. A그룹과 B그룹 아이들의 머리 움직임에는 거의 변화가 없었지만 C그룹에 속한 아이들의 머리 움직임은 확연히 증가했다. C그룹 아이들은 3~4일 만에 머리를 움직이면 모빌이 움직인다는 것을 깨달았다. 또 A와 B그룹 아이들이 며칠 뒤에 모빌에 관심을 잃은 반면, C그룹 아이들은 모빌에 대한 관심이 나날이 커져 갔다. 뿐만 아니라 C그룹에 속한 아이들은 A, B그룹에 속한 아이들보다 옹알이도 많이 하고 웃기도 더 많이 웃고 표정도 활기가 넘쳤다.

|||||||| 실험 시작 3주 후 관찰된 아이의 행동 ||||||||			
행동	그룹 A	그룹 B	그룹 C
머리 움직임	변화 없음	변화 없음	횟수가 잦아짐
관심	적음	보통	큼
기쁨	적음	적음	큼

A: 일반 모빌   B: 일정한 간격을 두고 움직이는 모빌   C: 아이가 머리를 움직이면 움직이는 모빌

왓슨의 연구는 아이들이 신생아 때부터 이미 놀이를 통해 무언가를 습득할 수 있다는 사실을 증명해준다. 아이들은 몸을 움직이면 무언가 바뀐다는 것을 깨닫고 상황에 따라 다르게 움직이고 행동으로 주변에 영향을 주려고 한다. 또한 아이들이 놀이를 통해 이러한 경험을 할 수 있다는 것을 알 수 있다. 하지만 실험과 달리 센서가 없는 일상생활에서는 어떨까? 아직 자신의 움직임을 통제할 수 없는 신생아들도 주변에 영향을 주고 경험을 통해 배울 수 있는 기회가 있을까?

갓난아기는 원하는 대로 움직일 수 없기 때문에 놀이 상대에게 의지한다. 그리고 놀이 상대인 가족들은 아이의 행동에 즉각 반응을 보인다. 아이가 뭔가 못마땅해서 발을 버둥거리면서 울면 엄마는 아이를 안아준다. 아이가 품에서 소리를 내면 아빠는 아이가 내는 소리를 따라 한다. 손위 형제를 보고 아이가 웃으면 손위 형제도 아이를 보고 웃으며 재잘거린다. 이렇게 아이는 생후 2~3개월 동안 사회성 놀이를 통해서 다양한

경험을 하고 부모가 자신의 행동에 어떻게 반응하는지 알게 된다.

6 아이의 놀이는 학습이나 훈련이 아니다

왓슨의 연구에는 영유아기 놀이의 또 한 가지 중요한 특징이 언급되어 있다. 그것은 바로 아이들이 천성적으로 놀이에 흥미를 갖는다는 점이다. 진지하게 놀이에 임하는 아이를 관찰할 때 우리는 아이가 놀이에 흥미를 갖고 놀면서 즐거워한다는 것을 느낄 수 있다. 한마디로 아이는 항상 자신의 놀이에 감정적으로 참여한다.

아이들은 놀이를 할 때 스스로 통제하고 기꺼이 즐거운 마음으로 임한다. 바로 이 점이 성인의 학습과정과 근본적으로 다른 점이다. 어른들은 학습과정에 과장된 의미를 두기도 한다. 예를 들면 학습과정을 어떤 능력을 연습하거나 훈련하는 것으로 이해하는 사람이 많은데 이는 잘못된 생각이다. 특정 행동을 연습하는 것은 놀이와 달리 강요될 수 있다. 이렇게 강요된 연습을 할 때 아이는 자신의 행위에 정서적인 참여를 하지 않는다. 예를 들어 놀이를 통해 숟가락으로 먹는 법을 배우면 아이는 본인의 의지대로 경험하고 그것을 내면화한다. 반면에 부모가 억지로 숟가락질을 가르치면 강요된 행동이기 때문에 능동적으로 자연스럽게 터득하지 못한다.

부모의 강요에 의해 숟가락질을 배운 아이가 2~3년이 지나도 여전히 부모가 시켜서 숟가락질을 한다면 아이는 자신의 욕구를 통제하지 못하고 부모의 뜻에 따라 움직이게 된다. 이렇게 타인의 뜻에 의해 형성된 식습관이 섭식장애와 같은 문제를 일으키는 것은 어찌 보면 당연한 일이다.

그렇다면 아이의 모든 행동을 놀이와 같은 의미로 해석할 수 있을까? 영유아기 아이들의 행동 대부분이 놀이적 특성을 띠지만 다 그런 것은 아니다. 그리고 발달이 진행되면서 놀이적 특성은 서서히 사라진다. 예를 들어 엄마젖을 빠는 것은 명확한 목적을 가진 행위이다. 그러나 아이는 이미 태어나기 전 엄마 배 속에서부터 손가락을 빠는 놀이를 시작한다. 엄마 배 속에서는 손가락을 빠는 놀이가 세상에 태어나면 생존을 위해 뚜렷한 목적을 가진 행동이 되는 것이다.

아이들이 놀이를 하는 이유는 무엇일까?

인간뿐 아니라 다양한 동물, 특히 고등동물의 새끼들도 놀이를 한다. 몇몇 놀이 형태는 아이들과 동물의 새끼에게서 공통적으로 관찰되며 어떤 것은 인간만이 가지는 고유의 특성이기도 하다.

본능적 행동방식의 연습 ● 본능적 형태의 놀이는 여러 종의 동물들에게서 두루 관찰된다. 새끼 동물의 놀이는 다 자란 동물의 행동과 흡사하다. 새끼 동물은 놀이를 통해 나중에 닥칠 일을 대비하는 것이다. 새끼 고양이는 실뭉당이를 쫓아다니며 앞발로 이리저리 밀다가 갑자기 맹렬한 기세로 물어버린다. 이는 놀이를 통해 나중에 커서 쥐 같은 먹잇감을 확실하게 잡고 죽이는 것을 체득하는 행위이다. 이러한 놀이 방식은 선천적인 것이기 때문에 어미 고양이가 일부러 가르쳐주지 않아도 된다. 쥐만 한 크기, 쥐 털 같은 표면, 쥐꼬리 같은 실 꼬리, 쥐 같은 움직임 등 쥐와 비슷한 특성을 가진 사물을 보면 고양이는 본능적으로 잡아먹으려고 한다. 새끼 고양이처럼 아이들도 놀이를 통해 선천적으로 행동방식을 습득하기도 한다. 영유아기의 운동능력은 대부분 본능적인 행동 패턴을 따른다. 부모가 알려주지 않아도 아이는 놀이를 통해 기고 걷는 법을 배운다. 걷기 시작하면 아이는 특정한 목표 없이 걷는 것에 열중한다. 엄지와 검지를 이용한 핀셋 잡기 역시 꽤 많은 시간을 연습해야 습득할 수 있다. 핀셋 잡기는 바닥에 떨어진 작은 빵부스러기나 실 조각을 잡는 놀이를 수없이 한 결과이다.

사물의 물리적 특성에 대한 경험 ● 만 1살이 될 때까지 아이는 일상생활에서 쉽게 접할 수 있는 사물을 인지한다. 아이들은 처음엔 손으로, 그 다음엔 입으로, 마지막엔 눈으로 사물을 탐색한다.

아이들은 물건을 입으로 가져가서 입술과 혀로 느껴보고 손으로 돌려보고 뒤집어보고 바닥에 내던진다. 이 역시 다른 사람의 행동을 모방한 것이 아니라 아이의 자발적인 행동이다. 부모는 아이 앞에서 손이나 입으로 물건을 탐색하는 행동을 하지 않는 다. 그래도 아이는 자기 스스로 입과 손으로 사물을 탐색하고 생후 몇 달이 지나 손으 로 물건을 잡을 수 있게 되면 손에 잡히는 모든 물건을 탐색한다. 만 1살이 될 즈음에 는 입과 손이 아니라 눈이 주요 탐색 기관이 된다. 이렇게 아이는 입, 손, 눈을 통해 사 물의 크기, 형태, 무게와 같은 물리적 특성을 인식하고 구분한다.

모방을 통한 습득 ● 인간사회의 관계 구조, 의사소통 방식, 문화의 보급 방식이 너 무 복잡해졌기 때문에 아이가 이 모든 행동방식을 습득하려면 적어도 10~20년은 걸 린다. 모방에 대한 욕구는 본보기의 존재만큼 아이의 성장발달에 중요한 영향을 준다. 모방을 통한 놀이 형태는 다양한 발달영역에서 중요한 역할을 한다.

영유아기의 놀이는 본능적인 놀이 방식과 모방에 의한 놀이 방식으로 나눌 수 있다. 후자의 경우 문화권에 따라 다른 양상을 보이기도 한다. 놀이를 할 때 스웨덴, 독일, 이탈리아 아이들의 표정과 제스처는 각각 다르다. 옹알이 역시 언어권마다 특징이 다 르다. 식사 습관도 문화권마다 차이가 있기 때문에 유럽 아이들은 숟가락으로, 인도 아이들은 손으로, 중국 아이들은 젓가락으로 밥을 먹는다. 한마디로 모방을 통해 습득 한 행동방식은 아이들이 속한 문화권의 문화에 의해 결정된다.

모방을 통한 놀이 ● 형태는 인간 외에 다른 포유류, 특히 유인원에게서 관찰된다. 예를 들어 침팬지는 흰개미집의 구멍에 나뭇가지 하나를 꽂아놓고 개미가 달라붙을 때까지 기다렸다가 조심스럽게 나뭇가지를 뽑아서 개미를 잡아먹는다. 새끼 침팬지 들은 만 3살이 되기 직전에 어른 침팬지들의 이러한 행동을 모방하기 시작한다. 어린 침팬지들은 반복적인 놀이를 통해 흰개미집 구멍에 맞는 나뭇가지 굵기와 길이, 흰개 미들이 달라붙을 때까지 걸리는 시간, 나뭇가지에 붙은 개미들이 떨어지지 않게 나뭇 가지를 뽑는 방법을 습득한다. 어린 침팬지가 맛있는 먹잇감인 흰개미를 혼자서 잡아 먹기까지 약 3년이 걸린다.

새끼 침팬지는 견과류 깨는 방법도 모방을 통해 습득한다. 어른 침팬지는 호두를 딱딱한 것 위에 올려놓고 큰 나뭇가지나 돌멩이로 내리친다. 새끼 침팬지는 그러한 행동을 유심히 관찰하고 그 과정을 따라 하기 시작한다. 처음엔 바닥이 딱딱해야 한다는 것을 몰라서 대부분 실패를 하지만 반복적인 경험을 통해 바닥이 딱딱해야 한다는 것을 깨닫게 된다.

_ 모방을 통한 놀이의 형태

● **생후 2~3개월 동안 아이에게 가장 중요한 놀이 형태는 사회성 놀이이다.** 아이들은 신생아 때부터 간단한 표정을 따라 하기 좋아한다. 그리고 만 2살이 되면 놀이를 통해 가족들과 주변사회 안에서 각기 다른 인간관계에 알맞은 자세와 행동, 표정 등을 습득한다. 그러한 과정에서 사회적 행동은 문화에 따라 차이가 난다는 것을 깨닫는다. 어떤 문화권에서는 인사할 때 눈을 바라보는 반면, 어떤 문화권에서는 고개를 숙여 눈이 마주치는 것을 피한다. 아이들은 모방을 통해 이러한 관습적 행동을 몸에 익힌다.

● **언어능력이 발달하는 초기 단계에서 가장 중요한 역할을 하는 것은 모방이다.** 만 1살이 될 때까지 아이는 가족들이 말하는 것을 듣고 발음을 따라 한다. 그러나 아직 언어로 자신의 의사 표시를 할 수는 없다. 대신 음성으로 자신의 의사를 상대방에게 전달하고 이러한 과정을 거쳐 서서히 언어의 세계에 적응한다. 그리고 만 1살이 지나면 놀이를 하면서 가족들의 말투를 흉내 내기 시작한다. 아이는 장난감 전화기를 가지고 엄마 흉내를 내기도 하고 손위 형제를 따라 곰 인형을 혼내기도 한다.

● **만 1살을 전후하여 아이는 잘 가라는 손짓이나 손뼉 치기 같은 단순한 손동작을 따라 한다.** 그리고 어른이나 자기보다 나이가 많은 아이들이 물건을 어떻게 다루는지 주의 깊게 관찰한다. 그런 다음엔 그들의 행동을 따라 하고 그렇게 몇 달이 지나면 혼자서 물건을 사용하기 시작한다. 예를 들면 숟가락질을 하거나 머리빗으로 자기 머리를 빗으려고 여러 번 시도를 하다 성공하면 혼자서 하려 한다. 언어 발달도 만 2살이 되면 어른들이 하는 것을 보고 우선 곰 인형이나 다른 인형을 상대로 간단한 이야기를 한다. 그리고 만 3~4살이 되면 시장놀이, 병원놀이, 소꿉장난과 같은 역할놀이를 통해 일상적인 일은 물론 결혼식과 같은 특별한 경험을 재현할 수 있게 된다.

공간과 관련된 경험 ● 만 1살이 지나면 아이는 사물의 공간관계에 심취한다. 그래서 용기에 내용물을 채웠다 비우기를 반복하고 수직으로 블록 쌓기 놀이를 즐겨한다.

인과관계와 범주적 관계의 탐색 ● 아이는 놀이를 하면서 사물들이 어떻게 상호작용을 하는지 발견한다. 생후 8개월 된 아이는 오르골에 달린 끈을 잡아당기면 소리가 난다는 것을 알게 된다. 아이는 오르골을 가지고 놀면서 손으로 만지고 입으로 빨아보기도 하지만 그렇게 해선 소리가 안 나고 끈을 잡아당겨야만 소리가 난다는 것을 발견한다.

만 2살이 될 무렵부터 아이는 형태와 색깔과 같은 특징에 따라 사물을 분류하기 시작한다. 다시 말해 사물의 공통점과 차이점을 인식하고 분류할 수 있는 능력이 발달했다는 뜻이다. 특징에 따라 사물을 분류할 수 있는 능력은 논리적 사고를 위한 바탕이 된다. 아이는 이 또한 놀이를 통해 습득한다. 예를 들어 아이는 숟가락과 나이프를 따로 따로 놓는 놀이를 하면서 분류의 개념을 습득한다.

이런 놀이 형태는 인간 고유의 특징으로 다른 고등동물에게서는 관찰되지 않는다. 침팬지와 같은 유인원은 목적을 위해 도구를 이용하긴 하지만 인과관계와 범주적 관계에 대한 이해력은 없다. 앞서 말한 대로 침팬지는 나뭇가지를 가지고 흰개미를 잡아먹고 막대기를 이용해 우리 밖에 있는 바나나를 낚아올리기도 한다. 그러나 이러한 행동은 인과관계나 범주적 관계에 대한 이해력과 무관하다. 만 3살이 된 아이의 인과관계와 범주적 관계의 이해력은 어른 침팬지의 그것보다 수준이 높다.

아이들은 모두 같은 놀이를 할까?

자녀가 여러 명인 부모들은 아이마다 노는 방식과 양상이 다르다는 것을 발견한다. 그 차이는 두 가지 관점으로 구분할 수 있다.

먼저 특정 놀이행동이 나타나는 시기가 다를 수 있다. 어떤 아이는 생후 8개월에 이미 사물을 주의 깊게 관찰하기 시작하지만 어떤 아이는 10개월이 되어서야 그와 같은 행동을 한다. 또 특정 놀이행동의 강도는 아이마다 다르게 나타난다. 모든 아이들이 물건을 입에 넣긴 하지만 그 중 어떤 아이들은 입에 물건을 넣는 빈도가 잦고 어떤 아이는 드물다. 또 입으로 사물을 탐색하는 시간도 차이가 난다. 어떤 아이는 일주일 내내 서랍에 있는 물건을 넣었다 빼기를 반복하는가 하면, 어떤 아이는 며칠이 지나면 그만둔다.

여자아이와 남자아이의 놀이는 다를까?

여자아이와 남자아이의 놀이는 생후 2년까지는 큰 차이가 없다. 우리 연구팀에서 실시한 연구결과 생후 18개월까지는 놀이행동에서 성별의 차이가 관찰되지 않았다. 우리는 남자아이들에게 인형, 젖병, 머리빗을 가지고 놀게 했다. 그랬더니 남자아이들은 여자아이들과 똑같이 인형에게 젖병을 물리고 인형의 머리를 빗겨주었다. 실험에 참가한 남자아이들의 대부분은 인형을 가지고 논 적이 없었다.

이처럼 남자아이들도 여자아이들처럼 인형놀이를 잘한다. 단지 기회가 없을 뿐이다. 그리고 여자아이들은 남자아이들만큼 입에 사물을 자주 넣곤 하며 용기에 내용물을 담고 비우기 놀이도 잘하고, 남자아이들은 여자아이들과 마찬가지로 소꿉놀이를 즐겨한다.

그러나 만 2살을 전후하여 성별에 따른 놀이행동의 차이가 생기기 시작한다. 남자아이들은 주변을 탐색하길 좋아하고 여자아이들은 상징적이고 사회적인 놀이를 선호한다. 연구과정에서 우리 연구팀은 다음과 같은 차이를 관찰할 수 있었다.

우리는 아이들에게 장난감 전자레인지를 주며 가지고 놀라고 했다. 여자아이들은 인형에게 밥을 주기 위해서 그것으로 요리를 했고, 남자아이들은 그것을 분해하려고 했다. 여자아이들은 그들이 경험했던 것을 흉내 냈고 남자아이들은 전기레인지가 어떻게 만들어졌고 어떻게 작동하는지를 알고 싶어했다. 만 3~6살의 놀이행동 연구를 보면 성별에 따른 놀이행동의 차이는 만 2살 이후부터 뚜렷해진다고 한다.

남자아이와 여자아이의 놀이가 다른 양상을 보이는 것은 어른들의 영향도 크다. 어른들은 남자아이에게는 자동차, 기차, 비행기 같은 장난감을 사주고 여자아이에게는 소꿉놀이 세트, 화장품 가방, 인형, 유모차 같은 장난감을 사주기 때문이다.

아이의 놀이를 방해하는 부모의 그릇된 교육적 신념

아이들은 아주 오랜 옛날부터 주변의 손에 잡히는 물건을 가지고 놀았다. 특히 어른들의 물건이나 중요한 물건, 깨지기 쉬운 유리그릇처럼 아이들에게는 위험한 물건에 관심이 많았다. 장난감은 아이가 어른의 소중한 물건을 망가뜨리거나 아이에게 위험한 물건을 가지고 놀지 못하게 하기 위해서 만들어졌을 것이다.

어른들이 아이들에게 장난감을 주는 또 다른 이유는 아이들에게 할 일을 만들어줌으로써 자신들의 일을 방해받지 않기 위해서이다. 부모는 자기 일에 집중할 수 있도록 아이가 자기 방에서 장난감을 가지고 놀길 바라지만 아이들은 부모가 원하는 대로 해주지 않는다. 아이들은 혼자서 놀길 원하고 또 그렇게 할 수 있지만 아무도 없이 홀로 있는 것은 싫어한다. 또 다른 어른이나 아이들과 함께 어울려야만 아이는 놀이를 위한 경험과 아이디어를 얻을 수 있다.

전문가들과 부모들은 장난감이 아이의 성장을 촉진시켜주길 바란다. 모빌이나 아기 체육관 같은 장난감은 아이들의 시각적·신체적·지적 발달을 향상시켜주기 위해 만들어졌다. 영유아의 성장발달을 촉진시켜줄 장난감이 만들어진 것은 아이가 나중에 학교에 들어가서 좋은 점수를 받고, 좋은 학교를 졸업해서 좋은 직장에 취직하길 바라는 암묵적인 기대 때문이다. 그러나 이러한 부모들의 생각은 잘못된 것이고 아이의 즐거운 놀이를 방해할 뿐이다.

⭐ 과연 나무로 만든 장난감이 플라스틱 장난감보다 아이에게 더 좋을까?

완구산업에 휘둘리는 것은 아이들만이 아니다. 완구회사들은 부모들이 어떤 점에 흥미를 갖는지 정확히 파악하고 그에 맞는 상품을 개발한다. 부모들은 아이의 장난감을 고를 때 미적인 부분뿐 아니라 교육적인 신념을 중요시한다. 그러나 부모들의 교육적 신념은 편견일 경우도 많다.

예를 들어 어른들의 눈에는 손으로 깎아 만든 나무 장난감이 플라스틱 장난감보다 교육적으로 더 가치가 있는 것처럼 보인다. 하지만 과연 나무로 만든 장난감이 아이들에게 무조건 더 좋을까? 제품에 따라 나무보다는 플라스틱으로 만든 장난감이 아이에게 적합할 수도 있다. 예를 들어 플라스틱으로 만든 딸랑이는 나무로 만든 딸랑이보다 기능이 더 많아서 아이가 입, 손, 눈으로 다양한 탐색을 할 수 있게 해준다.

어떤 물건을 가지고 놀지 결정하는 것은 부모나 전문가가 아닌 아이 자신이다. 만 1살이 된 아이에게 열쇠꾸러미는 매력덩어리 장난감이다. 열쇠들은 크기와 모양이 다르고 흔들면 소리가 나고 이리저리 움직이기도 한다. 완구회사들은 이 점을 캐치하여 장난감 꾸러미를 만들었다. 열쇠꾸러미는 어른들의 눈에는 장난감처럼 보이지 않는 일상적인 사물도 아이들에게는 훌륭한 장난감이 된다는 것을 보여준다.

주변을 둘러보면 아이가 관심을 가질 만한 사물이 무궁무진하다. 장난감에 대한 부모의 생각만 잠시 바꾸면 장난감가게가 아니더라도 집과 자연에서 아이에게 훌륭한 장난감이 될 만한 물건을 얼마든지 쉽게 찾을 수 있다. 마로가 엄마의 요리도구를 가지고 신나게 논 것처럼.

아이와 놀아줄 땐 아이에게 주도권과 통제권을 주라

모든 연령의 아이들은 혼자 놀기를 원하고 또 그렇게 할 수 있다. 다른 한편으로 아이는 부모나 다른 아이들과도 놀고 싶어한다. 아이에게 좋은 놀이 상대가 되려면 부모는 어떻게 해야 할까?

아이가 어릴 때 부모는 직관적으로 아이의 눈높이에 맞는 훌륭한 놀이 상대가 된다. 그러나 아이가 자랄수록 아이에게 뭔가 특별한 것을 가르쳐줘야 한다는 강박관념에 사로잡힌다. 하지만 그것은 아이들과의 자연스러운 놀이를 망쳐놓는다. 아이에게 중요한 것은 놀이를 통한 다양한 경험이지 결과가 아니라는 사실을 명심해야 한다.

◆ **아이의 발달 상태에 맞는 놀이를 해야 한다.** 마티나는 처음에 블록으로 탑 쌓기 놀이를 하며 즐거워했다. 탑 쌓기는 마티나의 발단단계에 알맞은 놀이이기 때문이다.

◆ **아이의 능력 이상의 것을 요구하는 부담을 주어선 안 된다.** 아이의 발달 상태보다 수준이 높은 것을 아이에게 요구하면 아이는 부담을 느낀다. 블록으로 기차를 만들려면 24개월은 지나야 한다. 그렇기 때문에 18개월밖에 안 된 마티나는 기차를 못 만들 수밖에 없다. 능력 이상의 것을 요구하면 아이들은 성격에 따라 각기 다른 반응을 보인다. 어떤 아이는 가지고 놀던 장난감을 집어던지고 어떤 아이는 놀이를 계속하고 어떤 아이는 마티나처럼 놀이를 중단한다.

◆ **아이에게 너무 쉬운 놀이도 아이의 흥미를 떨어뜨린다.** 아이가 재미를 못 느끼거나 아이의 발달 상태보다 수준이 낮은 놀이를 하면 아이는 놀이에 흥미를 못 느낀다. 마티나의 경우 보통 9~15개월 아이들이 좋아하는 통 비우기 놀이가 그러하다.

예를 들어 아이가 장화를 신으려고 애를 쓸 때 아이에게 중요한 것은 장화를 신고 서 있는 것이 아니라 혼자 장화를 신을 수 있는지, 또 혼자 신으려면 어떻게 해야 하는지 알아가는 과정이다. 혼자서 장화를 신으려고 애를 쓰는 아이를 섣불리 도와주면 도리어 사기를 떨어트린다. 결국 아이에게 도움이 된 것이 아니라 아이의 놀이를 망쳐버리는 꼴이 된다.

아이가 흥미를 갖고 즐거워할 수 있는 놀이에 참여하고 싶으면 부모는 아이의 발달 상태에 맞는 놀이를 해야 한다. 그것이 무슨 뜻일까? 다음 페이지의 사진들은 생후 18개월 된 마티나가 블록으로 탑을 쌓으며 즐거워하는 모습을 담고 있다. 마티나의 얼굴을 보면 탑 쌓기가 얼마나 재미있는지 짐작할 수 있다. 그러나 마티나에게 블록으로 기차를 만들어보라고 하니까 노력해도 기차를 만들 수 없었다. 18개월 된 마티나는 수직으로 블록을 쌓을 수는 있어도 수평으로 블록을 나열할 수는 없다. 결국 마티나는 실망하고 기분이 상해 놀이를 그만두었다.

마티나의 예를 통해 우리는 어른들이 아이의 놀이에 참여할 때 어른의 행동이 아이

블록으로 탑 쌓는 것은 좋아했지만 기차 만들기에는 실패하고 기분이 상한 채 놀이를 그만둔 마티나.

에게 어떤 영향을 미치게 되는지 배울 수 있다.

아이들은 발달 상태에 맞는 놀이를 하면 어른과 같이 놀지만, 수준이 너무 높거나 낮으면 놀이를 거부한다. 놀이 방법이 아이에게 알맞은지 아닌지를 알려주는 확실한 지표는 아이들의 정서적인 반응이다. 아이가 관심이 있으면 마티나가 탑 쌓기를 할 때처럼 즐거워하는 표정이 나타나고, 아이에게 의미 있는 놀이가 된다. 반면에 아이가 소극적인 반응을 보이고 별로 하고 싶어하지 않는 표정을 짓거나, 아예 무시해버리면 아이의 발달 상태에 맞지 않은 놀이이다.

아이의 발달 상태를 모를 경우에는 어떻게 해야 할까? 아이에게 부담을 주는 행동을 하거나 무모한 시도를 하거나 아이의 놀이를 완전히 다르게 이해하는 대신, 아이가 스스로 놀이를 하게 하고 아이의 행동을 주시하고 아이의 놀이를 따라 한다. 놀이를 따라 하면 아이는 그것을 호감의 표시로 받아들인다. 아이는 어른과 같이 놀고 싶으면 행동이나 표정으로 자신의 놀이에 동참하길 권한다.

실제로 아이에게 주도권과 통제권을 주는 것이 쉽지는 않지만 이는 그만한 가치가 있는 일이다. 감정적으로 즐겁게 참여하되 아이가 스스로 놀이를 이끌어가게 하면 아이와 함께 하는 놀이가 어른들에게도 기쁨이 되고 아이는 아이대로 어른에게 고마움을 느낀다.

부모가 아이의 놀이 상대가 되어주는 것도 좋은 일이지만 아이의 본보기가 되어주는 것도 좋은 일이다. 만 1살이 지나면 아이는 부모와 형제들은 물론 다른 어른들과 아이들의 행동을 관찰하는 것을 좋아한다. 그리고 본 것을 꼭 따라 하려고 한다. 아이는 어른들의 행동을 따라 하기 위해 어른들 옆에 붙어서 그들의 행동을 지켜본다. 밥상을 차리거나 치우고, 화분에 물을 주고, 장을 보고 등등 일상생활에서 아이가 어른을 '도와줄' 기회는 많다. 또 아빠가 일요일 아침에 면도를 할 때 아이는 면도 거품으로 아빠를 따라 면도놀이를 할 수도 있고, 아빠가 서류 작성을 끝내면 종이에다가 연필로 낙서를 하고 테이프나 펀치를 만져볼 수도 있다.

하지만 뭐니 뭐니 해도 아이에게 가장 좋은 본보기가 되는 것은 또래 아이들이다. 그들의 행동은 아이에게는 어른들보다 더 믿음이 가기 때문에 아이들이 더 쉽게 따라 할 수 있다. 예를 들어 놀이터에 가면 아이들은 처음엔 다른 아이들과 놀지 않고 그들의 놀이를 주의 깊게 관찰하면서 아이들의 행동을 기억한다. 그리고 몇 시간 또는 며칠이 지나면 다른 아이들이 했던 놀이를 따라 한다. 아이에게 최고의 스승은 손위 형제들과 또래 아이들이다.

⭐ 위험한 물건도 만져봐야 아이는 물건을 조심스럽게 다루는 법을 배운다

아이들은 식칼이나 정원용 가위 같이 위험한 물건을 만져보고 싶어한다. 위험한 물건들은 당연히 아이들의 손이 닿지 않는 곳에 보관해야 하지만, 한편으로는 아이가 위험할 수도 있는 물건을 경험할 기회를 마련해줄 필요도 있다. 물론 어른들의 감시 하에 모든 일이 이루어져야겠지만 위험한 물건도 만져봐야 그런 물건을 조심스럽게 다루는 법을 배운다. 물론 다리미 같은 물건은 부모가 지켜본다고 해도 아이에게 장난감이 될 수 없다. 이처럼 위험성이 높은 물건을 사용하는 법을 가르칠 때는 반드시 유아용 장난감으로 대체해야 한다.

위험하지는 않지만 부모들이 아끼는 소중한 물건이나 비싼 물건들 역시 아이가 만지면 안 되는 것들이다. 이 경우에는 엄마와 아빠만 만질 수 있는 물건을 확실히 정해 놓아야 아이가 다른 사람의 물건을 존중하는 법을 배운다.

다음 장부터는 각 시기별로 아이들의 놀이행동이 어떻게 이루어지고 발전해가는지를 살펴볼 것이다. 그러나 〈놀이행동〉 편에서 다룰 모든 내용들은 영유아의 놀이행동에 대한 포괄적인 논문이 아니라는 점을 고려해야 한다. 이 책에서는 아이들의 놀이에 대해 몇 가지 관점만 다루고 있고 이 책에서 일부만 언급되거나 아예 언급되지 않은 놀이행동도 있다. 또 어른들이 생각하는 일반적인 놀이와 다른 내용도 있을 것이다. 대부분의 어른들은 아이들의 놀이라고 하면 블록이나 인형 등 장난감을 떠올릴 것이다. 그러나 모래, 흙, 물도 아이들에게는 장난감이 된다. 또 동물과 식물을 좋아하는 아이들도 있다.

아이를 키우다 보면 이 책에서 거론되지 않은 놀이행동을 관찰하게 되는 부모도 있을 것이다. 아이들의 놀이는 무척 다양하고 아이들에 의해서 끊임없이 새로 탄생한다. 아이를 지적·언어적·사회적으로 가장 잘 발달시키는 그런 놀이는 어쩌면 존재하지 않는지도 모른다. 그러므로 어른들의 잣대로 아이들이 놀이를 개발하는 능력을 방해해선 안 된다. 그것이 놀이인지 아닌지를 결정하는 것은 어른이 아니라 바로 아이들 자신이기 때문이다.

Das Wichtigste in Kürze

내용 요약

1 놀이를 통한 다양한 경험은 아이의 사회적 · 지적 · 언어적 발달에 중요한 영향을 끼친다.

2 아이들의 놀이는 그 과정이 중요한 것이지 결과물은 큰 의미가 없다.

3 아이가 스스로 놀이를 결정하고 즐거운 마음으로 놀이에 임해야 한다. 일정한 능력을 습득하기 위한 연습은 놀이가 아니다.

4 아이는 발달 상태와 연령에 따라 다른 놀이를 한다.

5 놀이행동의 발달 순서는 모든 아이에게서 동일하게 진행된다. 하지만 연령에 따라 놀이 방법이 다르고 아이마다 특정 놀이에 대한 선호도가 다르기 때문에 놀이의 빈도와 강도도 다르게 나타난다.

6 만 2살까지는 남자아이와 여자아이의 놀이가 대동소이하지만 만 2살이 지나면 성별로 점점 놀이 형태와 양상이 달라진다.

7 아이들은 다음과 같은 이유로 놀이를 한다.
- 본능적인 행동을 연습하기 위해
- 사물의 물리적 특징을 경험하기 위해
- 행동의 전개와 사물의 기능을 습득하기 위해
- 공간적 관계, 인과관계, 범주적 관계를 발견하기 위해

8 어른들의 역할은
- 아이가 모방할 수 있도록 본보기가 되어주고
- 아이의 놀이 상대가 되어 놀이에 관심을 가지고 인내심을 가지고 기다려주고
- 아이가 스스로 결정할 수 있도록 하는 것이다.

9 아이의 놀이에 참여할 때 어른은 아이의 발달 상태를 고려해 그에 맞는 놀이를 유도해야 한다.

생후 2~3개월 동안 물건을 잡지 못해도 아이는 태어나자마자 놀이를 시작한다. 갓난아기가 가장 많이 하는 놀이는 사회성 놀이이다. 아이는 눈짓, 표정, 자신이 내는 소리로 놀이를 한다. 그러기 위해서 함께 놀아줄 상대가 필요하지만 신생아들은 자기 손을 이용해 다양한 방법으로 혼자 놀기도 한다. 손을 가지고 노는 것은 원하는 것을 잡기 위한 준비과정이다. 아이들은 생후 4~5개월이 되면 손으로 원하는 것을 잡기 시작한다.

영유아기의 아이는 특히 다른 사람에게 관심을 갖는다. 가족들을 보거나 그들의 목소리를 듣는 것을 좋아할 뿐 아니라 함께 놀고 싶어한다. 아이는 좋아하는 사람이 얼굴을 가까이 들이대면서 애정 어린 눈빛으로 바라보며 높은 톤으로 이야기하면 행복해한다. 이러한 행위는 아이에게 일종의 놀이인데, 아이는 그것을 좋아하는 데 그치지 않고 함께 참여하고 싶어한다. 그러한 징표로 아이는 표정을 바꾸고 팔다리를 움직이고 옹알이를 한다. 그러면 아이의 놀이 상대는 아이의 옹알이를 따라 한다. 이렇게 생후 2~3일이 지나면 아이와 보호자 사이의 상호작용이 형성된다.

갓난아기와의 사회성 놀이

생후 1~2개월 동안 아이가 할 수 있는 사회성 놀이는 그리 많지 않다. 그러나 젖먹이 아기의 감각 발달과 감정표현 능력은 2~3개월 안에 급격히 발전한다. 물론 감각적 인상을 인지하고 이해하기 위해서는 많은 시간이 걸린다. 또한 인지하고자 하는 인상은 강하고 지속적이며 반복적으로 나타나야 한다. 아이가 인지한 인상을 표정이나 소리로 표현하는 것 역시 오랜 시간이 필요하다. 그래서 주변 환경을 이해하고 그것을 표현할 때 쉽게 지친다.

엄마와 아빠는 아이의 제한된 의사소통 능력에 직감적으로 적응한다. 그들은 단지 태도만 바꾸는 것이 아니라 직감적으로 아이의 제한적이고 더딘 표현력에 적응한다. 그리고 아이가 무언가 표현하기까지 많은 시간이 걸리는 걸 깨닫는다. 엄마와 아빠는 인내심을 가지고 아이가 눈을 반짝이면서 소리를 낼 때까지 기다려준다.

한 연구에서 엄마들에게 아이를 대하는 태도를 의도적으로 바꾸어보라고 했다. 아이에게 과장되고 정확한 말투로 이야기하거나 반복해서 말하거나 행동도 천천히 하거나 하지 말고 아이를 보통 어른 대하듯 대하라고 했다. 그랬더니 아이들은 엄마의 행동을 받아들이지 못하고 사회성 놀이를 하지 못했다. 엄마의 낯선 행동은 아이를 혼란스럽게 했고 엄마와의 관계에서 익숙한 행동을 기대한 아이들은 실망했다.

더 나아가 연구팀은 무표정 실험(Still-Face-Experiment)을 실시했다. 무표정 실험은 엄마가 무표정한 얼굴로 몸을 움직이지도 않고 아무런 소리도 내지 않은 채 아이 앞에 앉아 있을 때 아이의 반응을 살피는 것이다. 그러자 아이는 엄마의 행동을 보고 걱정스런 표정을 지으며 혼란스러워했다. 또 얼굴을 찡그리거나 큰 소리를 내며 팔다리를 힘차게 힘들어 엄마의 반응을 이끌어내려고 노력하기도 했다. 그래도 엄마의 반응이 없자 아이는 울음을 터트렸다. 낙담해서 고개를 돌리거나 눈을 감고 잠들어버리는 아이도 있었다. 아이가 너무 격렬한 반응을 보인 탓에 정해진 시간보다 실험이 일찍 끝나기도 했다. 부모와 아이의 상호작용은 다른 관계와 비교할 수 없을 정도로 특별한 의미를 갖는다. 이는 아이가 낯선 사람과 놀이를 할 때 뚜렷이 드러난다. 낯선 사람과 놀 때 아이는 소극적인 태도를 보이고 낯선 사람과 조화를 이루지 못하기 때문에 오래 놀지 못한다.

그렇다면 부모와 아이의 상호작용이 특별한 이유는 무엇일까? 아마도 사람들은 모두 자기만의 독특한 특성을 가지고 있기 때문일 것이다. 예를 들면 어떤 엄마는 표정이 풍부하고 또 어떤 엄마는 목소리로 감정을 더 잘 전달한다. 아빠들도 제각각이다. 어떤 아빠는 아이와 신체 접촉을 하는 것을 좋아하고 어떤 아빠는 아이와 눈빛 교환을 중요시한다. 아이들 또한 모두 제각각이다. 아이들은 신생아 때부터 벌써 자기만의 감각적 인식과 표현능력을 발전시킨다. 어떤 아이는 엄마의 얼굴에 관심을 보이는 반면, 다른 아이는 엄마의 목소리를 주의 깊게 듣고 또 어떤 아이는 엄마가 안아주고 쓰다듬어주는 것을 좋아한다.

생후 3~4주 동안 부모와 아이는 사회성 놀이를 통해 서로를 알아가고 서로의 특성에 적응한다. 그리하여 사회성 놀이를 하는 빈도가 늘어나고 젖을 먹일 때나 기저귀를 갈 때, 침대에 눕힐 때 항상 놀이가 수반된다. 부모와 아이는 서로의 행동방식에 적응해나갈 뿐 아니라 특정 상황에서 상대방에게 자신이 원하는 행동을 기대한다. 상대방의 행동에 적응하고 상대방에게 원하는 행동을 기대하는 이 모든 요소가 부모와 아이의 관계를 특별하게 만든다. 그리고 아이는 다른 사람의 행동방식과 기대를 완전히 이해하지 못한다.

그렇다면 갓난아기는 부모와만 관계를 형성할 수 있을까? 전문가들 대부분은 그렇게 생각하지 않지만, 영유아기 아이들의 관계 형성 능력은 제한적이고 인지능력이 아직 덜 발달했기 때문에 한 사람을 알아가는 데도 꽤 많은 시간이 걸린다. 그래도 젖먹이 아기들은 부모 외에 다른 사람들과 관계를 형성할 수 있기 때문에 생후 2~3개월이 지나면 엄마, 아빠는 물론 손위 형제나 다른 보호자들과도 다양한 놀이를 할 수 있다.

무조건 많이 놀아주는 것이 좋은 걸까?

애정결핍은 정서불안을 유발할 수 있지만 애정이 너무 넘쳐도 아이에게 좋지 않다. 그렇다면 아이에 대한 부모의 애정에 적당한 정도는 있을까?

다음 페이지의 사진은 태어난 지 며칠 안 된 메트가 엄마와 노는 모습을 담은 것이다. 사진을 자세히 보면 사회성 놀이에도 적당한 정도가 있다는 것을 발견할 수 있다.

메트는 엄마 품에 안겨 엄마의 얼굴을 주의 깊게 지켜보고 풍부한 표정을 짓는다(A). 그리고 엄마의 목소리를 듣고 옹알이를 하려 한다(B). 2분 정도가 지난 뒤 메트는 지친 얼굴을 한다. 엄마와 노는 것이 피곤했는지 아이는 엄마한테서 얼굴을 돌린다. 엄마가 메트와 다시 눈을 맞추려고 하지만 실패한다. 메트는 눈빛, 표정, 몸짓으로 놀이할 준비가 안 됐다고 말한다(C). 얼마 동안 시간이 흐른 뒤 다시 활기를 찾은 메트는 엄마 쪽으로 고개를 돌리고 엄마의 얼굴을 말똥말똥 바라본다. 그리고 엄마에게 사랑을 받고 있다는 느낌을 받고 기뻐한다(D). 그러더니 하품을 하며 다시 고개를 돌린다(E). 메트는 그렇게 쉰 다음 다시 엄마를 보고 옹알이를 한다(F).

메트가 엄마의 얼굴을 보면서 놀이를 하는 시간은 그리 길지 않다. 앞서 언급한 바와 같이 영유아기의 아이들은 아동기의 아이들이나 성인에 비해 감각적인 인상을 수용하고 그것을 표현하는 데 훨씬 많은 시간이 걸린다. 또한 외부 감각을 인식하고 수용하는 것은 영유아기의 아이들에게 힘든 일이기 때문에 메트처럼 쉽게 피곤해한다.

메트가 고개를 돌렸을 때 엄마는 메트와 계속해서 놀이를 하려고 했지만 메트의 시선을 집중시킬 수 없었다. 그러나 메트는 휴식을 취하고 난 후엔 스스로 엄마 쪽으로 고개를 돌렸다. 아이가 피곤해하는데도 엄마가 놀이를 강요한다면 아이는 쉴 시간이 부족하게 된다. 이때 아이는 성격에 따라 각기 다른 반응을 보인다. 어떤 아이는 메트처럼 시선을 돌리지만 어떤 아이는 재채기를 하거나 하품을 하고 잠이 들어버린다.

메트의 사회성 놀이에서 관찰할 수 있는 바와 같이 아이의 사회성 놀이는 흥미와 관심, 휴식 기간이 반복된다. 이때 흥미와 관심을 보이는 시간과 휴식에 필요한 시간은

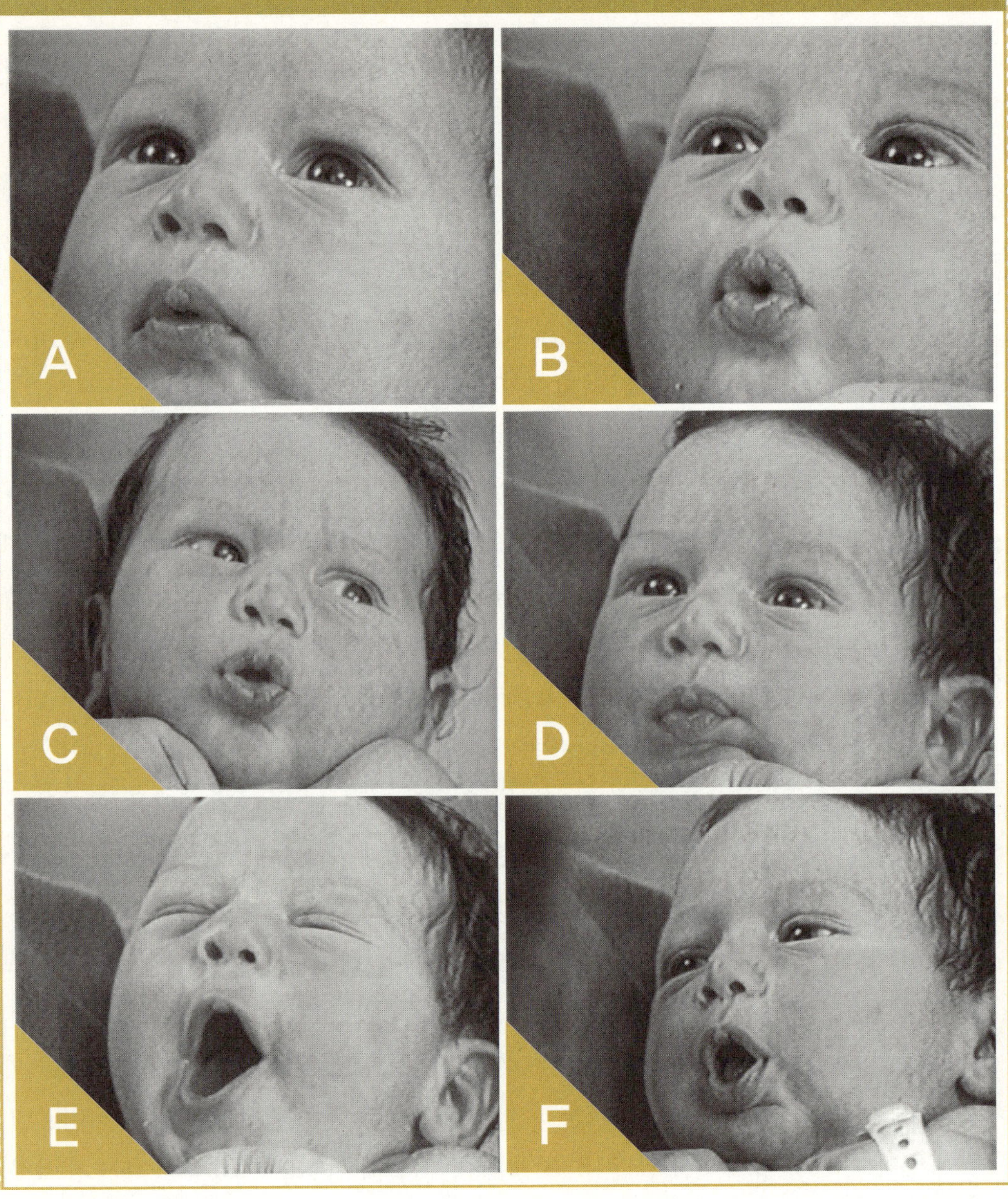

아이의 특성에 따라 달라진다. 사회성 놀이를 할 때 주의해야 할 점은 신생아에게는 과도한 자극도 과소한 자극도 주지 않도록 신경을 써야 한다는 것이다.

⭐ 부모의 애정이 너무 과하면 아이도 지친다

그렇다면 부모는 어떻게 아이를 위해 '적절한' 행동을 할 수 있을까? 여러 연구결과 들 중에서 특히 파푸섹(Papousek) 부부의 연구를 보면 부모는 본능적으로 자신의 아 이의 행동을 올바르게 '읽는' 능력을 가지고 있다는 것을 알 수 있다. 자연은 부모에 게 직감적으로 자기 아이의 수용능력과 표현력에 적응할 수 있는 능력을 선물해주었 다. 그래서 부모는 아이가 언제 놀이를 할 준비가 되어 있는지, 언제 피곤해지는지, 언 제 쉬고 싶어하는지 직관적으로 알 수 있다. 그러나 부모뿐 아니라 다른 어른들도 아 이와 친밀한 관계를 맺고 아이와 정서적 애착을 형성하면 부모처럼 직관적으로 아이 의 상태를 파악할 수 있게 된다.

이 세상 어떤 전문가도 아이에게 어떤 종류의 놀이가 필요한지 알려줄 수는 없다. 정확한 답이 없기 때문이다. 오히려 부모의 경우 감정이입 능력과 관찰력을 동원하면 아이에게 필요한 놀이와 관심사를 발견할 수 있다. 그러므로 주변에서 들은 정보를 아 이에게 모두 대입하는 것은 아이에게 오히려 해가 될 수 있다. 또 아이에게 무조건 많 은 시간을 할애하는 것이 아이의 발달에 도움이 된다는 생각은 잘못된 것이다. 부모 가 과도하게 아이의 놀이에 관여하면 아이는 쉽게 지치고 싫증을 낸다. 아이와 되도 록 많은 시간을 보내려는 부모의 좋지만 잘못된 의도에 아이들은 성격에 따라 각기 다 른 반응을 보인다. 어떤 아이들은 울기도 하고 어떤 아이들은 저항하고 어떤 아이들 은 잠이 들어버린다.

아이들마다 놀이와 휴식에 필요한 시간이 다르기 때문에 부모들은 아이의 특성에 따 라 놀고 쉬어야 할 시간을 맞춰야 한다. 아이는 표정과 행동으로 놀고 싶을 때와 쉬고 싶을 때를 표현하기 때문에 부모는 아이의 상태를 쉽게 파악할 수 있다.

생후 2~3개월 동안 아이는 자기 손을 가지고 노는 시간이 많은데, 이는 생후 4~5개월에 시작되는 물건 잡기의 준비과정이다. 지금부터 신생아의 손 놀이 형태를 알아보자.

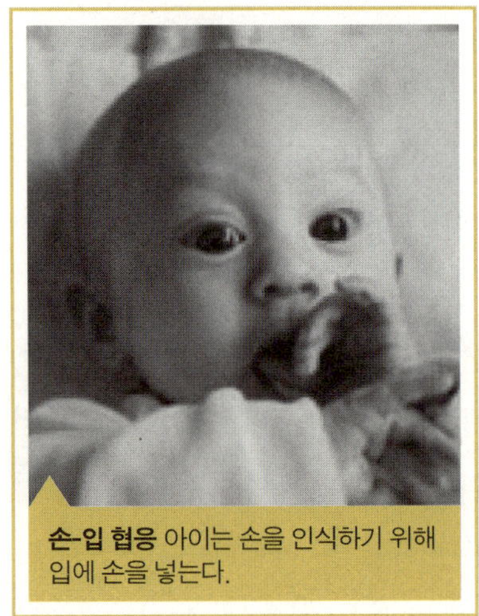

손-입 협응 아이는 손을 인식하기 위해 입에 손을 넣는다.

입속에 손 넣기(손-입 협응) ● 임신 4개월 때부터 태아는 이미 손가락을 입속에 넣고 빤다. 그러므로 신생아가 이 행동을 자주 하고 능숙하게 해내는 것은 놀라운 일이 아니다. 갓난아기는 배가 고플 때만 입속에 손가락을 넣는 것이 아니다. 손가락과 손을 빠는 행위는 스스로를 진정시키고 쉽게 잠들게 하는 탁월한 수단이다.

아이는 자기 손을 탐구하기 위해 손을 입속에 넣고 입술과 혀로 손가락을 움직이면서 어떤 느낌인지 감지한다. 그리고 4~5개월이 되어 물건을 집기 시작하면 물건을 입으로 가져간다. 입은 아이가 물건을 탐색하는 첫 번째 인지기관이다. 그러므로 손 싸개는 귀엽게 보이기는 하지만 아이가 손을 탐색하고 인지하는 것을 방해하고 손을 빨면서 스스로를 진정시킬 기회도 빼앗는다.

보통 4개월이 되면 손에 대한 인식이 완료되기 때문에 아이들은 더 이상 입으로 손을 탐색하지 않는다. 하지만 안정을 취하기 위해서 엄지손가락을 빨기는 한다. 4~5살이 되어도 손가락을 빨며 위안을 찾는 아이도 있고 학교에 입학한 후, 심지어 어른이 돼서도 손가락 빠는 습관을 고치지 못하는 사람도 있다.

손 관찰하기(손-눈 협응) ● 신생아가 깨어 있을 때 손가락으로 장난하는 것을 살펴보면 얼굴에 한쪽 손을 가져간 다음 다섯 손가락을 펴서 천천히 움직이는 것을 유심히 관찰하는 모습을 볼 수 있다.

갓 태어난 아이는 손과 눈의 협응이 잘 이루어지지 않지만 2~3개월이 지나면 손과 눈이 상호작용을 한다. 그리고 생후 4~5개월이 돼서 아이가 물건을 잡기 시작하면 팔, 손, 손가락을 움직여서 목표한 물건을 잡을 수 있게 된다.

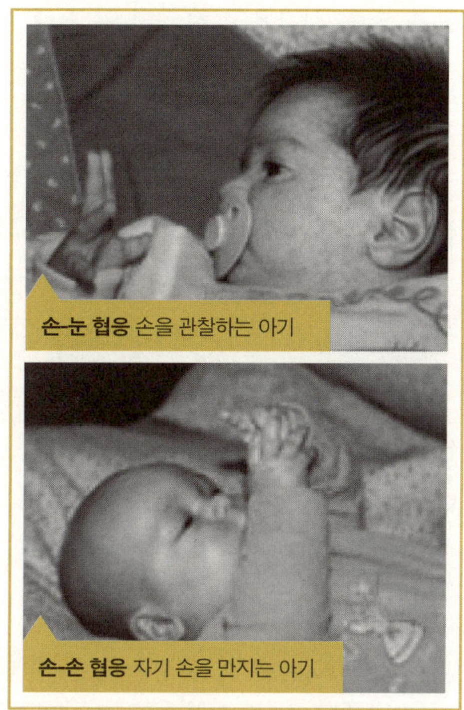

손 만지기(손-손 협응) ● 젖먹이 아기는

입이나 눈으로만이 아니라 한 손으로 다른 손을 연구한다. 이렇게 양손의 움직임이 협응을 이룬다. 생후 3~4개월이 되면 아이는 종종 얼굴 앞에 두 손을 모으고 한 손으로 다른 손을 만진다. 그러다 기도하는 것처럼 양손을 맞잡기도 한다. 이렇게 손을 만지면서 반대쪽 손이 무슨 일을 하는지 알게 된다.

4~5개월이 되면 아이는 자기가 원하는 목표물을 잡기 시작한다. 아이는 목표물 쪽으로 손을 이동시켜 원하는 물건을 재빨리 움켜잡는데, 이때 다섯 손가락 전부를 사용한다. 이렇게 잡기를 시작하면 신생아들에게서 관찰되는 쥐기반사는 점점 약해진다. 아이가 잡기 연습을 할 수 있는 가장 좋은 장난감은 엄마, 아빠의 손가락이다.

놀이 상대로서 부모의 역할

생후 2~3개월 동안 아이에게 가장 중요한 놀이 상대는 엄마, 아빠이다. 하지만 그렇다고 해서 하루 종일 아이와 놀아줘야 한다는 뜻은 아니다. 아이가 깨어 있고 놀이를 할 수 있는 시간은 한정되어 있다. 아이가 놀이를 할 수 있는 가장 적합한 시간은 젖을 먹고 난 뒤와 저녁 시간대이다. 이때 부모와 함께 하는 놀이를 해야 한다.

2~3개월 된 아이는 깨어 있긴 하지만 놀려고 하지 않을 때가 있다. 그렇다고 혼자 있으려 하지도 않고 엄마, 아빠가 뭘 해주길 바라지도 않는다. 그저 신뢰할 수 있는 사람과 신체 접촉을 하거나 그런 사람이 옆에 있는 것만으로도 충분히 만족한다. 엄마나 아빠 등에 업혀 엄마, 아빠가 하는 일을 보는 것만으로 충분하고 할머니 품에 안겨 있거나 가만히 누워 식구들의 행동을 관찰하는 것만으로도 만족한다.

아이가 혼자 놀 때는 먼저 자기 손을 갖고 놀기 때문에 등을 바닥에 대고 바로 눕히는 것이 좋다. 아이가 배를 깔고 누우면 놀이하기에 제약이 많지만 등을 바닥에 대고 바로 누우면 팔과 손을 자유롭게 움직일 수 있고 손가락을 입에 넣거나 손을 관찰할 수도 있으며 장난을 칠 수도 있기 때문이다.

앞 장에서 살펴보았듯이 아이들은 영향권 밖에 있는 물건에는 금방 흥미를 잃는다. 예를 들어 아이는 처음에는 침대 위에 걸려 있는 모빌에 매료되지만 며칠이 지나면 관심을 잃는다. 물론 모빌을 달아줄 필요가 없다는 것은 아니다. 모빌은 커튼이나 가구처럼 아이에게 친근감을 주는 환경의 일부이며 아무것도 없는 하얀 방 천장보다는 모빌이 달려 있는 것이 아이에게 훨씬 흥미롭다. 아이 침대에 올려놓은 각종 인형이나 그림책도 비슷한 역할을 한다. 잠들기 전이나 혼자 잠에서 깼을 때 그러한 사물들은 아이에게 안정감을 준다. 또 몇 주 동안 많은 장난감을 한꺼번에 보는 것보다 적은 수의 장난감을 자주 바꿔주는 것이 아이의 흥미를 더 자극시킬 수 있다.

Das Wichtigste in Kürze

내용 요약

1. 생후 3개월 이전의 아이에게 가장 중요한 놀이 형태는 사회성 놀이와 손 놀이이다.

2. 사회성 놀이는 아이와 보호자 간의 상호작용이다. 사회성 놀이는 관심을 갖는 시간과 휴식을 갖는 시간이 반복되며 이루어진다.

3. 사회성 놀이는 아이가 놀고 싶어할 때 놀아주고 고개나 몸을 돌려 쉬고 싶다는 표현을 할 때 쉬게 놔두어야 가장 잘 발달한다.

4. 손으로 하는 놀이는 입속에 손 넣기(손-입 협응), 손 관찰하기(손-눈 협응), 손 만지기(손-손 협응)로 이루어진다.

5. 신생아는 놀이를 통해 자기 손을 알아간다. 이것은 4~5개월에 시작하는 잡기의 준비 과정이다.

4~9개월

놀이로 세상을 탐색하다

생후 4~5개월 된 아이가 물건을 잡으면 가장 먼저 무엇을 할까? 아이는 그 물건이 무엇인지 알아내려고 한다. 그러나 부모들이 기대하는 것과 달리 아이는 눈이 아니라 먼저 입과 손으로 사물을 인지한다. 만 1살이 되어야 아이는 눈으로 사물을 자세히 관찰하기 시작한다. 그 전에는 입과 손, 눈을 모두 사용하여 주변 환경의 대상성을 구체적으로 인지하고 탐색한다. 만 1살이 될 때까지 감각적 탐색은 아이에게 가장 중요한 놀이 형태가 된다.

사물을 가지고 놀이를 하려면 사물을 잡을 수 있어야 한다. 생후 4~5개월이 되면 아이들은 원하는 목표물을 잡기 시작한다. 그리고 2~3달 만에 잡기 능력은 장족의 발전을 이룬다. 처음엔 두 손으로 서툴게 물건을 잡지만 여러 단계를 거쳐 집게와 엄지손가락 끝을 이용해 물건을 잡게 된다.

집게와 엄지손가락 끝으로 물건을 잡는 것을 '핀셋 잡기'라고 하는데, 핀셋 잡기를 하면 아주 조그마한 물건도 잡을 수 있다. 그리고 인간과 영장류만이 이 핀셋 잡기를 할 수 있다고 한다. 이렇게 인간의 손은 기능이 복잡하고 세분화되어 있기 때문에 도구를 사용할 수 있는 것이고, 도구의 사용은 인간이 문화를 발달시킬 수 있는 전제조건이 되었다.

아이들은 어떻게 잡는 것을 배울까?

아이가 물건을 잡을 수 있는 것은 부모의 가르침 덕이 아니다. 그렇다고 모방을 통해 아이가 잡기의 기본을 습득하는 것도 아니다. 한 마디로 잡기의 발달은 포괄적인 생물학적 성숙과정인 것이다. 4~12개월에 아이들은 일정한 순서를 거쳐 잡기 능력을 발달시킨다. 백만 년에 걸친 인류의 진화과정을 아이들은 몇 달 만에 마스터한다.

사물을 잡기 전에 아이는 우선 자신의 손을 인식해야 한다. 생후 2~3개월 된 아이가 자신의 손을 골똘히 살펴보는 것도 바로 그런 이유 때문이다. 아이는 손을 뚫어지게 바라보기도 하고 입에 넣어보기도 하고 만져보기도 하면서 자기 손을 인지한다. 생후 2개월이 되면 아이는 관심 있는 물건을 보고 몸을 바동거린다. 아직 손으로 물건을 잡을 수 없기 때문에 온몸을 이용해 잡으려고 하는 것이다. 그러나 생후 2개월이 지나면 그러한 움직임은 줄어든다. 아이는 이제 조용히 누워서 침대 위에 걸려 있는 장난감을 두 손으로 건드린다. 4~5개월이 되면 아이는 팔을 움직여서 자신의 손을 목표로 한 물건으로 가져갈 수 있다.

4~10개월에 아이의 잡기 능력은 다음과 같은 단계를 거쳐 발달한다.

두 손바닥 잡기 ● 4~5개월이 되면 아이는 눈으로 사물의 이동을 주시하면서 사물을 잡으려고 한다. 이때 아이는 양손을 사용하여 손바닥으로 움켜잡으려 하기 때문에 이를 손바닥 잡기, 즉 수장반사(palmar grasp)라고 부른다.

한 손 잡기 ● 6~7개월이 되면 아이는 한 손바닥만 이용해 물건을 잡기 시작한다. 이제 아이는 자신이 원하는 물건을 한 손으로 움켜잡을 수 있다. 이때 한 손으로는 확실히 물건을 잡지만, 다른 손은 처음엔 동시에 물건을 잡으려다 멈추거나 물건을 잡는 것을 도와주는 역할을 한다. 생후 4~7개월의 아이는 물건을 잡을 때 손바닥 전체를 이용하며 각각의 손가락의 움직임은 아직 세분화되지 않았다. 그러나 6~7개월이 되면 물건에 접근하는 방법이 변한다. 4~5개월 때는 새끼손가락 쪽이 먼저 나가지만 6~7개월이 되면 엄지손가락이 먼저 나간다. 그리고 물건을 잡을 때 손가락의 움직임도 세분화되기 시작한다.

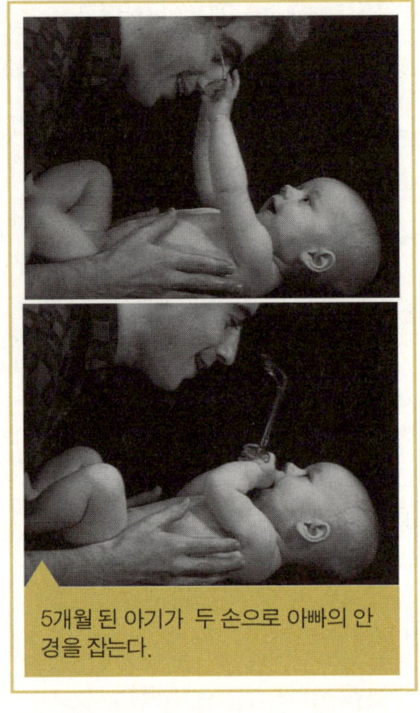

5개월 된 아기가 두 손으로 아빠의 안경을 잡는다.

　아이가 한 손으로 잡기 시작하면 다양한 일이 가능하다. 예를 들어 각각의 손으로 물건을 잡을 수 있고 한 손에서 다른 손으로 물건을 옮길 수도 있다. 그러려면 두 손을 따로 오므렸다 펼 수 있어야 한다. 처음 한 손으로 물건을 잡기 시작할 땐 손의 움직임이 아직 서툴러서 한 손에 물건을 쥐고 있다가 다른 손으로 다른 물건을 잡으려 할 때 다른 한 손이 펴져서 쥐고 있던 물건을 놓치기도 한다.

가위 잡기 ● 7~8개월이면 아이는 엄지와 검지의 아랫마디로 작은 물건을 잡는다. 이는 가위질하는 모습과 비슷하다고 하여 가위 잡기라고 불린다. 가위 잡기를 하면 물건을 잡을 때 손가락 전부가 아니라 엄지와 검지만 사용한다. 처음엔 엄지와 검지의 아랫마디를 사용하지만 몇 주가 지나면 손가락 끝을 이용한다.

핀셋 잡기 ● 9~10개월이 되면 아이는 엄지와 검지 끝으로 작은 물건들을 잡는다. 핀셋 잡기 역시 놀이를 통해 습득한다. 아이들은 방바닥에 있는 빵부스러기나 실 조각

만 1살까지의 잡기 발달과정								
개월 수		4	5	6	7	8	9	10
두 손바닥 잡기 손가락을 모두 구부린 채 양손으로 사물을 잡는다.								
한 손 잡기 손가락을 모두 구부린 채 한 손으로 사물을 잡는다.								
가위 잡기 엄지와 검지를 기반으로 사물을 잡는다.								
핀셋 잡기 엄지와 검지 끝으로 사물을 잡는다.								

같이 아주 작은 것을 집어올리기 좋아한다. 그러나 아이에게 흥미로운 것은 집은 물건이 아니라 집는 행동 그 자체이다.

10~11개월이 되면 물건을 잡는 것은 익숙해도 잡은 물건을 다시 내려놓는 것은 아직 서툴다. 물건을 내려놓을 때 손이나 팔을 거칠게 움직이기 때문에 영유아기의 특징에 대해 잘 모르는 부모는 아이가 폭력적이라고 생각할 수 있다. 만 1살이 지나야 아이는 원하는 자리에 물건을 되돌려놓을 수 있다.

⭐ 오른손잡이일까, 왼손잡이일까?

손의 발달은 태어나기 전부터 시작된다. 태아들은 보통 왼손보다 오른손 엄지를 입에 자주 넣지만 그것만 보고 오른손잡이라고 판단할 수는 없다. 생후 8개월까지 아이는 잡을 때 오른손과 왼손을 거의 비슷하게 사용하다가 8개월이 지나면 양손 중 한쪽

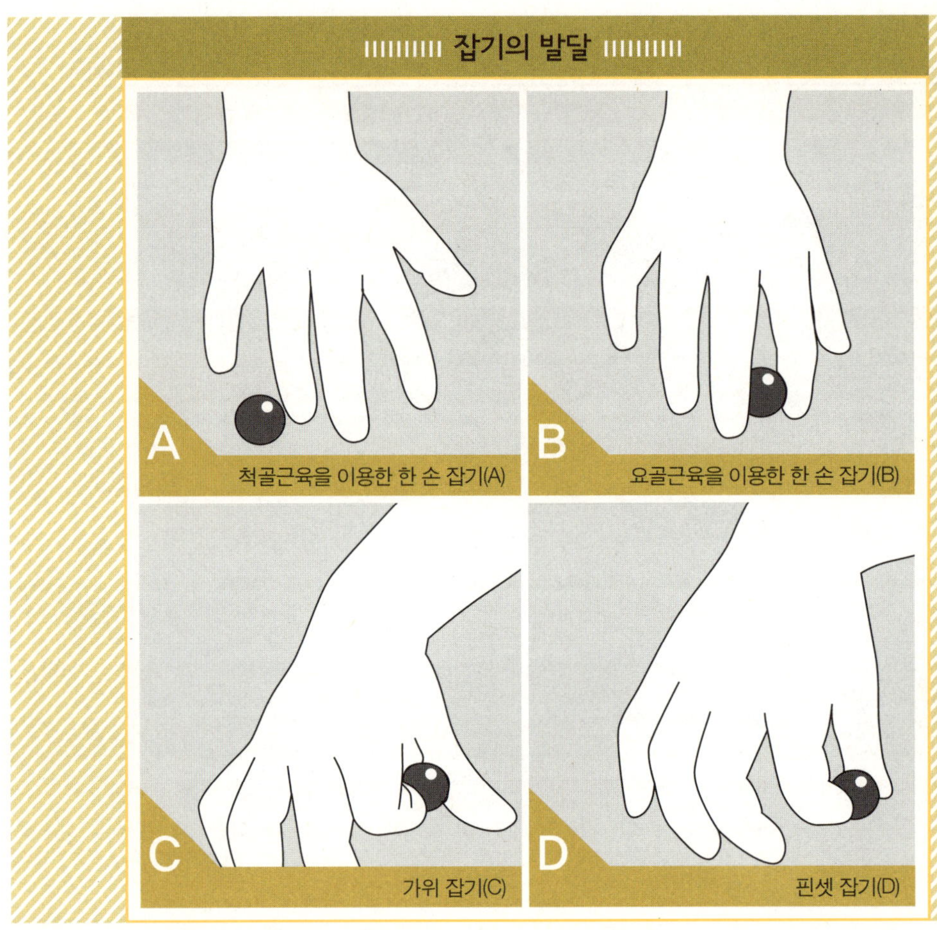

손을 더 자주 사용한다. 예를 들어 장난감을 왼손과 오른손 사이에 놓으면 10명 중 9명은 오른손으로 장난감을 잡는다. 그리고 시간이 지나면 양손 중 한 손을 주로 사용하게 된다.

탐색행동

만 1살쯤이 되면 아이는 젖병, 침대, 장난감 같은 일상적인 물건들을 인식한다. 그러나 물건을 확실히 구분하려면 크기, 형태, 무게와 같은 물리적 특성을 인식해야 한다. 아이는 처음으로 목제인형을 만지면 전에 만져봤던 금속으로 된 종보다 덜 차갑다는 것을 인식하게 된다. 아이는 목제인형의 표면이 거칠고 고무 인형과는 달리 눌러도 들어가지 않으며 테디 베어처럼 털로 덮여 있지 않다는 걸 알게 된다.

만 1살이 될 때까지 아이는 성인과는 달리 사물을 인지할 때 눈보다는 입과 손을 더 많이 사용한다. 4~12개월 아이들의 탐색 형태는 구강탐색, 촉각탐색, 시각탐색으로 구분할 수 있다. 아이들은 입, 손, 눈의 세 가지 감각기관으로 구체적이고 대상적인 환경을 인지해나간다.

|||||||| 탐색 특징에 따른 놀이행동 ||||||||

개월 수	3	6	9	12	15	18	21	24

구강탐색(빨기)
사물을 입에 넣고 입술과 혀로 탐색한다.

촉각탐색(만지기)
바닥에 사물을 던지거나 사물끼리 맞부딪히거나 이리저리 움직여본다.

시각탐색(관찰하기)
사물의 모든 면을 관찰하고 검지로 움직이며 눈으로 사물을 응시한다.

구강탐색 ● 물건을 잡으려 할 때 아이의 시선은 움직이는 손을 따라간다. 그러다 물건을 잡자마자 눈이 아니라 입으로 물건을 탐색한다. 아이는 입술과 혀로 물건을 감지하지만 그 물건을 먹을 수 있거나 삼킬 수 있는지 시험해보진 않는다. 입술과 혀로 물건의 크기, 견고함, 형태, 표현적 특성을 감지하고 혀 근육과 입술 근육의 감각 미립자를 통해 두뇌로 물건의 특성을 전달한다. 8개월까지 아이들에게 구강은 사물을 인지하는 중심 감각기관이다. 발달심리학자 로즈(Rose)와 그의 동료들은 생후 9개월이 되면 아이들은 입으로 인식했던 물건을 눈으로 재인식한다고 밝혔다.

8개월까지 아이는 주로 입으로 물건을 탐색하면서 논다. 그러나 8개월이 지나면 입속에 물건을 가져가는 비율이 낮아지며 18개월이 되면 입으로 탐색하는 일은 거의 없어진다. 그렇다고 해도 입은 여전히 민감한 감각기관이며, 특히나 입은 앞을 보지 못하는 사람들에게도 눈을 대신하는 인식기관 역할을 한다.

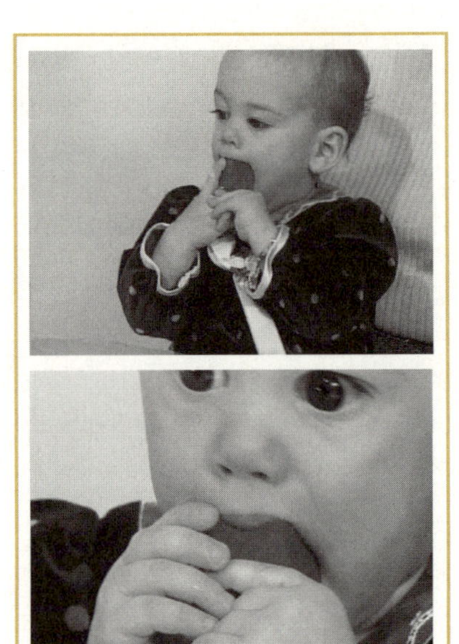

구강탐색 아이는 입술과 혀로 나무블록을 탐색한다.

촉각탐색 ● 손으로 사물을 탐색하는 이 놀이 형태는 구강탐색을 시작한 몇 주 뒤에 나타난다. 손으로 사물을 탐색할 때 아이는 공중에서 사물을 이리저리 흔들어보고 바닥에 내리치거나 문지르기도 하고 다른 물건과 맞부딪히기도 한다.

구강탐색 행동과 마찬가지로 아이는 손으로 사물을 탐색함으로써 사물에 대한 촉각, 운동감각적 정보를 얻는다. 아이는 두 손과 팔로 사물을 이리저리 움직이고 내리치고 던지면서 사물의 무게가 다르고 힘의 작용에 따라 다양한 형태로 변하고 소리도 달라진다는 것을 배운다.

촉각탐색 아이는 블록을 책상에 두드려본다.

촉각탐색은 6~12개월까지 놀이행동의 중심을 이
룬다. 15개월이 지나도 손으로 사물을 탐색하기도
하지만 6~12개월 때만큼 중요하지는 않다.

시각탐색 ● 아이들은 생후 8~9개월이 되어야
주의 깊게 사물을 관찰하기 시작한다. 그전에는 물
건의 위치를 파악할 때나 물건에 손을 가져갈 때만
시각을 이용한다. 물건을 잡은 다음에 아이는 물건
을 아예 보지 않거나 건성으로 본다. 하지만 8~9개
월이 되면 아주 자세히 눈으로 사물을 탐색하기 시
작한다.

예를 들어 어떤 물건이 있으면 손으로 이쪽저쪽
돌려보고 집게손가락으로 조심스럽게 만져보며 오
랫동안 주시한다. 그러나 생후 12개월이 되면 장난

시각탐색 아이는 검지의 움직임을 따라
시선을 이동하면서 관찰한다. 또 종을
뒤집어 보고 돌려본다.

감, 인형, 숟가락, 신발 같은 일상적인 물건들에 대한 인지가 끝나기 때문에 시각적 탐
색행동은 줄어든다. 하지만 모르는 물건이 등장하면 아이는 물건을 오랫동안 주의 깊
게 관찰한다. '눈으로 관찰하기'는 평생 가장 중요한 탐색행동이 된다.

그러나 아이들은 하나의 사물을 탐색할 때 다양한 형태를 동원한다. 예들 들어 10개
월 된 아이는 처음에는 숟가락을 입으로 가져가고 그 다음엔 그것을 바라보고 바닥에
문지르다 다시 입에 넣는다. 또 탐색방법은 아이들마다 다 다르다. 어떤 아이들은 주
의 깊게 오랫동안 주시하고 또 어떤 아이들은 입과 손을 먼저 사용한다.

기억력 놀이

생후 9개월이 되면 피아제가 대상의 영속성이라고 부른 단기기억력이 아이들의 놀

이에 반영된다. 9개월 이전의 아이들은 눈앞에서 물건이 사라지면 그 물건이 존재하지 않는다고 생각한다. 그러니까 시야에서 사라진 것은 머릿속에서도 사라져버린다. 그러다 9개월쯤이 되면 아이는 본 것을 기억하기 시작한다. 다시 말해 시야에서 사라진 물건의 인상이 머릿속에 남게 된다. 예를 들어 서랍장 밑으로 공이 굴러 들어가면 아이는 그것을 찾거나 엄마한테 공을 꺼내달라고 운다. 아이는 공이 보이지 않아도 존재한다는 것을 알게 된다.

아이는 혼자 놀거나 다른 사람과 놀 때 다양한 단기기억력을 검증한다. 예를 들어 식탁에 앉아 물건들을 바닥에 던지면서 그것이 어디로 사라지는지 흥미진진하게 관찰한다. 또 장난감들을 통속에 넣다 뺐다를 반복한다. 곰 인형 위에 쿠션을 올려놓았다가 잠시 후에 쿠션을 들어 곰 인형이 있는지 확인하기도 한다.

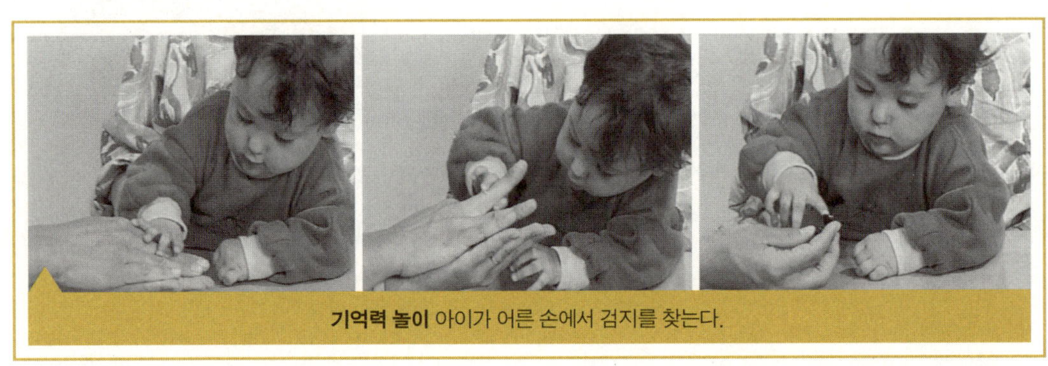

기억력 놀이 아이가 어른 손에서 검지를 찾는다.

만 1살이 되기 전에 아이가 가장 많이 하는 사회성 놀이는 '까꿍 놀이'이다. 이 놀이는 단기기억력을 이용한 놀이로 엄마 품에 안겨 있는 자신과 놀고 있던 아빠가 엄마 뒤로 몸을 숨길 때 아이가 사라진 아빠를 찾으며 논다. 자신이 바라보는 방향에서 아빠가 얼굴을 내밀면 아이는 까르르 웃으며 좋아한다. '까꿍 놀이'의 발달된 형태는 아빠가 수건으로 얼굴을 가린 다음 1~2초 후에 수건을 올리며 '까꿍!' 하고 외치는 것이다. 아빠 얼굴 대신 아이의 얼굴을 가릴 수도 있고 긴장감을 고조시키기 위해 오랫동안 얼굴을 가릴 수도 있다. 이렇게 하다 보면 아이가 지루해하지 않게 놀아줄 방법을 터득하게 된다.

생후 12개월까지는 까꿍 놀이에서 부모의 역할이 크지만 12개월이 지나면 아이는 능동적인 역할을 하려고 한다. 그러니까 누가 숨고 어떻게 놀이를 진행할지 스스로 결정하려고 한다. 또 만 2살이 지나면 아이는 가구 뒤나 문 뒤에 몸을 숨겼다가 다른 사람이 찾아주면 좋아한다.

까꿍 놀이

인과 놀이

만 1살이 되면 아이는 간단한 행동이 어떠한 결과를 낳는지 이해하기 시작한다. 예를 들어 종을 반복해서 흔드는 것을 통해 아이는 자기 손의 움직임과 종소리 사이의 관계를 이해하고 장난감에 달려 있는 끈을 잡아당기면 장난감이 자기 쪽으로 온다는 것을 터득한다.

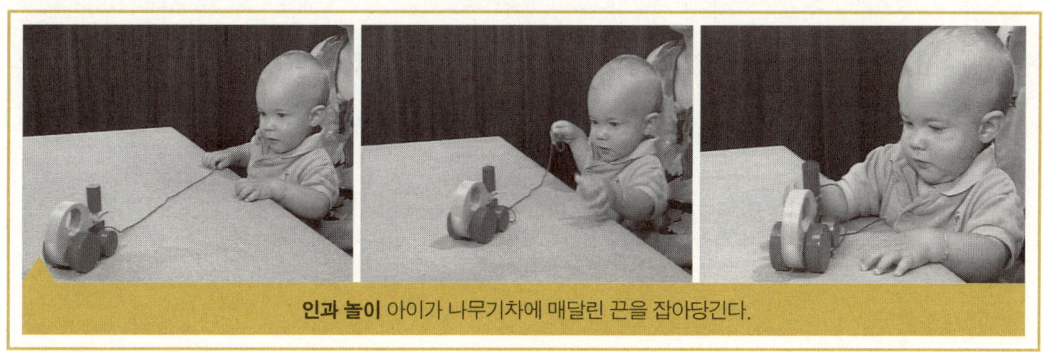

인과 놀이 아이가 나무기차에 매달린 끈을 잡아당긴다.

아이들은 일상생활에서 자주 접할 수 있는 흙이나 물을 이용해 다양한 방법으로 사물의 인과관계를 이해하게 된다. 어떤 아이들은 수도꼭지에 매달려 꼭지를 돌려서 물이 나오게 하려고 애를 쓰기도 하고 어떤 아이들은 스위치를 켜서 불을 끄고 켜는 것을 좋아한다. 또 문을 열었다 닫았다 하면서 놀이를 즐기는 아이도 있다.

부모의 역할_ 아이에게 무언가를 가르치려 하지 말고 그냥 많이 놀아주라

생후 3개월간 아이의 놀이는 부모 주도로 이루어진다. 그러다 생후 4개월 이후 주변 환경에 관심을 가지게 되면서 아이의 놀이는 점점 구체적인 형태로 발전한다. 4개월 무렵의 사회성 놀이는 부모와의 신체적인 관계를 반영한다.

아이는 태어나서 2~3개월은 부모의 얼굴과 몸에만 관심을 갖는다. 하지만 생후 5개월 이후에는 주변 사람을 볼 수 있게 똑바로 앉기를 원하며 다른 사람들과 접촉하고 그들의 행동을 관찰하고 싶어한다. 그리고 물건을 집어들고 다른 사람들과 같이 놀고 싶어한다. 부모는 아이와 가장 자주 놀아주는 사람이지만 유일한 놀이 상대는 아니다. 예를 들어 아이는 엄마나 아빠보다 손위 형제들과 까꿍 놀이를 더 재미있게 할 수도 있다. 그렇다고 해도 부모는 여전히 아이에게 세상을 이해하는 출발점 역할을 한다.

부모는 아이에게 굳이 물건을 집고 탐색하는 방법을 가르칠 필요가 없다. 아이에게 입으로 하는 탐색을 보여주기 위해 입에 물건을 넣는 부모 역시 없다. 아이에게는 무언가를 가르치는 것보다 함께 많이 노는 것이 중요하다. 놀이를 통해 아이에게 많은 영향을 끼칠 수 있기 때문이다. 예를 들어 아이가 앉기 전에 손을 많이 잡아줌으로써 많이 움직이게 하면 소근육이 발달한다. 또 엎어놓으면 움직임에 제약이 많지만 바로 뉘어 놓으면 여러 가지 놀이를 할 수 있다. 그보다 더 좋은 것은 30도 정도로 기울여 기대앉혀놓는 것이다.

⭐ 비싼 장난감이 곧 아이에게 좋은 장난감일까?

대부분의 부모는 아이가 물건을 입에 넣는 것을 좋아하지 않는다. 비위생적인 데다 물건을 입에 넣으면 침을 더 많이 흘린다고 생각하기 때문이다. 그리고 무엇보다 아이가 입에 넣은 물건이 아이의 기도를 막을까 염려를 한다. 하지만 구강탐색은 아이의 발달에 중요한 역할을 하기 때문에 그것을 막을 수는 없다.

12개월 미만의 아이들은 오랫동안 입으로 물건을 탐색하지만 구강탐색 자체가 위험한 것은 아니다. 아이가 물건을 삼키거나 물건이 아이의 기도를 막았을 경우는 오히려 그 원인이 다른 데 있었을 가능성이 높다. 예를 들어 아이가 레고 조각을 입에 넣고 있을 때 손위 형제가 아이를 웃게 하거나 밀어서 넘어뜨리면 아이의 입속에 공기가 필요 이상으로 유입되거나 갑자기 넘어져서 레고 조각이 목구멍 깊숙이 들어가 기도를 막을 수 있는 것이다.

아이들은 또한 모래, 돌, 흙을 만진 지저분한 손가락을 입에 넣곤 한다. 이때 특히 유의할 점은 개나 고양이의 배설물에는 유해 세균이나 기생충이 포함되어 있으므로 안전하고 깨끗한 놀이터나 모래사장에서 아이가 놀 수 있도록 주의해야 한다는 것이다. 4~10개월의 아이들이 놀이를 통해 물건을 탐색한다고 가정하면, 아이가 탐색하는 물건은 모두 장난감이 될 수 있다. 아이에게 좋은 장난감의 기준은 다음과 같다.

◎ 아이에게 좋은 장난감이란

● **집에서 쓰는 일상적인 물건들** 집에서 쓰는 일상적인 물건들이나 하얀 종이 등은 예쁘게 디자인된 비싼 나무장난감보다 아이의 흥미를 더 끌 수 있다. 아이에게 가장 좋은 장난감은 비싼 것이 아니라 아이의 흥미를 끌 수 있고 위험하지 않은 물건이다.

● **위험하지 않은 장난감** 아이의 장난감은 • 입속에 넣을 수 있는 크기가 아니고 • 모서리가 날카롭거나 뾰족하지 않고 • 부서지지 않고 • 유독성 염료를 사용하지 않은 것 등을 선택해야 한다. 입속에 넣을 수 있는 물건들은 기도로 들어갈 수 있기 때문에 주의해야 한다. 참고로 땅콩이 아이들의 기도를 가장 자주 막는다.

<table>
<tr><th colspan="4" align="center">||||||||| 생후 1년 동안 아이가 가지고 놀 수 있는 장난감 |||||||||</th></tr>
<tr><th rowspan="2">놀이행동 탐색</th><th rowspan="2">발달심리학적 의미</th><th colspan="2">장난감</th></tr>
<tr><th>특징</th><th>재료</th></tr>
<tr><td>• 구강탐색(4개월부터)
• 촉각탐색(6개월부터)
• 시각탐색(8개월부터)</td><td>사물의 물리학적 성질을 배운다.</td><td>크기, 형태, 표면의 질감, 색이 다양한 물건</td><td>나무, 플라스틱, 종이, 천, 스펀지, 양털, 가죽</td></tr>
<tr><td>• 기억력 놀이
(9개월부터)</td><td>기억력을 기른다.</td><td>눈앞에서 사물이나 사람이 사라진다.</td><td>구슬 굴리기, 까꿍 놀이</td></tr>
<tr><td>• 목적-수단 놀이
(8개월부터)</td><td>특별한 목적을 위해 사물을 사용한다.</td><td>잡아당기고 부닥칠 수 있는 물건</td><td>딸랑이 종</td></tr>
<tr><td>• 인과 놀이
(9개월부터)</td><td>인과관계를 탐구한다.</td><td>소리가 나는 물건</td><td>끈이 달려 잡아당길 수 있는 동물 장난감</td></tr>
</table>

Das Wichtigste in Kürze
내용 요약

① 생후 4~5개월이 되면 아이들은 두 손으로 잡기 시작한다. 그러다 익숙해지면 한 손으로 잡는다. 잡기는 한 손 잡기, 가위 잡기, 핀셋 잡기 순으로 발달한다.

② 태어나서 첫해의 가장 중요한 놀이 방법으로는 사물의 탐색, 기억력 놀이, 인과 놀이가 있다.

③ 아이가 주변의 구체적인 것들을 배우는 방법은 빨기(구강탐색), 만지기(촉각탐색), 관찰하기(시각탐색)이다. 이 3가지 탐색방법은 영유아기에 꼭 필요한 것으로 저지당해서는 안 된다.

④ 기억력 놀이에는 까꿍 놀이, 물건 숨기기가 있다.

⑤ 인과 놀이에는 오르골, 장난감 가까이 당기기, 흙이나 모래, 물로 하는 놀이가 있다. 이러한 놀이를 통해 인과관계에 대한 이해력을 촉진시킨다.

⑥ 좋은 장난감이란 아이에게 흥미를 유발하면서 위험하지 않은 물건이다. 아이가 입속에 넣을 수 없는 크기이고, 모서리가 날카롭거나 뾰족하지 않으며 부서지지 않고, 유독성 염료를 사용하지 않은 장난감을 선택하는 것이 좋다.

값비싼 장난감, 아이한테 정말 필요한 걸까?

만 1살이 지나면 아이는 놀이를 통해 다양한 행동양식을 발전시킨다. 이 시기에 아이는 정신적·언어적·사회적인 영역에서 엄청난 발달을 이루어낸다. 이는 놀이를 통해 발전된 행동양식에 그대로 반영된다. 아이가 물건으로 통을 채웠다 비우고 컵을 쌓고 블록을 일렬로 나열하면 공간적인 이해력이 발달되었다는 뜻으로 해석할 수 있다.

다른 한편으로 아이는 모방을 통해 사물의 기능을 습득한다. 빗으로 머리를 빗는 흉내를 내면서, 볼펜으로 신문에 낙서를 하거나 엄마처럼 수화기에 수다를 떨면서 아이는 일상적인 물건의 기능을 익혀나간다. 특히 전화는 아이들에게 매력적인 물건인데 그 이유는 엄마와 아빠가 전화기를 마치 사람 대하듯 하기 때문이다. 엄마와 아빠가 전화기에 대고 말을 하면서 다양한 감정을 표현하는 것을 보고 아이는 전화기를 동경하게 된다.

만 2살을 전후하여 아이는 사물의 특성에 따라 같은 것과 다른 것을 분류하기 시작한다. 예를 들어 장난감자동차와 나무로 만든 동물장난감이 섞여 있을 때 이 둘을 분류하고 일렬로 정리하기도 하고 소꿉장난 그릇을 모양과 크기에 따라 분류하기도 한다. 이러한 놀이를 통해 아이는 특정한 성질에 따라 사물을 분류하는 능력을 키우는데, 이는 논리적 사고의 전제조건이 된다.

이 장에서는 10~24개월에 가장 많이 관찰되는 아이들의 놀이행동에 대해 간략화하여 살펴보려고 한다. 이 시기에 부모들이 아이들에게서 관찰할 수 있는 놀이 형태를 전부 다 다룰 수는 없기 때문이다. 그러므로 이 책에서 다루지 못하지만 부모와 전문가들이 발견하게 될 중요한 놀이행동 형태도 있을 것이다. 또 특정한 놀이행동의 형태가 나타나는 시기도 아이마다 다 다르고 부모들이 아이의 놀이행동에서 관찰할 수 있는 특징도 매우 다양하기 때문에 이 장에서는 놀이행동에 대한 설명이 간략화되었음을 염두에 두고 읽길 바란다. 더불어 이 책에 명시된 각각의 놀이 형태가 나타나는 시기는 형제자매가 있는 아이들을 기준으로 했음을 밝혀둔다.

공간적 특징을 지닌 놀이행동

만 2~3살의 아이들에게서 관찰할 수 있는 몇 가지 놀이 형태를 보면 아이들의 공간이해력이 얼마나 발달했는지 짐작할 수 있다. 즉 아이가 노는 모습을 보면 아이가 사물의 공간적 관계와 공간의 크기, 중력에 대해 얼마나 이해하는지 알 수 있다. 아이의 발달연령에 따라 놀이는 각기 다른 특징을 나타낸다. 예를 들어 12~16개월 된 아이들은 물건을 담는 용기에 큰 관심을 보이는 반면 16~20개월 된 아이들은 물건을 쌓는 것을 좋아한다. 다양한 놀이 형태는 모든 아이들에게서 다음 페이지의 도표에 소개된 순서로 진행된다. 우리의 연구 결과 순서가 바뀌어 12개월에 블록을 쌓고 18개월에 용기에 담긴 물건을 채웠다 비우는 놀이를 하는 아이는 없었다.

❶ 9개월 된 아이가 블록으로 통을 채우고 있다. ❷ 18개월 된 아이가 블록으로 탑을 쌓고 있다. ❸ 26개월 된 아이가 블록으로 기차를 만들고 있다

||||||||| 공간적 특징을 지닌 놀이행동의 진행 순서 |||||||||

개월 수	6	9	12	15	18	21	24	30

통 비우기 채우기 놀이
사물을 통에 집어넣는다.
(통에 블록 넣기)

수직으로 쌓기
사물 위에 다른 사물을 올린다.
(블록으로 탑 쌓기)

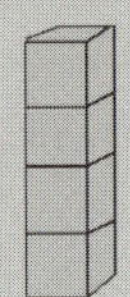

수평으로 나열하기
사물을 수평으로 연결한다.
(블록으로 기차 만들기)

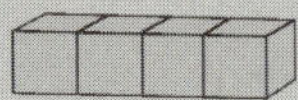 

수직과 수평으로 쌓기
사물을 수직과 수평으로 쌓고
나열한다.
(블록으로 계단 만들기)

통 비우기 채우기 놀이 ●

10~15개월이 되면 아이는 통을 비우고 채우는 것을 아주 좋아한다. 통 비우기 채우기 놀이의 놀이행동을 연구하는 과정에서 우리는 나무 공을 넣은 조그만 유리병을 아이들에게 주고 아이들의 행동을 관찰했다. 이 실험을 통해 우리는 통 비우기 채우기 놀이가 어떻게 발달하는지 추적할 수 있었다.

6개월 된 아이는 병을 흔들어도 나무 공엔 관심을 보이지 않고 유리병을 바로 입에 가져갔다. 즉 6개월 된 아이는 유리병만 인식할 수 있었다. 그러나 7개월 된 아이는 유리병 속에 있는 공에 관심을 보이기 시작했다. 아이는 손가락으로 병 속의 공을 꺼내

|||||||||| 공이 들어간 유리병 실험 ||||||||||

A: 8개월 된 아이가 병 속에 공이 있다는 것을 알고 공을 꺼내려고 애쓴다.

B: 12개월 된 아이는 병을 열 수 있다는 것을 알고 손가락으로 병속의 공을 잡으려고 한다.

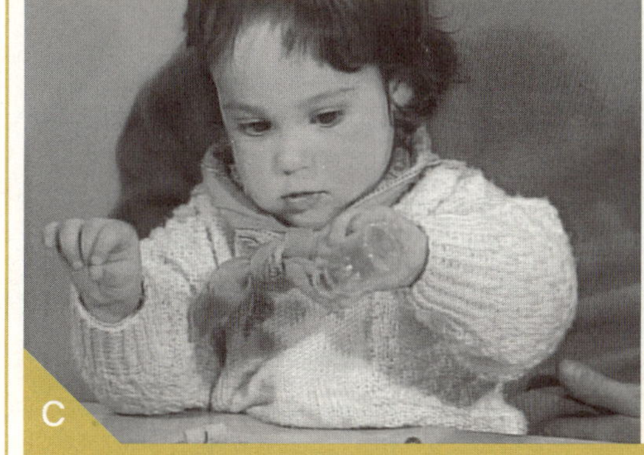

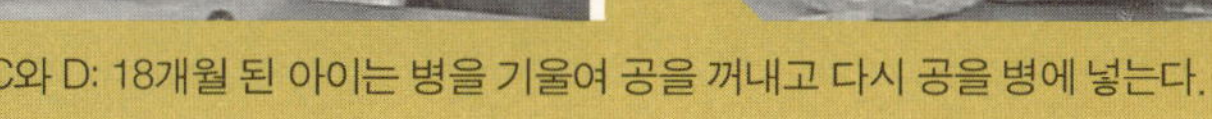

C와 D: 18개월 된 아이는 병을 기울여 공을 꺼내고 다시 공을 병에 넣는다.

려고 시도했다. 더 나아가 9~12개월 된 아이는 병 입구에 검지를 넣어 공을 잡으려 했다. 이러한 아이들의 행동은 사물 안에 있는 다른 사물에 대한 이해가 얼마나 발달 했는지 보여준다.

12개월 된 아이는 유리병에 공을 집어넣을 수는 있지만 집어넣은 공을 다시 꺼낼 수는 없었다. 아이에게 유리병을 기울여 공을 꺼내는 것을 보여줘도 아이는 유리병을 기울이지 못했다. 대신 유리병을 흔들어 공을 꺼내려고 했다. 15개월이 되면 아이는 유리병을 기울여 공을 꺼내는 것을 보여줬을 때 그것을 흉내 낼 수 있다. 그리고 18개월이 되면 자발적으로 유리병을 비울 수 있게 된다.

수직으로 탑 쌓기 ● 15개월 이전에 아이는 탑 쌓는 것에 전혀 관심을 보이지 않는다. 그러다 18개월이 되면 블록뿐 아니라 장난감가구처럼 수직으로 쌓기 힘든 물건들도 쌓는 것을 좋아한다.

수평으로 기차 만들기 ● 24개월이 되면 아이들은 수직으로 물건을 쌓는 데 흥미를 점점 잃어가는 대신 수평으로 나열하는 것을 좋아한다. 만 2~3살의 아이들이 기차선로를 연결하는 놀이에 열중하는 것을 보면 수평으로 물건을 나열하기 좋아하는 이 시기의 특성을 알 수 있다. 아이들은 장난감 기차선로뿐 아니라 레고, 나무블록도 수평으로 나열한다.

만 2살이 지난 아이들이 인형의 집을 가지고 노는 것을 관찰하면 이 시기 아이들의 공간 이해력이 얼마나 발달했는지 알 수 있다. 아이가 책상, 그릇, 의자를 다루는 방법과 형태에는 아이들의 공간이해력이 반영되어 있다. 15개월 된 아이는 의자를 테이블 주위에 정리할 줄 모른다. 18개월 된 아이는 물건을 수직으로 쌓는 데

만 2살 된 아이가 기차놀이에 열중하고 있다.

관심이 많기 때문에 테이블 주위에 정리하는 대신 의자로 탑을 쌓으려 한다. 반면에 아이들은 24~30개월이 되면 공간과 사물의 기능에 대한 이해력이 발달하여 의자를 테이블 주변에 놓고 인형을 의자에 앉히고 테이블 세팅을 한다.

18개월 된 아이는 소꿉장난감을 가지고 어떻게 해야 할 줄 모른다.

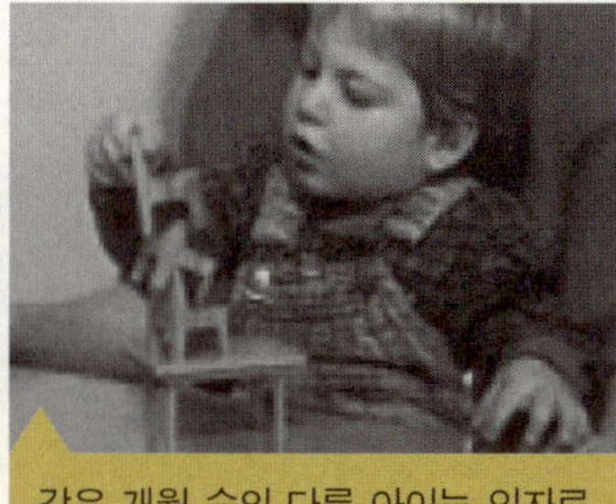
같은 개월 수인 다른 아이는 의자로 탑을 쌓는다.

21개월 된 아이는 의자, 그릇, 인형을 가지고 제대로 놀 줄 안다.

상징적 특징을 지닌 놀이

아이는 만 1살 정도가 되면 일상적 사물을 구분하고 재인식할 만큼 인지력이 발달하고 만 1살이 지나면 사물의 구체적 기능에 관심을 갖는다.

기능적 특성을 지닌 놀이 형태가 발달하는 데는 모방이 매우 중요한 역할을 한다. 만 1살 정도가 되면 아이는 단순한 행동을 모방하기 시작한다. 아이는 직접 모방과 지연 모방(기능적 놀이)을 통해 물건을 사용하는 방법을 익힌다. 아이는 엄마가 밥을 먹여줄 때 스스로 숟가락으로 밥을 먹으려고 노력한다(직접 모방). 지연 모방 혹은 간접 모방은 아이가 혼자 놀면서 몇 시간 또는 며칠 전에 경험했던 상황을 재현하면서 놀 때 자주 관찰된다.

12~18개월이 되면 아이는 상징적 이해력의 발달을 위한 첫걸음을 내딛는다. 상징적 이해력은 지연 모방의 단계를 거쳐 상상력을 지녀야 발달할 수 있다. 상상력은 아이가 사건을 경험한 시간적·공간적 상황에 국한되지 않고 새로운 상황에 자신의 경

개월 수	9	12	15	18	21	24	30

기능 놀이
아이는 자신의 신체를 이용하여 용도에 맞게 사물을 사용한다.(숟가락을 입에 가져간다.)

대리 놀이 ❶
인형에게 용도에 맞게 사물을 사용한다. (인형에게 숟가락으로 밥을 먹인다.)

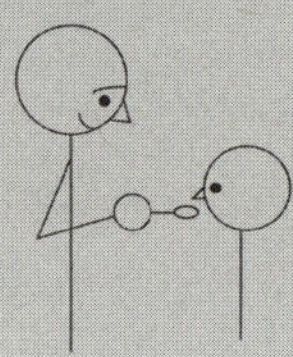

대리 놀이 ❷
용도에 맞게 사물을 사용하도록 인형을 움직인다. (인형에게 숟가락을 쥐어주고 인형이 스스로 숟가락질을 하도록 인형 팔을 움직인다.)

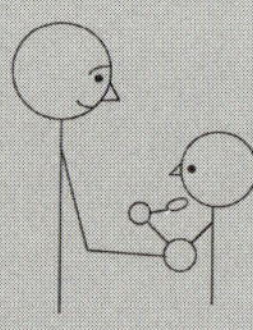

순차적 놀이
공통된 주제를 가진 행위를 재현할 수 있다. 예를 들면 식사시간을 재현하는 놀이를 한다. (요리를 하고, 인형을 의자에 앉히고, 음식을 나눠주고, 인형에게 밥을 먹인다.)

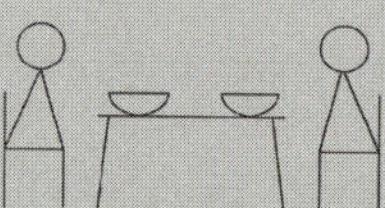

상징 놀이
사물에 다른 의미를 부여하거나 어떠한 사물이 눈앞에 있는 것처럼 생각한다. (버스를 타고 가는 것처럼 인형을 일렬로 앉힌다.)

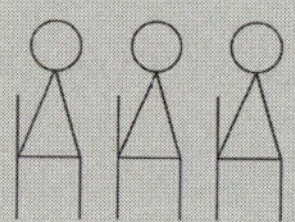

험을 전이시킬 수 있는 능력이다. 예를 들어 상상력이 발달하면 혼자서 숟가락으로 먹으려 할 뿐 아니라 엄마나 인형의 입에도 숟가락을 집어넣는 행동을 할 줄 안다(대리 놀이①). 그러다 단계가 더 발달하면 인형에게 숟가락질하는 것을 보여준다(대리 놀이②). 만 3살이 될 무렵엔 한 가지 행동뿐 아니라 공통된 주제를 지닌 행위 전체를 재현할 만큼 상상력이 발달한다(순차적 놀이). 예를 들면 소꿉장난을 하면서 가족 식사 시간이나 잠자리에 들기를 재현한다. 상상력 혹은 상징적 기능은 사고력, 관계성 행동, 언어발달에 중요한 역할을 한다.

지금부터 상징적 특징을 지닌 여러 가지 놀이를 자세히 소개하고자 한다.

기능 놀이 ● 생후 9~12개월이 되면 아이들은 단순한 행동을 따라 할 줄 안다. 아이는 빗으로 머리를 빗고 수화기를 귀에 대고 옹알거린다. 또 연필을 손에 쥐고 엄마, 아빠 흉내를 내며 무언가를 쓰거나 손위 형제를 따라 무언가를 그리려고 한다. 그러나 아이는 특정한 것을 표현할 수도 없고, 표현하고자 하는 것도 아니다. 아이는 그저 연필을 사용하는 법을 익히려 하는 것이다. 기능 놀이는 사물을 사용하는 가장 단순한 형태이며 몸을 이용해서만 물건을 사용할 수 있다.

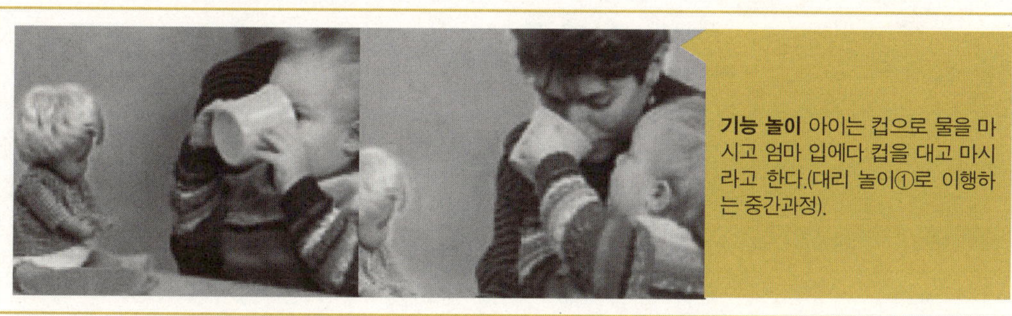

기능 놀이 아이는 컵으로 물을 마시고 엄마 입에다 컵을 대고 마시라고 한다.(대리 놀이①로 이행하는 중간과정).

대리 놀이 ● 대리 놀이로 향한 이행단계에서 아이는 자신뿐 아니라 다른 사람, 특히 엄마나 아빠에게도 물건을 사용한다.

예를 들어 숟가락으로 엄마에게 밥을 먹이거나 빗으로 아빠 머리를 빗는다. 그러다

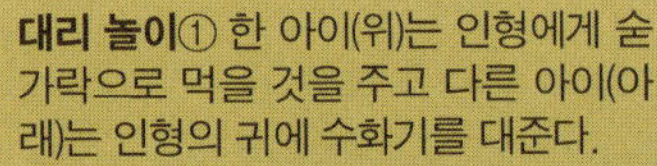

단계가 더 진행되면 엄마, 아빠뿐 아니라 인형을 가지고 물건을 사용해본다(대리 놀이①). 아이는 또 인형에게 우유병을 주거나 마시라고 컵을 준다. 이러한 놀이 형태는 대개 12~18개월에 나타난다. 그러다 2~3개월이 지나면 인형이 행동의 주체가 되도록 놀이를 한다(대리 놀이②).

아이는 인형을 거울 앞에 앉혀놓고 손에 머리빗을 쥐어주고 시범을 보인 다음 인형 팔을 움직여 인형이 스스로 머리를 빗게 한다.

순차적 놀이 ● 21~24개월이 되면 아이는 일상 생활의 특정한 행위를 순차적으로 재현하기 시작한다. 예를 들어 아이는 요리를 하고 식탁을 차리고 인형들을 의자에 앉히고 밥을 먹이면서 식사시간을 재현한다.

상징 놀이 ● 아이는 하나의 사물에 눈앞에 없는 물건의 의미를 부여하거나 눈앞에 없는 물건이 있다고 생각한다. 예를 들어 인형을 신발 안에 넣고 자동차를 타고 있다고 생각하거나 공중에서 움직이면서 비행기를 타고 있다고 상상한다.

분류하기

18~24개월이 되면 아이는 장난감자동차를 한 줄로 정리하고 플라스틱 인형을 또

형태 분류하기 18개월 된 아이는 아직 형태를 분류하지 못하고(좌) 21개월 된 아이(우)는 형태를 분류할 줄 안다.

색 분류하기 21개월 된 아이(좌)는 아직 색깔을 분류하지 못한다. 24개월 된 아이(우)는 쉽게 색을 분류한다.

다른 줄로 정리하면서 논다. 또 의자와 접시를 각각 다른 곳에 정리한다. 이러한 놀이는 아이가 정리정돈에 대한 감각을 익힌 것처럼 생각하게 한다. 사물의 특정 성질에 따라 같은 것 또는 다른 것으로 분류하는 것이 어른들의 눈에는 정리정돈을 하는 것으로 보이는 것이다. 어쨌든 이 시기가 되면 아이는 특징에 따라 장난감과 사물을 분류하기 시작한다.

성질이나 특성에 따라 사물을 분류하는 능력은 만 2살을 전후하여 발달한다. 처음에는 원, 사각형, 삼각형과 같은 단순한 형태만 분류할 수 있지만 조금 시간이 지나면 색깔에 따라 형태를 구분하기도 한다. 만 3살이 된 아이들이 가장 좋아하는 장난감은 모형 맞추기 상자일 것이다. 아이는 복잡한 형태의 블록을 맞는 구멍에다 집어넣을 수 있다.

사회성 놀이

만 1살 이후에도 사회성 놀이는 아이에게 중요한 놀이 형태이다. 이 시기의 아이들이 가장 자주하는 사회성 놀이는 주고받는 놀이다. 아이는 어른에게 물건을 주고 어른이 그것을 다시 돌려주길 기대한다. 예를 들어 엄마한테 공을 굴리면 엄마가 다시 공을 자기에게 굴릴 것이라고 생각한다. 또 아빠와 장난감자동차에 블록 싣기 놀이를 하면서 즐거워한다. 아빠가 싣고 자기는 내리고를 반복하는 것이다.

아이가 이러한 놀이를 좋아하는 이유는 다른 사람이 어떻게 행동할지 예상을 하기 때문이다. 아이는 놀이를 하면서 자신의 예상대로 된다는 것을, 자신이 다른 사람에게 영향을 줄 수 있음을 경험하게 된다. 아이는 주고받기 놀이를 하면서 상대방이 자기가 원하는 대로 해주길 마음속으로 바랄 것이다.

부모의 역할_값비싼 장난감보다 더 좋은 것은 부모가 본보기가 되는 것이다

부모가 아이의 발달 상태에 따라 장난감을 선택하고 아이의 욕구를 원하는 방향으로 인도하려면 돈을 주고 산 장난감보다 아이가 일상생활에서 쉽게 접할 수 있는 물건을 가지고 놀게 하는 것이 훨씬 효과적이다. 생후 12개월이 지나면 더욱 그러하다. 옆 페이지에 정리해 놓은 여러 형태의 놀이행동과 그에 맞는 일부 장난감을 참고로 이 책을 읽는 부모들은 자신만의 표를 만들어보길 권유한다.

일상생활에 아이를 참여시킨다는 것은 말처럼 쉬운 일이 아니다. 아이가 하루 종일 청소기를 켰다 끄기를 반복하며 온 집안을 휘젓고 다니면 다른 식구들에게도 청소기를 위해서도 바람직하지 못하다. 운이 좋으면 엄마, 아빠는 덜 시끄러우면서도 아이가 좋아할 만한 다른 물건을 찾을 수 있을 것이다. 하지만 무엇보다 아이에게 좋은 것은 엄마, 아빠가 함께 놀아주는 것이다. 그리고 그보다 더 좋은 것은 엄마, 아빠가 아이와 함께 여러 가지 일을 하면서 본보기가 되는 것이다.

|||||||| 만 1살 이후의 아이들에게 적합한 장난감 ||||||||

놀이 형태	발달심리학적 의미	장난감
◎ 공간적 특징을 지닌 놀이	사물간의 공간적 관계에 대한 이해	
통 비우기 채우기 놀이 (9개월 이후)		냄비, 컵, 바구니, 플라스틱그릇, 플라스틱 병, 호두, 코르크마개, 물, 모래, 마로니에 열매
수직으로 쌓기(15개월 이후)		블록, 컵, 고리 끼우기
수평으로 나열하기 (21개월 이후)		블록, 장난감기차
수직과 수평으로 쌓기 (30개월 이후)		블록, 레고
◎ 상징적 특징을 지닌 놀이	사물의 용도와 행위, 행동방식에 대한 이해	
기능 놀이(12개월 이후)		수저, 컵, 빗, 장난감 다리미, 소꿉놀이 세트, 장난감 공구 세트
대리 놀이(15개월 이후)		인형, 테디베어
순차적 놀이(21개월 이후)		인형의 집, 목제 동물놀이 세트
상징 놀이(18개월 이후)		나무 조각, 돌, 조개껍질과 같이 자연에서 구할 수 있는 사물
◎ 분류하기	특성에 따라 분류하기	
나누고 합치기(21개월 이후)		다양한 모양의 블록, 크기와 색이 다른 컵, 모양 맞추기, 퍼즐

Das Wichtigste in Kürze
내용 요약

1. 생후 12개월이 지나면 아이는 다양한 경험을 가능하게 하고 사고력을 키울 수 있는 행동을 습득한다.

2. 공간적인 특징을 지닌 놀이행동은 다음과 같은 순서로 발달한다.
: 통 비우기 채우기 놀이 -〉 수직으로 쌓기 -〉수평으로 쌓기 -〉 수직과 수평으로 쌓기

3. 상징적 특징을 지닌 놀이는 직접 또는 간접 모방으로 이루어지며 다음과 같은 순서로 발달한다.
: 기능 놀이(사물의 용도를 익히는 놀이) -〉대리 놀이(인형에게 특정 행동을 하게 하는 놀이) -〉 순차적 놀이(공통된 주제를 지닌 행위를 재현) -〉 상징 놀이(사물에 다른 의미를 대입시켜 논다.)

4. 부모, 손위 형제, 친밀한 관계를 맺고 있는 다른 사람들을 모방하면서 아이는 사물의 용도와 사회적 행동을 익힌다.

5. 아이는 모래나 물같이 자연적인 소재를 가지고 놀면서 사물의 인과관계를 이해한다.

6. 아이는 사물을 특성에 따라 합치고 나누는 놀이를 하면서 사물을 분류하게 된다.

7. 아이들은 돈을 주고 산 장난감보다 익숙한 환경이나 가족과의 일상생활에서 쉽게 접할 수 있는 사물들을 더 좋아한다.

8. 아이와 함께 노는 것은 아이를 위해 좋은 일이다. 그러나 그보다 더 좋은 것은 아이에게 좋은 본보기가 되는 것이다.

만 2~3살이 되면 아이들의 놀이는 더욱 다양해지고 세분화된다. 이 시기의 놀이의 특징은 상상의 동물이나 인물에 아이들이 자신을 대입시킨다는 것이다. 아이는 공룡처럼 덩치가 크고 힘이 센 동물이 되기도 하고 아름다운 공주가 되기도 한다.

이 장에서는 공간 놀이와 같이 만 1살이 지나면 나타나기 시작하여 만 3~4살까지 발전되는 놀이 형태를 살펴볼 것이다. 더불어 그리기, 만들기와 같은 새로운 놀이 활동에 대해서도 이야기할 것이다. 마지막으로 부모가 아이의 놀이를 서포트해줄 수 있는 방법은 무엇인지, 3~4살 때 벌써 숫자와 글자에 관심을 보이는 아이들에게 어떻게 해주어야 할지, 이 시기의 아이들이 텔레비전을 시청해도 되는지에 대해서도 생각해볼 것이다.

공간 놀이

만 2~4살이 되면 공간 이해력이 발달한다. 새로 습득한 공간 이해력은 아이들의 놀이에 반영된다.

수직/수평 쌓기 ● 나무블록이나 여러 가지 물건으로 탑을 쌓을 줄 알면 아이들은 다음 단계로 수평으로 물건을 나열하기 시작한다. 만 2살이 되면 아이들은 기차선로를 만들고 기차들을 연결하는 놀이에 매료된다. 그러다 2.5살쯤이 되면 수직, 수평, 양 방향으로 물건을 나열하기 시작한다. 예를 들면 아이들은 나무블록으로 인형 계단이나 기차가 지나가는 다리 같은 것을 만든다.

입체적인 공간 만들기 ● 만 3~4살이 되면 아이들은 공간의 입체성을 고려하여 구조물을 만들기 시작한다. 예를 들어 남자아이들은 블록으로 차고를 만든다. 공간 이해력은 만 5살까지 지속적으로 발달하기 때문에 만 5살이 되면 아이들은 레고를 비롯한 여러 재료들로 집, 비행기, 자동차 등을 만들 수 있다.

공간 이해력은 구조물 만들기뿐 아니라 다른 영역에도 중요한 역할을 한다. 아이가 인형 머리를 통과해 옷을 입히고 신발을 신기려고 할 때 아이는 인간의 신체에 대한 심상을 떠올릴 수 있어야 한다. 18~24개월이 되면 아이들은 코, 손, 발 등 자신의 신

공간 놀이 아이들은 만 2.5~3살에 다리를, 만 3~4살에 계단을, 만 5~6살에 집을 만든다.

체 부위 일부를 식별할 줄 알며 만 2~4살이 되면 자신의 신체 전체에 대한 이해력이 발달한다.

그리기와 만들기

〈언어발달〉편에서 자세히 다루겠지만 아이들은 기본적으로 언어로 표현할 수 있는 것보다 훨씬 더 많은 것을 이해할 수 있다. 그림 그리기도 말하기와 비슷하다. 아이들은 사물이나 사람을 구체적으로 표현할 수 있을 만큼 소근육이 발달하지 못했기 때문이다. 만 2살이 지나면 인간의 신체와 형상에 대한 이해력이 발달하지만 그림을 그리기 시작하는 것은 1~2년 후이다.

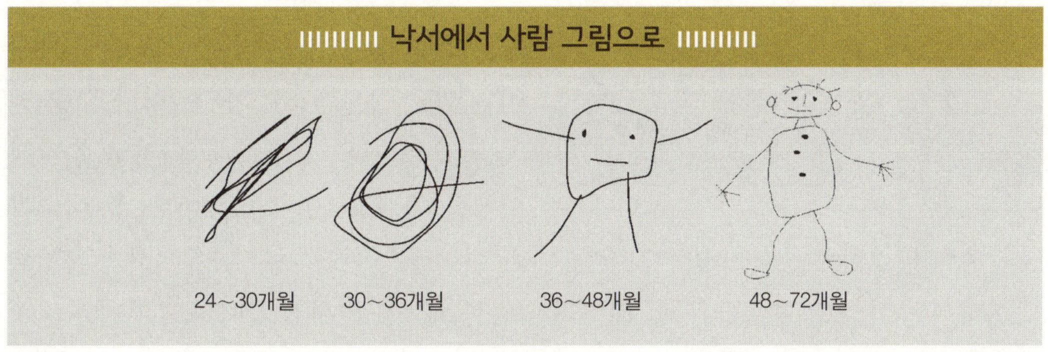

만 2살 이후 아이들의 그림은 낙서 수준이다. 이 시기의 아이들은 그저 손위 형제나 다른 어른들이 무언가를 쓰거나 그릴 때의 움직임을 따라 할 뿐이다. 만 3살을 넘기면 선 모양의 낙서가 둥글게 변한다. 그런 과정을 거쳐 아이는 머리와 팔다리만 있는 사람을 그리게 된다.

만 5살이 지나면 아이들은 머리, 목, 몸통, 팔다리 등을 세분화하여 표현하고 머리카락, 손가락과 같이 세세한 부분까지 표현할 줄 안다. 그러나 대부분의 아이들은 정면에서 바로 본 사람의 모습을 그린다. 측면에서 본 모습을 그리는 아이는 매우 드물다.

또 가족을 그릴 때와 같이 여러 사람이 등장하는 그림을 그릴 때는 인물의 크기와 장식으로 각각의 사람이 자신에게 어떤 의미인지 표현한다. 아이들은 만 5살이 되기 전까지 사람을 주로 그리고 집, 자동차, 동물과 같은 사물은 잘 그리지 않는다.

만 3살 이후에 아이들은 색칠하기를 좋아한다. 만 3살이 지나면 색칠을 할 때 색을 제대로 선택할 뿐 아니라 윤곽선 밖으로 튀어나가지 않게 손동작을 조절할 수 있을 만큼 소근육도 발달한다.

만 2.5~3살이 되면 아이는 혼자서 가위를 사용할 수 있고 줄에 구슬을 꿰어 목걸이를 만들 수도 있다. 가위질이나 구슬 꿰기는 많은 것을 요구한다. 다양한 감각적 인상을 세분화하여 소화해야 할 뿐 아니라 소근육이 일정한 수준까지 발달해야만 한다. 아이들은 여러 가지 이유에서 만들기를 좋아하며 종이, 고무찰흙, 나무를 비롯한 다양한 재료를 다루길 좋아하고 가위와 망치 같은 공구를 가지고 놀길 좋아한다. 이렇게 다양한 재료와 공구로 아이들은 자기만의 작품을 만든다. 아이들은 혼자서 만들기도 좋아하지만 그보다는 다른 아이들이나 어른들과 함께 만드는 것을 더 좋아한다.

퍼즐과 기억력 놀이

만 2살이 지나면 아이들은 퍼즐 끼워 맞추기 놀이를 좋아한다. 예를 들면 동물 모양의 퍼즐의 모양을 보고 퍼즐 판의 알맞은 곳에 끼워 넣는다. 그리고 만 3살이 지나면 단순한 퍼즐을 맞출 수 있다. 그러나 퍼즐에 대한 관심은 아이마다 다르다. 어떤 아이들은 형태, 색, 절단면 등 디테일한 부분을 기가 막히게 구분한다.

만 4살이나 5살이 되면 단순 기억력이 아이들의 놀이에 반영된다. 아이들은 그림 맞추기와 같은 놀이에서 놀랄 만한 능력을 보이기도 한다. 이 시기의 아이들은 그림의 공간적 위치도 굉장히 잘 구분한다. 아이들은 그림 맞추기 놀이를 아주 좋아할 뿐 아니라 어떤 아이들은 어른들보다 훨씬 잘하기도 한다.

그림책과 노래

늦어도 만 2살이 지나면 아이들은 그림책에 각별한 관심을 보인다. 아이들은 처음엔 공을 가지고 노는 여자아이나 쥐를 쫓아가는 쥐처럼 디테일한 부분에 주의를 기울인다. 그런 다음 그림 전체를 보고 상황을 파악한 후 이야기에 관심을 갖는다. 그림책을 볼 때 천천히 반복해서 보는 것이 중요하다. 아이가 등장인물과 이야기 전개를 파악했다면 CD를 들려주어도 재미있어 할 것이다.

아이들은 엄마, 아빠와 함께 가족 앨범을 보는 것을 좋아한다. 사진첩을 넘길 때마다 아이가 가족과 자기 모습을 보고 어떠한 반응을 보이는지 관찰하는 것도 흥미롭다. 부모가 아이에게 줄 수 있는 최고의 그림책은 아이의 사진을 모아놓은 앨범이다. 세월이 지날수록 그런 앨범은 아이에게 귀중한 물건이 된다.

아이들은 만 3살이 되면 운율이 있는 간단한 노래를 좋아한다. 그리고 다른 아이들이나 어른들과 함께 노래를 즐겨 부른다. 간혹 만 3살 때부터 악기 연주하는 것을 좋아하는 아이들이 있다. 아이가 지속적으로 악기에 관심을 보이는지, 아이에게 어떤 악기가 가장 적합한지 알려면 음악전문교사처럼 경험이 많은 사람의 지도 아래 아이에게 다양한 악기를 접할 수 있게 해야 한다.

상징적 특징을 지닌 놀이

만 2살이 되면 아이는 일상생활의 단순한 일련의 행동을 모방할 수 있다. 이때 여자아이들은 요리나 가족 식사시간처럼 사교적인 상황을 흉내 내길 좋아한다. 여자아이들은 남자아이들보다 빨리 친밀한 관계에 있는 사람을 따라 하고 집에서 벌어지는 일들을 놀이를 통해 재현한다.

이 밖에도 다른 아이들이나 엄마, 아빠를 비롯해 주변 사람들의 행동을 관찰한 후 놀이에 반영한다. 남자아이들도 인형놀이를 통해 일상생활을 모방한다. 그러나 대인관계나 사교적인 상황보다는 인형의 팔과 다리가 어떻게 움직이는지, 인형이 울 때 어디서 소리가 나는지 더 궁금해한다. 그리고 도로에서 벌어지는 일이나 공사장에서 어떤 일이 벌어지는지 주의 깊게 관찰하고 놀이에 반영한다. 남자아이들은 장난감자동차로 가상의 도로를 달리고 차고에 주차하는 놀이를 하고 기중기에 짐을 실고 화물차에 옮기는 놀이를 한다. 호기심이 유난히 강한 아이들은 궁금한 것은 다 만져보고 어떻게 작동하는지 직접 시험해본다.

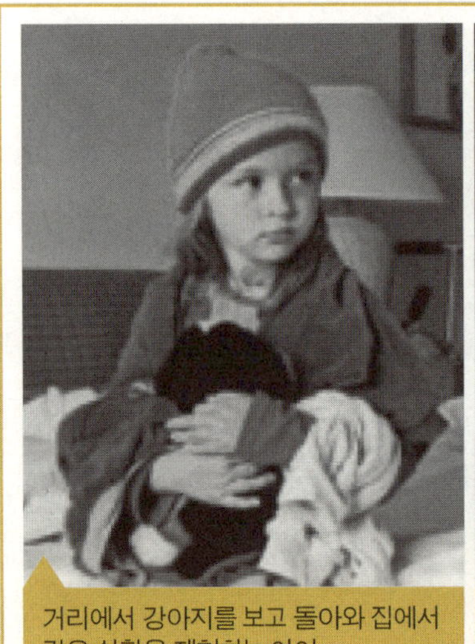

거리에서 강아지를 보고 돌아와 집에서 같은 상황을 재현하는 아이.

처음으로 자신들만의 집을 지은 아이들.

만 3살이 되기 전에 아이들은 다른 아이들과 함께 같은 공간에서 노는 것을 좋아하지만 서로 어울려 놀지는 않는다. 그보다는 나란히 앉아 비슷한 상황을 재현하며 비슷한 행동을 한다(유사 놀이). 그러면서 다른 아이들이 무엇을 하는지 관찰하고 자기 놀이에 반영한다.

다른 아이들의 행동을 따라 하다가 만 3~5살이 되면 아이는 역할놀이를 한다. 아이는 산책가기나 장보기 같은 일상적인 순간을 재현한다. 아이는 인형에게 옷을 입히고 유모차에 태워 산책하는 놀이를 한다. 또 결혼식이나 여행과 같은 특별한 경험은 아이에게 강한 인상을 남기기 때문에 아이들이 좋아하는 놀이의 소재가 된다.

역할놀이의 단계가 더 발전하면 아이는 혼자서가 아니라 다른 아이들과 함께 각기 다른 역할을 맡아 놀이를 할 수 있다. 그러기 위해서는 다른 아이의 행동, 감정, 생각을 이해할 수 있어야 한다. 유치원에 다닐 나이가 되면 아이들은 시장놀이를 좋아한다. 한 아이가 판매원 역할을 하면 다른 아이들은 손님 역할을 하며 즐겁게 놀이를 한다.

⭐ 상징 또는 역할놀이는 아이들의 일상적인 경험이 바탕이 된다

일상적인 경험이 없으면 역할놀이도 존재할 수 없다. 따라서 아이들이 다양한 경험을 할 수 있도록 부모는 집안일, 정원 손질, 장보기와 같은 일상적인 일에 아이를 참여시켜야 한다. 엄마, 아빠뿐 아니라 친밀한 관계를 맺고 있는 다른 사람과 함께 한 경험도 중요하다. 예를 들어 할머니와 함께 요리를 하고 빵을 굽는다거나 할아버지와 함께 낚시를 하거나 농장에 놀러 가면 아이는 기뻐할 것이며 그러한 경험은 아이의 놀이와 발달에 중요한 역할을 한다.

우편물을 전달하러 집에 온 집배원이나 고장 난 수도관을 고치러 온 기술자는 곧바로 아이들의 놀이 소재가 된다. 이웃집에서 불이 나거나 옆집 할머니가 구급차에 실려 가는 것처럼 스펙터클한 일은 아이에게 강한 인상을 남기기 때문에 아이의 역할놀이에 자주 등장하는 소재가 된다. 이러한 일들이 놀이에 반복해서 등장하는 이유는 강한 인상을 남긴 경험을 놀이를 통해 소화하기 위해서이다. 동생이 태어나거나 삼촌이 결혼하거나 할아버지의 장례식과 같은 아이에게 강한 인상을 남기는 가족 행사나 가족적 불행도 아이의 놀이에 자주 등장한다.

만 3~5살의 아이는 자신의 감정을 표현할 수 있을 만큼 언어능력이 발달하지 못했다. 아이는 말보다는 놀이를 통해 자신의 감정을 더 잘 표현한다. 3~4살 아이들은 역할놀이를 할 때 만 1~2살 된 아이들이 상징 놀이를 할 때와 비슷한 행동을 한다. 만 2살이 된 아이들은 대부분 밥 먹을 때 숟가락으로 먹는다고 말하지는 못하지만 인형에게 밥을 먹일 줄은 안다. 그러니까 말로 표현하지는 못하지만 행동으로는 표현할 수 있다. 마찬가지로 만 3~5살의 아이들은 감정을 표현할 수 있는 적합한 어휘를 사용하지 못한다. 그러나 의도하지 않은 상태와 행동으로 기쁨, 슬픔, 분노, 공포를 표현한다. 상징 또는 역할놀이를 통해 아이들은 상상의 세계를 펼친다. 더 나아가 아이들은 그것을 통해 구체적인 경험과 감정을 다양한 방법으로 소화한다.

⭐ 마술적 시기

만 3~4살에 소위 '마술적 시기'라고 말하는 단계가 시작된다. 이는 만 3~4살에 시작하여 초등학교에 입학한 후에도 계속된다. 이 시기가 되면 아이들은 동화와 공상영화를 즐겨 본다. 아이들은 동화나 영화 속에 등장하는 마녀와 요정을 실제 인물이라고 생각한다. 놀이에도 그러한 아이들의 생각이 반영된다. 예를 들면 아이들의 놀이에서 인형은 하늘을 날 수 있으며 마법에 걸려 변신하기도 한다. '마술적 시기'가 되면 아이들은 힘, 아름다움, 위대함을 상징하고 놀라운 능력을 지닌 기사, 공주, 공룡, 괴물 등을 좋아한다. 이러한 존재들은 악을 상징하고 사람들을 공포에 떨게 하기도 하는 반면 선을 수호하고 착한 사람을 보호해주기도 한다. 아이들은 이러한 상상의 존재와 자신을 동일시하고 그들의 표상인 무기와 왕관을 갖고 싶어한다.

부모들은 아들이 반짝거리는 장난감 칼을 가장 좋아하거나 플라스틱 호스가 총이라며 가지고 노는 것을 보면 못마땅할 것이다. 그러나 아이는 칼이나 총을 가지고 놀 때 어른들이 보이는 반응, 특히 무기가 다른 아이들에게 겁을 줄 수 있다는 것을 감지한다. 그래서 총이나 칼이 있으면 힘이 세다고 생각한다. 상대방의 반응이 강할수록 아이는 총이나 칼을 가지고 노는 것을 더 재미있어 한다. 부모들은 그러한 놀이가 아이를 폭력적으로 만든다고 착각한다. 하지만 부모들은 남자아이들이 칼이나 총을 가지고 노는 것뿐 아니라 여자아이들이 바비 인형을 가지고 노는 것도 못마땅하게 생각한다. 너무 어린 나이에 대중소비사회를 상징하는 물건을 좋아하는 것을 보고 안타까워하는 부모도 많다. 그러나 남자아이들이 힘의 상징인 칼과 총을, 여자아이들이 아름다움의 상징인 바비 인형을 가지고 노는 것은 원형적인 역할놀이로 해석할 수 있다. 힘이 센 영웅, 아름다운 여자, 무서운 괴물은 아이들에게 새로운 발견일 뿐 아니라 재미있는 놀이의 소재가 된다. 칼이나 총, 바비 인형을 가지고 노는 아이를 보고 걱정하는 부모가 있다면 안심해도 좋다. 그러한 장난감을 좋아하는 것은 일시적인 현상에 불과하기 때문이다.

　마술적 시기에 아이들의 도덕관념도 발전하기 시작하기 때문에 부모는 이 점에 주의를 기울여야 한다. 부모는 아이가 총이나 칼로 다른 사람을 겨냥하거나 찌르지 못하게 해야 한다. 그러나 아이에게 건전한 도덕관념을 심어주려면 단순히 칼이나 인형을 가지고 노는 것을 금하는 것에 그치는 것이 아니라 아이가 좋아하는 놀이의 가치와 주변의 반응을 이해하는 법을 가르치는 것이 중요하다. 총이나 칼을 가지면 아이는 힘이 있다고 느낀다. 그렇다고 그것으로 다른 사람을 위협할 이유가 있을까? 다른 사람을 위협했을 때 그들이 무엇을 느낄지 생각해봤나? 예쁜 게 왜 중요할까? 외모가 아름다운 것 외에 사람을 매력적으로 만드는 가치는 무엇이 있을까? 아이와 이와 같은 문제에 대해 이야기하는 것은 중요하다. 그러나 아이의 놀이에 대한 부모의 반응과 대처, 일상생활에서의 행동은 아이의 가치관과 자존감 형성에 어떤 형태로든 영향을 미친다.

바깥 놀이

　오랜 세월 동안 아이들은 집 안이 아니라 바깥에서 자연과 어울려 놀며 자랐다. 오늘날에도 아이들은 자연에서 노는 것을 좋아한다. 숲 유치원이 큰 인기를 얻고 있는 것도 바로 그런 이유 때문이다. 풀밭과 숲속에서 놀면 전혀 지루해하지 않는 것도 자연에 대한 아이들의 각별한 애정 때문이다. 아이들은 모래, 흙, 돌, 물을 가지고 놀길 좋아하고 달팽이, 무당벌레, 꽃, 과일에 대해 관심이 많다. 그리고 비오는 날엔 장화를 신고 밖에서 물장구를 치며 놀길 좋아한다. 자연은 아이들의 오감을 자극하고 그 속에서 뛰어놀게 유도한다. 아이는 자연의 여러 요소를 몸소 경험하고 자신의 행동이 어떠한 결과를 낳는지 직접 확인한다. 개울물에 무거운 돌을 던지면 물이 튄다는 것을 알게 되는 등 행동과 결과에 대한 다양한 경험을 하게 된다.

　엄마, 아빠, 친밀한 관계를 맺고 있는 다른 어른, 특히 다른 아이들과 자연 속에서 뛰어 놀면서 모닥불을 피우고 캠핑을 하는 것은 아이에게 최고의 경험이 된다.

아이들은 자연 속에서 지루한 줄 모르고 논다.

읽기와 셈하기

아이들 중에는 만 6살이 되기 전에는 글자나 숫자에 관심을 보이지 않는 아이가 있는가 하면 만 3살이나 4살 때부터 벌써 읽는 것을 배우려는 아이들도 있다. 그런 아이들은 부모가 많이 도와주지 않아도 혼자서 읽는 법을 배운다. 부모나 부모를 대신해 아이를 보살펴주는 보호자는 아이가 물어보는 단어를 가르쳐주기만 하면 된다. 그런 아이들은 학교에 들어가기 전에 혼자서 책 한 권 전체를 읽을 줄 안다. 그리고 책을 읽기 시작하면서 쓰는 것도 배운다.

숫자에 대한 이해력도 아이마다 차이가 난다. 만 6살에 1~5까지 이상은 이해하지 못하는 아이도 있고 그보다 훨씬 더 일찍부터 숫자에 관심을 보이는 아이도 있다. 심지어 4살이 되기 전에 1,000까지 세는 아이도 있다.

이러한 아이들은 읽고 셈하는 데 부분적 재능이 있다. 이렇게 일찍부터 글자와 숫자에 남다른 관심을 보이는 아이의 부모가 아이에게 억지로 재능을 부여할 수도 읽거나 숫자를 익히는 속도를 앞당길 수도 없다. 일찍 읽고 숫자를 익힌다고 다른 아이들보다 더 똑똑한 것은 아니다. 평균 수준의 지능을 지닌 지극히 평범한 아이들뿐 아니라 심지어 지능이 높은 아이들 중에도 글자와 숫자를 늦게 깨우치는 아이가 있다.

그렇다면 일찍 글자와 숫자를 깨우치는 아이의 부모는 아이를 위해 어떻게 해야 할까? 대부분의 부모는 아이가 빨리 읽고 숫자를 세면 자랑스러워한다. 반면에 아이의 빠른 발달 속도 때문에 걱정하는 부모도 있다. 일찍부터 글자와 숫자에 관심을 보이는 아이의 부모는 의도적으로 아이의 능력을 키워줄 수도 아이의 관심을 억누를 수도 없다. 그저 아이가 좋아하고 관심 있는 것을 할 수 있게 도와줄 수 있을 뿐이다. 그리고 그런 아이들은 일찍 읽고 숫자를 센다는 것을 제외하면 다른 아이들과 다르지 않다. 그렇기 때문에 정상적인 발달을 위해 다양한 경험과 이번 장에서 소개된 놀이를 하는 것이 중요하다.

⭐ 놀이로 아이의 발달을 촉진시킬 수 있는 방법은 무엇일까?

독일어권 국가에서는 아이들의 장난감을 구입하는 데 연간 30억 유로를 지출한다고 한다. 그중에는 아이가 갖고 싶어해서 사주는 장난감도 있고 부모가 아이의 발달을 돕는다고 판단해서 사주는 것도 있을 것이다. 그러나 아이의 발달 상태에 맞는 놀이를 위해서는 그에 맞는 재료로 만들어진 장난감이 필요하다. 또한 정상적인 발달을 위해서는 장난감만으로는 부족하다. 아이에게 꼭 필요한 것은 다른 어른이나 아이들과 함께 하는 경험이다.

아이들은 스스로 직접 경험한 것을 내면화하고 경험한 것만이 놀이의 소재가 될 수 있다. 시장에 가보지 않은 아이가 시장 놀이를 할 수는 없을 것이다. 아이들의 모든 놀이가 그러하다. 아이는 혼자서도 그림책을 보긴 하지만 대부분 이전에 엄마나 아빠와 함께 본 책만 본다. 여러 가지 경험을 많이 할수록 아이의 놀이도 다양해진다. 특히 풍부한 경험은 역할놀이와 상징놀이에 중요한 영향을 미친다.

부모뿐 아니라 더불어 아이의 보호자 역할을 하는 사람이 반드시 아이의 놀이 상대가 되어줄 필요는 없다. 그보다는 아이에게 다양한 경험을 할 수 있게 해주고 아이에게 모범을 보이는 것이 중요하다. 그렇기 때문에 가능하면 다양한 일에 아이를 참여시키도록 해야 한다.

아이는 혼자서 놀 수 있다. 그렇다고 언제나 혼자서 놀 수 있다는 이야기는 아니다. 아이들은 다른 아이들과 함께 놀기를 원한다. 다른 아이들과 놀면서 새로운 자극을 받고 그것을 혼자서 놀 때 소재로 사용하기도 한다. 그러므로 최대한 다른 아이들과 함께 놀 수 있는 기회를 많이 만들어주어야 한다.

⭐ 아이가 정리정돈하는 습관을 익히는 것은 부모 하기 나름이다

부모가 같은 방식으로 아이를 키워도 여자아이와 남자아이의 놀이에서 성별의 차이는 있다. 영유아기의 놀이행동은 성별에 따라 명확한 차이가 난다. 남자아이들과 여자아이들에게 트럭, 포클레인, 인형, 소꿉장난 세트를 놓고 고르라고 하면 남자아이들은 트럭과 포클레인을, 여자아이들은 인형과 소꿉장난을 선택한다. 물론 여자아이들 중에도 비행기나 포클레인 같은 장난감을 좋아하는 아이도 있다. 마찬가지로 남자아이들 중에도 장난감 냄비와 바비 인형을 가지고 놀길 좋아하는 아이도 있다. 그러니까 아이의 놀이를 결정하는 성별의 차이에 의한 선천적인 기질은 존재하지 않는다. 단, 아이마다 선호하는 것이 다른 것뿐이며, 이는 아이가 어떤 경험을 하고 누구를 본보기로 삼았느냐에 따라 달라진다. 즉 연령과 성별이 같아도 놀이행동은 아이마다 다 다르다. 예를 들어 만 4살 남자아이들 중에는 몇 시간 동안 기사인형을 가지고 노는 아이도 있고 나무블록을 가지고 무언가를 짓고 부수면서 노는 아이도 있다.

좋아하는 것도 시간이 지나면서 변할 수 있다. 예를 들어 몇 주 동안 장난감기차 세트만 가지고 놀던 아이가 어느 날 갑자기 그림 그리기에만 전념하기도 한다. 그렇기 때문에 아이가 어떤 것에 관심을 보이는지 알아채고 그에 맞는 놀이를 할 수 있도록 하는 것이 부모에게 주어진 중요한 과제이다.

부모들 중에 아이 방을 장난감으로 가득 채우는 이들도 적지 않다. 또 어떤 부모들은 어렸을 때부터 아이에게 스스로 정리정돈하는 법을 가르치는 게 중요한 교육과제라고 생각한다. 서양 문화권에서는 수백여 년 전부터 정리정돈과 질서를 중요한 교육 목표로 여겨왔다. 그렇다면 만 3~4살의 어린아이들은 질서를 무엇이라고 생각할까? 아이들은 그저 놀이를 한 다음 장난감을 상자에 정리하는 것이 질서라고 생각한다. 아이가 정리정돈하는 습관을 익히는 것은 부모 하기 나름이다. 밤에 잠자리에 들기 전에 억지로 정리하라고 시키면 아이가 부모의 말을 들을 리가 없다. 반면에 엄마나 아빠가 모범을 보이거나 정리정돈을 놀이화하면 아이도 부모도 즐겁게 정리정돈을 할 수 있을 것이다.

텔레비전과 그 밖의 영상매체

중부 유럽에서 영유아기의 아이들이 텔레비전이나 DVD, 비디오 영화를 시청하는 평균시간은 하루 0.5~1시간이다. 반면에 미국의 경우 아이들은 하루에 평균 2시간을 텔레비전 앞에 앉아 있다. 그러나 몇 년 전부터 텔레비전이 아이들에게 미치는 악영향에 대해 열띤 토론이 벌어지고 있다. 이와 관련해 백치화, 사회적 고독, 폭력성 자극이 자주 언급된다.

이러한 부정적인 영향에도 불구하고 취학 전 아동의 대부분이 텔레비전을 본다. 부모 중에는 제대로 된 프로그램을 보여주면 오히려 텔레비전이 아이의 발달에 긍정적인 영향을 준다고 생각하는 이들도 있다. 그러나 좀더 정직하게 그 안을 들여다보면 아이에게 텔레비전을 보여주는 것은 그러한 이유 때문이 아니라 텔레비전이 훌륭한 베이비시터 역할을 해준다. 아이들이 꼼짝 않고 텔레비전을 보는 동안 부모는 원하는 일을 할 수 있기 때문이다. 그런 면에서 보면 텔레비전이 아이들에게 미치는 악영향에 대해서도 물론 관심을 가지고 고민해야 하지만 부모가 아이들에게 텔레비전을 보여주는 이유에 대해서도 냉정히 생각을 해보아야 한다.

그러면 실제로 아이들은 텔레비전에 얼마나 관심을 가지고 있을까? 만약 6개월 된 아이가 텔레비전 앞에 누워 꼼짝 않고 텔레비전에서 방송되고 있는 축구 경기를 보고 있다면 텔레비전을 보면서 아이가 인지하는 것은 무엇일까? 선수들의 움직임일까? 아니면 색이나 소리일까? 아이들은 아주 어렸을 때부터 텔레비전 화면에 비춰지는 것에 관심을 보인다.

아이들은 자신이 원하지 않으면 텔레비전 앞에 오래 앉아 있지 않는다. 한마디로 아이들은 재미있으니까 텔레비전을 오래 보려고 하는 것이다. 텔레비전이 아이들의 관심을 끄는 이유는 무엇일까? 아이들에게 적합한 텔레비전 프로그램이 있을까? 15년 전 영국에서 만 2~5살 아이들을 대상으로 〈텔레토비(Teletubbies)〉라는 프로그램을 만들었다. 이 프로그램은 20개가 넘는 언어로 번역되어 전 세계 120여 개국에서 전파를 탔다. 1999년부터 독일어권 국가에서도 방영되었다. 〈텔레토비〉는 '어린아이들이 텔레비전 시청에 중독되기 시작한 최초의 마약'이라고 불릴 정도로 엄청난 성공을 거두었다.

그렇다면 팅키윙키(Tinky Winky), 딥시(Dipsy), 라라(Laa-Laa), 포(Po)가 펼치는 모험이 아이들의 시선을 사로잡은 이유는 무엇일까? 〈텔레토비〉가 아이들에게 폭발적인 인기를 얻은 것은 다음과 같은 특징을 지녔기 때문이다.

● **외모와 행동** ● 〈텔레토비〉의 네 주인공은 성인이지만 외모, 움직임, 행동이 어린 아이 같다. 주인공은 잔걸음을 치며 가끔 넘어지기도 하여 아이의 웃음을 유발한다.

● **언어** ● 텔레토비의 주인공들은 간단한 문장으로 말하며 아이들이 일상생활에서 사용하는 익숙한 단어를 사용하기 때문에 아이들에게 친숙하게 다가온다.

● **연출** ● 부수적인 것에 아이들의 눈길이 가지 않도록 장면 연출을 최소화했다. 〈텔레토비〉를 보면 단순화된 꽃 장식과 언덕만 등장한다.

● **서술** ● 〈텔레토비〉는 어린아이들의 경험담이나 아이들이 쉽게 이해할 수 있는 이야기를 다룬다. 그리고 아이들이 이해할 수 있게 사건의 진행을 단순화하고 행동이나 말로 하나의 정보만을 전달한다.

● **속도** ● 움직임, 말투, 행동의 속도가 상당히 느리다. 이는 아이의 인지력과 이해력을 고려한 것이다.

● **반복** ● 상황, 행동, 대사가 계속 반복된다. 만 2~5살 아이들에게 반복은 자신이 인식한 것을 확인시켜주는 중요한 요소이다.

이러한 특징은 〈텔레토비〉가 유아기 아이들의 정신적 발달 상태와 의사소통 능력, 이 시기 아이들이 할 수 있는 경험들을 고려하여 만들어졌음을 시사한다. 그렇기 때문에 아이들은 너무 재미있게 느껴지지만 어른들에게는 보는 것이 고통스러울 만큼 느리고 지루하다. 이를 통해 우리가 배울 수 있는 것은 아이들은 어른들과 여러 가지 측면에서 다르다는 점이다. 그러므로 〈텔레토비〉를 보면 아이들의 행동을 이해하는 데 도움이 될 것이다.

〈텔레토비〉는 여러 가지 측면에서 유아기 아이들의 발달 상황에 적합한 프로그램이기는 하지만 그럼에도 다음과 같은 약점이 있다.

- 평면적 화면만 보기 때문에 입체적인 경험을 할 수 없다.

- 보고 들을 수는 있지만 촉각, 미각, 후각은 어떠한 자극도 받지 못한다.

- 아이는 수동적인 태도를 취할 수밖에 없다. 즉, 등장인물들이 움직이는 것을 보고 말하는 것을 들을 수는 있지만 직접 참여할 수는 없다.

- 아이는 〈텔레토비〉를 보면서 움직이지 않는다.

- 아이는 이야기 전개에 어떠한 영향을 끼치지 못한다.

- 아이는 라라를 비롯한 등장인물과 어떠한 소통도 하지 못한다.

이처럼 〈텔레토비〉는 아이가 겪을 수 있는 구체적인 경험을 대신할 수는 없다. 지난 몇 년 동안 〈텔레토비〉처럼 전형적인 유아기 아이들의 행동과 이 시기의 관심사를 고려한 프로그램들이 많이 제작되었다. 그리고 〈곰돌이 푸〉와 같이 아이들의 흥미를 끌면서 부모들이 원하는 사회적인 가치를 전달하는 영화도 제작되고 있다. 부모들 중에는 아이의 올바른 발달을 위해 집에 텔레비전을 두지 않는 이들도 있는 반면 아이가 텔레비전을 시청하도록 놔두는 부모들도 있다. 그렇다면 아이에게 텔레비전 시청을 허용하는 부모들이 생각해봐야 할 점은 무엇이며 어떤 기준으로 아이들에게 적합한 프로그램을 골라야 할지 생각해보자.

아이가 텔레비전을 시청하도록 놔두는 부모들이 생각해봐야 할 점

- 아이에게 텔레비전을 보여주는 이유가 텔레비전이 훌륭한 베이비시터 역할을 하기 때문은 아닌가?

- 텔레비전 시청을 허락한다면 아이가 보는 프로그램이 아이의 발달 상태와 이해력,

도덕적인 가치에 부합되는지 살펴봐야 한다.

● 적어도 한 번은 부모가 아이와 함께 시청한 프로그램을 보게 한다. 영상이 아이에게 어떠한 영향을 주는지는 아이의 표정과 행동을 보면 알 수 있다.

● 가능하다면 다른 아이들과 함께 시청하게 한다. 그러면 아이들끼리 시청한 프로그램이나 영화에 대해 이야기하고 본 것을 놀이로 재현할 수 있다.

● 텔레비전은 놀이를 방해하는 최대의 경쟁자이며 아이가 능동적으로 참여할 수 있는 구체적인 경험만큼 아이의 발달에 도움이 되지 못한다. 텔레비전 앞에 앉아 있는 동안 아이는 구체적인 경험을 할 수 없다. 만 두 살짜리 아이가 매일 한 시간씩 텔레비전을 시청한다면 다섯 살이 되면 1,000시간 이상을 텔레비전 앞에서 소비하는 셈이다. 다른 아이들이나 어른들과 다양한 경험을 할 수 있는 소중한 시간을 텔레비전 앞에서 허비하는 것이다.

● 부모의 텔레비전 시청 습관이 아이의 행동에 결정적인 영향을 끼친다. 중부 유럽의 경우 성인이 하루에 텔레비전을 시청하는 시간은 평균 3~4시간이다. 텔레비전을 즐겨 보는 부모는 아이에게 텔레비전 시청을 금할 수 없다. 반면 부모가 텔레비전을 보지 않는다면 아이도 텔레비전에 관심을 갖지 않을 것이다.

● 부모는 아이들이 텔레비전에서 폭력적인 장면과 범죄사건을 보지 않길 원한다. 그러나 이러한 장면들은 어린이 프로그램에 등장할 리가 없다. 아이들은 어른들이 뉴스나 영화를 볼 때 그런 장면을 접하게 된다.

아이들에게 적합한 프로그램의 기준

● 등장인물_

◆ 등장인물이 아이들에게 적합하게 표현되었는가?
◆ 등장인물의 행동은 어떠한가? 특히 다른 사람을 대할 때 어떻게 행동하는가?

만 3∼4살이 되면 아이들의 정신적 능력, 언어, 운동능력은 역동적으로 발전한다. 그렇기 때문에 부모는 이 시기의 아이에게 꼭 필요한 경험을 할 수 있도록 세심하게 주의를 기울여야 한다.

Das Wichtigste in Kürze
내용 요약

1 만 5살까지 아이는 입체적인 공간에 대한 이해력을 키워간다. 또 그것은 놀이에 반영된다.

2 만 3살이 지나면 아이는 사람의 형태를 구체적으로 그리기 시작하고 만들기를 시작하며 단순한 퍼즐과 기억력 게임을 시작한다.

3 아이는 만 2살이 지나면 그림책에 관심을 보이기 시작하고 만 3살이 지나면 구연동화 오디오테이프에 관심을 갖기 시작한다.

4 만 2~5살이 되면 상징적 특징을 지닌 놀이는 다른 아이들과 함께 하는 역할놀이로 발전한다.

5 소수이긴 하지만 만 3~4살 때부터 글자와 숫자에 관심을 보이는 아이들이 있다. 이런 아이들의 부모는 아이의 부분적인 재능을 촉진시키거나 억제할 수 없다. 이런 아이들도 숫자와 글자에 일찍 관심을 보인다는 것을 제외하면 다른 아이들과 크게 다르지 않다.

6 부모들은 다음과 같은 방법으로 아이들의 놀이에 중요한 도움을 줄 수 있다.
- 아이가 다양한 경험을 할 수 있도록 기회를 만들어주고 아이에게 좋은 본보기가 되도록 노력한다.
- 아이를 다른 아이들과 함께 놀게 한다.

7 아이에게 텔레비전을 보여주는 부모는 다음과 같은 점에 주의를 기울여야 한다.
- 프로그램이 아이의 발달 상태와 정서에 적합한지 살펴야 한다.
- 적어도 한 번 이상 부모가 아이와 함께 보았던 프로그램을 보게 한다.

8 아이가 텔레비전을 보는 시간은 놀지도 않고 다른 아이나 어른들과 어울리지도 않는다. 부모는 아이에게 텔레비전을 보여주기 전에 이 점을 명심해야 한다.

06

Entwicklung und Erziehung
in den ersten vier Jahren
BABYJAHRE

언어발달

아이들은 엄청난 언어적
잠재력을 갖고 태어난다

들어가기

실수에 관대한 부모가
아이의 **언어발달**을 **촉진**시킨다

"7개 국어를 구사했던 호엔슈타우펜 왕조의 황제 프리드리히 2세(Friedrich Ⅱ, 1194~1250)는 인간의 공통조어를 연구하는 데 심혈을 기울였다고 한다. 자신의 연구를 위해 프리드리히 황제는 유모들이 기르는 아이 몇 명을 골라 그 아이들과 절대 말을 해서는 안 된다고 단단히 명령했다. 그렇게 해서 황제는 아이들이 가장 먼저 히브리어를 하는지, 아니면 그리스어나 라틴어를 하는지, 그것도 아니면 아랍어를 하는지, 아니면 낳아준 부모가 사용하는 언어를 하는지 확인하려 했다. 그러나 황제의 실험은 실패로 돌아갔다. 아이들이 모두 죽고 말았기 때문이다."

— 에른스트 칸토로비츠(Ernst Kantorowicz)

아이들을 대상으로 공통조어를 발견하기 위한 실험을 한 것은 프리드리히 2세보다 앞선 전례가 있다. 그리스의 역사가 헤로도토스에 의하면 이미 기원전 7세기에 이집트의 파라오 프삼티크 2세(Psamtik Ⅱ)가 그와 비슷한 실험을 한 적이 있다고 기록했다. 오래 전부터 인류는 인간만이 소유한 언어에 매료되었고, 언어의 시초를 알게 된다면 그것의 본질을 더 잘 알 수 있을 것이라고 생각했다.

⭐ 언어는 갓난아기 때부터 다른 사람과의 사회적 관계 속에서 발전한다

어린아이들에게는 애정과 관심이 필요하며, 그것이 없으면 아이들은 죽는다. 프리드리히 2세는 아무도 가르쳐주지 않아도 아이들이 스스로 인간의 공통조어를 배울 수 있다고 가정하고, 아이들에게 한 마디도 해서는 안 된다고 유모들에게 명령했다. 그리고 아이들을 잘 먹이되 신체적으로도 정서적으로도 관심을 보이지 말라고 했다. 유모들은 아이들에게 말을 하지 않았고 그러자 아이들은 죽고 말았다. 언어는 인간의 관계성 행동의 근원이다. 어린아이들에게도 마찬가지다. 언어는 갓난아기 때부터 다른 사람과 사회적 관계를 맺으면서 발전한다.

언어를 구사하기 위한 다른 생물학적 전제조건은 인간의 두뇌에 있다. 아이가 말을 하기 시작하는 것과 언어를 이해하는 기능은 크게 관계가 없다. 아이는 이미 언어를 구사하고 이해할 수 있는 '기관'을 가지고 세상에 태어났기 때문이다. 언어를 관장하는 기관은 언어를 분석하는 일을 담당하는 곳과 언어를 구사하는 일을 담당하는 곳으로 나뉘어 있다. 뇌졸중으로 언어를 담당하는 부분에 치명적인 타격을 입은 사람들은 다른 사람의 말을 이해하지 못하거나 더 이상 말을 하지 못한다. 심한 경우에는 이 두 기능을 모두 잃기도 한다.

언어 구사의 또 다른 기본조건은 인간의 사고력이다. 언어는 다른 사람이 말할 때 단순히 소리만을 인지하거나 음성만을 내뱉는 것이 아니다. 언어는 말의 뜻을 이해하고 자신의 생각을 표현하는 것이다. 예를 들어 엄마가 만 2살이 된 딸에게 "소파 위에 네 인형이 있어."라고 말한다면, 아이는 집안의 어떤 물건이 인형인지 또 어떤 것이 소파인지 알아야 한다. 그뿐만 아니라 '위'가 무엇을 뜻하는지 알아야 하는데, 그러려면 공간에 대한 개념이 발달해야 한다. 그래야만 인형과 소파의 공간적 관계를 이해할 수 있다. 즉, 공간 개념이 정립되어야 인형이 소파의 뒤, 아래, 옆이 아닌 소파 위에 있다는 것을 이해한다.

지금까지 말한 언어 구사를 위한 조건 세 가지를 자세히 살펴보기 전에 '언어'라는 개념에 대해 생각해보자. 언어라는 개념을 이해하는 것은 어려운 일이다. 언어로 언어의 본질을 이해한다는 것 자체가 불가능해 보일 수도 있다.

언어란 무엇인가?

언어의 가장 기본적인 기능은 정보의 교환이다. 인간은 말이나 글로 다른 사람에게 자신의 생각을 전달한다. 그러나 아직 말을 못 하는 갓난아기도 울음으로 엄마나 아빠에게 자신의 의사를 전달한다.

그러나 아이의 울음은 언어라고 할 수는 없다. 울음은 다른 동물들에게서도 흔히 관찰할 수 있는 의사소통 수단이다. 개는 짖어서 다른 개가 자기 영역에 침범하지 못하도록 하고 수컷 새는 지저귀며 암컷을 유혹한다. 아이가 배고플 때 우는 것도 이와 비슷한 성격이다. 갓난아기는 울음으로, 개와 새는 짖거나 지저귀는 것으로 자신의 감정과 기본욕구, 본능을 표현하고 '통지'한다. 그러나 언어는 통지보다는 전달의 기능이 강하다.

20세기를 대표하는 심리학자 피아제는 인간 언어의 중요한 특징을 언급했다. 언어가 인간에게 단어와 문장으로써 무언가를 진술할 수 있게 해준다는 점이다. 아이들은 만 2살이 되면 벌써 '위'가 무엇을 의미하는지 안다. 아이는 소파 위에 인형이 있고 머리 위에 모자가 있고 나무 위에서 사과가 자라는 것을 이해한다. 아이는 가족이나 다른 사람들이 말하는 것을 듣고 이 단어의 사용법을 배우기도 하지만 '위'라는 단어와 함께 수직적인 공간과 결부된 경험을 통해 그 뜻을 이해하기도 한다. 그리고 사물의 수직적인 관계를 나타낼 때 '위'라는 단어를 적절하게 사용한다.

만약 인간의 언어가 동물의 '언어'처럼 신호를 전달하는 역할만 수행하고 모방을 통해서 습득할 수 있다면 인간의 문화는 발달하지 않았을 것이다.

언어와 관계성 행동

　피아제가 말한 의미의 언어는 생후 만 1년이 지나야만 관찰된다. 그 이전 아이들은 언어소통이 안 되어도 불편함을 느끼지 못한다. 아이들은 태어나는 날부터 언어 대신 여러 가지 방법으로 주변과 의사소통을 한다. 이 시기의 의사소통은 사회적인 상호작용으로 이루어지며, 이는 언어발달에 반드시 필요한 요소이다.

　우리는 대인관계에서 구어(口語)가 차지하는 부분을 과대평가하는 경향이 있다. 그러나 감정이나 상대방에 대한 태도는 구체적인 말보다는 몸짓, 다시 말해 비언어적인 의사소통 수단으로 표현된다. 말을 하지 않고 미소 짓듯 입꼬리만 올려도 상대방에 대한 호감이 전달된다. 반면에 얼굴을 제대로 보지 않으면 상대방에게 관심이 없다는 뜻으로 해석된다.

몸짓언어		
표현	인지	예
자세	시각	축 늘어진 자세
움직임	시각	힘찬 발걸음
표정	시각	밝은 얼굴
눈빛	시각	시선을 피함
목소리	청각	아부하는 목소리
접촉	촉각	쓰다듬기
체취	후각	친숙한 체취

⭐ **아이는 단어의 뜻이 아니라 목소리 톤으로 엄마의 상태를 읽는다**

대인관계에서 우리는 언어는 물론 몸짓, 표정, 눈빛, 목소리로 감정을 표현하고 의사를 전달한다. 타인과 의사소통할 때 중심적 역할을 하는 인지기관은 눈이지만 청각, 촉각, 후각도 중요한 역할을 한다. 그리고 말을 할 때 내용보다는 어떻게 말하느냐가 중요할 수도 있다. 예를 들어 개구쟁이라는 말도 말투에 따라 부정적인 의미로 들릴 수도 있고 친밀함을 나타낼 수도 있다.

생후 24개월까지 아이와 부모는 대부분 몸짓언어로 의사소통한다. 엄마가 젖먹이 아기에게 말할 때 아이에게 중요한 것은 엄마가 사용하는 단어의 뜻이 아니다. 그보다는 엄마의 목소리 톤이나 높낮이가 더 중요하다. 그리고 아이는 표정이나 울음, 눈빛, 움직임으로 자신의 상태를 알린다. 몸짓언어는 아이와 부모의 관계를 심화시켜주며, 이러한 관계를 바탕으로 아이는 말을 습득하게 된다.

아이들은 성인들과는 다른 방식으로 언어를 습득한다

아이들은 엄청난 언어적 잠재력을 가지고 태어난다. 불과 3~4년 만에 아이들은 놀라울 만큼 언어능력을 발달시킨다. 언어발달은 태어상태에서부터 시작되어 사춘기에 완성되는 두뇌의 성숙과정을 통해 결정된다. 그러나 두뇌 하나만으로 언어를 구사할 수는 없다. 언어를 구사하려면 다른 사람과 함께 살면서 폭넓은 언어적 경험을 해야 한다.

사춘기 이전의 아이들은 성인들과는 다른 방식으로 언어를 습득한다. 아이들이 언어를 배우는 방법은 다른 사람의 말을 듣고 그 말을 사람이나 사건, 사물, 과정 등과 연관시키는 것이다. 따라서 부모는 아이에게 억지로 말을 가르칠 필요가 없다. 그저 아이가 언어를 배울 수 있는 경험을 하게 해주면 된다.

성인들과 달리 아이들은 큰 어려움 없이 2~3개 국어를 배운다. 어느 정도의 개인차는 있지만 최소 6개월에서 12개월이면 문법과 발음이 완벽한 외국어를 구사할 수 있게 된다. 반면 특별한 언어능력을 지닌 사람이 아니라면 성인이 된 후에는 20년 이상 외국어를 배워도 모국어처럼 발음할 수 없고 문법적으로도 완벽한 구사가 불가능하다.

사춘기는 언어발달의 결정적인 전환기이다. 아이들은 언어를 배울 때 전체적으로 언어를 습득하는 한편 성인은 대부분 분석적인 방법을 동원한다. 그리고 단어를 억지로 외우고 수많은 문법규칙과 문장구조를 익혀야 한다. 물론 어른 중에도 듣고 말하는 것만으로도 외국어를 습득하는 특별한 능력을 지닌 사람도 있지만 대체로 성인이 된 후에는 20년 이상 외국어를 배워도 모국어처럼 발음할 수 없고 문법적으로도 완벽한 구사도 불가능하다.

언어를 분석하고 생산하는 능력은 생물학적으로 결정되며, 갓난아기 때부터 활용된다. 이러한 생각을 뒷받침해주는 증거로 다음과 같은 요소를 들 수 있다.

언어능력의 생물학적 조건

언어중추 │ 인간의 두뇌에는 두 개의 언어중추가 있다. 언어의 의미를 이해하고 음향정보를 분석하는 역할을 하는 측두엽의 베르니케 중추와 언어를 생성하는 역할, 즉 구어를 말하는 역할을 하는 전두엽의 브로카 중추가 그것이다. 밀접한 관계를 맺고 있는 이 두 개의 언어중추는 두뇌의 다른 영역과 긴밀하게 연결되어 있다. 언어중추는 오른손잡이는 왼쪽에, 왼손잡이는 오른쪽에 있다.

만 4~5살이 될 때까지는 좌뇌와 우뇌의 구분이 확실하지 않다. 그래서 이 시기에 교통사고를 당해 언어중추에 상처를 입은 아이는 놀랍게도 상처를 입지 않은 두뇌 부분에 언어중추가 새로 둥지를 튼다. 반면에 성인이 된 후 뇌졸중과 같은 질병으로 언어중추의 기능을 잃으면 완전히 회복하는 것은 거의 불가능하다. 유아의 뇌는 성인의 뇌보다 수용적일 뿐만 아니라 적응력도 높다.

변별적 이해와 언어음의 생산 | 진화를 거치면서 인간의 두뇌는 특정 영역에서 언어기능을 담당하게 되었다. 더 나아가 이러한 기능은 의사소통에 대한 특별한 욕구에 맞춰졌다. 언어음은 음향이나 소음과 근본적으로 다르게 분석된다(아이마스의 범주적 지각). 두뇌의 다양한 변별적 기능은 아이가 음향이나 소음과 언어음에 다르게 반응하는 이유를 설명해준다.

언어음의 보편성 | 언어음은 어떤 언어를 사용하든 관계없이 동일한 음운론적 규칙에 따라 형성되고 분석된다. 리스커(Lisker)와 그의 동료들은 이탈리아어, 독일어, 핀란드어를 비롯해 11개국 언어를 연구했다. 그 결과 그들은 모든 언어가 같은 음성법칙을 따른다고 확신했다. 이 세상에 수많은 언어가 존재하지만 모든 언어의 생물학적 바탕은 동일하다는 것이다. 국가를 불문하고 전 세계 아이들의 옹알이가 같다는 것도 이를 뒷받침한다.

언어 기본구조의 생물학적 결정인자 | 문장을 만들고 분석하기 시작하는 시기는 아이들마다 다르다. 생후 15~24개월부터 두 개 이상의 단어로 구성된 문장을 구사하는 아이가 있는가 하면, 30~42개월이 되어야 비로소 문장을 만들 줄 아는 아이도 있다. 이렇게 문장을 구사하는 시기는 아이마다 다르지만 아이들은 모두 동일한 법칙에 따라 문장을 구성한다.

아이들이 가끔 희한한 단어나 문장을 만들어 어른들을 웃게 만드는 것도 아이가 다른 사람들의 말을 들으면서 무의식적으로 단어와 문장구조를 만드는 규칙을 익힌다는 증거이다. 아이들은 이러한 규칙들을 모방을 통해 습득하는 것이 아니다. 만약 그렇다면 한 번도 들어보지 못한 문장은 구사할 수 없을 것이다. 하지만 아이들은 들어본 적이 없는 문장도 구사할 줄 안다. 그러므로 아이들은 암기로 언어를 습득하는 것이 아니라 선천적으로 언어구조의 사전 지식을 갖추고 태어난 것이다.

언어와 사고

무엇이 먼저일까? 언어일까, 사고일까? 어른들은 대부분 언어 없이 사고한다는 것은 상상할 수 없는 일이라고 생각한다. 그래서 아이들도 언어능력이 발달한 다음에 사고력이 발달한다고 생각한다. 그러나 피아제는 아이들의 사고력이 언어능력보다 먼저 발달한다는 사실을 밝혀냈다. 즉, 정신적 이해력이 언어발달의 전제조건이 된다는 말이다. 만 3~4살까지 언어발달과 지적 발달의 관계는 지적 발달 〉 언어적 이해 〉 언어적 표현으로 정리할 수 있다.

아래 그래프는 지적 발달과 언어발달의 시간적 관계를 '먹다'라는 동사를 예로 들어 정리한 것이다. 만 1살이 될 무렵에 아이는 '먹다'라는 행위를 이해하게 된다. 그리고 처음에는 손으로, 나중에는 숟가락으로 먹으려고 노력한다. 또 엄마가 밥 먹자고 부르

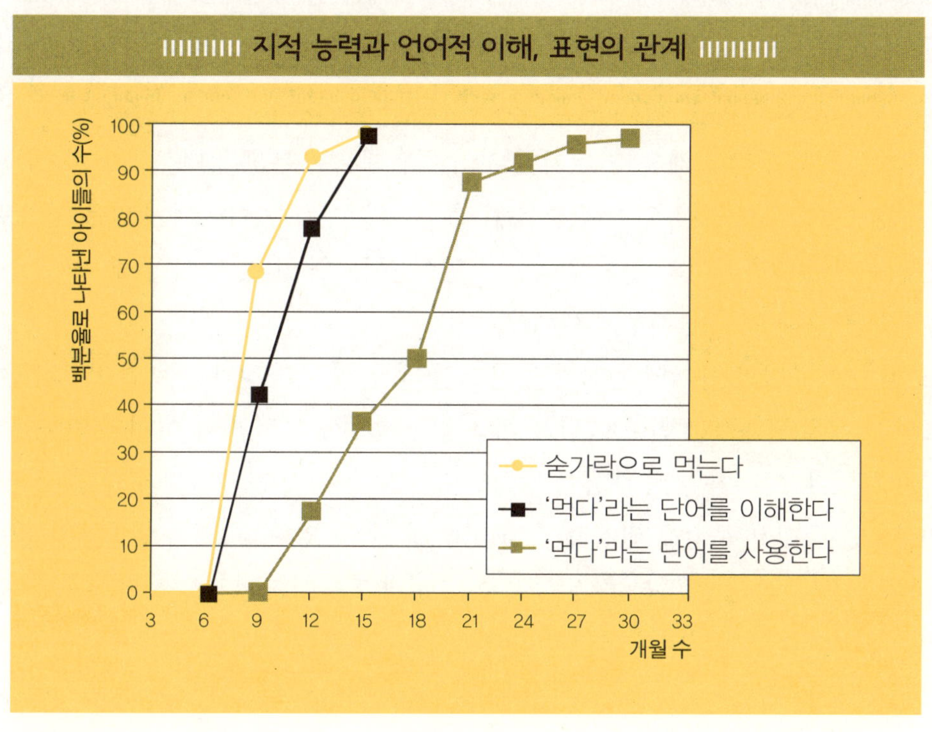

면 아이는 그것이 무슨 뜻인지 안다. 그러나 '먹다'라는 단어를 스스로 말하고 사용하기까지는 짧게는 몇 주, 길게는 몇 달이 걸린다.

각각의 선은 숟가락의 용도를 알고 '먹다'라는 동사를 이해하고 사용할 줄 아는 아이들의 수를 표시한 것이다. 아이는 먼저 '먹다'라는 행동의 내적 심상을 발전시킨 다음 그에 속한 단어들을 이해한다. 그리고 그 다음에 '먹다'라는 단어를 스스로 사용하게 된다. 영유아기 아이들은 말로 표현할 수 있는 것보다 훨씬 많은 것을 이해한다. 그것은 어른들도 마찬가지이다. 그래서 괴테와 같은 글을 쓸 수는 없어도 괴테의 글을 읽고 이해할 수는 있다.

그러나 모든 규칙에는 예외가 있듯이, 영유아기의 발달과정에서 사고력을 향상시키는 언어적 개념들이 발생한다. 예를 들면 논리나 수학이 그러하다. 만 3~4살까지의 사고력과 언어능력발달은 사고 〉 이해력 〉 언어능력 순으로 진행된다.

부모의 역할_아이의 언어 수준이 아니라 사고력 수준에 맞춰 아이와 대화하라

아이들은 혼자서 말을 배울 수 있지만 그러기 위해서는 부모나 다른 보호자, 또래 아이들과 집중적이고 폭넓은 언어적 경험을 해야 한다. 부모는 아이에게 말을 억지로 가르칠 필요는 없지만 아이의 언어발달에 큰 영향을 줄 수 있다. 다시 말해 아이가 구체적인 경험을 통해 언어를 배우게 할 수 있다.

부모의 교육방식과 아이의 언어발달 간의 관계를 연구한 결과를 보면, 부모는 아이의 표현 방식을 형태적인 면이 아니라 내용적인 면에서 수정할 때 아이의 언어발달을 촉진할 수 있다. 아이가 틀린 내용을 말하면 부모는 무엇이 문제인지 설명해주고 경우에 따라서는 올바른 문장을 반복해서 따라 하게 할 수 있다. 그러나 발음이나 문장구조를 고쳐주고 실수를 지적하는 것 등은 아이에게 도움이 안 된다. 앞서 말한 대로 아이들은 모방을 통해서 언어를 습득하지 않기 때문이다. 즉 아이 스스로 언어의 규칙성을 익혀야 하며 아이에게 말을 따라 하게 한다고 해서 언어능력 발달이 촉진되지는 않는다. 그보다는 여러 가지 방법으로 아이와 이야기하는 것이 중요하다. 아이는 새로운 단어를 반복해서 말하고 또 새롭게 변화시키길 좋아한다. 새로운 단어를 발음하고 표현하면서 즐거워하는 것이다.

부모의 교육스타일이 긍정적이고 실수에 관대한 경우 아이의 언어발달을 촉진할 수 있다. 또 열린 질문으로 아이의 흥미를 유발해야 한다. 반면에 지시적인 교육스타일은 아이의 언어발달에 부정적인 영향을 미친다. 아이는 자신이 경험한 것을 스스로 표현하고 말하면서 언어를 습득하기 때문이다. 따라서 명령과 지시는 아이가 자신의 언어를 찾는 데 도움이 되지 않는다.

⭐ 아이이와 소통할 때 반드시 아동지향어를 사용해야 할까?

그렇다면 부모는 아이와 어떻게 이야기를 해야 할까? 아동지향어를 사용하는 것이 좋을까? 부모는 말의 형태나 내용을 아이의 언어 수준에 맞추는 것이 아니라 아이의 발달 상태와 언어의 이해능력에 맞춰야 한다. 아이들은 부모가 구체적으로 말할 때, 다시 말해 특정 상황과 행동에 맞는 표현을 할 때 부모의 말을 가장 잘 이해한다. 그러니까 아이와 이야기할 때 부모는 아이의 사고력 수준에 맞춰 현재 아이가 처한 상황과 관련되게 말해야 한다.

그러나 아이에게 맞춰 이야기한다는 것은 어려운 일이다. 예를 들어 아빠가 2살 된 아이에게 잠들기 전 밤인사를 하면서 "내일 동물원에 가자."라고 말해도, 아이는 내일이라는 말의 뜻을 이해하지 못한다. 2살인 아이는 아직 시간 개념이 정립되어 있지 않기 때문이다. 반면 "네가 자고 일어나면 동물원에 갈 거야."라고 말하면 아이가 이해하기 쉽다. 이러한 예는 수없이 많다. 그렇다고 해서 아이와 이야기하는 것을 포기해서는 안 된다. 중요한 것은 단어 하나하나의 의미가 아니라 아빠가 아이에게 이야기를 한다는 사실 자체이다. 친숙한 아빠의 얼굴과 목소리, 머리를 쓰다듬는 아빠의 손길도 아이가 아빠의 말을 이해하는 것을 돕는 요소가 되는 것이다. 아빠가 내일 동물원에 간다고 말하면 아이는 내일이라는 말을 이해하지 못해도 동물원이라는 말만으로 충분히 기뻐한다.

　영유아기 아이들과 언어소통을 할 때 중요한 것은 아이의 수준에 맞는 언어적 표현을 선택하는 것이 아니라 아이의 언어 이해력에 맞추는 것이다. 그러므로 일부러 아동지향어를 사용할 필요는 없다. 아이와 관계된 이야기를 명확하고 구체적으로 이야기하면 아이는 부모가 무엇을 이야기하려고 하는지 이해한다.

Das Wichtigste in Kürze

내용 요약

1. 인간의 의사소통은 구어, 문어, 몸짓언어로 이루어진다.

2. 몸짓언어는 우리의 상태를 표현하고 상대방을 어떻게 대할지 결정하게 한다. 자세나 몸짓, 표정, 시선, 신체 접촉, 체취는 모두 언어적 표현수단에 속한다.

3. 개념은 언어로 표현될 수 있다. 개념은 직접적인 경험과 더 이상 관계가 없는 추상적이고 정신적인 표상이다.

4. 언어는 인간의 관계성 행동의 근간을 이룬다. 따라서 갓난아기 때부터 아이들은 다른 사람과 관계를 맺으면서 언어능력을 발달시켜 나간다.

5. 인간의 두뇌에는 언어를 이해하고 구사하는 데 중심적 역할을 하는 언어중추가 두 개 있다. 그중 하나는 언어를 이해하는 역할을 하고, 다른 하나는 언어적 표현을 하는 역할을 담당한다. 음운(음운론)과 언어구조(문법과 구문론)는 생물학적으로 정의된다.

6. 언어발달은 실질적으로 아이의 정신적 발달을 반영한다.

7. 정신적 발달은 언어능력 발달의 전제조건이 된다. 아이들은 내적인 표상을 발전시킨 후에 그 표상과 관련된 언어적 개념을 이해한다. 그런 다음 그 개념을 직접 사용한다.

8. 영유아기의 아이와 이야기할 때 중요한 것은 아동지향어가 아니라 아이의 언어 이해력에 맞추는 것이다. 더 나아가 아이의 정신세계에 맞춰 아이가 처한 현재 상황과 관련지어서 이야기해야 한다.

9. 아이의 언어능력 발달을 촉진하는 가장 좋은 방법은 아이와 좋은 관계를 맺고 아이가 언어의 세계를 발견하도록 흥미를 이끌어내는 것이다.

태아시기

자궁은 조용한 장소가 아니다

배 속에 있는 태아는 들을 수 있을까? 들을 수 있다면 무엇을 들으며, 또 듣는 것이 태아에게 얼마나 중요할까? 20주가 되면 태아의 달팽이관은 성인과 같은 크기로 자란다고 한다. 이는 20주가 지나면 태아의 청각기관이 부분적으로 기능을 발휘할 수 있다는 사실을 말해준다. 그리고 36~40주가 되면 태아의 청각기관은 성인과 같이 전기 생리학적 자극에 반응할 만큼 성숙해진다. 청각기관이 성장하면서 음향적 인지가 계속 변하는 일이 없도록 내이(內耳)가 일찍 발달하는 것이다.

태아의 청각적 경험

　20세기 초반 과학자들은 태아가 들을 수 있는지 밝혀내기 위해 다소 위협적인 방법으로 실험을 했다. 과학자들은 임신한 여성을 욕조에 앉히고 망치로 욕조를 내리쳐서 아이가 그 소리에 반응하는지 관찰했다. 또 임신한 여성의 배에 대고 트럼펫과 같은 악기를 연주해 아이가 멜로디와 톤에 반응하는지 살펴보기도 했다. 이러한 실험 방법은 시간이 지나면서 더 세밀해졌고, 무엇보다 태아를 고려하는 방법으로 바뀌었다. 심박수검사와 뇌파검사를 통해서 음향적 자극을 받으면 태아의 심장박동수와 두뇌 활동에 변화가 일어난다는 사실이 증명되었다.

　이러한 실험결과는 다음과 같은 질문을 던져준다. 태아는 소음, 소리, 음조를 구분할 수 있을까? 엄마의 목소리는 태아에게 특별한 의미일까? 엄마가 음악회에서 베토벤의 소나타를 들으면 아이도 기뻐할까? 태어나기 전 태아와 엄마의 의사소통은 얼마나 중요한 의미가 있을까?

　이러한 문제에 대해 수많은 글이 발표되었지만 그중에 명확히 증명된 내용은 소수에 지나지 않는다. 여러 관찰기록에 반복해서 등장하는 내용은 다음과 같다.

- 시끄러운 소음이 들리면 태아의 심장박동수가 증가하고 움직임이 불안해진다.
- 사람의 목소리와 음악이 들리면 심장박동과 움직임이 안정된다.
- 태아는 낯선 목소리와 친숙한 목소리에 다르게 반응한다.
- 태아는 엄마의 목소리와 낯선 사람의 목소리를 확실히 구분할 수 있다.

　이러한 사실은 태아에게 청각적 경험이 중요하며 배 속에 있을 때부터 엄마의 목소리에 익숙해진다는 것을 말해준다.

　음향적 인지를 제한하는 요소들을 고려하면 아이들의 이러한 능력은 매우 놀라운 것이다. 자궁은 일반적인 생각과 달리 조용한 장소가 아니다. 자궁의 소음은 60~80데시벨 정도인데 이는 큰소리로 말할 때와 비슷한 수준이다. 양수가 움직이는 소리, 혈액이 흐르는 소리, 엄마의 장이 움직이는 소리가 외부의 소리를 제한한다. 그뿐만 아니라 외부의 소리가 태아의 귀까지 전달되려면 엄마의 복막, 자궁, 양수를 통과해야 한다. 그러니까 물이 가득 찬 욕조 안에서 머리를 물속에 집어넣고 수도꼭지를 틀어놓은 상태에서 음악이나 사람들의 대화를 듣는 것과 같다.

  정리하자면, 아이는 배 속에 있을 때부터 청각적 경험을 한다. 그러나 그것이 태아에게 얼마나 중요한 영향을 미치는지 예측하기는 어렵다. 그리고 청각적 인지를 제한하는 요소가 많은 것은 태아에게 유리하게 작용한다. 그렇지 않다면 텔레비전, 라디오, 거리에서 들리는 소음, 청소기 소리가 태아에게 어떠한 영향을 줄지 상상만 해도 끔찍하다.

Das Wichtigste in Kürze

내용 요약

1 20주가 되면 태아의 내이가 발달하고, 36~40주가 되면 태아의 청각기관이 완전한 기능을 갖춘다.

2 태아는 소음, 소리, 사람의 목소리에 각기 다른 반응을 보인다.

3 태아는 배 속에서부터 엄마의 목소리를 확실히 구분한다.

0~3개월

||||||||| 언 어 발 달 |||||||||

신생아는 **사람의 목소리에** 가장 큰 관심을 보인다

전문가들은 과거에는 태아가 들을 수 없다고 확신했다. 이에 대한 근거로 미성숙한 청각기관과 중이에 존재하는 액체의 방해를 들었다. 그러나 전문가들보다 엄마들이 아이에 대해 더 잘 알고 있었다. 엄마들은 배 속의 아이에게 말을 건넸고, 직관적으로 아이가 엄마의 목소리에 관심을 갖는다고 느꼈다. 오늘날 전문가들은 신생아의 가청역치가 성인의 그것과 크게 다르지 않다는 것을 알고 있다. 신생아의 청력은 태어나는 순간부터 완벽하게 기능하며, 시각보다 훨씬 잘 발달되어 있다. 이 장에서는 언어능력 발달의 초기 단계를 살펴본 후, 갓난아기에게 아동지향어 사용이 중요한 이유를 생각해볼 것이다.

신생아의 듣기능력_신생아도 화난 목소리와 다정한 목소리를 구분할 줄 안다 아이는 태어난 지 2~3시간만 지나도 사람의 목소리에 관심을 보이기 시작한다. 목소리가 들리면 아이는 주의를 기울이는 표정을 짓거나 움직임의 강도가 달라지거나 스스로 소리를 내려고 하기도 한다. 또 엄마가 옆에서 아이의 귀에 대고 말하면 아이는 눈이나 얼굴을 가끔 엄마 쪽으로 돌리기도 한다. 신생아는 갓 태어난 후에도 엄마의 목소리를 들을 수 있다. 그러나 금방 피곤해하면서 엄마를 바라보던 눈과 머리를 다른 쪽으로 돌린다. 아이가 다시 엄마의 목소리에 관심을 기울이려면 아이는 휴식을 취해야 한다.

갓 태어난 아이는 어떠한 소리나 음악보다 사람의 목소리에 가장 큰 관심을 보인다. 특히 남자 목소리보다 여자 목소리에 더 관심을 보이는데, 이는 아마도 배 속에 있을 때부터 엄마의 목소리에 익숙해져 있기 때문일 것이다. 또한 남자보다 여자의 목소리 톤이 높은 것도 아이의 관심을 끄는 이유 중 하나이며 표현 방식이나 음색도 아이의 관심을 끈다. 이때 아이에게 말의 내용은 중요하지 않다. 단어를 말하든 단순한 소리를 내든 아이에게는 다 똑같다. 다시 말해 아이는 사람의 목소리를 듣는 것이지 단어를 듣는 것이 아니다.

사람의 목소리는 아이를 기쁘게 하고 진정시켜준다. 우리는 목소리의 높낮이와 강약으로 감정을 표현할 수 있다. 신생아들은 태어난 지 얼마 안 되어 화난 목소리와 다정한 목소리를 구분할 줄 안다. 그리고 3~4주가 지나면 낯선 목소리보다 자신을 돌봐주는 보호자의 친숙한 목소리에 더 관심을 보인다. 그러다 2~3개월이 되면 엄마의 입을 보고 엄마가 말할 때 입술의 움직임에 주의를 기울인다.

생후 2~3개월 동안 아이는 엄마, 아빠의 목소리와 특정한 소리를 규칙적으로 반복되는 일상과 연결하는 것을 배운다. 그러면서 계속해서 등장하는 단어에 차츰 익숙해진다. 예를 들어 엄마나 아빠가 분유를 먹이거나 목욕시킬 때 하는 말들에 익숙해진다.

그러나 아이가 친숙한 목소리나 소리에 항상 관심을 보이는 것은 아니다. 피곤하거나 너무 자극이 강하면 고개를 돌리고 듣지 않는다. 자신에게 방해가 되는 소리를 무시하는 능력은 특히 수면에 큰 도움이 된다.

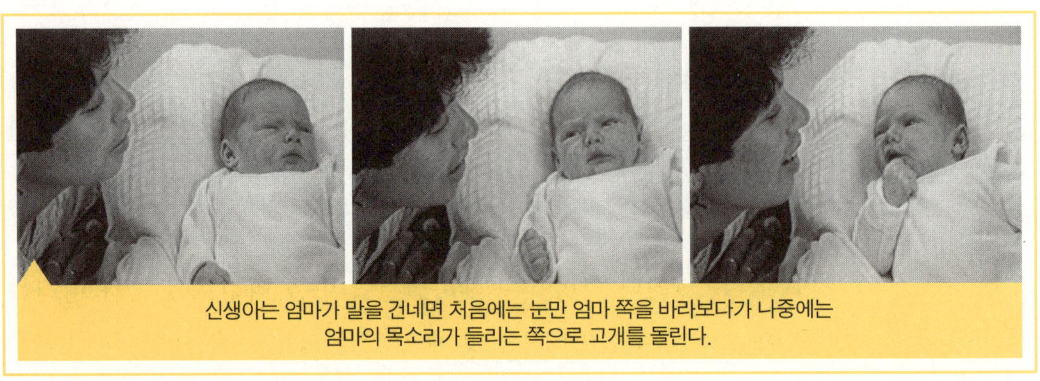

신생아는 엄마가 말을 건네면 처음에는 눈만 엄마 쪽을 바라보다가 나중에는
엄마의 목소리가 들리는 쪽으로 고개를 돌린다.

3개월 이전에 아이가 내는 소리는 세계 공통어이다

생후 1개월이 지나면 아이는 '아' '오'를 비롯해 다양한 소리를 내는데, 이때 아이가 내는 소리는 모음이 주를 이룬다. 그러다 3개월쯤 되면 자음이 섞인 소리를 내기 시작한다. 생후 1~2개월의 아이들은 기분이 좋으면 빽빽 소리를 지른다. 그러나 3개월째 접어들면 정체불명의 소리를 지르는 횟수가 줄어들고 옹알이를 한다.

생후 3개월 동안 아이가 내는 소리는 나중에 아이가 습득하는 언어의 발음과 공통점이 없다. 그리고 이 시기에 아이들이 내는 소리는 세계 공통이다. 그러나 3개월이 지나면 모국어의 영향을 받아서 이때부터 아이가 내는 소리는 그 문화의 특정 언어라고 할 수 있다.

갓난아기들은 엄마나 아빠, 손위 형제들이 자기가 낸 소리를 반복해서 따라 하면 기뻐한다. 그리고 가끔 가족들이 낸 소리를 따라 하기도 한다. 그리고 생후 4개월이 되기 전에는 엄마가 다가오면 옹알이를 하며 엄마를 맞이하기도 한다. 또 엄마, 아빠에게 무언가를 알리고 싶을 때 울기보다는 옹알이를 해서 엄마, 아빠의 주의를 끌려고 한다.

젖먹이 아기들은 상대가 있을 때뿐 아니라 아침에 혼자 일어났을 때나 젖이나 분유를 먹고 혼자서 누워 있을 때도 혼자서 옹알이를 한다. 옹알이로 다양한 톤을 시도해 보고 혼자서 논다.

⭐ 3개월 미만의 아이에게는 아동지향어를 사용하는 것이 좋다

하루에 아이와 말할 기회는 아주 많다. 밥을 먹을 때, 기저귀를 갈 때, 목욕할 때, 잠자리에 들 때 등 마음만 먹으면 언제든 아이와 이야기할 수 있다. 그리고 아이와 이야기를 할 때는 대부분 독특한 말투를 사용하게 된다. 평상시보다 목소리 톤이 높아지고 모음을 많이 사용하며 음절을 늘리고 과장하고 반복하게 되는데 그렇게 말하면 아이가 더 관심을 보인다고 느끼기 때문이다. 이처럼 3개월 미만의 아이와 이야기할 때는 아이의 이해력에 맞춰 아동지향어를 사용하는 것이 좋다.

신생아와 젖먹이 아기가 무언가에 집중할 수 있는 시간은 아주 짧다. 귀 기울여 듣는 것은 아이에게 힘든 일이기 때문에 쉽게 피곤해한다. 부모는 아이가 태어난 후 몇 주만 지나면 아이가 언제 들을 준비가 되어 있는지 느낌으로 알 수 있다. 그러므로 아이에게 부담을 주지 않도록 아이가 피곤해하면 말을 걸지 않는 것이 좋다.

생후 3개월까지 아이의 언어발달은 관계성 행동에 기반을 둔다. 이 시기의 아이에게 중요한 것은 언어의 감정적인 면과 사람과의 의사소통이다. 듣는 것과 옹알이는 아이와 보호자 간의 상호작용의 일부분이다.

Das Wichtigste in Kürze

내용 요약

1 세상에 태어나는 순간 아이의 청력은 제 기능을 발휘한다.

2 신생아가 가장 흥미를 갖는 것은 목소리의 표현이다. 아이에게 말의 의미는 중요하지 않다.

3 생후 3개월이 지나면 우는 일이 줄어들고 모음으로 된 옹알이를 많이 하기 시작한다.

4 아이의 이해력에 맞춰 천천히 단순하게 반복해서 표현을 강조해 말하는 것이 좋다(아동지향어 사용).

이번 장에서는 먼저 생후 4~9개월 아이의 언어 이해력을 다룬 다음, 조음과 구어(口語)의 전 단계인 제스처를 살펴볼 것이다. 생후 6개월까지 아이에게 단어와 문장은 큰 의미가 없다. 그러나 사람의 목소리에 담긴 감정은 감지할 수 있다. 생후 6개월이 지나면 아이는 단어 하나하나의 의미를 이해하기 시작한다. 언어의 감정적·관계적 의미뿐 아니라 내용적 의미도 파악하기 시작한다. 발음을 조합하는 능력도 크게 발달해서 12개월이 되면 간단한 단어를 구사할 수도 있다.

⭐ 아이가 가족들의 대화에 귀를 기울이면 아이를 가족의 대화에 참여시키라

생후 6개월이 지나면 아이는 단어의 의미를 이해하기 시작한다. 아이는 먼저 이름과 사람을 연결한다. 그래서 다른 사람이 이름을 부르면 놀이를 멈춘다. 그리고 엄마가 아빠를 부르면 아빠를 본다. 또 엄마가 형제자매들의 이름을 부르면 그쪽을 바라본다. 그렇게 시간이 좀 더 흐르면 특정 단어와 사물, 상황을 연결한다. 아울러 공갈 젖꼭지나 젖병처럼 친숙한 물건의 이름을 알고 엄마가 '먹다' '목욕하다' '웃다'라는 단어를 말하면 그것이 무엇을 뜻하는지 안다. 그리고 '이리 와' '안녕' '아니' 등의 뜻도 이해한다.

언어 이해의 초기 단계에는 말하는 사람의 존재와 행위, 구체적인 사물과 현재 상황에 구속된다. 예를 들어 아이는 '산책하다'라는 단어를 처음에는 외투를 입고 모자를 쓰고 유모차를 타는 것이라고 이해한다. 그러나 시간이 지나면서 각 단어는 아이에게 더 많은 의미를 전달한다.

9개월이 되면 아이는 대화에 관심을 느끼기 시작해서 엄마나 아빠, 형제자매들이 하는 이야기를 귀 기울여 듣는다. 이는 아이를 가족의 대화에 참여시켜야 한다는 신호다.

옹알이 _ 엄마가 아이의 옹알이를 흉내 내면 아이는 더 신나게 옹알이를 한다

5개월까지 아이의 발성은 아이가 성장하는 환경에 영향을 받지 않는다. 문화권이 달라도 아이들은 같은 소리를 낸다. 심지어 듣지 못하는 아이도 들을 수 있는 아이들과 똑같은 소리를 낸다. 이는 아이가 다른 사람이 내는 소리를 듣고 발음을 배우는 것이 아니라는 사실을 증명한다. 그러나 6개월이 지나면 들을 수 있는 아이는 발음할 수 있는 소리가 계속해서 늘어나는 반면 듣지 못하는 아이는 점점 조용해진다. 그러다 12개월쯤 되면 아무 소리도 내지 않는다. 이는 생후 첫 해에 아이와 이야기하는 것이 얼마나 중요한지 말해준다.

생후 3~4개월 동안은 소리를 모방하지는 못한다고 해도 소리를 인지하고 소화할 수는 있다. 생후 4~6개월이 되면 아이는 '오-오' '아-아'와 같은 모음을 많이 발음한다. 그러다 'ㅍ'나 'ㅂ' 'ㅁ'과 같은 자음과 조합해서 '푸푸' '므므'와 같은 소리를 낸다. 그리고 짧은 시간 안에 4개 이상의 소리사슬을 만들 수 있다. 6개월 된 아이의 언어발달의 특색은 마찰음과 파열음이다. 이 시기에 아이는 침과 입술을 이용해서 잘 논다. 6개월이 지나면 아이는 점점 자음을 많이 사용한다. 그리고 두 개 이상의 음절을 조합해서 '바아 바아 바아' '가아 가아 가아' '오포 오포 오포' 등의 소리를 낸다.

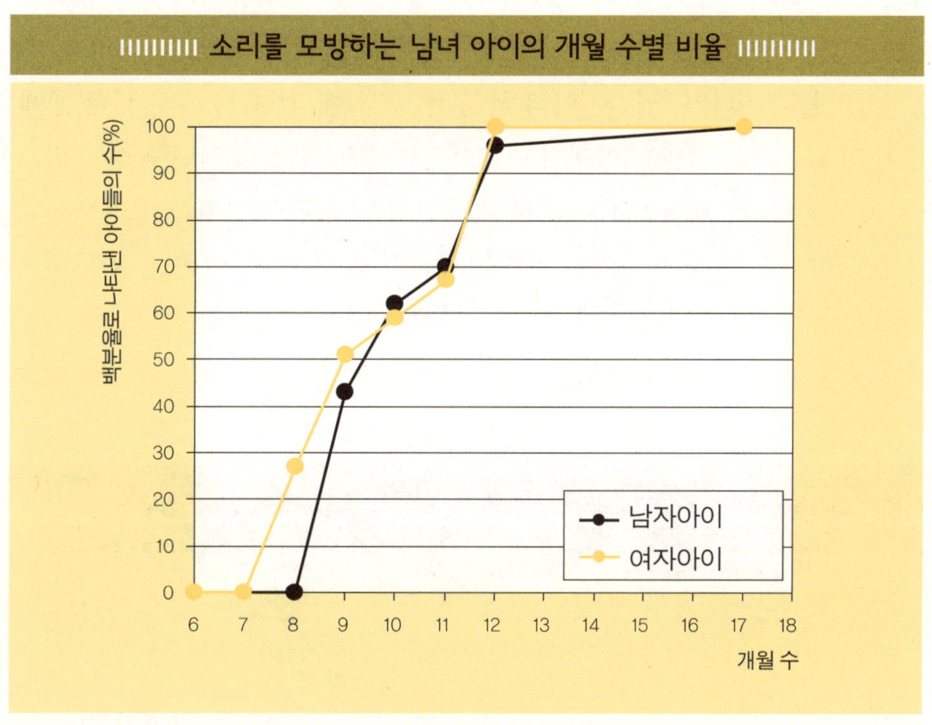

엄마가 아이와 이야기하면서 아이의 옹알이를 흉내 내면 아이는 미소로 응답하며 더 신나게 옹알이를 한다. 이것이 엄마와 아이가 나누는 최초의 대화이다. 아이는 잠이 들 때나 일어날 때처럼 혼자 있을 때도 옹알이를 한다. 거울에 비친 자신의 모습을 보고도 옹알이를 한다. 그리고 울음이 아니라 소리를 내서 불편한 심기를 알리기 시작한다. 원하는 장난감에 손이 닿지 않으면 아이는 짜증이 섞인 소리로 불만을 표현한다. 또 관심을 원할 때는 우는 대신 호소하는 듯한 소리를 낸다. 말을 거는 사람과의 거리에 따라 소리의 크기를 조절하고 높낮이도 변화시킬 줄 안다. 그래서 옹알이가 마치 노래를 부르는 것처럼 들리기도 한다.

그러다 생후 7~8개월이 되면 직접 모방능력을 키운다. 아이는 처음에는 자기가 낼 수 있는 소리를 내다가 나중에는 익숙하지 않은 소리도 따라 한다. 앞 페이지의 그래프를 보면 소리를 모방하는 시기는 아이마다 다르다. 남자아이 중에는 만 1살이 지나야 소리를 모방하기 시작하는 아이도 있다.

아이는 하나씩 음절을 반복하다가 8~10개월이 되면 '타타' '마마' '바바' 같은 음절 사슬을 만든다. 그러다가 '엄마' '아빠'를 부를 수 있게 된다. 엄마와 아빠 중에 어떤 소리를 먼저 내는가는 엄마나 아빠와의 관계와는 상관이 없고 어떤 음절을 먼저 발음할 수 있는지에 달렸는데 엄마보다 아빠라고 먼저 말을 해서 아빠를 기쁘게 하는 아이도 많다. 이 시기의 아이들이 엄마, 아빠를 부르는 소리는 문화권이 달라도 비슷비슷하다. 이는 이 시기의 아이들이 낼 수 있는 발음은 내적 법칙성에 기반을 두고 비교적 동일하게 진행된다는 것을 시사한다. 아이는 처음에는 우연히 '엄마' '아빠'라는 소리

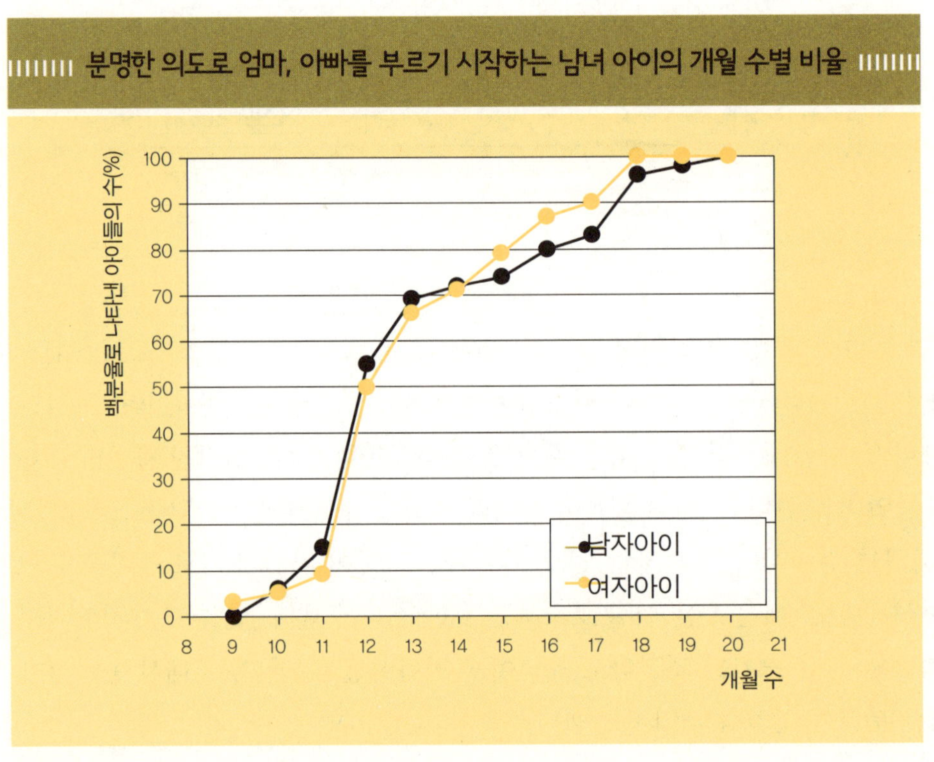

를 내지만, 조금만 시간이 지나면 목적을 가지고 엄마, 아빠를 부른다.

'엄마' '아빠'를 발음하며 부르기 시작하는 시기는 아이마다 다르다. 9~10개월 때 엄마, 아빠를 발음해서 부르는 아이도 있지만, 대부분의 아이는 12개월이 지나야 엄마, 아빠를 부를 수 있다. 또 어떤 아이들, 특히 남자아이 중 일부는 15~20개월이 되어야 '엄마' '아빠' 소리를 낼 수 있다.

8~12개월이 되면 아이들은 소리를 모방할 수 있을 뿐만 아니라 얼굴, 특히 소리가 나는 입에 매료된다. 그래서 손가락으로 다른 사람의 입을 자주 만진다.

6개월이 지나면 아이는 언어적인 면뿐 아니라 비언어적인 부분에서도 모방능력이 생긴다. 그래서 다른 사람의 행동이나 특별한 의미를 나타내는 손동작을 따라 하기 시작한다. 손을 흔들며 '바이 바이'도 하고 신나면 손뼉도 치고 고개를 저어 싫다는 표현을 하기도 한다. 그리고 원하는 물건이 있으면 손으로 가리킨다.

그러다 집게손가락만 사용해서 원하는 물건을 가리키게 되고 엄마나 아빠가 집게손가락으로 다른 사람이나 물건을 가리키면 그쪽을 쳐다본다. 이렇게 아이는 다른 사람과 관심사를 나누기 시작한다. 게다가 이 시기가 되면 기억력이 발달해서 엄마, 아빠와 까꿍 놀이를 할 수 있다.

부모의 역할_ 부모가 아이에게 전달할 수 있는 가장 중요한 것은 언어 경험이다

부모는 아이의 언어능력 발달을 어떻게 도와줄 수 있을까? 아이는 다른 사람과 함께 있으려는 욕구가 있다. 그리고 다른 사람들이 이야기할 때 같이 있길 좋아한다. 다른 사람들의 이야기를 주의 깊게 들으면서 아이는 모국어의 억양과 발음을 자연스럽게 받아들인다.

생후 24개월이 될 때까지 아이의 언어 이해력은 사람, 물건, 행동, 상황에 밀접하게 연결되어 있다. 엄마나 아빠가 놀이를 할 때, 먹을 것을 줄 때, 몸을 깨끗이 해줄 때 사용하는 물건과 행동을 가리키는 말을 듣고 아이는 이와 관련된 단어를 익힌다. 그리고 엄마나 아빠가 산책하러 간다고 말하면 아이는 이제 외투를 입고 신발을 신고 모자를 쓰고 유모차에 탄다는 이야기로 받아들인다. 부모가 아이에게 전달할 수 있는 가장 중요한 것은 언어 경험이다. 즉 엄마, 아빠가 말하는 것을 아이가 보고 듣고 느낄 수 있어야 한다.

Das Wichtigste in Kürze
내용 요약

① 6개월이 지나면 언어 이해력이 생긴다. 처음에 아이의 언어 이해력은 사람, 사물, 행동, 상황과 밀접하게 관계된다.

② 아이는 가족이 나누는 이야기에 관심을 보이기 시작한다.

③ 아이는 일상용어의 소리를 익히고 어조를 따라 한다.

④ 아이는 소리사슬을 만들다가 우연히 '엄마' '아빠'라는 소리를 낸다. 그러다가 나중에는 분명한 목적을 가지고 엄마, 아빠를 부른다.

⑤ 9개월이 되면 아이는 손뼉을 치고 손을 흔들고 고개를 젓는 등의 행동을 한다.

⑥ 아이는 다른 사람과 관심사를 공유하기 시작한다.

⑦ 아이에게 사용하는 단어는 아이와 직접적인 관계가 있고 아이가 경험할 수 있는 것이어야 한다. 아이에게 사용하는 말은 아이가 보고 듣고 느낄 수 있어야 한다.

10~24개월

아이는 **말**로 표현하는 것보다 **훨씬 많은 것**을 이해한다

부모는 아이가 만 1살이 되면 걸을 것이라고 생각하고 만 2살이 되면 말을 할 것이라고 기대한다. 그러나 운동능력 발달처럼 언어발달 속도도 아이마다 제각각이다. 12개월이 지나자마자 말을 하는 아이가 있는가 하면 36개월이 되어야 말문이 트이는 아이도 있다. 이러한 차이는 언어를 이해하는 능력이 아니라 말을 시작하는 시기의 차이이다. 즉 같은 연령의 아이들은 언어를 이해하는 능력에는 큰 차이가 없어도 언어를 구사하는 능력에서는 큰 차이를 보이기도 한다.

언어 이해력

만 1살쯤 되면 아이는 매일 접촉하는 물건과 사람의 이름을 인식한다. 그리고 "공 줘."와 같은 간단한 명령문이나 "아빠 어디 있어?"와 같은 질문을 이해한다. 그리고 엄마가 "안 돼."라고 말하면 잠깐이나마 하던 일을 멈춘다. 그리고 만 2살이면 "놀이 터에 가면 공놀이를 할 수 있어."와 같은 긴 문장을 이해할 수 있게 된다.

12~18개월이 되면 아이는 가족들의 대화를 귀 기울여 듣는다. 그리고 눈앞에 없는 사람이나 물건을 이야기해도 무엇을 가리키는지 이해한다. 그래서 엄마가 다른 방에 있는 신발을 가져오라고 하면 아이는 그것이 무엇인지, 어디에 있는지 안다. 또 엄마 가 그림책을 보면서 동물 이름을 말하면 아이는 손가락으로 그 동물을 가리킨다. 그 리고 입, 눈, 발과 같은 신체 부위와 신발, 모자 같은 사물의 이름도 알게 된다. 그리 고 '먹다' '자다'와 같이 일상적인 행위를 나타내는 단어의 구체적인 의미를 파악한다.

그러나 처음에 아이는 각 단어를 많은 표상과 연결한다. 예를 들어 아이에게 '자다' 라는 단어는 자기 전에 이루어지는 수면의식부터 다음날 잠에서 깼을 때 엄마나 아빠 가 안아주는 행위까지의 전부를 의미한다. 또 '자다'가 침대를 의미할 수도 있다. 그러 다가 몇 개월, 몇 년이 지나면 단어의 의미를 점점 축소해 특정한 것과 연결하게 된다. 그러면 '자다'라는 단어가 눈을 감고 일정한 시간 동안 반(半)무의식 상태로 휴식하는 특정한 행위를 가리킨다는 것을 이해하게 된다.

12개월이 지나면 아이는 '안' '위'와 같이 공간적인 관계를 나타내는 단어를 이해하 기 시작한다. 그러려면 공간에 대한 이해가 선행되어야 한다. 다시 말해 공간적인 관 계를 나타내는 단어를 이해하려면 공간 안에서 움직이고 사물을 가지고 놀이를 하면 서 먼저 공간을 이해해야 한다.

아이는 우선 공간적 관계를 나타내는 단어 '안'을 이해한다. 12개월쯤 되면 아이는 하나의 사물 안에 또 다른 사물이 있을 수 있다는 점을 이해하기 시작한다. 통 비우기 채우기 놀이는 이러한 공간적 이해력을 발달시키는 놀이다. 그리고 12개월이 지나면 '안'이라는 단어가 공간적 관계를 나타내는 말이라는 것을 파악한다. 그래서 "엄마 가 방 안에 사과가 있어."라고 엄마가 말하면 아이는 엄마의 가방 안에서 사과를 찾는다. 그러나 '안'이라는 단어를 아이가 직접 사용하기까지는 몇 개월이 지나야 한다. 24개월쯤이 되면 대부분 아이가 공간적 관계를 나타내는 단어를 사용할 줄 안다.

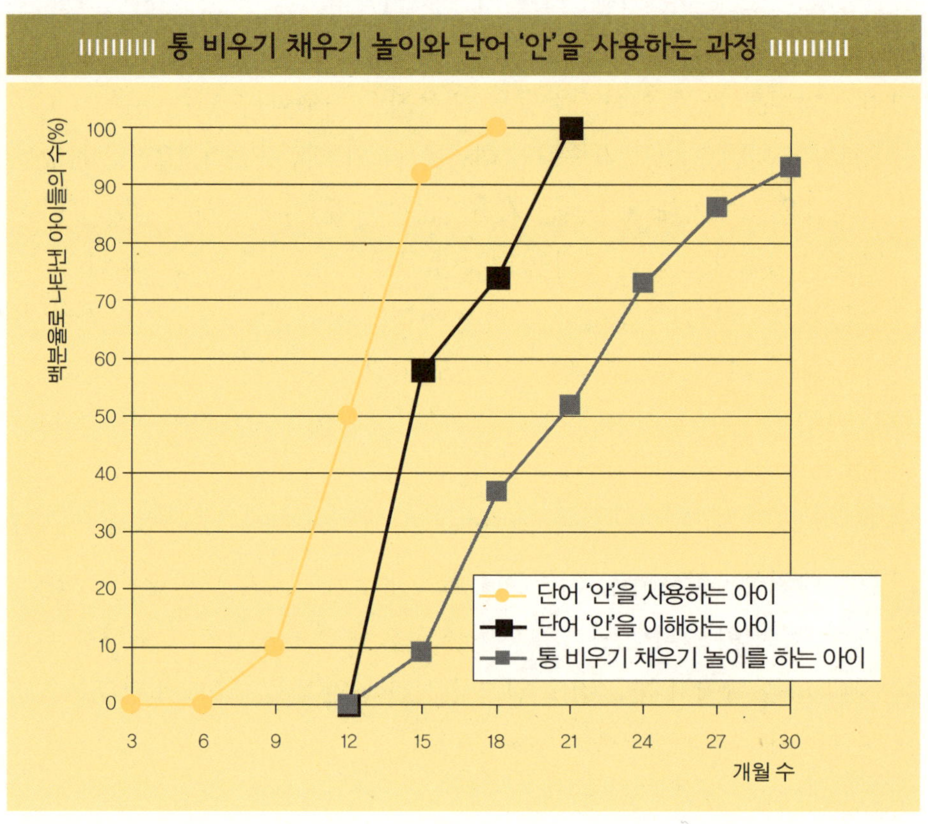

아이들이 공간적 관계를 나타내는 단어를 익히는 순서는 거의 일정하다. 아이들은 가장 먼저 '안'이라는 단어를 익히고 그 다음에 '위' '아래'라는 단어를 이해한다. 엄마가 안아줄 때, 또 바닥 위에 내려놓을 때 '위'나 '아래'라는 말을 자주 사용하기 때문이다. 이를 통해 아이는 자연스럽게 '위'와 '아래'라는 단어가 수직적인 상승과 하강을 뜻한다는 것을 이해하게 된다. '위'와 '아래'라는 말을 알게 된 후 만 2.5~3살이 되면 '뒤'와 '앞'이라는 단어를 알게 된다.

12개월이 지나도 아이들은 '너', '너의'와 같은 대명사는 완전히 이해하지 못한다. 그래서 "나한테 신발 줘."라고 하는 것보다 "아빠한테 신발 줘."라는 말을 더 잘 이해한다. 특히 아이들은 인칭대명사를 이해하기 어려워한다. 따라서 아이를 부를 때 '너'라고 하는 것보다 아이의 이름을 부르는 것이 좋다.

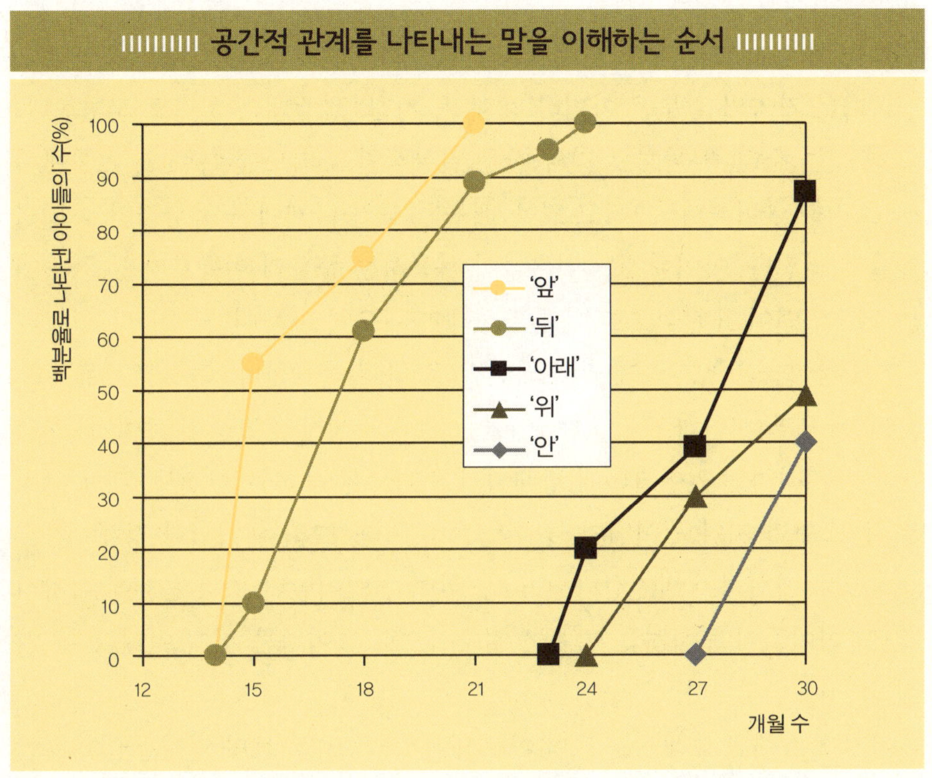

영유아기 아이들은 운율이 맞는 전래동요를 특히 좋아한다. 그리고 멜로디와 율동을 곁들이면 긴 동요도 쉽게 배운다. 그러나 아이는 동요의 내용보다는 멜로디와 율동에 더 관심을 느낀다. 즉 아이가 동요를 잘 부른다고 해도 그것은 말과 글을 깨우쳐서라기보다는 멜로디와 리듬을 좋아할 뿐이다.

말하기 여자아이가 남자아이보다 언어발달이 빠르다

만 1살이 지나면 아이들은 알아듣기 어려운 말을 하기 시작한다. 다양한 음을 연결해서 무언가를 이야기하지만 그 속에 특정한 단어는 포함되지 않는다. 이 시기의 언어발달 특징은 아이가 일상 언어의 억양과 리듬을 모방한다는 것이다. 아이는 자신이 생각하는 분위기와 상황에 따라 가족들의 말투를 흉내 낸다. 그리고 혼자서 그림책을 볼 때나 아침에 일어났을 때도 혼잣말을 한다.

아이는 다른 가족의 말투뿐 아니라 재채기, 기침, 짭짭대는 소리도 모방한다. 그뿐 아니라 개 짖는 소리, 자동차 소리와 같은 일상적인 소리도 좋아한다. 그중에서도 특히 동물 소리를 좋아한다. 그리고 말을 배우는 초기 단계에는 특징적인 동물 소리로 각 동물을 가리킨다. 아이에게는 어른들이 사용하는 동물의 이름보다 동물이 내는 특징적인 소리가 언어 표현적으로 더 친밀하게 다가오기 때문이다.

대부분의 아이들은 12~18개월이 되면 말을 하기 시작한다. 하지만 빠른 아이들은 8~12개월에 말을 시작하고, 느린 아이들은 20~30개월에 말문이 트이기도 한다. 또 아이가 걷기 시작하면 언어발달에 정체기가 오기도 한다. 아이는 걷는 것에 너무 열중한 나머지 몇 주가 지나도 어휘가 늘지 않는 것이다. 그러나 이러한 정체기가 지나면 놀라운 속도로 어휘력이 발전한다. 대다수 아이는 언어발달 초기 단계에 비약적인 발전을 한다. 아이들이 구사하는 어휘는 지속적으로 늘어나는 것이 아니라 한 번에 갑자기 확 늘어나는 것이다.

옆 페이지에 소개된 그래프를 보면 여자아이가 남자아이보다 언어발달이 빠른 것을 알 수 있다. 여자아이들은 12개월에 3개 이상의 단어를 말하는 아이가 많은 반면 남자아이들은 12개월이 지나야 3개 이상의 단어를 말한다.

아이의 발음은 처음에는 불분명하고 불완전하지만 가족들은 아이의 발음에 익숙하기 때문에 아이가 무슨 말을 하는지 알아들을 수 있다. 반면 아이와 자주 접하지 않은 다른 사람들에게는 아이의 발음이 해독하기 어려운 암호처럼 들린다.

언어발달 초기 단계의 또 다른 특징은 단어의 의미 확장이다. 예를 들어 아이는 몸집이 큰 동물을 다 '소'라고 한다. 그러니까 소뿐만 아니라 말, 양, 염소도 다 소라고 한다. 반면에 단어의 범위가 축소되기도 한다. 또 아이는 자기네 집 자동차만 자동차라고 하고 다른 자동차나 장난감자동차, 그림책 속의 자동차는 자동차라고 하지 않는다.

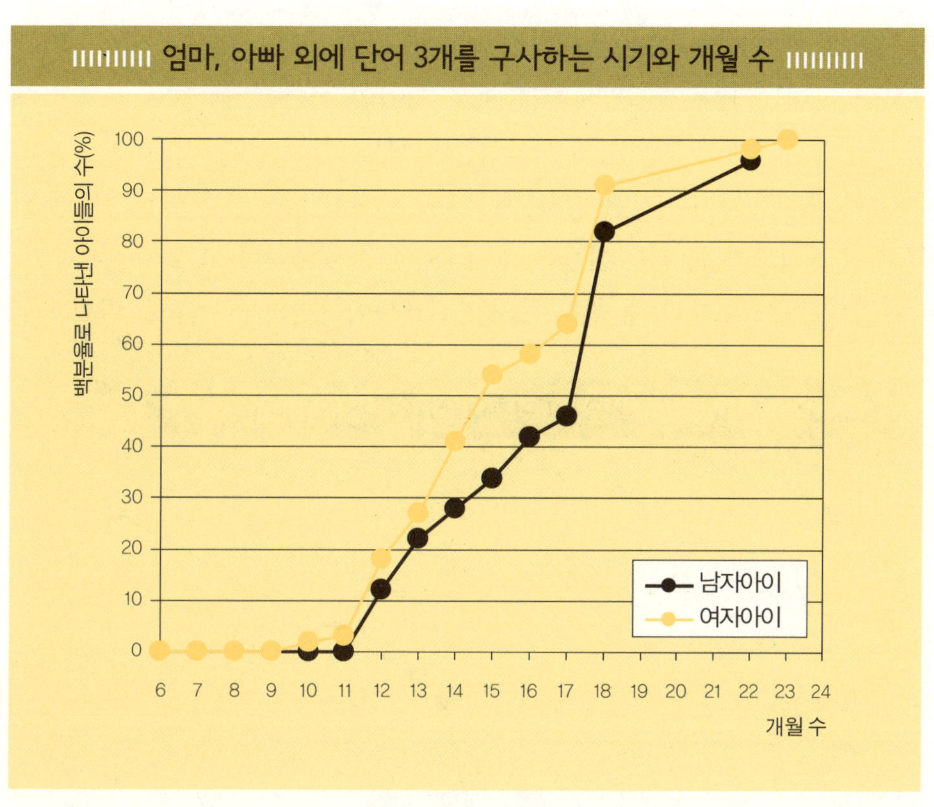

아이에게 자동차라는 말은 자기네 집 자동차만을 의미하는 것이다.

24개월 미만의 아이가 사용하는 어휘는 그리 많지 않다. 따라서 억양과 구체적인 상황에 따라 단어의 의미가 달라지기도 한다. 그리고 억양이나 표현 방법, 표정에 따라 아이가 말하고자 하는 뜻이 달라지기도 한다. 예를 들어 아이가 '신발'이라고 말할 때 그 의미는 "저건 내 신발이야."일 수도 있고 "신발 신을래."라는 뜻일 수도 있다.

영유아기 아이들은 사물의 이름을 들으면 설명해주길 원한다. 그리고 스스로 단어를 말하고 엄마나 아빠의 확인을 받으려고 한다. 그래서 엄마와 아빠는 종일 아이의 질문에 시달리기도 한다. 아이를 안고 집 안을 돌아다니면 아이는 집에 있는 물건이란 물건은 다 가리키며 그 이름을 묻는다.

대부분의 아이는 18~27개월에 처음으로 자기의 이름을 말한다. 하지만 빠르면 15~18개월에 자기 이름을 말하기 시작하는 아이도 있고 남자아이 중에는 간혹 36개월이 되어야 비로소 자기 이름을 말하는 아이도 있다. 자기 이름을 말한다는 것은 자아발달과 밀접한 관계가 있다. 아이들은 대개 18~24개월에 처음으로 자신에 대해 이해하기 시작한다. 그리고 자아에 대한 이해가 선행되어야만 자기 이름을 말할 수 있다.

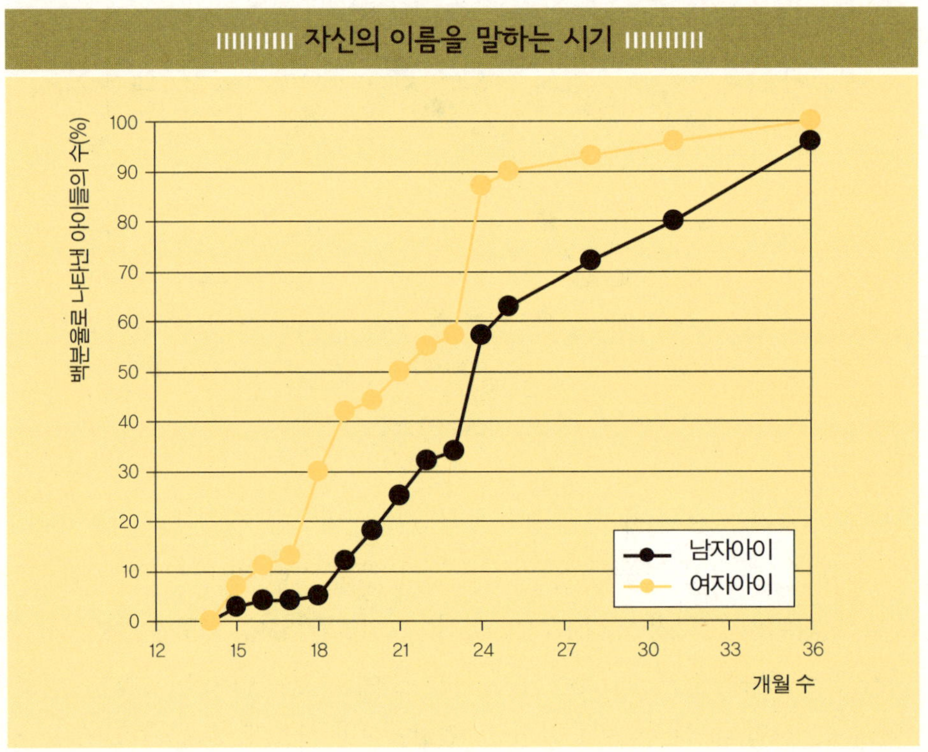

언어발달이 느린 아이는 만 3살이 될 때까지도 의사소통을 할 때 표정과 제스처에 의존한다. 주로 얼굴과 손, 혹은 다른 신체 부위를 이용해서 자신의 뜻을 표현한다. 이런 아이들 중 어떤 아이들은 표정으로 충분히 자신의 의사를 전달하기도 하지만 대부분은 말로 자신의 의사를 표현하지 못해 답답해한다. 이해력은 다른 아이들과 같은 수준이고 자신이 무엇을 말하고자 하는지 잘 알고 있지만, 말을 못 해서 좌절감을 느끼기도 하고 심하면 분노발작을 일으키기도 한다.

언어발달의 속도는 같은 부모에게서 태어난 형제자매 사이에도 다를 수 있다. 언어발달 속도에 영향을 주는 요소로는 부모에게서 받은 유전자의 차이, 성별의 차이, 태어난 순서 등을 들 수 있다. 우리 연구팀이 관찰해본 결과에 의하면 첫째 아이의 언어발달 속도가 둘째 아이보다 빠른 것으로 나타났고, 셋째도 둘째 아이보다 언어발달 속도가 빠른 것으로 나타났다. 이러한 관찰결과에서 우리는 다음과 같은 사실을 유추할 수 있다.

첫째 아이는 엄마와 충분히 많은 시간을 보내면서 이야기도 그만큼 많이 나눈다. 그래서 언어발달 속도도 빠르다. 반면에 둘째 아이는 첫째 아이보다 엄마와 함께 보내는 시간이 적고 첫째도 아직은 말이 서툴기 때문에 둘째의 언어발달에 큰 도움이 되지 못한다. 반면에 셋째나 그 후에 태어난 아이들은 이미 커버린 첫째에게서 말을 배울 수 있기 때문에 둘째 아이보다 언어발달이 빠르다.

그러므로 언어발달에 가장 이상적인 나이 터울은 2~4살이라고 볼 수 있다. 이 정도 터울의 아이들은 서로 공통 관심사를 갖고 이에 대해 함께 이야기를 주고받을 수 있기 때문에 행동과 언어발달에도 긍정적인 영향을 주고받을 수 있다.

부모의 역할_ 언어발달이 늦다고 아이에게 억지로 말을 가르칠 필요는 없다

아이가 만 1살이 지나도 부모들은 아이의 제한된 언어 이해력에 맞추어 아이와 의사소통을 한다. 아이에게 사용하는 어휘와 표현 방법이 이전보다 어려워지기는 하지만 그래도 여전히 단순한 표현을 많이 사용한다.

24개월 이전의 아이와 이야기할 때 부모들은 대체로 큰아이나 어른들과 이야기할 때보다 천천히 말하고, 목소리 톤은 여전히 높고, 억양이 다르며, 여러 번 반복하고, 쉬운 문장구조로 이야기한다. 여기에 더해 평상시 아이에게 질문을 많이 하고 현재 상황에 맞는 말을 선택하며, 밥을 먹을 때나 잠자리에 들 때처럼 일상적인 상황에서는 단순하게 말하고, 그림책을 읽어줄 때는 세분화된 언어표현을 하는 것이 아이의 언어발달에 도움이 된다.

⭐ 아이에게 알아듣기 쉽게 이야기하되 아이의 어투를 사용하지는 말라

한 단어를 설명할 때 구체적인 행위와 연결하면 아이는 그 단어를 쉽게 이해한다. 그리고 엄마나 아빠의 표현방법을 흡수하기도 한다. 그래서 그림책을 보면서 엄마와 똑같은 어투와 억양으로 그림책을 읽는 흉내를 내기도 한다.

만 2살이 된 아이의 언어 이해력은 한계가 있다. 그러므로 부모는 직관적으로 아이가 이해할 수 있는 단어와 문장구조를 선택해서 아이가 알아듣기 쉬운 어투로 이야기해야 한다. 하지만 아이의 어투를 사용해서는 안 된다. 대신 아이가 이해하기 쉬운 단어를 선택해서 알아듣기 쉽게 이야기해야 한다.

아이의 언어능력 발달을 촉진하기 위한 부모의 태도

● 부모는 수용적인 태도로 아이의 말에 귀를 기울인다.

● 아이가 말할 수 있도록 용기를 줘야 한다.

● 아이가 실수하더라도 문법적인 부분은 그냥 두고 내용적인 부분을 바로 잡아준다.

● 말의 내용을 이해할 수 있으면 문장구조가 틀렸더라도 고쳐주지 않는다. 다만 어쩔 수 없는 상황이라면 문법적으로 올바른 문장으로 아이가 한 말을 고쳐서 반복한다.

● 아이에게 질문을 많이 한다.

아이의 언어능력 발달에 부정적인 영향을 주는 부모의 행동

● 아이에게 끊임없이 지시하고, 발음과 문장구조를 고쳐준다.

● 아이의 말에 귀 기울이지 않고, 아이와 대화를 많이 하지 않는다.

● 아이에게 억지로 말을 가르치려고 한다.

● 언어발달이 늦다고 아이의 의사소통 수단인 제스처와 표정을 무시하거나 말을 하라고 강요한다.

아이가 언어발달이 늦어도 굳이 아이에게 억지로 말을 가르치려고 할 필요는 없다. 언어를 듣고 사용할 기회가 있으면 아이는 스스로 언어를 습득하기 때문이다. 부모가 아이의 언어발달을 촉진하는 가장 좋은 방법은 아이가 일상적인 행위와 놀이에서 경험할 수 있는 말을 사용하는 것이다. 언어발달에 무엇보다 중요한 것은 아이에 대한 부모의 관심과 아이와 의사소통을 하려는 마음가짐이다.

이중 언어, 다중 언어 교육 시 주의할 점

한 가지 이상의 언어를 사용하는 환경에서 자란 아이는 두 개 또는 그 이상의 언어를 습득한다. 여러 언어를 구사하는 능력은 나중에 아이가 성장했을 때 엄청난 장점으로 작용한다. 그러나 여러 언어를 접하는 아이들은 언어발달이 느린 편이다. 기본적인 어휘력이나 문장을 만드는 능력 등 전반적인 언어발달 부분이 학교에 입학할 때까지 지연된다. 하지만 아이는 순식간에 부족한 부분을 채운다. 언어발달 속도가 느리다고 해서 아이를 한 가지 언어만으로 교육할 필요는 없다.

언어발달 초기 단계에서는 다중 언어로 성장하는 아이와 단일 언어로 성장한 아이의 언어발달이 기본적으로 같은 양상으로 진행된다. 그러나 다중 언어로 성장하는 경우 모든 언어가 같은 속도로 발달하지는 않는다. 아이가 가장 많이 듣는 언어와 부모가 사용하는 언어가 가장 빨리 발달한다. 그리고 만 4살이 될 때까지 어휘력이 부족할 때는 두 개 이상의 언어를 섞어서 쓰기도 한다.

이중 언어나 다중 언어로 아이를 교육하는 부모는 특히 다음과 같은 점을 주의해야 한다. 아이가 4~5살이 될 때까지 부모는 각자 한 가지 언어로만 이야기해야 한다. 예를 들어 엄마는 한국어, 아빠는 영어로만 이야기하면 아이는 비교적 쉽게 이중 언어 환경에 적응할 수 있다. 엄마나 아빠와 그들이 사용하는 언어의 특징을 연상시킬 수 있기 때문이다. 반면에 부모가 동시에 영어와 한국어를 혼합해서 사용하면 언어적 혼동을 초래하고 아이에게 부담을 줄 수 있다.

Das Wichtigste in Kürze
내용 요약

1. 12개월쯤 되면 아이는 친숙한 사람과 사물의 이름을 알게 된다. 그리고 12개월이 지나면 행위와 공간적 관계를 나타내는 말을 배운다.

2. 만 1살이 지나면 아이는 알아듣기 어려운 말을 한다. 이때 일상적인 언어의 리듬과 억양을 모방하지만 단어는 말하지 않는다.

3. 10~30개월이 되면 아이는 단어를 말하기 시작한다. 이때 아이가 이해하는 단어의 의미가 확장되기도 하고, 축소되기도 한다.

4. 18~36개월이 되면 아이는 자신의 이름을 말하기 시작한다.

5. 아이는 말로 표현할 수 있는 것보다 훨씬 많은 것을 이해한다.

6. 여자아이는 같은 연령의 남자아이보다 언어발달이 빠르다.

7. 부모는 아이의 어투가 아니라 아이의 언어 이해력에 맞춰 이야기해야 한다.

25~48개월

언어 **구사력**과
언어 **이해력**은 별개이다

아이가 말을 더듬으면 부모는 크게 걱정을 한다. 하지만 언어발달에 문제가 없어도 아이들에겐 일시적으로 말을 더듬는 버릇이 나타난다. 아이들의 절반 이상이 언어발달의 특정 단계에 이르면 말을 더듬는다. 역설적이지만 아이가 말을 더듬는 이유는 만 2~5살에 언어능력이 크게 발달하기 때문이다. 이 시기에 언어에 대한 이해력과 어휘력은 그 어떤 시기보다 빠른 속도로 발달한다. 아이는 기본적인 문법의 규칙과 문장구조를 익히고 발음을 개선한다. 이렇게 많은 요소가 한꺼번에 발달하기 때문에 일시적으로 말을 더듬기도 하는 것이다.

이해력_ 부모는 아이의 언어 이해력을 과대평가한다만 2살이 된 아이의 언어 이해력은 깜짝 놀랄 만한 수준으로 발달한다. 아이가 이해하지 못하는 말이 없는 것 같은 느낌이 들 정도이다. 그러나 만 2살인 아이의 언어 수준은 언어발달의 시작단계에 불과하다. 세분화된 언어를 구사하려면 더 오랜 시간이 필요하다.

아이의 언어적 표현에 아무리 주의를 기울인다 해도 아이의 실질적인 언어 이해력을 판단하는 것은 어려운 일이다. 대부분의 부모는 아이의 언어 이해력을 과대평가한다. 아이의 행동을 보면 아이가 말을 다 이해하는 것 같은 인상을 받기 때문이다. 그러나 아이의 언어 이해력은 겉으로 보이는 것보다 낮을 수 있다. 예를 들어 아빠가 외투와 신발을 들고 바깥에서 놀 거냐고 물어보면 아이는 아빠의 질문을 포괄적으로 이해하지 못한다. 그러나 외투, 신발, 아빠의 목소리 톤으로 아빠가 무엇을 원하는지 파악한다.

24개월이 지나면 아이는 다 이해할 수는 없어도 어른들의 대화를 귀 기울여 듣는다. 그리고 종일 '왜'라든지 '언제' 같은 의문사가 들어간 질문을 한다. 이러한 아이의 행동을 통해 아이의 관심사가 얼마나 다양해졌는지 짐작할 수 있다. 또 이 시기의 아이들은 그림책을 보면서 이야기를 듣는 것을 좋아한다. 처음에는 그림의 세부적인 부분이나 새로운 단어에 관심을 보이고, 24개월이 지나면 이야기 내용에 관심을 갖기 시작한다. 그리고 운율을 살린 동시 낭독이나 리듬 있는 동요를 듣는 것을 좋아한다.

36개월이 지나면 일상적인 질문에 답할 수 있고 짧은 대화에 참여할 수 있게 된다. 그리고 이야기 전개나 내용에 대한 이해력이 눈에 띄게 높아진다. 그래서 구연동화 CD를 듣는 것을 좋아하기도 한다. 그리고 자신이 경험한 것을 설명하거나 계획을 세우거나 원하는 것을 말할 수 있을 만큼 언어능력이 발달한다.

어휘력_ 언어의 이해력이 높아도 언어 구사력은 낮을 수 있다

만 2~5살 아이의 어휘력은 엄청난 속도로 늘어난다. 일생에서 이때만큼 빠른 속도로 어휘력이 늘어나는 시기는 없다. 아이의 어휘력은 3년 안에 한두 개에서 수천 개로 증가한다. 아이는 매일 새로운 단어를 배우고 익힌다. 만 5살이 되면 아이는 2,000~5,000개의 단어를 이해할 수 있다. 그러나 아직 수동적인 어휘의 수가 더 많다. 그러다 만 8살이 되면 아이의 어휘력은 8,000~1만 5,000개로 증가한다. 물론 어휘력은 아이마다 차이가 있지만, 영유아기의 아이는 어른들이 상상할 수 없는 속도와 능력으로 어휘를 습득한다.

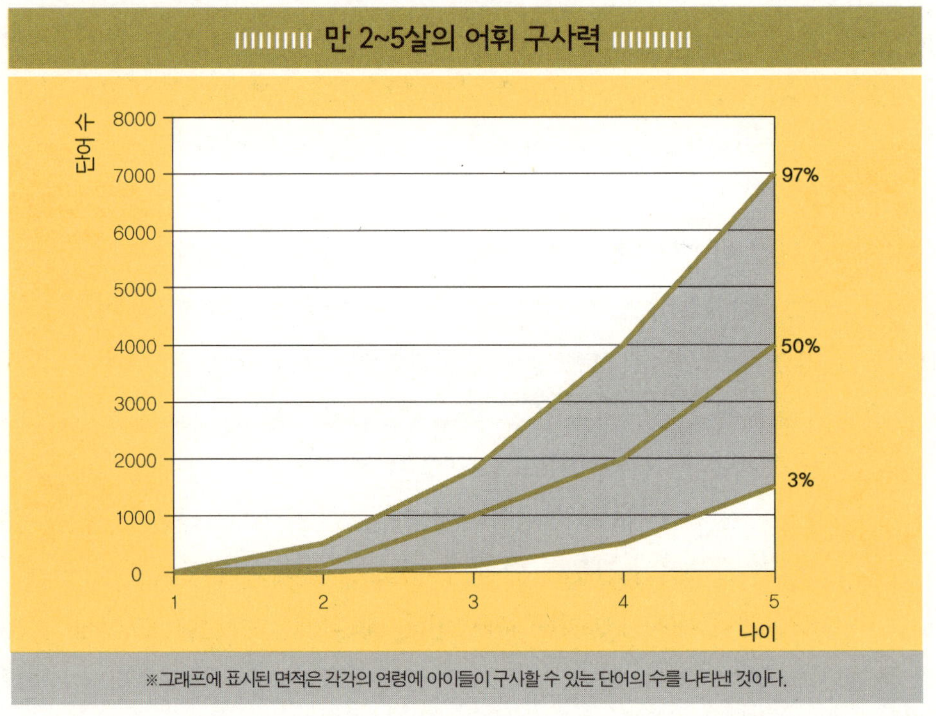

아이는 우선 직접 경험할 수 있는 사물이나 사람, 환경과 관련된 단어를 배운다. 구체적인 경험과 연결할 수 없는 단어는 일정한 시간이 흐르고 나서 습득하게 된다.

위의 그래프를 보면 나이가 같아도 구사하는 어휘의 수는 아이마다 다르다는 사실을 알 수 있다. 평균적으로 여자아이가 같은 나이의 남자아이보다 구사하는 어휘 수가 많다. 그러나 여자아이보다 어휘를 더 많이 알고 있는 남자아이도 있고, 남자아이보다 어휘력이 낮은 여자아이도 있다. 또 언어 이해력은 높지만 언어 구사력은 낮은 아이도 있다. 다시 말해 언어 이해력이 높다고 해서 반드시 그만큼 말을 잘하는 것은 아니다.

문법_ 아이는 직관적으로 언어의 형태적 구조를 배우는 달인이다

학창 시절 복잡한 문법과 문장구조를 공부하는 것을 좋아한 사람은 드물다. 그러나 영유아기의 아이는 그것을 간단하게 배운다.

만 2살 아이는 형용사를 사용하지 못한다. 다만 형용사 '뜨겁다'는 부엌이나 목욕탕에서 엄마나 아빠가 뜨거우니까 만지지 말라고 자주 주의를 주기 때문에 2살일 때도 구사할 수 있는 아이가 많다. 부모가 형용사를 사용할 때 부여하는 의미와 감정은 대부분 아이에게 각인될 정도로 강한 인상을 남긴다. 만 2살 이후 아이는 공간적 관계를 나타내는 전치사 '안' '위' '아래'를 이해한다. 그리고 만 4살이 될 때까지 다른 전치사들을 배운다. 또 3~4살이 되면 아이는 동사의 시제를 변화시킬 줄 안다. 시제를 이해하기 위해서 아이는 자기 자신과 다른 사람들을 독립적인 인격체로 인식하고 시간에 대한 개념을 이해해야 한다. 만 3살 이후 아이는 과거와 미래라는 시간 개념을 이해하기 시작한다.

다음은 2~5살에 이루어지는 언어발달의 형태적인 특징을 정리한 것이다.

시간 개념 ● 아빠가 출근하기 전에 만 2살인 아이에게 "오늘 저녁에 같이 놀자."라고 말하면, 아이는 '놀자'라는 말만 이해한다. 오늘 저녁이라는 시간 개념은 아이에게 아무런 의미가 없다. 아이는 일정 기간에 시간과 상관없는 삶을 산다. 만 2살인 아이는 '어제' '오늘' '내일'과 같은 개념을 이해하지 못한다. 그러다 만 3살이 되면 제한된 시간을 단순하게 이해하기 시작한다. 예를 들어 엄마가 아침에 "낮잠 자고 일어나면 놀이터에 갈 거야."라고 말하면 아이는 하루 일과에 대한 내적인 이미지를 떠올린다. 그리고 '아침에 일어나서 시장에 갔다가 점심 먹고 낮잠을 자니까 그다음에 놀이터에 가는구나' 하고 생각한다. 만 4살이 되면 '어제'와 '오늘' 같은 시간 개념을 더 잘 이해하게 된다.

상위 개념과 분류 ● 언어발달에서 가구나 동물과 같은 상위 개념은 중요한 역할을 한다. 그러나 아이는 학교에 들어갈 나이가 될 쯤에야 이러한 상위 개념을 파악하기 시작한다. 상위 개념을 이해하고 사용하기 전에는 사물이 가지는 성질의 공통점과 차이점으로 단어를 이해한다. 아이는 만 2살을 전후해서 숟가락은 모두 같은 모양이고 젓가락이나 포크와 형태가 다르다는 것을 인식한다. 그리고 24개월이 지나면 사물을 특정한 성질에 따라 분류하기 시작한다. 예를 들어 또래 아이들과 형제자매는 '아이'라는 범주로, 엄마나 아빠, 할아버지, 할머니는 '어른'이라는 범주로 분류한다.

만 4살이 되면 아이는 장난감, 동물 같은 간단한 상위 개념을 이해하기 시작한다. 그리고 소파, 책상, 의자를 구분하는 기준뿐 아니라 이들의 공통점을 파악한다. 그렇게 되면 가구라는 상위 개념을 이해할 수 있다.

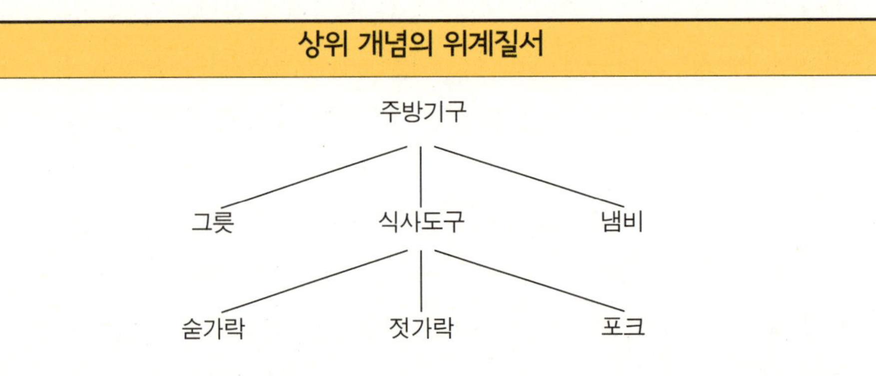

양적 개념 ● 만 2살인 아이는 5 또는 그 이상까지 숫자를 말할 수 있지만 이는 동요를 읊조리는 것과 마찬가지이다. 즉 만 2살인 아이는 아직 수에 대한 개념이 없다. 24개월이 지나면 아이는 처음으로 '하나'와 '많다'라는 양적인 개념의 차이를 이해하며 적어도 만 3살이 되어야 수적 개념이 발달한다.

인칭대명사 ● 만 2살이 되기 전까지 아이는 자신을 가리킬 때 자기 이름을 부른다. 그러다 '너' '나' 등의 대명사를 사용한다. 일인칭 대명사를 올바르게 사용하는 것은 자기 자신에 대한 새로운 이해를 통해서만 가능한 놀라운 능력이다. 아이는 가족들이 스스로를 가리킬 때는 일인칭 대명사를 사용하지만 자신에게 말할 때는 '너'라고 하는 것을 듣고 인칭대명사의 차이를 이해한다. 그리고 자신을 가리킬 때는 '나', 다른 사람을 가리킬 때는 '너'라고 한다는 것을 스스로 깨닫는다. 이러한 규칙을 깨달으려면 자아의 발달과 타인과의 경계에 대한 인식이 일정한 수준에 도달해야 한다. 그리고 양적 개념이 발달하면 아이는 일인칭 복수형인 '우리'의 의미도 이해한다.

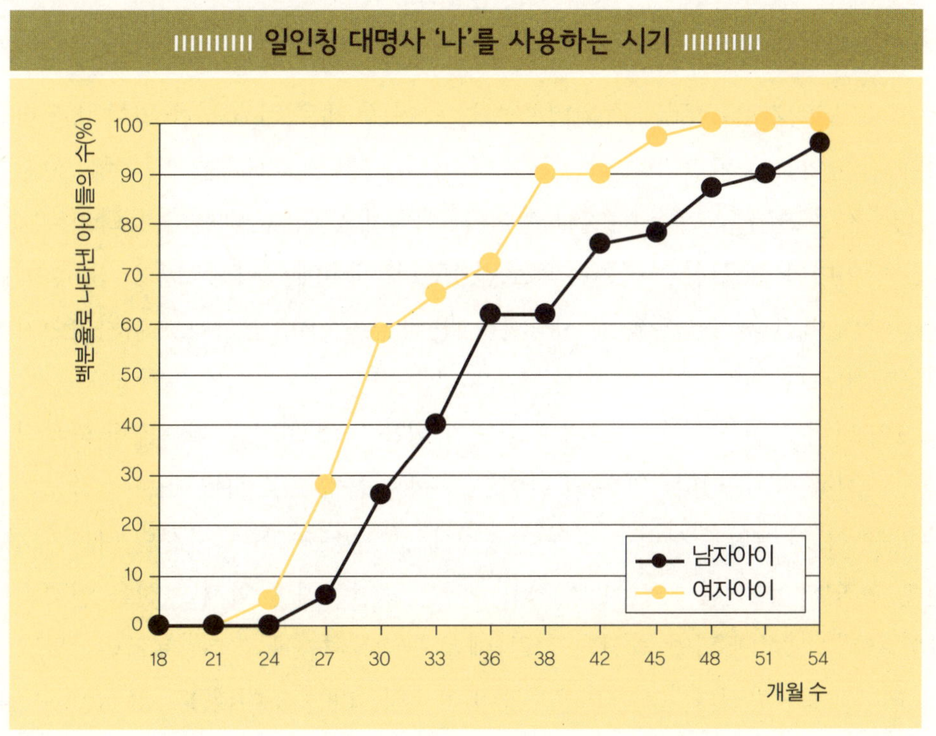

인과 개념 ● 12개월이 되기 전에 아이는 인과관계를 인지하지만 24개월이 지나야만 인과관계에 대한 의식적인 이해가 시작된다. 그러면 종일 '왜'라는 질문을 하는 시기(1차 질문시기)가 온다. 이때 아이에게는 이해하지 못한 것뿐만 아니라 눈에 보이는 모든 것이 질문의 대상이 된다. 그래서 부모는 종종 아이가 질문을 위한 질문을 한다고 생각하기도 한다. 실제로 아이는 알고 있는 것도 물어볼 때가 있다. 그러나 이는 부모를 화나게 하려는 행동이 아니다. 아이는 단지 질문을 통해 자신이 생각하는 것이 맞는지 확인하려는 것뿐이다. '왜'라는 질문을 하는 시기가 지나면 '언제'라는 질문을 하는 시기(2차 질문시기)가 온다. 시간 개념에 흥미를 갖기 시작하면 아이는 질문을 통해 과거, 현재, 미래의 시간적 관계를 알려고 한다.

문장구조

구사하는 단어가 20~50개쯤 되면 아이는 단어 두 개로 된 문장을 만들기 시작한다. 그러나 두 단어를 조합한다는 개념은 아직 이해하지 못하기 때문에 "아빠, 저기" "안나, 신발"처럼 단어 두 개를 나열할 뿐이다. 이렇게 단어 두 개를 사용하기 시작하는 시기는 아이마다 다르다. 아이들은 빠르면 15~18개월에, 늦으면 만 3~3.5살에 단어 두 개로 이루어진 문장을 말하기 시작한다. 문장을 구사하는 시기도 여자아이가 남자아이보다 빠르다.

두 개의 단어로 된 문장을 구사하게 되면 아이는 단어 하나로 이야기할 때보다 훨씬 다양한 표현을 할 수 있다. 두 개의 단어로 구성된 문장으로 사람 또는 사물의 유무를 전달할 수 있고, 행위와 사람을 다양한 장소에 분류할 줄 알며, 자신의 바람과 의도를 표현할 수 있다. 그러나 자신의 의도와 바람을 표현하려면 먼저 자신을 인격체로 인지해야 한다. 그렇게 되면 자신의 감각(예를 들면 "나는 듣는다.")을 의식하고 신체적 욕구("안나는 마신다."라는 말은 "목이 마르다."라는 뜻이다.)도 표현할 수 있다.

마지막으로 아이는 어떤 물건이 누구의 것인지 이해하고 그 물건의 이름을 말할 수 있게 된다. 예를 들어 '엄마의 신발' '언니의 인형'과 같이 소유관계를 표현할 수 있다. 그러기 위해서는 일정 수준까지 인격이 발달해야 한다. 또 타인의 물건을 구분할 수 있으려면 자신과 타인을 인식해야 한다.

　단어 두 개로 이루어진 문장은 단어 하나와 마찬가지로 여러 가지 의미로 해석될 수 있다. 예를 들어 아이가 사과를 잡으며 "엄마, 사과."라고 말한다면 억양, 표정, 제스처, 상황에 따라 "배고파." "엄마 사과야?" "사과 먹어도 돼?" 등 여러 의미로 해석할 수 있다.

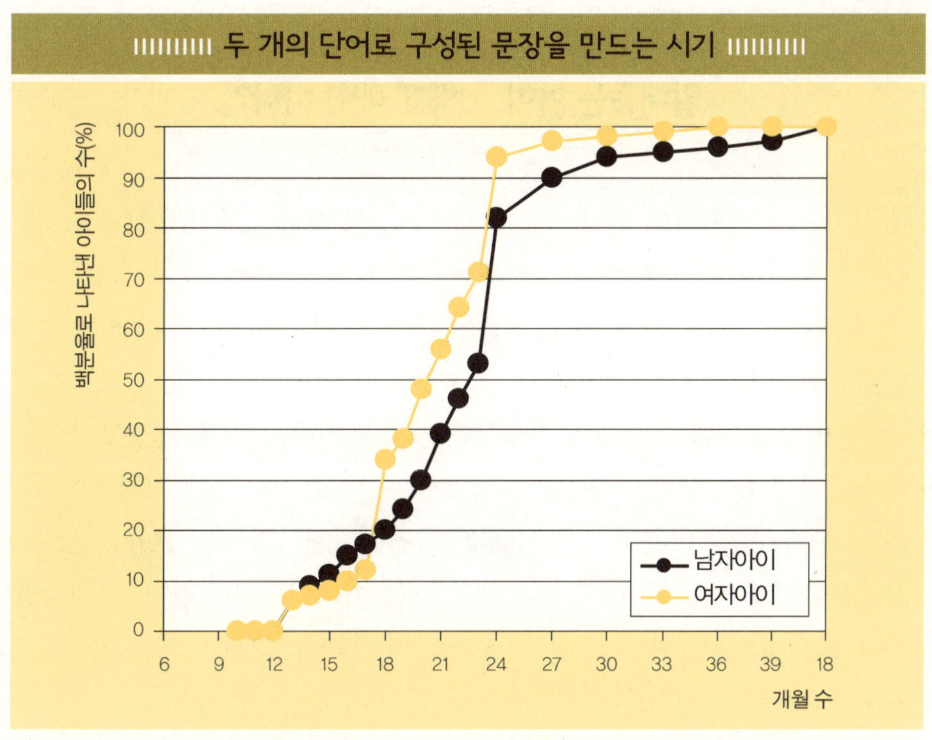

　두 개 이상의 단어를 나열하는 시기가 지나면 아이는 간단한 문장을 만들기 시작한다. 이 시기는 '언어발달의 비약기'라고 할 수 있다. 문장을 만들기 위해서는 높은 수준의 언어능력을 갖추어야 한다. 아이는 자기의 의사를 표현하기 위해 적당한 단어를 찾는 동시에 통사적·문법적 규칙을 지켜야 한다. 외국어를 공부해본 경험이 있는 사람은 그것이 얼마나 어려운 일인지 잘 알 것이다. 마찬가지로 영유아기 아이들에게도 문법과 통사론적 규칙을 익히는 것은 어려운 일이다. 만 3살이 지나면 아이들은 '~하면' '~까지' 같은 말을 이용하여 주문장과 부문장을 만들기 시작한다.

문장을 만드는 것은 아이에게 어려운 일이기 때문에 아이는 부담을 느낀다. 그래서 일시적으로 말을 더듬기도 한다. 아이는 적당한 단어와 형태, 어순을 찾느라 말을 더듬는 것이다. 이렇게 자연스럽게 말을 더듬는 것은 길어도 6개월을 넘기지 않는다. 그리고 이 시기를 지나면 간단한 문장을 바르게 표현할 수 있다.

말더듬는 아이, 어떻게 해야 하나?

언어발달 전반이 아이마다 각기 다르게 진행되듯이 언어 이해력의 발달도 아이마다 차이가 난다. 단 언어의 이해력은 항상 표현력보다 빨리 발달한다. 부모는 아이의 언어발달을 돕고 아이에게 긍정적인 영향을 주기 위해 아이의 언어능력에 맞게 말하도록 주의를 기울여야 한다.

만약 아이가 말을 더듬는다 해도 인내심을 가지고 기다려야 한다. 부모가 조급해하면 아이는 불안해하고 말을 더 심하게 더듬는다. 아이가 말을 더듬거나 실수하면, 말한 문장을 반복하게 하지 말고 말한 내용만 확인시켜줘야 한다. 아이가 다른 사람의 말을 못 알아들어 의기소침해하면, 아이를 달래고 이해해주어야 한다. 그래야만 아이가 말을 더듬는 버릇을 고치려고 일부러 노력하지 않는다. 그런 노력은 오히려 말더듬는 버릇을 악화시킬 수 있다.

만약 자신에 대해 부모가 실망이나 좌절을 한다고 느끼면 아이는 정서불안이나 회피행동을 보이기도 한다. 물론 말더듬는 버릇이 6개월 이상 지속되거나 부모가 불안감을 떨쳐내지 못하면 전문가의 상담을 받는 것이 좋다.

아이는 다양한 상황에서 가족은 물론 다른 아이들이나 어른들과 여러 가지 경험을 할 때 가장 효과적으로 언어를 습득할 수 있다. 그러면 만 4~6살 사이에는 모국어는 물론 외국어로도 일상적인 대화가 가능할 정도로 언어 구사력이 발달하게 되고 발음이나 문법은 물론 내용적으로 완전한 문장도 구사하게 된다.

내용 요약

1. 만 2~5살이 되면 아이는 의미, 문법, 문장구조, 발음 면에서 엄청난 발전을 한다.

2. 능동적으로 사용할 수 있는 어휘가 10개 미만에서 수천 개로 증가하며, 매일 새로운 단어를 습득한다.

3. 아이는 중요한 문장구조와 문법규칙을 배운다.

4. 아이는 일상생활의 간단한 질문에 답할 수 있고, 대화에 참여하고 이야기의 내용 전개를 따라갈 수 있다.

5. 만 5살이 되면 아이는 모국어로 문법적으로 올바르고 완전한 문장을 구사할 수 있다. 그리고 다른 사람이 이해하는 데 문제가 없을 정도로 말의 내용과 발음도 향상된다.

6. 언어발달은 아이마다 다르게 진행된다.

7. 정상적으로 언어발달이 진행되어도 아이가 말을 더듬을 수 있다. 만 2.5~4살에 아이는 일시적으로 말을 더듬기도 한다. 말 더듬는 기간은 짧게는 몇 달, 길게는 6개월 동안 지속된다.

8. 아이의 언어발달을 돕고 긍정적인 영향을 주려면 아이의 언어능력에 맞게 말을 해야 한다. 아이가 말을 더듬으면 인내심을 가지고 지켜봐야 한다.

07

Entwicklung und Erziehung
in den ersten vier Jahren

BABY JAHRE

영양발달과 식습관

아이가 싫어하는 음식을 강제로 먹이지 말라

모유는 아이에게 가장 이상적인 음식이다

숨 쉬고 자는 것과 마찬가지로 먹고 마시는 것은 생명을 유지하기 위해 반드시 필요한 행위이다. 기본적인 육체적 욕구인 허기와 갈증을 충족시키지 않으면 여러 가지 문제가 생긴다. 그러나 식생활 패턴과 음식의 사회적·감정적 의미는 사람이나 가족, 사회에 따라 다르다. 어떤 사람은 매끼 육식만 하는가 하면 어떤 사람은 채식만 한다. 또 어떤 가정은 매끼 식사를 준비하는 데 많은 시간을 투자해 정성을 들여서 음식을 만들어 먹는 반면에 어떤 가정은 인스턴트 음식을 먹기도 한다.

아이들도 마찬가지로 신생아 때부터 모유나 분유를 먹는 성향이 다르고 2~3살이 되면 특정 음식을 싫어하거나 좋아한다. 식습관은 아이의 개인적인 성향뿐 아니라 가족의 식생활을 대변한다. 부모는 아이에게 먹을 것을 줄 뿐만 아니라 아이가 식생활에 대해 올바른 가치관을 정립하도록 모범을 보여야 한다. 부모의 교육과 아이의 기호에 따라 채소는 별미가 될 수도 있고 맛없는 반찬이 될 수도 있다.

3가지 음식 형태

생후 1~2년 동안 아이는 3가지 형태의 음식으로 영양분을 섭취한다. 각 음식 형태는 아이의 신체기관 발달 상태와 섭취, 소화, 신진대사, 배설능력을 고려한 것이다.

유동식 | 생후 4개월까지 모유나 분유는 아이에게 가장 이상적인 음식이다. 모유와 분유는 소화하기 쉽고 신진대사와 장에 부담을 주지 않는다. 특히 모유에는 전염병으로부터 보호할 수 있는 항체가 포함되어 있다. 생후 5~14일이 되면 아이는 성장발달에 필요한 영양분을 충분히 섭취할 수 있다.

연식 | 생후 4개월이 지나면 모유나 분유만으로 성장발달에 필요한 영양분과 열량을 섭취하기 어렵다. 이 시기가 되면 부드러운 음식으로 식사를 시작해도 될 만큼 아이의 소화, 신진대사, 배설 기능이 발달하며 딱딱한 음식을 입에 넣고 빨기 시작한다.

고형식 | 생후 12개월이 지나면 어른들이 먹는 음식을 먹을 만큼 구강 운동과 장 기능이 발달한다. 아이는 딱딱한 음식을 물고 씹을 수 있고, 가족과 함께 식탁에 앉아 식사할 수 있을 만큼 몸을 가눌 수 있다.

모유 수유의 부활

19세기까지 갓난아기들은 모유만 먹고 자랐다. 엄마가 모유를 먹이지 못하면 유모가 대신 아이에게 젖을 주었다. 모유 수유 방법과 모유 수유를 할 때 발생하는 문제에 대처하는 방법은 세대에서 세대로 전달되었다.

1850년쯤에 최초로 우유병이 만들어졌고, 1920년 이후 우유를 기본으로 한 분유가 생산되었다. 오랫동안 분유는 모유와 경쟁하며 갓난아기의 영양을 책임졌다. 분유를 생산하는 기업들은 분유가 안전하고 싸다고 선전했다. 또 시대정신과 여성의 역할이 변화하면서 엄마들은 모유보다 분유를 선호하게 되었다. 게다가 다음과 같은 선입견이 모유 수유를 더욱 어렵게 했다.

- 모유 수유는 번거롭다.
- 모유 수유를 하면 쉽게 피곤해진다.
- 모유 수유를 하면 가슴의 형태가 망가진다.
- 모유 수유를 하면 직장생활을 하기가 어렵다.
- 모유 수유를 하면 엄마가 자유롭지 못하다.
- 공공장소에서는 모유 수유를 할 수 없다.
- 모유 수유는 낮은 사회적 위치를 상징한다.
- 분유를 먹이면 먹는 양을 조절하기 쉽다.

의사나 간호사, 조산원들이 모유 수유를 권장하고 도와줄 의지가 부족했던 것도 모유 수유에 부정적인 영향을 주었다. 그 결과 20세기 중반까지 세계적으로 모유 수유를 하는 엄마의 수가 급격하게 감소했다. 그러나 약 40여 년 전부터 모유 수유에 대한 생각이 변화하기 시작했고, 국제모유수유연합(La Leche League) 같은 단체도 설립되었다. 의학계에서도 모유의 생물학적 가치와 모유 수유의 심리학적 중요성을 재발견했다.

✪ '모유 수유를 해야 좋은 엄마'라는 인식이 주는 죄책감

모유 수유를 권장하는 책이나 잡지를 보면 "모유를 먹는 아이가 더 행복하다.""모유 수유는 엄마와 아이의 관계를 좋게 하기 위한 전제조건이다."와 같은 말이 자주 등장한다. 영양학적 · 생리학적인 측면에서 이러한 주장은 일리가 있다. 모유 수유는 아이에게 이상적인 영양 공급 형태일 뿐만 아니라 모유는 본래부터 아이의 생리학적 조건을 충족시킬 수 있게 만들어졌다. 그런데 이러한 생각은 요즈음 일종의 신조가 되어 '모유 수유를 해야 좋은 엄마'라는 인식을 낳게 했다.

그러나 모든 엄마가 모유 수유를 원하는 것은 아니며, 모유 수유를 하고 싶어도 할 수 없는 엄마도 있다. 모유 수유가 불가능한 질병이 있거나 출산 후 바로 직장에 복귀해야 하는 워킹맘의 경우 등 여러 가지 원인 때문에 모유 수유를 할 수 없는 엄마에게 '모유 수유를 해야 좋은 엄마'라는 인식은 스트레스를 유발하고 죄책감을 느끼게 한다. 아이에게 모유를 먹일 수 없는 엄마는 좌절감을 느끼고 자신의 부족함 때문에 아이가 성공적으로 인생을 시작하지 못한다는 죄책감에 사로잡힌다.

물론 가능한 상황이라면 모유 수유를 하는 것이 아이와 엄마 모두에게 가장 좋은 방법이지만 설사 모유 수유를 할 수 없다 하더라도 지나친 죄책감에 사로잡힐 필요는 없다. 모유 수유만이 아이에게 영양을 공급할 수 있는 유일한 방법은 아니기 때문이다. 분유로도 아이가 필요한 영양분을 충분히 공급할 수 있고 분유를 먹여도 모유 수유와 마찬가지로 엄마와 아이는 긴밀한 관계를 형성할 수 있다.

모유 수유를 할까, 분유를 줄까?

포유류 동물은 인간과 마찬가지로 일정 기간 새끼에게 젖을 먹인다. 각 포유류 동물의 유즙은 새끼에게 적합한 성분으로 구성되며 새끼의 성장은 물론 활동과 체온 조절에 필요한 탄수화물, 단백질, 지방 등 다양한 영양분이 적절히 조합되어 있다. 소는 생후 45~60일이 지나면 몸무게가 두 배로 늘어난다. 반면 인간은 150일이 지나면 몸무게가 두 배가 된다. 포유류 동물의 유즙은 이렇게 다른 성장 속도에 맞게 구성되어 있다. 그러므로 소나 양, 염소의 젖은 영양과 열량 면에서 아이의 영양 공급원으로 적합하지 않다.

　모유는 신진대사와 성장에 필요한 열량과 영양분을 모두 포함할 뿐만 아니라 전염병으로부터 몸을 보호할 수 있는 면역체가 들어 있으며 알레르기가 발생하는 것을 막아준다. 특히 집안에 아토피 피부염, 천식, 꽃가루 알레르기로 고생하는 사람이 많다면 모유를 먹이는 것이 좋다. 또 모유 수유는 아이뿐 아니라 엄마에게도 좋다. 모유수유를 하면 유방암에 걸릴 위험이 줄어들기 때문이다.

⭐ 모유를 위협하는 각종 화학물질들

　그러나 우유와 비교했을 때 모유가 장점만 있는 것은 아니다. 유감스럽지만 모유 수유는 단점도 있다. 지난 수십 년간 화학산업계는 자연에 존재하지 않는 각종 화학물질을 만들어냈다. 그리고 해충과 진균으로부터 식물을 보호하기 위해 엄청난 양의 살충제와 제초제가 살포되었다. 그뿐만 아니라 플라스틱과 니스를 유연하게 하는 염화탄화수소가 공기와 토양, 식수에 유입되었다. 이러한 물질은 자연 용해가 안 될 뿐 아니라 먹이사슬을 통해 인간에게까지 도달하여 체내, 특히 체내지방에 축적된다.

　그런 상태에서 모유 수유를 하면 체내에 저장된 지방이 모유를 만드는 데 사용되면서 엄마의 체내에 축적된 화학물질이 모유에 유입된다. 체내에 축적된 화학물질은 원래 식물에 있던 양의 수백 배가 넘는 양이 농축된 형태이다. 30년 전부터 신체에 유해한 화학물질의 사용이 금지되었기 때문에 살충제의 농축률은 5~10배가량 감소했다. 그러나 아직도 염화탄화수소와 같은 물질은 고농도로 사용되고 있다. 이러한 이유로 모유가 우유보다 유해물질을 더 많이 포함하게 되었다. 당장은 심각하게 걱정할 만한 수준은 아니지만, 앞으로 자연을 함부로 사용한다면 모유 수유와 같이 지극히 자연적이고 기본적인 행위를 포기해야 하는 날이 올지도 모른다.

⭐ 모유, 우유, 분유의 비교

　1920년에 생화학적 실험 방법이 발달하여 모유와 우유의 조합을 정확히 비교할 수 있었다. 비교 분석 결과 우유는 지방 함유율이 너무 높고 모유에 함유된 것과 다른 종

- 모유는 열량과 영양 면에서 아이에게 가장 적합하다.

- 모유에는 우유보다 불포화지방산이 많이 포함되어 있다.

- 모유는 우유보다 지용성 비타민이 많이 포함된 반면, 수용성 비타민은 우유보다 적다.

- 모유에는 우유에 없는 리파아제(지방질 분해 효소)가 포함되어 있다.

- 모유는 소화 기능이 제한적인 아이의 장에 적합하다.(모유에는 리파아제가 포함되어 있고 유청 단백질이 많은 반면 카세인은 적다.)

- 모유는 노폐물 제거 기능이 제한적인 아이의 신장에 적합하다.(무기질이 적다.)

- 모유는 미량원소를 많이 함유하여 철분의 흡수를 최적화한다.

- 모유에는 병원체에 대한 각종 면역체가 포함되어 있다.
  - 면역글로불린A(IgA)은 장벽에 질병을 유발시키는 세균이 침착하는 것을 막아준다.
  - 항균성 효소가 병원체의 분해를 가속화하며(라이소자임), 철분에서 병원체를 제거하고(락토페린), 병원체를 파괴한다(락토페록시다제 시스템).
  - 면역세포(대식세포, 과립백혈구, 림프구)

- 모유에는 유당이 함유되어 있어 비피더스균의 성장을 촉진한다. 비피더스균은 장을 산성으로 만들어 질병을 유발시키는 세포의 증식을 억제한다.

- 모유는 병균이 적다.

- 모유는 아이가 원하면 언제든 바로 줄 수 있다.

- 모유는 일일이 데울 필요가 없다.

- 모유는 비용이 안 든다.

- 모유는 알레르기가 발생하는 것을 막아준다. 특히 우유단백질 알레르기가 생기는 것을 막아준다.

류의 지방이 함유되어 있다는 사실이 밝혀졌다. 그리고 리놀레산과 같은 불포화지방산이 너무 적고 무기질이 너무 많이 함유되어 있었다. 우유업계는 이러한 결과를 바탕으로 모유와 가까운 분유를 만들기 위해서 우유를 묽게 하고 모유에 포함된 영양 성분을 추가로 함유시키는 데 노력을 쏟았다. 우유와 비교했을 때 분유는 다음과 같은 특징이 있다.

- 단백질량과 카세인 함유율이 감소한 반면 유청 단백질 함유율이 증가했다.
- 불포화지방산이 첨가되었다.
- 유당(젖당)이 증가했다.
- 무기질 함유율이 감소했다.
- 비타민, 특히 비타민 D와 철분이 첨가되었다.

신생아에게 처음 먹이는 1단계 분유 (독일어권 국가의 아이 분유는 보통 6개월을 기준으로 6개월 이전에는 1단계, 이후에는 2단계 등 총 두 단계로 분류된다-역주) 는 열량과 영양분이 모유와 거의 흡사하다. 단, 모유에 있는 면역물질이 없고 모유보다 병균이 많다. 그리고 모유보다 비타민과 철분 함유율이 높다. 2단계 분유에는 다양한 탄수화물 물질(포도당, 맥아당, 유당)이 포함되고 카세인과 알부민 비율이 60:40에서 80:20으로 바뀐다. 2단계 분유는 위에 오래 머물기 때문에 포만감이 오래 지속된다.

음식을 아이의 행동을 통제하기 위한 수단으로 사용하지 말라

갓난아기는 영양분을 섭취할 때 보호자에게 의존할 수밖에 없다. 그러나 12개월이 지나면 스스로 먹고 마시기 시작한다. 혼자서 젖병을 잡고서 먹기도 하고 손에 빵 조각을 쥐고 먹기도 한다. 만 12개월 무렵이 되면 아이는 처음으로 컵으로 마시고 숟가락으로 먹으려 한다. 그리고 먹여주는 사람의 품을 떠나 혼자 앉아서 먹는다. 그리고 보호자를 따라 하며 혼자서 먹는 방법을 터득한다. 문화권에 따라 아이들은 숟가락, 젓가락, 또는 손으로 먹는 방법을 배운다.

아이는 처음에는 다른 사람이 먹여줘야만 먹을 수 있다가 차츰 혼자서 먹는 법을 배운다. 혼자서 먹는 방법을 터득할 때까지 아이는 여러 가지 방법을 시도하는데 그럴 때 엄마와 아빠는 인내심을 가지고 아이를 지켜봐주어야 한다.

아이는 가족이 한데 모인 식탁에서 가족들의 행동을 본다. 그리고 부모는 아이가 밥을 먹는 것을 보고 때로는 칭찬을 해주고 때로는 혼을 내기도 한다. 무엇보다 중요한 것은 부모가 아이에게 본보기가 될 수 있는 식사 태도를 보여주는 것이다. 예를 들어 아빠가 밥을 먹으면서 핸드폰을 만지면 아이는 밥 먹을 때 엄마나 아빠가 장난감을 가지고 놀지 못하게 하는 이유를 이해하지 못한다. 부모가 모범을 보이면 아이도 자연스럽게 식사 예절을 배우고 다른 사람들과 어울려 식사를 즐길 수 있게 된다.

⭐ 단것만 주면 문제가 해결될까?

부모들은 종종 아이를 칭찬할 때나 위로할 때, 혹은 아이의 관심을 다른 곳으로 돌리기 위해 아이들이 좋아하는 단 음식을 주거나 반대로 아이가 좋아하는 음식을 못 먹게 함으로써 벌을 주기도 한다. 그러나 먹는 것을 교육이나 아이의 행동을 통제하기 위한 수단으로 사용해서는 안 된다. 오랫동안 먹는 것으로 아이를 길들이면 아이의 정서 상태가 음식에 좌지우지되고 만다. 우리가 흔히 쓰는 '식욕이 사라졌다'는 표현에서 짐작할 수 있듯이 식욕과 심리 상태는 서로 영향을 주고받기 때문이다. 생후 3~4년 동안 아이는 실망과 좌절을 느꼈을 때 그것을 해결할 방법을 배운다. 이때 부모가 아이에게 단것을 주면 아이는 기분이 안 좋을 때마다 단것을 찾게 될 것이다.

음식과 식사에 관해서는 부모만 일방적으로 아이에게 영향을 주는 것은 아니다. 아이도 부모에게 큰 영향력을 행사한다. 아이가 맛있게 많이 먹는 모습을 보면 부모는 뿌듯해하며 아이를 잘 키우고 있다고 생각한다. 하지만 아이가 새 모이 먹듯 밥을 잘 안 먹으면 부모는 혹시 아이가 아픈 것은 아닌지, 자신들이 무언가를 잘못해서 아이가 식욕을 잃은 것은 아닌지 걱정한다. 부모는 아이를 잘 먹여야 한다는 강박관념이 있다. 아이가 얼굴색이 좋고 통통하면 건강하다는 신호이자 부모에게는 일종의 훈장과도 같다. 아이가 적게 먹고 몸이 마르면 부모는 죄책감과 좌절감을 느낀다. 그리고 아이가 먹을 것을 거부하면 부모는 아이에게 거부당했다고 느끼고 아이의 건강에 대해 심각하게 고민한다. 아이가 건강하고 잘 놀아도 잘 먹지 않으면 부모는 불안해한다. 한마디로 아이의 식습관과 식성은 부모를 불안하게 하거나 좌절감을 느끼게 한다. 그러나 건강한 아이가 잘 안 먹는다고 해서 발달과 건강에 문제가 생기지는 않는다.

아이가 밥을 잘 먹게 하는 이상적인 방법이란 존재하지 않는다. 식습관을 기르는 교육방법은 무척 다양하고 저마다 장단점이 있지만 중요한 것은 아이의 건강을 유지하고 아이가 자율적인 식습관을 기르게 하는 것이다. 영유아기의 아이를 위해 부모가 할 수 있는 일은 올바른 식습관을 위한 기초를 만들어주는 것이다.

Das Wichtigste in Kürze
내용 요약

1. 영유아기의 아이들은 발달 상태와 신체 활동에 맞게 유동식, 연식, 고형식의 세 가지 형태의 음식으로 영양분을 섭취할 수 있다.

2. 모유는 생물학적 · 심리학적 관점에서 볼 때 아이에게 가장 이상적인 음식이다.

3. 모유에는 갓난아기에게 필요한 열량과 영양분, 면역 성분이 포함되어 있으며 병균도 적다.

4. 영양과 열량 면에서 분유는 모유를 대신할 수 있다.

5. 분유를 먹이는 엄마도 모유 수유를 하는 엄마와 마찬가지로 아이와 긴밀한 관계를 형성할 수 있다.

6. 음식을 통해 아이를 통제하거나 훈육수단으로 삼는 것은 좋은 방법이 아니다.

태아시기

엄마의 식생활이
태아의 건강을 좌우한다

엄마의 배 속에 있는 9달 동안 아이는 엄마에게서 필요한 영양분을 흡수한다. 성장발달에 필요한 탄수화물, 아미노산, 지방산, 비타민, 무기질, 미량원소를 엄마를 통해서 흡수하고 신진대사를 통해 배출된 노폐물을 엄마의 몸속에 배설한다. 신장과 간, 장에서 여과된 태아의 노폐물은 엄마의 체내에 배출된다. 호흡 역시 엄마를 통해서만 가능하다. 태아는 엄마의 혈액 속에 포함된 산소를 흡입하고 엄마의 혈액 속에 이산화탄소를 배출한다. 이 모든 것이 엄마와 아이를 연결시켜주는 태반과 탯줄을 통해 이루어진다.

다른 포유류 동물의 새끼와 비교하면 사람의 아이는 미성숙한 상태로 세상에 태어난다. 그래서 스위스의 생물학자 아돌프 포트만(Adolf Portmann)은 신생아를 '생리학적 조산아'라고 표현했다. 오랫동안 사람들은 태아가 너무 크면 엄마의 골반을 통과할 수 없기 때문에 9개월 이상 배 속에 있을 수 없다고 생각했다. 그러나 또 다른 이유는

9개월이 지나면 엄마가 태아에게 영양분을 충분히 공급할 수 없기 때문이다. 9개월이
지나면 태아의 몸집이 커져서 엄마에게 공급받는 영양소와 열량만으로는 부족하다.

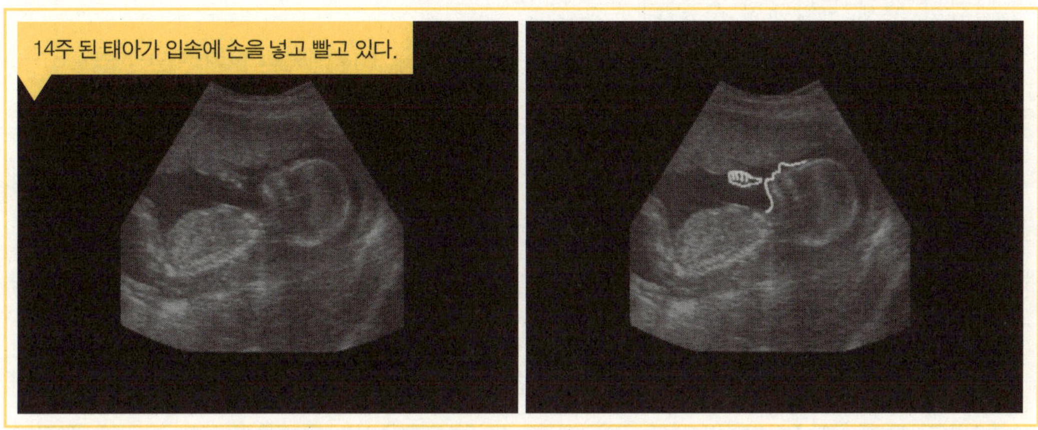

　배 속에 있는 동안 태아는 엄마에게서 영양분을 공급받으며 엄마의 몸에서 분리된
후를 준비한다. 태아는 8~12주가 되면 손을 빨기 시작하며, 양수를 마셔서 수분을 흡
수하고, 신장을 통해 노폐물을 배출한다.

　그러나 출생과 동시에 탯줄이 절단되고 태반이 박리되기 때문에 아이는 엄마로부터
더 이상 영양 공급을 받을 수 없다. 그래서 아이는 출생 직후부터 혼자서 호흡하고 혼
자서 영양분을 섭취해야 한다. 호흡기관은 태어나는 순간부터 제 기능을 발휘하지만,
소화기관이 제대로 기능하기까지는 시간이 필요하다. 그래서 생후 5~10일까지 아이
는 영양분을 충분히 섭취하지 못한다. 이 시기를 극복할 수 있도록 아이의 몸에는 지
방과 탄수화물이 저장(글리코겐)되어 있다. 그래서 생후 며칠 동안은 아무것도 먹지
않아도 문제가 되지 않는다.

임신 중 흡연과 음주가 태아에게 미치는 영향

　배 속의 태아가 제대로 성장하려면 엄마가 다양한 음식을 충분히 섭취해야 한다. 열

량이 너무 낮아도 안 되고 너무 높아도 안 된다. 특히 비타민이 부족하면 아이의 성장과 발달에 문제가 생길 수 있으며 엄마가 엄격한 채식주의를 고수하면 엄마와 아이에게 심각한 문제가 발생할 수 있다.

산업국가에서는 환경오염 문제가 심각하기 때문에 임신부들의 걱정이 늘고 있다. 임신부 혼자서 이러한 문제를 해결할 수는 없지만 태아의 성장발달에 문제를 일으킬 수 있는 특정 물질을 피할 수는 있다. 대표적인 것이 니코틴과 알코올이다. 흡연은 태반의 기능을 저하시키기 때문에 태아에게 산소와 영양분이 충분히 공급되지 못한다. 임신 중 엄마가 흡연을 하면 태어날 때 아이의 체중이 흡연하지 않은 엄마의 아이보다 평균 300그램 정도 적다. 간접흡연도 아이의 성장발달에 좋지 않은 영향을 준다.

알코올은 더 심각한 결과를 낳는다. 알코올에 포함된 에탄올과 아세트알데히드 성분이 태반을 통해 태아의 신체기관과 뇌세포에 전달된다. 그러면 신경학적 발달에 문제를 일으킬 수 있다. 알코올은 적은 양이라도 태아의 발달 장애를 초래할 수 있기 때문에 임신 중에는 알코올 섭취를 포기하는 것이 좋다. 인공감미료 역시 아직 산모와 태아에게 어떠한 영향을 주는지 밝혀지지 않았기 때문에 어떤 피해를 줄지 모른다. 따라서 피하는 것이 좋다. 마지막으로 각종 약품도 태아의 성장발달에 해로울 수 있으므로 어떤 약이든지 복용하기 전에 반드시 의사에게 문의해야 한다.

Das Wichtigste in Kürze
내용 요약

1 임신 기간에 태아는 태반과 탯줄을 통해서 엄마에게서 영양소와 열량을 공급받는다. 또 엄마를 통해 호흡하고, 신진대사로 배출된 노폐물 역시 엄마의 몸속에 배설한다.

2 3개월이 지나면 태아는 수분을 빨고 삼키는 법을 배운다.

3 태아가 정상적으로 성장발달하려면 엄마가 다양한 음식을 충분히 먹어야 한다.

4 알코올과 니코틴은 태아의 발달에 치명적인 영향을 끼칠 수 있다. 약품 또한 아이에게 좋지 않은 영향을 줄 수 있기 때문에 복용하기 전에 반드시 의사와 상의해야 한다.

||||||| 영 양 발 달 과 식 습 관 |||||||

모유와 분유, 무엇을 먹일까?

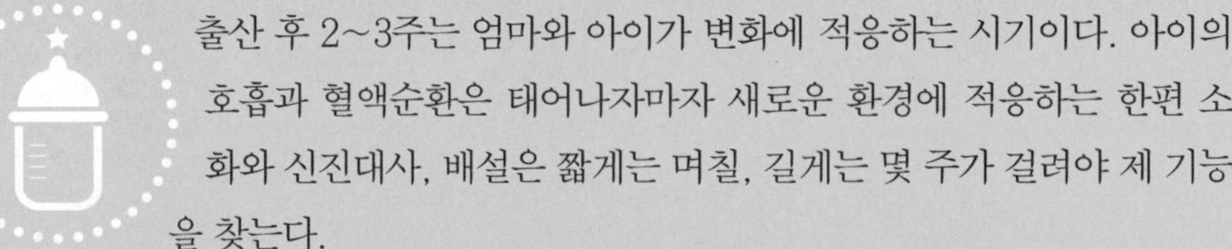

출산 후 2~3주는 엄마와 아이가 변화에 적응하는 시기이다. 아이의 호흡과 혈액순환은 태어나자마자 새로운 환경에 적응하는 한편 소화와 신진대사, 배설은 짧게는 며칠, 길게는 몇 주가 걸려야 제 기능을 찾는다.

생후 5~10일 동안 아이의 소화기관은 제 기능을 발휘하지 못한다. 그러나 아이는 이 기간을 극복할 수 있도록 태어나기 전 마지막 4주 동안 피하지방과 탄수화물을 몸속에 저장한다. 이렇게 체내에 저장된 영양분 덕분에 아이는 출생 후 며칠 동안 먹지 않고도 버틸 수 있다. 엄마도 출산으로 인한 심리적·육체적 피로를 회복하고 호르몬의 변화에도 적응해야 한다. 그리고 아이와 친해지고 모유 수유를 시작할 수 있도록 충분한 시간을 가지고 안정을 취해야 한다.

모유 · 분유 먹기 _ 아이는 모유와 분유를 빠는 방법이 다르다

출생 직후 엄마가 가슴 위에 아이를 눕히면 아이는 엄마 젖꼭지를 찾아서 빨려고 한다. 아이는 엄마의 배 속에 있을 때부터 빨고 삼키는 연습을 한다. 늦어도 임신 34주가 되면 분유나 모유를 빨고 삼킬 수 있도록 반사 메커니즘이 발달한다. 아이는 생후 2~3개월 동안 다음과 같은 반사 행동을 통해 영양분을 섭취한다.

영양분 섭취를 위한 아이의 반사 행동

● **먹이찾기반사(rooting reflex)_** 아이의 볼이나 입술을 살짝 건드리면 아이는 입을 벌리고 엄마 젖을 찾는다. 또는 아이를 건드리지 않고 체온만으로도 먹이찾기반사를 유발할 수 있다. 엄마 가슴의 따뜻한 체온을 느끼면 아이는 본능적으로 가슴 쪽으로 고개를 돌린다. 또 젖꼭지나 손가락으로도 먹이찾기반사를 유발할 수 있다.

신생아 때부터 아이는 자기 엄마의 젖을 구분할 수 있다. 맥팔레인(Macfarlane)은 실험을 통해서 아이가 생후 5일이 되면 자기 엄마의 젖이 묻은 수건과 다른 엄마의 젖

배고픈 아이가 엄마의 어깨에서 무언가를 찾고 있다.

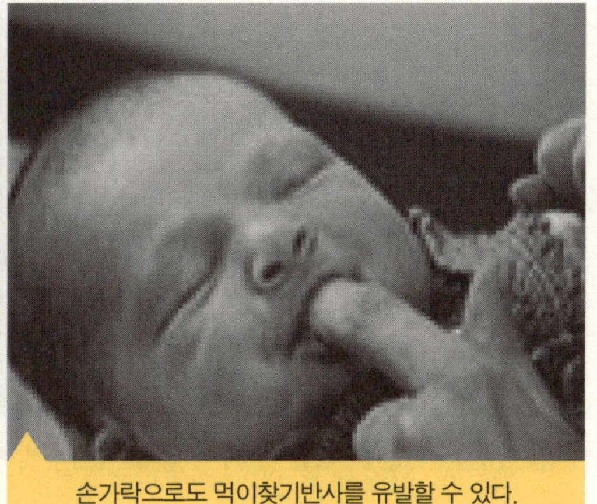

손가락으로도 먹이찾기반사를 유발할 수 있다.

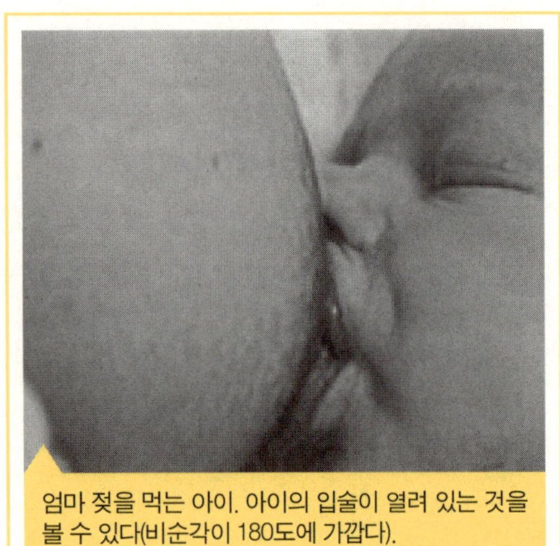

엄마 젖을 먹는 아이. 아이의 입술이 열려 있는 것을 볼 수 있다(비순각이 180도에 가깝다).

이 묻은 수건을 구분할 수 있다는 것을 증명했다.

● **흡철반사(sucking reflex)** _ 아이의 입술에 젖꼭지를 대면 아이는 구강 깊숙이 젖꼭지를 넣고 아래턱과 위턱으로 단단히 문다. 그리고 혀로 젖꼭지를 누르고 유선조직 내의 유포를 뒤에서 앞으로 민다. 그런 다음 입을 벌리고 혀의 힘을 빼면 유포가 다시 젖으로 채워진다. 흡철반사(빨기반사) 역시 젖꼭지와 손가락으로 쉽게 유발할 수 있다. 생후 2~3주가 지나면 젖꼭지를 쉽게 빨 수 있도록 아이의 윗입술에 조그맣게 도톰한 부분이 생긴다.

아이가 엄마 젖꼭지와 젖병을 빠는 방법은 서로 다르다. 모유를 먹을 때는 혀로 유포를 누르고 구강의 압력을 낮추지 않은 상태에서 젖을 빤다. 위사진을 보면 아이가 입을 벌리고 구강의 압력을 낮추지 않은 채 젖을 빨 수 있다는 것을 관찰할 수 있다. 젖병을 빨 때도 혀로 젖병꼭지를 누른다. 그러나 엄마 젖꼭지를 빨 때와 달리 젖병 안의 분유를 빨아들일 때는 구강의 압력을 낮춘다. 이렇게 엄마 젖을 빠는 방법과 젖병을 빠는 방법이 다르기 때문에 모유를 먹다가 분유로 바꾸면 힘들어하는 아이가 많다. 그러나 인내심을 가지면 모유에서 분유로, 분유에서 모유로 바꿀 수 있다.

젖먹이 아기들은 배가 고플 때만 빠는 것이 아니다. 기분이 좋지 않거나 지루할 때, 피곤할 때, 졸릴 때도 안정감을 얻기 위해 손을 빤다. 그리고 손을 인지하기 위해 손을 빨기도 한다. 그러므로 손을 빠는 행동이 반드시 배고픔의 표현은 아니라는 것이다.

● **연하반사(swallowing reflex)** _ 태아는 엄마 배 속에 있을 때 양수를 마신다. 출생 후 문제없이 빨고 호흡할 수 있게 배 속에서부터 빠는 연습을 하는 것이다. 갓난아기는 15초 안에 10~15번을 빨고 1~4번 삼킨다. 그리고 1~2번 삼킨 후에 한 번 숨을 쉰

다. 아이는 어른과 달리 빨고 삼키는 동시에 코로 숨을 쉴 수 있다. 아이들은 코로 숨을 쉬기 때문에 코가 막히면 모유나 분유를 먹기 힘들어한다. 그러므로 아이가 콧물감기에 걸렸거나 코딱지로 인해 힘들어할 때는 신생아용 코 흡입기로 제거해주어야 한다.

● **파악반사(grasp reflex)_** 아이는 모유나 분유를 먹을 때 자주 엄마의 옷이나 자기 옷, 젖병을 잡는다. 빠는 행위는 파악반사를 증대시킨다.

모유 생성

임신기간 중에는 프로게스테론과 에스트로겐 호르몬 농도가 높아지기 때문에 유선이 발달하게 된다. 늦어도 임신 6개월이 되면 임산부의 유선은 모유수유가 가능할 만큼 발달한다. 그러다 출산과 함께 호르몬분비가 변화하면서 모유가 생성되는데, 갓난아기가 엄마 젖꼭지를 빨면 유선을 자극시켜 모유가 분출된다. 갓난아기가 모유 혹은 분유를 먹는 것과 마찬가지로 모유 생성 역시 반사 메커니즘이 중요한 역할을 한다.

모유와 관련한 엄마 몸의 반사

● **모유생성 반사_** 아이가 젖을 빨면 엄마의 뇌하수체 전엽에서 프로락틴(prolactin)이라는 유즙 분비 호르몬이 분비된다. 이 호르몬이 유선을 자극해 젖을 형성시킨다. 엄마가 자주 아이에게 젖을 물릴수록 유선이 강한 자극을 받기 때문에 모유의 양도 증가한다. 유선이 젖으로 가득 차면 엄마의 가슴이 딱딱해진다. 그렇게 되면 때로는 통증을 유발하여 수면을 방해하기도 한다.

● **사출반사_** 아이가 엄마 젖을 빨면 엄마의 뇌하수체 후엽에서 옥시토신이라는 호르몬이 혈액에 분비된다. 이 호르몬은 유선과 유관을 둘러싸고 있는 근상피세포와 작

용하여 수축을 일으킴으로써 유포 속의 젖을 분출시킨다. 사출반사 덕분에 갓난아기는 5분 안에 한쪽 가슴에 분비된 젖을 다 먹을 수 있다. 엄마가 가슴을 마사지하고 수분을 많이 섭취하면 사출반사를 촉진시킬 수 있다. 반면에 육체적·정신적 스트레스와 피로는 사출반사를 방해한다.

사출반사가 너무 심하면 갑작스럽게 젖이 분비되어 엄마를 불편하게 하기도 한다. 아이의 울음소리만 들어도, 모유 수유를 준비하기만 해도 사출반사가 일어나기도 하며 반사가 일어날 때 가슴이 간질거리는 것을 느끼기도 한다. 젖을 분출시키는 호르몬 옥시토신은 근육을 수축시켜 출산 후 자궁의 회복을 돕는다.

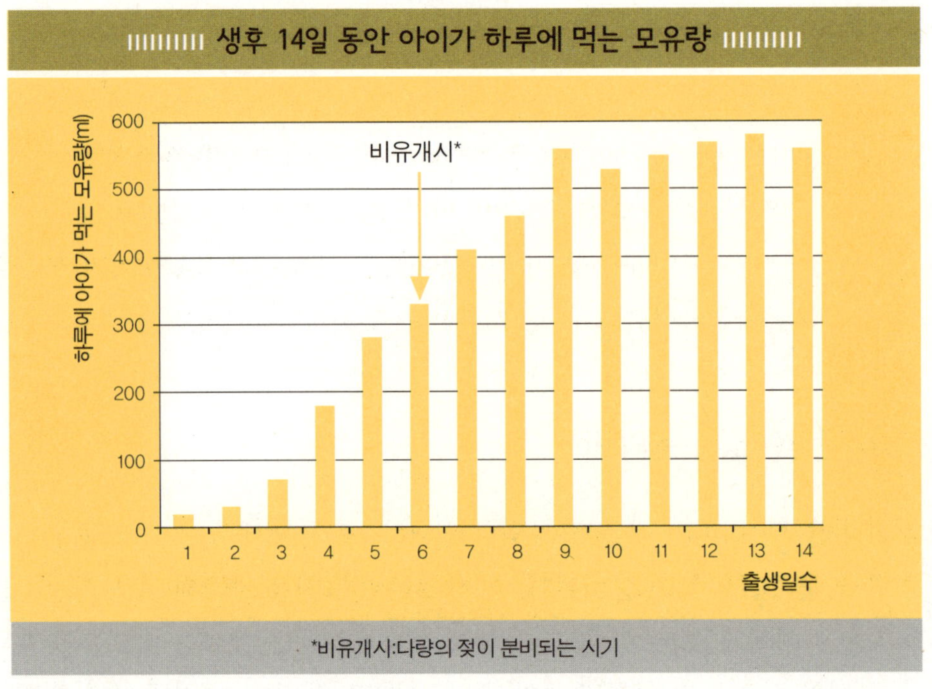

출산 후 엄마가 아이에게 줄 수 있는 모유 분비량은 첫날은 30~60밀리리터, 둘째 날은 40~80밀리리터이다. 그러나 출산 후 3~7일이 되면 갑자기 모유분비량이 증가하며(비유개시:다량의 젖이 분비되는 시기) 가슴이 팽창하고 체온도 상승한다. 이때 아이에게 젖을 자주 물리면 가슴이 딱딱해지는 것을 막을 수 있다. 비유개시가 지나고 출산 7~12일이 되면 아이에게 필요한 영양소와 열량을 충분히 공급할 만큼 모유가 생성된다.

⭐ 출산 후 달라지는 모유의 성분

출산 후 14일 동안 모유는 양도 늘지만 다음과 같이 성분도 달라진다.

- **초유** 출산 후 3일 동안 생성되는 노랗고 투명한 모유로 각종 질병으로부터 아이를 보호할 수 있는 면역 성분이 풍부하다. 그래서 초유를 '최초의 예방접종'이라고 부르기도 한다.

- **이행유** 분만 후 3~7일이 지나면 모유량이 증가하고 지방과 탄수화물이 증가해 열량이 높아진다.

- **성숙유** 분만 후 2~3주가 지나면 모유의 성분은 변하지 않는다. 지방함유율과 열량도 거의 변동이 없다.

성공적인 모유 수유의 시작

성공적으로 모유 수유를 시작하려면 엄마는 충분한 시간을 가지고 정신적으로 안정을 취해야 한다. 분만 후 2주 동안의 시기가 모유 수유의 성공 여부를 결정하기 때문에 특히 이 시기에 엄마와 아이가 충분한 시간을 가지고 안정을 취할 수 있도록 해야 한다. 모유 수유가 원활하게 이루어지려면 무엇보다 그 시작이 중요하므로 모유 수유의 성공적인 시작을 위해 아래 내용들을 익혀두자.

모유 수유에 적합한 자세 ● 모유 수유의 자세는 다양하지만 가장 일반적인 것은 엄마가 팔에 아이를 안거나 수유 쿠션에 아이를 눕힌 자세로 수유하는 것이다. 이때 아이는 옆으로 눕혀 엄마 쪽으로 얼굴을 돌리고 머리를 엄마 가슴 높이에 둔다. 그리고

아이가 유두를 찾아 입에 물 수 있도록 살짝 가슴을 든다. 아이의 코가 가슴에 닿으면 아이가 제대로 누운 것이다. 그래야만 편하게 호흡을 하면서 젖을 빨 수 있다. 유관을 충분히 누를 수 있도록 유두와 유륜을 아이 입속에 넣어야 한다. 어느 쪽 젖을 먼저 빨든 상관없지만 수유를 할 때 양쪽 젖을 다 빨게 해야 젖이 골고루 생성된다.

얼마나 자주 수유를 해야 할까? ● 출생 후 며칠 동안 아이는 밤낮을 가리지 않고 2~4시간에 한 번씩 엄마 젖을 찾는다. 수유가 잦다고 해서 아이가 먹는 양이 느는 것은 아니며 잦은 수유는 모유 생성을 위한 자극이 된다. 아래 그래프를 보면 비유개시가 지난 후 하루 평균 수유 횟수가 5~7회로 감소하는 것을 알 수 있다.

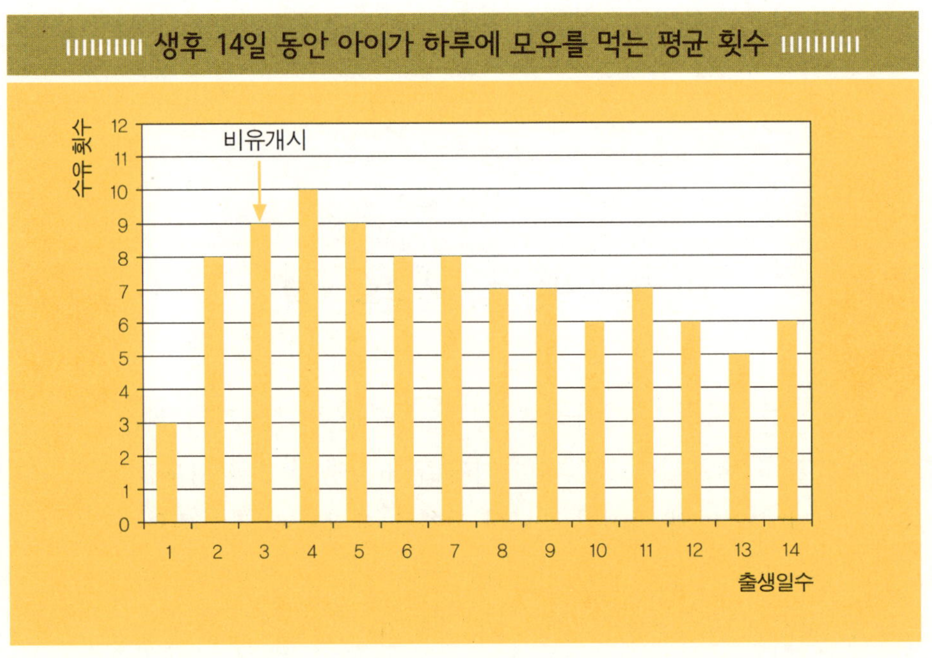

수유 시간의 길이는 얼마가 적당한가? ● 출생 후 하루가 지나면 한 번 수유를 할 때 아이는 약 5분 정도 젖을 빤다. 그리고 이틀이 되면 10분, 며칠이 더 지나면 15분으로 늘어난다. 단 한 번에 15분 이상 수유를 하는 것은 좋지 않다. 그렇다고 아이가 더 많이 먹는 것도 아니고 엄마 유두에도 부담이 되기 때문이다. 모유의 생성은 수유 시간의 길이가 아니라 횟수에 자극을 받는다.

아이의 체중 ● 출생 후 일주일가량은 섭취하는 양보다 배출하는 양이 많기 때문에 아이의 체중이 감소한다. 대부분 출생 시 몸무게의 6퍼센트 정도 감소하는데 그 이상 인 경우도 있다. 그러나 7~14일이 지나면 다시 체중이 증가한다.

보충물 ● 아이가 너무 배고파하거나 목말라할 때, 출생 시 체중보다 10퍼센트 이상 감소했을 때, 열이 나거나 출생 후 2주가 지나도 체중이 증가하지 않을 때 등은 수유 를 한 후에 차나 설탕물, 혹은 분유를 보충해줄 수 있다. 단, 우유 단백질 알레르기가 생기지 않도록 저알레르기 분유를 먹이는 것이 좋다.

황달 ● 어떤 아이들은 생후 1주일 동안 가벼운 황달 증세를 보인다. 황달 증세가 있 으면 아이는 잠을 많이 잔다. 그러나 1주일 이상 황달 증세가 지속되는 경우는 드물 다. 황달 증세를 보여도 모유 수유를 할 수는 있지만 증세가 심하거나 10일 이상 지속 되면 의사의 지시를 따라야 한다.

분유 먹이기

여러 가지 이유로 모유 수유를 하지 못하는 경우는 아이에게 분유를 먹여야 한다. 분 유는 아이가 필요한 열량과 영양분을 공급할 수 있다. 모유와 비교했을 때 분유에 없 는 것은 면역 성분뿐이다. 분유 수유를 하는 엄마도 모유 수유를 하는 엄마와 마찬가 지로 아이와 친밀한 관계를 형성할 수 있으며, 분유는 엄마 이외의 다른 보호자도 아 이에게 수유를 할 수 있다는 장점이 있다. 다음은 아이에게 분유를 먹일 때 유념해야 할 사항들이다.

● 아이가 장염에 걸리지 않도록 분유병은 항상 뜨거운 물로 소독하고, 분유를 탈 때는 끓인 물을 식혀서 사용한다.

● 분유는 수유를 할 때마다 매번 새로 타야 한다. 한 번 입을 댄 분유는 감염 위험이 높으므로 다시 사용해서는 안 된다.

● 분유를 탈 때 물의 온도는 30~40℃가 적당하다. 손등에 두세 방울 떨어트려서 따듯하다고 느껴지면 적당한 온도이다. 그러나 전자레인지에 물을 데울 때는 병은 차가워도 물의 온도는 높을 수 있으므로 주의해야 한다.

● 분유병 꼭지 구멍은 분유병을 거꾸로 들었을 때 일초에 한 방울 정도 떨어지는 정도의 크기가 적당하다. 구멍이 너무 크면 서둘러 마시기 때문에 아이의 배 속으로 공기가 많이 유입된다.

● 분유를 탈 때 분유회사에서 제시한 기준량보다 더 넣고 싶은 유혹을 뿌리치지 못하는 엄마들도 있다. 분유의 양을 늘리면 아이의 성장이 빠르고 포만감이 오래 지속되어 덜 울고 밤에도 깨지 않는다고 생각한다. 그러나 그것은 큰 착각이다. 분유를 필요 이상으로 많이 넣으면 오히려 소화하기 힘들고 변도 딱딱해지고 복통을 일으켜 아이가 더 많이 운다. 따라서 분유를 탈 때 계량스푼에 분유를 수북이 담지 말고 수평으로 깎아서 타야 한다.

● 분유를 탈 때 약수 같은 미네랄워터를 사용하는 부모들이 있다. 그러나 미네랄워터는 대부분 무기질 함유율이 높기 때문에 아이에게 부담을 줄 수 있으며 탈수나 설사 증세를 유발할 수 있다. 따라서 분유를 탈 때 미네랄워터는 사용하지 않는 것이 좋다.

● 아이의 체중이 증가하지 않거나 설사를 하거나 아이가 자주 울거나 하면 부모들은

분유에 원인이 있는 것은 아닐까 생각하는 경우가 많다. 하지만 시중에 판매되는 분유는 모두 성분이 비슷하기 때문에 분유를 바꾼다고 문제가 해결되는 것은 아니다. 분유 먹이기에 문제가 생기는 것은 특정 상품 때문이 아니라 분유의 양과 타는 방법 때문인 경우가 대부분이다. 다시 말해 먹는 양이 너무 많거나 너무 적을 때, 수분을 너무 많이 섭취하거나 너무 적게 섭취할 때 앞서 말한 문제들이 발생한다. 따라서 분유를 먹이는 데 문제가 생기면 이 회사 저 회사 분유를 바꿔가며 먹이기보다는 소아과 의사나 육아 경험이 많은 사람에게 자문을 구하는 것이 좋다.

● 분유에는 아이에게 필요한 모든 비타민과 철분이 첨가되어 있기 때문에 따로 비타민을 주지 않아도 된다.

● 가족 중에 꽃가루 알레르기, 천식, 아토피 피부염으로 고생하는 사람이 많다면 아이에게 저알레르기 분유를 먹이는 것이 좋다. 저알레르기 분유는 적어도 만 1~2살까지는 알레르기 발생 확률을 감소시켜준다. 그러나 알레르기로부터 아이를 보호해줄 수 있는 가장 좋은 방법은 모유 수유이다.

생후 3개월까지 모유·분유 먹이기

모유는 하루에도 시간에 따라 분비되는 양과 성분이 다르기 때문에 수유 때마다 아이가 느끼는 포만감도 달라진다. 따라서 아이가 모유를 먹는 양과 시간 역시 불규칙적이다. 아이가 모유를 먹는 양은 매번 다르지만 하루에 먹는 양은 크게 변하지 않는다. 수유 횟수와 관계없이 하루에 아이가 모유를 먹는 양은 항상 같다.

모유와 달리 분유는 성분이 변하지 않지만 아이가 먹는 양은 시간에 따라 다르다. 그러나 하루에 먹는 양은 모유를 먹는 아이와 마찬가지로 변하지 않는다. 따라서 아이에게 필요한 모유량과 분유량은 아이가 한 번에 먹는 양이 아니라 하루에 먹는 총량을 기준으로 해야 한다.

  개월 수가 같아도 아이가 하루에 먹는 양은 차이가 난다. 생후 1개월이 지나면 대부분의 아이가 하루에 500~600밀리미터를 먹는다. 그러나 많이 먹는 아이는 하루에 800밀리미터를 먹고 적게 먹는 아이는 400밀리미터를 먹는다. 생후 4주가 지나면 아이들의 절반 이상이 6개월이 된 아이들이 먹는 양의 4분의 1 이상을 먹는다. 그러나 아이가 하루에 먹는 양은 신장이나 몸무게와 상관없다. 몸무게가 많이 나가고 키가 크다고 해서 몸무게가 덜 나가고 키가 작은 아이보다 반드시 많이 먹는 것은 아니다. 모유의 성분이 엄마마다 다르고 아이마다 신진대사와 소화 속도, 성장 속도가 다르기 때문에 먹는 양도 다를 수밖에 없다.

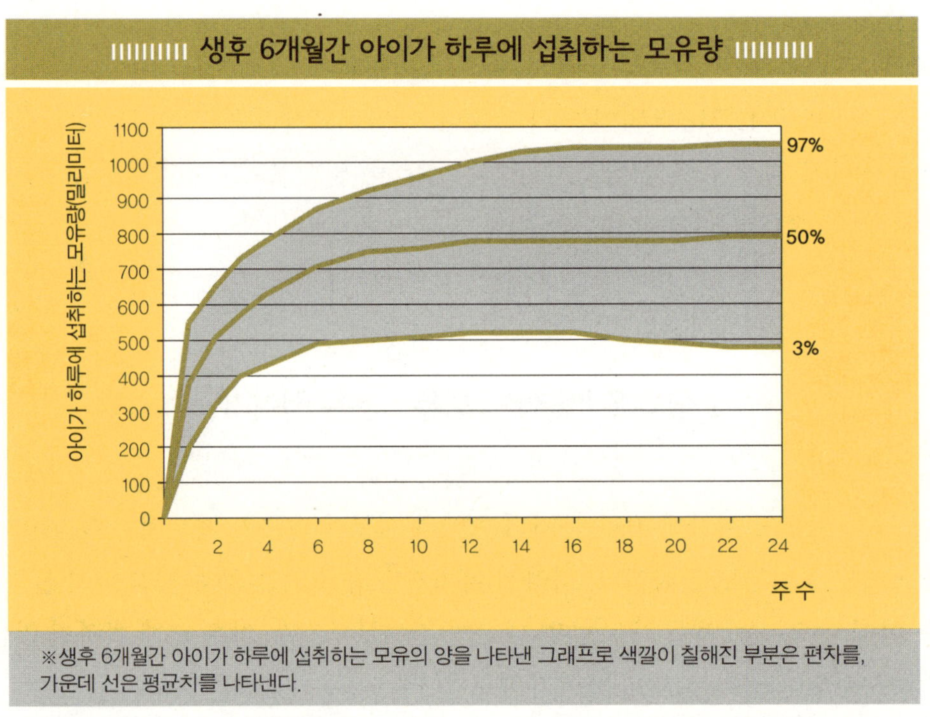

※생후 6개월간 아이가 하루에 섭취하는 모유의 양을 나타낸 그래프로 색깔이 칠해진 부분은 편차를, 가운데 선은 평균치를 나타낸다.

  수유할 때 아이가 한쪽 가슴에서 젖을 먹는 데 걸리는 시간은 10~15분이다. 그러나 5분 안에 한쪽 가슴에서 분비되는 젖을 완전히 다 비울 수 있다. 모유 수유를 할 때는 가슴에 분비된 젖을 완전히 비우는 것이 좋다. 그래야 영양분이 풍부한 모유가 생성된다. 한 번 수유하는 동안에도 모유에 포함된 지방의 함량은 4배, 단백질의 함량은 1.5배가 증가할 수 있다. 이렇게 모유의 성분이 변하기 때문에 맛과 혀에 닿는 촉감도 달라진다.

☆ 모유가 부족해서 분유로 바꾼다?

분유를 먹는 아이들도 먹는 속도가 다 다르다. 어떤 아이는 5분 안에 한 병을 다 먹지만 어떤 아이는 한 병을 비우려면 10분 이상이 걸린다. 그러나 분유 수유를 할 경우에도 20분 이상을 초과해서는 안 된다.

생후 3개월 동안 아이는 하루에 5~10차례 젖을 먹는다. 한 번 수유를 하면 2시간 정도 포만감이 지속되지만, 1~2개월 사이에 갑자기 아이의 식욕이 증가하는 시기가 있다. 이 시기가 찾아오면 엄마들은 모유만으로 아이의 배를 채울 수 없다고 생각하여 가능한 한 빨리 분유로 바꾸려고 한다. 하지만 아이에게 젖을 자주 물리면 모유 분출량이 증가하기 때문에 아이도 포만감을 느낀다. 반대로 아이에게 포만감을 주려고 모유 외에 다른 것을 주면 도리어 모유량이 감소한다.

분유를 먹는 아이들은 생후 1개월까지 하루에 5번을 먹는다. 그리고 2~3개월이 되면 4번을 먹고 4개월이 되면 밤중에 먹지 않고 자는 아이들도 많다. 모유를 먹는 아이에게도 되도록 밤중에는 수유를 하지 않는 것이 좋다.

‖‖‖‖ 생후 3개월까지 모유·분유 먹이기 ‖‖‖‖			
개월 수	1	2	3
수유 횟수(모유)	5~10	5~8	5~8
수유 횟수(분유)	5~6	5	4~5
한 번에 먹는 양(ml/kg)	150~210	140~190	130~190
하루에 먹는 양(ml)	400~800	600~900	600~1000
체중 증가(g/주 수)	80~300	80~300	80~300

모유에는 여러 가지 비타민이 함유되어 있지만 비타민 D는 부족하다. 비타민 D가 부족하면 골격 형성에 문제가 생겨 구루병에 걸릴 수 있다. 비타민 D는 햇빛을 받으면 자연적으로 형성되지만 일조량이 적은 겨울에는 비타민 D를 보충해주어야 한다. 구루병을 예방하려면 모유를 먹는 아이에게 하루에 비타민 D 400 IU(International Unit, 비타민 D의 국제단위는 0.025 μg)를 주는 것을 권장한다. 분유에는 아이에게 필요한 양의 비타민 D가 포함되어 있기 때문에 따로 먹일 필요가 없다. 4개월 미만의 아이에게 이유식을 주면 소화기관, 배설기관, 신진대사에 큰 부담을 주기 때문에 이유식은 4개월 이후부터 시작해야 한다. 4개월 미만일 때는 모유 또는 분유만으로 충분하다.

⭐ **수유 후 트림시키기**

분유나 모유를 먹을 때 아이의 배 속으로 불필요한 공기가 유입되므로 수유 후에는 반드시 트림을 시켜서 공기를 빼줘야 한다. 그렇지 않으면 수유 중 또는 수유 후에 먹은 것을 토해낸다. 또 배 속에 공기가 들어가면 가스가 차서 통증을 유발하기 때문에 아이가 자주 운다. 트림을 해도 수유 중에 분유나 모유를 입가에 흘리는 아이도 있고 한꺼번에 토해내는 아이도 있다. 바로 눕거나 엎드려 누우면 더 자주 토하는 아이들은 아직 위 입구의 괄약근이 제 기능을 하지 못하기 때문이다. 아이가 토한다고 해서 성장에 문제를 일으키는 것은 아니다.

수유 후 아이가 토하지 않게 하려면 수유가 끝난 다음에 등을 가볍게 두드려 트림을 시킨다. 그리고 적어도 30분은 세워 안거나, 눕혀도 상체는 세워야 한다. 대부분 아이가 생후 3, 4주가 지나면 토하지 않지만 간혹 어떤 아이들은 12개월까지 토하기도 한다. 토하는 양이 많거나 정도가 심하면 바로 소아과에 데리고 가야 한다.

아이의 바른 성장 상태를 확인해보기 위한 체크 포인트

모유량은 충분할까? ● 대부분 엄마의 모유는 아이가 필요로 하는 만큼 충분히 생성된다. 하지만 모유의 양이 부족한 엄마들도 있다. 엄마의 가슴이 크다거나 아이가 빨지 않아도 갑자기 젖이 흐른다고 해서 모유가 잘 생성되는 것은 아니다. 오히려 젖이 잘 흐르는 엄마들의 모유는 지방함유율이 낮을 수 있다.

잘 먹고 있는 걸까? ● 아이는 필요한 만큼 먹지 못하면 운다. 생후 2~3일이 지나면 벌써 아이마다 먹는 양이 달라진다. 어떤 아이는 배가 고프면 자지러지게 울고 젖을 물리면 많이 먹으려고 얼굴이 빨개질 정도로 힘차게 빤다. 그리고 배가 부르면 만족스러운 얼굴을 한다. 울음은 아이가 허기를 알리는 중요한 신호이긴 하지만 운다고 반드시 배가 고프다는 신호는 아니다. 아이들은 신체적 접촉이 필요하거나 심심할 때, 피곤하거나 기분이 안 좋을 때도 울기 때문이다.

또 어떤 아이는 배가 고파도 울음으로 신호를 보내지 않고, 어떤 아이는 많이 먹지 않아도 금방 포만감을 느낀다. 대부분의 아이들은 수유를 하면 2~4시간 동안 먹을 것을 찾지 않지만 4시간 넘게 포만감이 지속되는 아이도 있다. 이러한 아이들은 신진대사에 필요한 열량이 적은 편이다. 아이가 만족스럽고 또렷또렷한 얼굴로 잘 놀면 그것은 잘 먹고 있다는 뜻이다.

체중은 늘고 있나? ● 생후 3개월까지는 매주 한 번씩 몸무게를 재보는 것이 좋다. 아이들의 체중은 생후 3개월까지 일주일에 평균 170그램씩 증가한다. 많게는 300그램, 적게는 80그램가량 증가하는 아이도 있다. 또 건강에 아무런 문제가 없어도 1~2주 동안 몸무게가 늘지 않기도 한다.

아이가 충분히 먹는지 불안하면 일정 기간 수유 전후에 아이의 몸무게를 체크해볼 수 있다. 몸무게를 측정하여 아이가 먹는 양이 너무 적다고 판단되면 수유 횟수를 늘린다. 그리고 3주 이상 아이의 체중이 증가하지 않으면 소아과 의사에게 진찰을 받도록 해야 한다.

체중 곡선은 아이의 성장을 판단할 수 있는 가장 좋은 지표이다. 아이의 체중 곡선이 백분위수 기준표에 표시된 기준선과 평행하면 성장 상태가 좋다고 볼 수 있다.

기저귀 체크하기 ● 신생아는 빠르면 출생 후 4~5시간 후, 늦으면 이틀이 지나서 첫 대변을 본다. 이것을 태변 또는 배내똥이라고 부르는데 태변은 냄새가 안 나고 짙은 녹색에서 검은색을 띠며 소화액과 장 세포로 이루어져 있다.

모유를 먹는 아이는 생후 2주 동안 노랗고 묽은 변을 보는데 달고 시큼한 냄새가 난다. 그러다 2주가 지나면 변 색깔이 녹색을 띤다. 분유를 먹는 아이의 변은 모유를 먹는 아이보다 되고 썩은 냄새가 나며 종종 하얀 덩어리가 섞여 나온다. 분유를 탈 때 분유의 농도가 너무 짙으면 된 변을 보게 되어서 변을 볼 때 울거나 변에 피가 섞여 나오기도 한다. 아이가 된 똥을 누면 분유 외에 차나 물로 수분을 보충해줘야 한다.

변을 보는 횟수는 아이마다 다르다. 하루에도 여러 번 변을 보는 아이가 있는가 하면 5일에 한 번 변을 보는 아이도 있다. 일반적으로 모유를 먹는 아이가 분유를 먹는 아이보다 자주 변을 본다. 그리고 아이가 자주 소변을 본다면 이는 수분을 많이 섭취했다는 뜻이지 모유나 분유의 열량이 높다는 뜻은 아니다. 대변을 보는 횟수 역시 아이의 성장을 판단할 수 있는 기준이 될 수는 없다.

모유 수유를 하는 엄마의 영양 섭취

원활한 모유 수유를 위해서 엄마는 자신에게 필요한 영양 섭취를 충분히 하도록 주의를 기울여야 한다. 신선한 과일과 채소는 물론 유제품, 달걀, 고기, 생선 등 다양한 음식을 골고루 섭취해야 한다.

모유 수유를 하는 엄마가 주의해야 할 점

● **열량 보충** _ 모유 100밀리리터를 생산하려면 80칼로리의 열량이 소비된다. 모유

생성에 필요한 열량은 피하 지방과 영양분 섭취로 충당할 수 있지만, 정상 체중이거나 체중 미달인 엄마는 하루에 500~700칼로리를 추가로 섭취해야 한다. 엄마와 아이의 건강을 위해 모유 수유 중 다이어트는 피해야 한다.

● **유제품 섭취 _** 갓난아기는 빠른 속도로 성장한다. 생후 5개월이 지나면 아이의 체중은 태어날 때 체중의 두 배로 증가한다. 골격 형성을 위해 아이는 칼슘과 인산을 섭취해야 하는데 유제품은 칼슘과 인산을 다량으로 포함하고 있다.

모유를 통해 아이에게 칼슘과 인산을 충분히 공급하려면 엄마가 유제품을 섭취해야 한다. 그래야만 엄마 몸이나 뼈에서 칼슘과 인이 빠져나가지 않는다. 유제품은 칼슘과 인산의 훌륭한 공급원이다. 따라서 모유 수유를 하는 엄마는 하루에 200~500밀리리터의 우유를 마시거나 요구르트, 치즈와 같은 유제품을 섭취할 것을 권한다.

● **과일과 채소 _** 정상적으로 성장발달하려면 아이는 각종 비타민, 특히 비타민 C를 많이 섭취해야 한다. 아이에게 필요한 비타민을 공급하기 위해 엄마는 적어도 하루에 한 번은 과일과 채소를 먹어야 한다. 모유 수유 기간이 길고 비타민 섭취량이 부족하면 엄마의 몸에서 비타민이 빠져나간다.

● **장내 가스를 유발시키는 음식 피하기 _** 마늘, 양파, 양배추, 파 등과 완두콩, 팥, 콩과 같이 껍질이 있는 열매는 유기유황화합물을 함유하고 있기 때문에 배에 가스가 찬다. 엄마가 이러한 음식을 섭취하면 아이의 장내에도 가스가 발생할 수 있다. 단 아이의 배에 가스가 차는 이유가 반드시 엄마가 가스를 유발시키는 음식을 섭취했기 때문만은 아니다.

● **동물성 식품 섭취 _** 엄마가 채식주의자라 해도 모유 수유를 할 때는 달걀과 유제품으로 단백질을 보충해야 한다. 엄격하게 채식주의를 지키는 엄마는 아이에게 필요한 영양소를 충분히 공급할 수 없으며 엄마 자신의 건강에도 문제가 생길 수 있다. 엄격

한 채식주의를 고수하면 단백질, 아미노산, 비타민 B12, 칼슘, 철, 요오드가 결핍된다. 이러한 영양소는 간, 고기, 생선, 달걀, 유제품을 통해 섭취할 수 있다. 식물성 식품에도 이러한 영양소가 포함되어 있긴 하나 소량에 불과하기 때문에 반드시 동물성 식품을 통해 섭취해야 한다.

● **철분 섭취 _** 철분은 혈액 형성을 위해 꼭 필요한 영양소이다. 철분은 주로 간, 고기, 달걀노른자에 많이 함유되어 있으며 소량이긴 하나 껍질이 있는 열매에도 포함되어 있다. 출산 후 헤모글로빈 수치가 떨어졌다면 추가로 철분제를 복용해야 한다.

● **수분 섭취와 기호식품 줄이기 _** 과일이나 채소주스, 우유, 각종 가공 우유, 차를 통해 충분히 수분을 섭취해야 한다. 기호식품은 너무 많이 섭취하지 않도록 주의한다. 커피, 홍차, 녹차에 포함된 카페인은 모유를 통해 아이에게 전달된다. 그러나 하루에 3잔 이상 마시지 않으면 크게 문제가 되진 않는다. 대신 수유 직후에 마시면 다음 수유 때까지 섭취한 카페인의 일부가 분해될 수 있다. 알코올 역시 모유를 통해 아이에게 전달될 뿐 아니라 모유 생성을 방해한다. 따라서 모유 수유 중에는 알코올을 마시지 않거나 소량만 마시는 것이 좋다. 알코올은 분해가 잘 안 되기 때문에 아이에게 부담을 준다.

● **흡연 삼가하기 _** 니코틴은 엄마의 혈관을 수축시키고 혈관에 산소가 공급되는 것을 방해하기 때문에 프로락틴(유즙분비호르몬) 수치를 떨어트려 모유 생성을 감소시킨다. 게다가 담배를 피우면 중금속과 같은 유해물질이 모유를 통해 아이에게 전달된다. 또 담배 연기는 아이의 호흡을 방해하고 기관지를 자극시킨다. 실외에서 흡연을 해도 옷에 니코틴이 남기 때문에 아이에게 해가 된다.

● **인공감미료 섭취 피하기 _** 인공감미료와 그 분해 산물은 모유를 통해 아이에게 전달된다. 인공감미료가 어떤 영향을 미치는지 확실히 밝혀지지 않았기 때문에 피하는 것이 좋다. 그리고 농축률이 높은 인공조미료는 설사를 유발할 수도 있다.

● **약품 복용 주의하기** _ 약의 성분은 모유를 통해 아이에게 전달된다. 모유 수유를 하는 엄마는 약을 복용하기 전에 반드시 산부인과 의사에게 문의해야 한다.

모유 수유와 피임효과

모유 수유는 자연피임 효과가 있다. 프로락틴은 배란을 억제시키기 때문에 모유 수유를 중단한 후에 생리가 시작되는 경우가 많다. 엄마가 자주 수유를 하면 피임 효과는 더 커지지만 완벽하게 피임이 되는 것은 아니기 때문에 수유 중에도 임신이 가능하다. 피임약을 복용할 계획이라면 출산 후 6개월이 지난 후에 시작해야 한다. 시중에 판매되는 피임약은 모유 생성에 나쁜 영향을 주지는 않는다. 단 수유 중에 임신을 하면 엄마에게 육체적인 부담이 되고 모유 분비량이 줄어들 수도 있다.

Das Wichtigste in Kürze

내용 요약

1 생후 7~14일은 아이의 소화기능, 신진대사, 배설기능이 새로운 환경에 적응하는 기간이다.

2 먹이찾기반사, 흡철반사(빨기반사), 연하반사와 같은 반사 메커니즘 덕분에 신생아는 모유 또는 분유를 섭취할 수 있다.

3 모유는 모유생성반사, 사출반사와 같은 반사 메커니즘을 통해 생성된다.

4 모유 생성에 가장 중요한 자극은 아이가 엄마의 젖을 빠는 것이다. 아이에게 자주 젖을 물릴수록 모유량도 증가한다.

5 생후 아이가 먹는 모유량은 매일 40~80밀리리터씩 증가한다. 출산 후 3~7일이 지나면 비유개시기가 찾아오며, 5~10일이 지나면 아이에게 필요한 영양소와 열량을 충분히 공급할 수 있게 된다.

6 초유에는 면역 성분이 풍부하다. 성숙유가 생성되기까지 약 2주 동안 이행유가 분비된다.

7 분유는 아이에게 필요한 영양분을 모두 포함하고 있다. 그러나 모유의 면역 성분은 결여되어 있다.

8 분유를 먹이는 엄마도 모유 수유를 하는 엄마와 똑같이 분유를 먹이면서 아이와 친밀한 관계를 형성할 수 있다.

9 모유 또는 분유를 먹는 횟수와 양은 아이마다 다르다. 어떤 아이들은 다른 아이들보다 두 배 이상을 먹는다. 아이가 하루에 먹는 모유 또는 분유의 양은 체중과 아무런 관련이 없다.

10 아이의 발육 상태는 울음, 아이의 활발한 움직임, 일주일간의 체중 증가, 성장 그래프(가장 확실한 판단 근거) 등의 사항을 관찰하여 판단할 수 있다.

4~9개월

이유식을 시작하다

생후 4~5개월 동안 아이는 분유나 모유만 먹는다. 그러다가 6개월 쯤 되면 처음으로 미음과 같은 부드러운 이유식을 먹기 시작한다. 그리고 12개월이 지나면 가족들과 함께 식탁에서 밥을 먹는다. 이유식을 시작하는 시기와 연식에서 고형식으로 바꾸는 시기는 아이의 소화 능력, 구강운동, 치아 발달에 따라 달라진다. 이유식을 시작한 후 아이의 식사 습관과 식사 태도는 부모에 의해 결정된다고 해도 과언이 아니다.

모유 수유를 하는 엄마들 중에는 대부분 12개월 이전에 모유 수유를 중단하는 경우가 많다. 그리고 12개월 이상 모유를 먹는 아이도 대체로 24개월 이후에는 모유를 먹으려 하지 않는다. 드물게는 만 3살까지 모유를 먹이는 엄마들도 있다. 실제로 12개월이 지나면 모유는 아이에게 주 영양 공급원이 될 수 없다. 12개월 이후 아이가 엄마 젖을 찾는 이유는 위안을 받고 엄마의 애정을 느끼기 위함이다.

생후 5~9개월이 되면 아이의 체중이 급격히 증가하기 때문에 모유나 분유만으로는 아이에게 필요한 영양분과 열량을 공급할 수 없다. 5개월이 지나면 아이의 소화, 배설, 신진대사 기능이 연식 형태의 이유식을 섭취하고 소화할 만큼 발달한다. 아이가 이유식을 섭취하고 소화하려면 신체 기능이 그만큼 발달해야 한다.

구강운동 ● 4개월 미만의 아이는 씹히는 음식을 거부한다. 그래서 부드러운 미음 형태의 이유식을 주면 혀로 숟가락을 밀어내거나 먹은 것을 입 밖으로 뱉는다. 숟가락으로 음식을 먹으려면 구강운동능력이 일정 수준까지 발달해야 한다. 4개월이 지나면 아이는 연식 형태의 이유식을 혀를 이용해 목구멍으로 넘겨 삼킬 수 있다.

12개월 미만의 아이들은 단단한 음식을 씹을 수 없기 때문에 으깨서 줘야 한다. 그러나 어떤 아이들은 9~12개월 때부터 삶거나 잘게 썬 반(半)고형식의 음식을 혀로 으깨서 삼킬 수 있다.

미각 ● 신생아나 젖먹이 아기는 단맛만 좋아한다. 그래서 설탕물을 아이 혀에 떨어트리면 눈을 반짝거리면서 입을 뾰쪽하게 내밀고 빨기 시작한다. 쓴맛, 짠맛, 신맛이 나는 음식이 혀에 닿으면 얼굴을 찡그리며 머리를 옆으로 돌린다. 그러나 3개월이 지나면 서서히 다른 맛에도 관심을 보인다.

소화 ● 연식 형태의 이유식은 모유와 분유보다 소화샘과 장에 더 큰 부담을 준다. 연식은 수분이 적고 모유나 분유보다 소화하기 힘든 영양분을 함유하고 있다. 따라서 연식을 소화하려면 소화기관도 그만큼 성숙되어야 한다.

배설 ● 이유식은 모유나 분유보다 무기질이 많다. 이유식을 통해 섭취한 무기질에 함유된 염분은 신장을 통해 배설되어야 한다. 생후 4개월쯤 되면 신장이 이러한 기능을 할 수 있다.

⭐ 이유식 언제 시작해야 할까

소화기관이 발달하는 속도는 아이마다 다르다. 빠른 아이들은 4개월 때부터 이유식을 먹기 시작하지만 대부분의 아이들은 5~7개월 때부터 이유식을 먹기 시작한다. 그러나 8~9개월부터 시작하는 아이도 있다. 모유나 분유를 먹고 난 후에도 아이가 배고

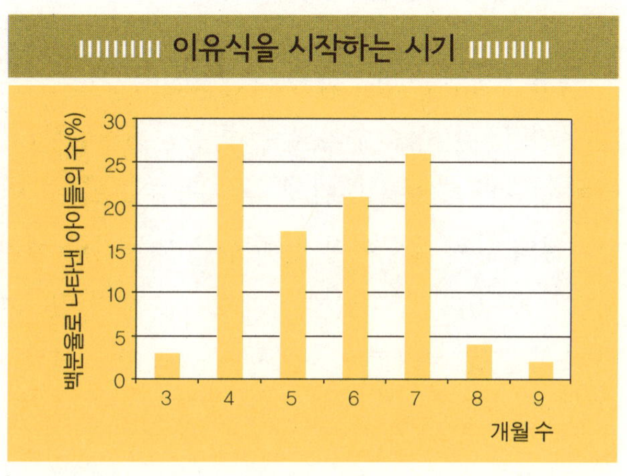

파하면 이유식을 시작할 시기이다. 처음 이유식을 시작할 때는 아이가 숟가락으로 새로운 음식을 접해보고 입속의 새로운 느낌에 익숙해지도록 하는 것이 중요하다. 그러려면 며칠 동안 같은 종류의 음식을 조금씩 주면서 서서히 익숙해지게 해야 한다. 아이가 숟가락을 입에 넣지 않으려고 하거나 이유식을 계속해서 거부하는데도 억지로 먹이면 배에 가스에 차거나 설사를 유발할 수 있다. 그러면 이유식을 중단하고 2~4주 후쯤에 다시 시도한다. 그리고 이럴 경우는 전에 주었던 이유식보다 소화하기 쉬운 재료로 만든다. 모유와 분유는 이유식을 먹인 다음에 먹인다.

이유식을 먹을 준비가 되면 아이는 행동으로 알려준다. 접시에 담긴 숟가락을 들면 아이는 기대에 찬 눈빛으로 입을 벌린다. 아이는 처음에는 이유식을 입에 물고 있지 못한다. 그래서 어떤 아이들은 손가락을 입에 넣어 이유식을 뱉으려고 하고 어떤 아이들은 혀로 밀어내기도 한다.

이유식 어떤 재료로 만들어 먹일까?

이유식은 주로 다음 4가지 종류의 재료를 조합하여 만든다.

이유식에 적합한 재료

● **곡류** _ 곡류는 탄수화물과 단백질, 무기질, 섬유질이 풍부하다. 글루텐이 함유되지 않은 기장, 쌀, 옥수수와 같은 곡류는 5개월부터 먹을 수 있고, 6개월이 지나면 글루텐이 함유된 밀가루나 연맥 같은 곡류를 줄 수 있다. 글루텐은 다양한 곡물에 함유된 단백질의 상위 개념이다. 글루텐은 드물지만 셀리악병이라고 불리는 만성소화장애를 일으킬 수 있다. 글루텐에 알레르기 증세가 있는 아이는 밀가루가 함유된 음식을 먹으면 소화를 못 시키고 설사를 자주 해서 영양을 충분히 섭취하지 못하게 된다. 그러면 발육에 문제가 생길 수 있다.

● **과일** _ 과일은 비타민, 특히 비타민 C와 섬유질이 풍부하다. 처음 먹이는 과일로 적당한 것은 으깬 바나나와 껍질을 벗겨서 간 사과가 좋다. 오렌지는 먹여보고 별다른 이상이 없으면 계속 줘도 되지만 보통 감귤류의 과일은 장을 자극해 설사를 유발하는 유분 성분이 함유되어 있다.

● **채소** _ 채소는 탄수화물, 단백질, 비타민의 공급원이며 섬유질이 많다. 이유식을 처음 시작할 때 적합한 채소는 당근, 애호박 등이다. 단, 배에 가스가 차게 하는 채소는 피하는 것이 좋다. 채소에 감자나 쌀을 혼합하면 포만감을 더 줄 수 있다. 채소를 조리할 때는 비타민이 파괴되지 않게 주의해야 한다. 채소를 물에 담가두면 안 되고 흐르는 물에 잘 씻어야 한다. 채소는 삶는 것보다는 찌는 것이 좋고, 한 번에 몇 번 먹일 분량 을 만들어 1회 분량씩 따로 냉동 보관하면 일을 줄일 수 있다. 다만 전자레인지에 해동을 하게 되면 비타민이 파괴된다.

● **육류** _ 육류는 단백질, 철분, 각종 미량원소와 비타민, 특히 비타민 B12를 공급해

준다. 쇠고기, 닭고기, 돼지고기 등의 육류를 일주일에 1~2번씩 먹인다.

● **기타 재료들 _** 연식 형태의 이유식을 시작해도 모유와 분유는 여전히 중요한 에너지 공급원이다. 모유와 분유는 단백질과 칼슘, 골격 형성을 위한 인산염이 함유되어 있다. 아이의 소화 기능과 면역 체계는 5~6개월이 되면 6개월 이전에 먹이는 1단계 분유에서 6개월 이후에 먹이는 2단계 분유로 바꿀 수 있을 만큼 발달하고, 12개월이 되면 생우유를 마실 수 있을 만큼 발달한다. 아이에게 우유를 줄 때 저지방 우유는 지방이 적기 때문에 피하는 것이 좋다. 2단계 분유와 생우유는 1단계 분유보다 포만감이 오래 지속된다.

요구르트를 먹일 때는 과일이 첨가되지 않은 플레인 요구르트를 먹여야 한다. 과일이 첨가된 것은 당분이 너무 높기 때문이다. 또 가족 중에 아토피 피부염, 천식, 꽃가루 알레르기로 고생하는 사람이 있다면 미리 알레르기 발생을 예방해야 한다. 특히 아이가 만 1살이 되기 전까지는 밀가루, 콩, 달걀, 생선, 초콜릿, 카카오, 땅콩, 열대과일은 피하는 것이 좋다.

연식 형태의 이유식을 만들 때는 서서히 재료를 첨가해서 아이가 다양한 맛을 접할 수 있도록 해야 한다. 소금과 설탕 사용은 자제하되 소금을 사용할 때는 요오드나 불소 소금을 사용하는 것이 좋고, 소금보다 허브나 천연양념을 사용하는 것이 소화하기 쉽다. 소금은 신장에 부담을 주고 체내 수분을 배설시키기 때문이다. 아이가 생후 9개월이 되면 서서히 소금 간을 한 고형식을 시작할 수 있다. 그러나 인공감미료는 절대로 사용해서는 안 된다.

음료의 경우 무기염이 많이 들어 있는 미네랄워터는 아이의 신장에 부담을 줄 수 있기 때문에 피하는 것이 좋고 탄산수도 복통을 유발시킬 수 있다. 또 과일주스는 필요 이상으로 당분이 높기 때문에 충치를 발생시킬 수 있다.

이유식 얼마나 먹여야 적당할까?

아이가 건강하고 정상적으로 성장하려면 얼마나 먹어야 할까? 아이들은 생물학적인 차이 때문에 같은 나이라도 아이마다 먹는 양이 다르다. 옆의 그래프에도 나타나 있듯이 같은 개월 수의 아이라도 어떤 아이는 다른 아이의 두 배를 먹기도 한다.

그러면 같은 개월 수라도 아이들이 먹는 양이 다른 이유는 무엇일까? 결정적인 이유는 어른과 마찬가지로 아이들도 섭취한 음식의 체내 이용률이 각기 다르기 때문이다. 보통사람들보다 많이 먹는데도 마른 사람이 있듯이 아이들도 같은 연령이라도 먹는 양과 체중이 각기 다르다. 그리고 아이마다 갑자기 식욕이 증가하는 시기도 있고 잘 먹다가 안 먹는 시기도 있다. 또 바깥에서 신나게 놀면 종일 집안에 있을 때보다 더 잘 먹는다. 특히 급성장기가 찾아오면 평소보다 훨씬 많이 먹는다.

아이마다 먹는 양이 다른 또 한 가지 이유는 아이들마다 영양분과 열량이 다른 음식을 먹는다는 점이다. 또 아이들은 몸이 아프면 대체로 먹는 양이 줄거나 아예 안 먹기도 한다. 그래서 며칠 안에 체중이 눈에 띄게 감소하지만 병이 나으면 왕성한 식욕을 되찾기 때문에 금방 체중을 회복한다.

아이들은 먹는 양뿐 아니라 먹는 횟수도 저마다 다르다. 어떤 아이들은 하루에 세끼를 먹는 반면, 어떤 아이들은 하루에 대여섯 번씩 먹는다. 아이의 식욕과 먹는 양은 아이의 발육 상태를 판단할 수 있는 척도가 아니다. 그렇다면 부모는 무엇을 기준으로 아이의 발육 상태를 판단할 수 있을까? 다음 표의 항목을 보면 아이가 잘 자라고 있는지 아닌지 쉽게 판단할 수 있다.

아이가 잘 크고 있는지 아닌지 판단할 수 있는 기준

- 컨디션이 좋고 활동적이다.
- 열이 있거나 어디가 아파 보이거나 하지 않는다.
- 정상적인 변을 본다.
- 신장체중변화곡선이 백분위수 기준표와 평행하게 증가한다. 신장체중변화곡선은 아이의 발육 상태를 체크할 수 있는 가장 좋은 자료이다(부록2 〈한국 소아 표준성장도표〉 참조).

하루에 먹는 양

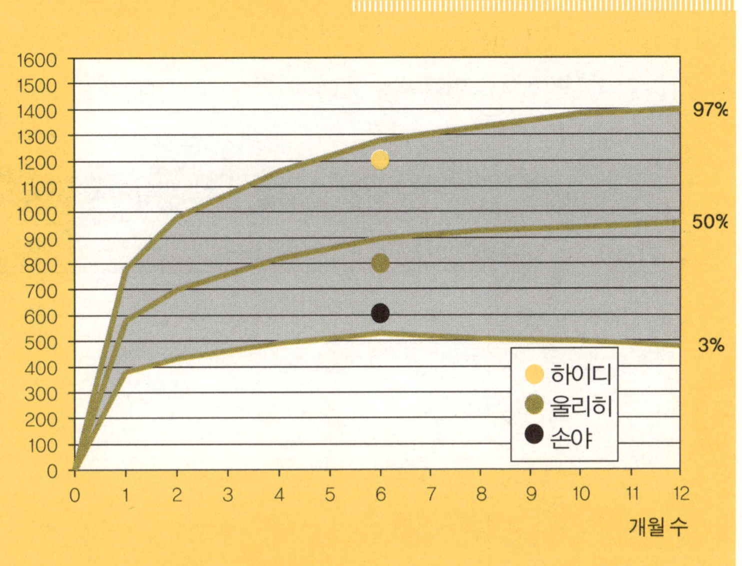

※그래프에 표시된 면적은 개월 수에 따라 하루에 아이들이 섭취하는 양을 나타낸 것이다. 6개월이 된 손야는 하루에 600그램을 먹는다. 개월 수가 같은 울리히와 하이디는 각각 800그램과 1200그램을 먹는다. 개월 수가 같아도 하이디는 손야보다 두 배를 더 먹는다.

체중 대비 하루 음식섭취량

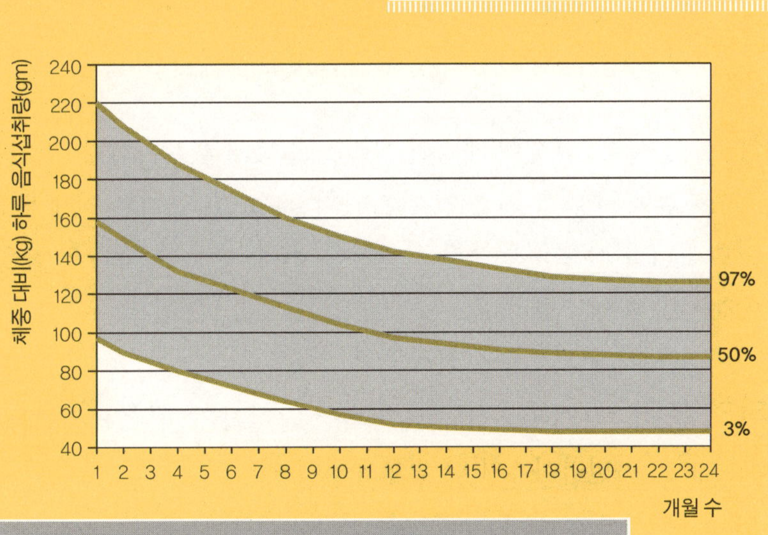

※그래프에 표시된 면적은 아이가 하루 동안 1킬로그램당 몇 그램의 음식을 섭취하는지 나타낸 것이다.

혼자서 먹기와 혼자 마시기

6개월이 지나면 아이는 단단한 음식에 관심을 보이기 시작한다. 그러나 아이가 빵이나 시리얼바를 먹으려면 발달 상태가 일정 수준에 도달해야 한다.

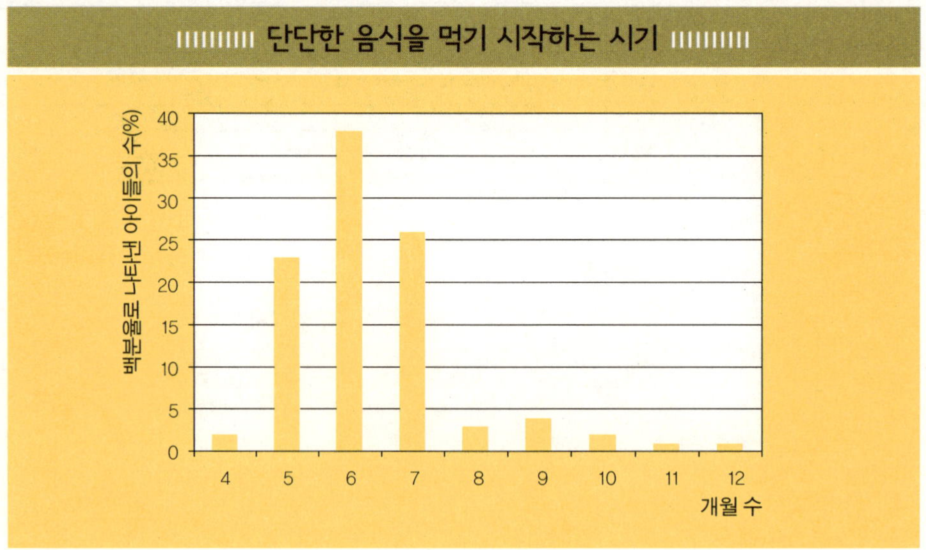

잡기 ● 생후 5개월이 지나면 아이들은 잡기를 시작한다. 잡기를 시작하면 아이는 처음으로 혼자서 먹을 것을 입으로 가져갈 수 있다. 이 시기에 입은 음식을 섭취하는 기능뿐 아니라 사물을 탐색하는 기능을 한다. 손으로 사물을 잡을 수 있는 아이들은 입으로 사물을 탐구한다.

타액 분비 ● 생후 2~3개월이 되면 타액이 증가한다. 타액에는 탄수화물의 소화를 돕는 효소 아밀라아제가 다량 함유되어 있다.

치아 ● 대부분의 아이는 생후 6~10개월이 되면 이가 나기 시작한다. 가장 먼저 앞니가 나오는데, 이때 아이는 무언가를 물 수 있게 된다. 그러나 어금니는 12개월이 지나야 생기기 시작하기 때문에 그 전에는 씹을 수 없다. 어금니가 없는 젖먹이 아기들은 단단한 음식을 입안에서 오물거리며 침으로 부드럽게 하고 혀나 아래위턱으로 눌러서 먹는다. 아이들은 보통 생후 5~7개월이 되면 단단한 음식을 물어뜯기 시작하지만 어떤 아이들은 만 1살이 될 때까지도 단단한 음식을 못 먹기도 한다.

　한편 아이들이 스스로 음식을 입에 넣고 음식의 맛을 익힐 수 있도록 간식을 줄 수도 있다. 단 간식을 줄 때는 당분이 낮고 열량이 적은 것을 선택해야 하며 간식은 주 열량원이 될 수 없다. 또 시중에 판매되는 유아용 비스킷은 당도가 높기 때문에 식욕을 떨어트릴 뿐 아니라 치아에도 안 좋다.　6~7개월 이후부터는 과일은 줘도 된다.

✪ 혼자서 컵으로 마시기

　잡기 시작하면 아이들은 혼자서 병을 잡고 마시려고 한다. 아이가 얼마나 적극적인가, 엄마가 얼마나 자주 아이에게 혼자서 병을 잡게 하는가에 따라 아이는 빠르면 5개월부터 혼자 병을 잡을 수 있다.

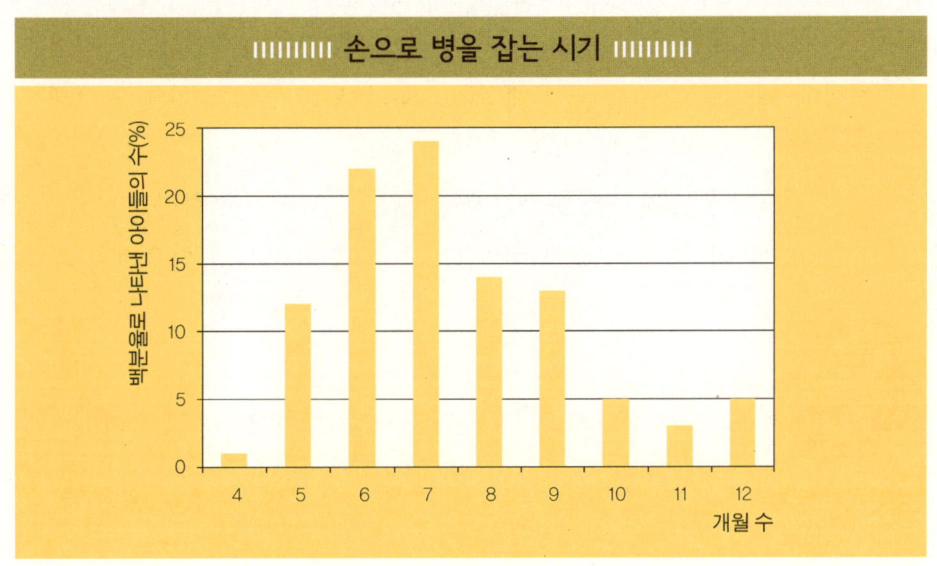

컵으로 마시려면 손으로 컵을 잡을 수 있어야 할 뿐 아니라 마시는 액체의 양을 조절할 수 있을 만큼 구강운동능력이 발달해야 한다. 그리고 한 번에 삼킬 수 있는 양만큼 입안에 넣을 수 있어야 한다. 아이의 구강운동능력이 발달하면 아이는 컵으로 마시고 싶다는 신호를 보낸다.

젖 떼기, 언제가 적당할까?

개월 수가 늘수록 모유에서 섭취하는 영양분은 감소한다. 그러나 아이와 엄마가 원하면 계속해서 모유 수유를 할 수 있다. 아이는 엄마젖을 빨면서 위안과 안정, 엄마의 사랑을 느낄 뿐 아니라 엄마젖을 빨면 쉽게 잠들기도 한다. 엄마가 모유 수유를 하면서 불편함을 느끼지 않으면 억지로 모유 수유를 중단할 필요는 없다.

대부분의 엄마는 12개월 이전에 모유 수유를 중단하려고 한다. 수유를 중단하는 데는 여러 가지 이유가 있겠지만 가장 중요한 이유 두 가지는 다음과 같다. 첫 번째는 수유를 오래하면 엄마에 대한 신체적인 애착이 강해지기 때문에 아이를 오래 떼어놓지 못한다는 것이고, 두 번째는 엄마의 젖가슴이 없으면 아이가 잠을 못 잔다는 것이다. 아이는 밤에 깨서도 엄마 젖을 찾게 되고, 자다가 깬 아이를 아빠가 달래서 재울 수도 없다.

만약 수유를 중단하기로 결정을 했다면 일단 낮부터 시작해야 한다. 밤에는 젖을 끊기가 더 어렵기 때문이다. 젖을 끊으려면 3, 4주에 걸쳐 서서히 다음과 같은 변화를 시도해야 한다.

- 엄마 젖을 빨게 하는 대신 쓰다듬거나 안아주고 같이 놀면서 애정과 관심을 느끼게 한다.
- 아이가 모유를 찾지 않으면 수유 시간이라도 모유 대신 이유식이나 분유를 준다.
- 식사 시간 중 한 번은 엄마가 자리를 비우고 아빠나 다른 보호자가 아이에게 밥을 먹인다.

낮에 모유 수유를 하지 않으면 모유 분비가 감소하여 밤에도 모유가 분비되지 않는다. 약물을 이용해 모유 분비를 중단시키는 엄마도 있지만, 약물은 부득이한 경우에만 사용해야 한다.

Das Wichtigste in Kürze

내용 요약

1. 분유와 모유는 4개월이 지나면 영양과 열량공급원으로 충분하지 않다.

2. 구강운동과 소화기능의 발달 여부에 따라 아이는 4~8개월부터 연식 형태의 이유식을 시작할 수 있다.

3. 이유식(연식)은 곡물, 과일, 채소, 고기, 달걀과 같은 재료들을 혼합하여 만든다.

4. 우유와 유제품은 골격 형성에 필요한 칼슘, 단백질, 인산염을 많이 함유하고 있다. 5개월이 지나면 1단계 분유에서 2단계 분유로 넘어갈 수 있다. 그리고 12개월이 되면 아이의 소화기능의 발달 상태에 따라 생우유를 먹일 수 있다. 생우유를 먹일 때는 저지방 우유는 적합하지 않다.

5. 5~7개월이 되면 아이는 단단한 음식을 입에 넣고 음식의 맛과 질감을 배우기 시작한다. 간식을 줄 때는 당분이 낮고 열량이 적은 것을 선택해야 한다.

6. 하루에 섭취하는 음식의 양은 아이마다 차이가 많이 난다. 어떤 아이들은 같은 개월 수의 아이들보다 2배나 많은 양을 먹는다.

7. 다음과 같은 요소로 아이의 발육 상태를 판단할 수 있다.
   - 컨디션이 좋고 활동적이다. • 건강하다. • 변이 정상적이다.
   - 신장체중변화곡선이 백분위수 기준표와 평행하다.

8. 식욕과 먹는 양은 아이의 발육 상태를 판단할 수 있는 척도가 될 수 없다.

9. 개월 수가 증가할수록 모유는 영양공급원의 역할보다는 아이가 안정감과 엄마의 사랑을 느낄 수 있는 수단이 된다.

10~24개월

혼자서 먹기 시작하다

12개월이 지나면 아이들은 어른이 먹는 음식을 먹을 수 있다. 그렇게 되면 부모는 아이의 건강을 위해 어떤 음식을 줘야 하나 고민하기 시작한다. 고형식을 먹기 시작하면 아이들은 처음에는 고기나 채소 같은 음식을 잘 씹지 못할 뿐 아니라 아직은 혼자서 먹고 마시는 것도 어렵다. 그러면 아이의 이유식을 만들 때 어떤 점을 고려해야 할까.

먼저 아이가 먹는 음식은 만들어 먹이는 것이 좋다. 인스턴트식품은 조미료가 많이 들어 있어서 아이에게 좋지 않기 때문이다. 또 소금을 적게 사용하고 가능하면 소금 대신 허브로 맛을 내는 것이 좋다. 화학조미료 역시 금하는 것이 좋고 동물성 지방보다는 식물성 지방을 사용하도록 한다.

아이마다 치아가 생기는 시기와 구강운동이 발달하는 시기가 다르므로 물고 씹기 시작하는 시기도 차이가 난다. 늦어도 12개월 전에는 앞니가 생긴다. 그러면 딱딱한 음식을 물 수 있다. 어금니는 12개월이 지나면 나오기 시작한다. 대부분의 아이가 24개월 전에 어금니가 생기지만, 24개월이 지나야 어금니가 생기는 아이들도 있다. 생후 12개월이 지나면 음식을 갈아서 주지 않아도 된다. 이 시기의 아이들은 조그맣게 자른 음식이면 웬만한 것은 다 삼킬 수 있다. 그러나 어금니가 늦게 나오기 때문에 고기나 채소 같은 음식은 씹지 못한다.

그러면 아이가 섭취할 적당한 음식의 양은 얼마나 될까? 12개월이 지나면 식욕이 감소하는 아이들이 많다. 심지어 어떤 아이들은 생후 12개월이 지나면 그 전보다 더 적게 먹는다. 또 어떤 아이는 12개월 이전보다 훨씬 많이 먹기도 한다. 그러나 아이마다 먹는 양과 식습관이 다르기 때문에 어떤 아이는 많이 먹는 아이의 절반만 먹고도 잘 큰다.

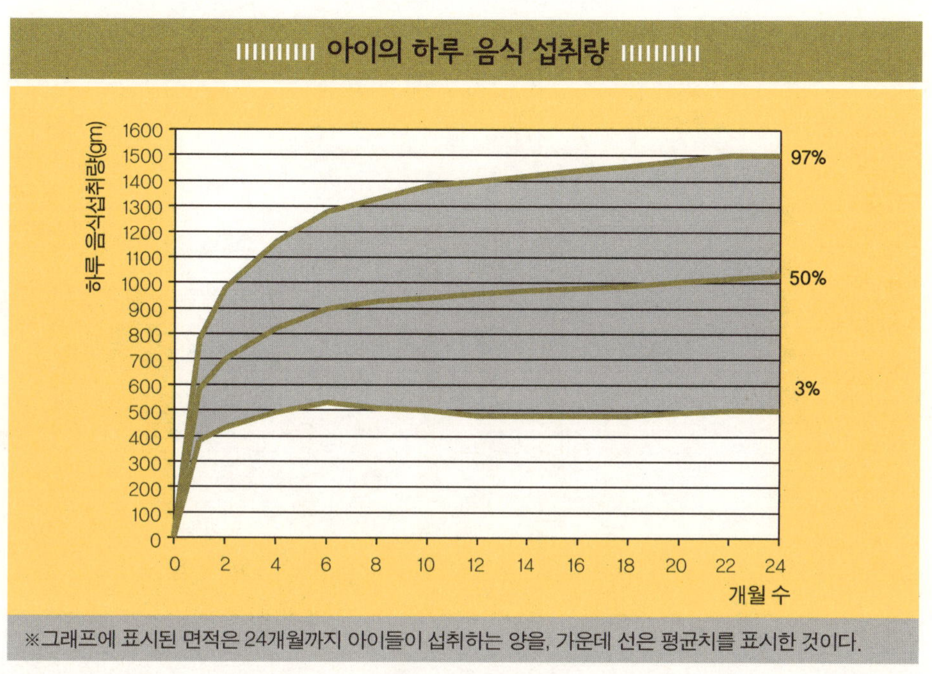

※그래프에 표시된 면적은 24개월까지 아이들이 섭취하는 양을, 가운데 선은 평균치를 표시한 것이다.

혼자서 먹기

아이들은 모두 언젠가는 혼자서 먹고 마시려 한다. 정신적으로나 운동능력 면에서 일정한 상태에 도달하면 스스로 먹으려는 욕구가 저절로 생긴다.

아이는 형제들이나 어른들이 먹는 것을 보고 흉내를 내면서 숟가락으로 먹고 컵으로 마시는 법을 배운다. 9~15개월이 되면 아이의 지적 수준은 단순한 행동을 모방할 만큼 발달한다. 이 시기의 아이에게 컵을 주면 마시려고 하고 숟가락을 주면 입으로 가져간다.

아이에게 먹는 법을 따로 가르칠 필요는 없다. 그보다는 좋은 본보기가 되어주는 것이 중요하다. 아이는 식탁에 가족과 함께 앉아서 식사하면서 엄마와 아빠, 손위 형제들이 컵과 수저를 사용하는 것을 보고 자신에게 필요한 것을 스스로 습득한다.

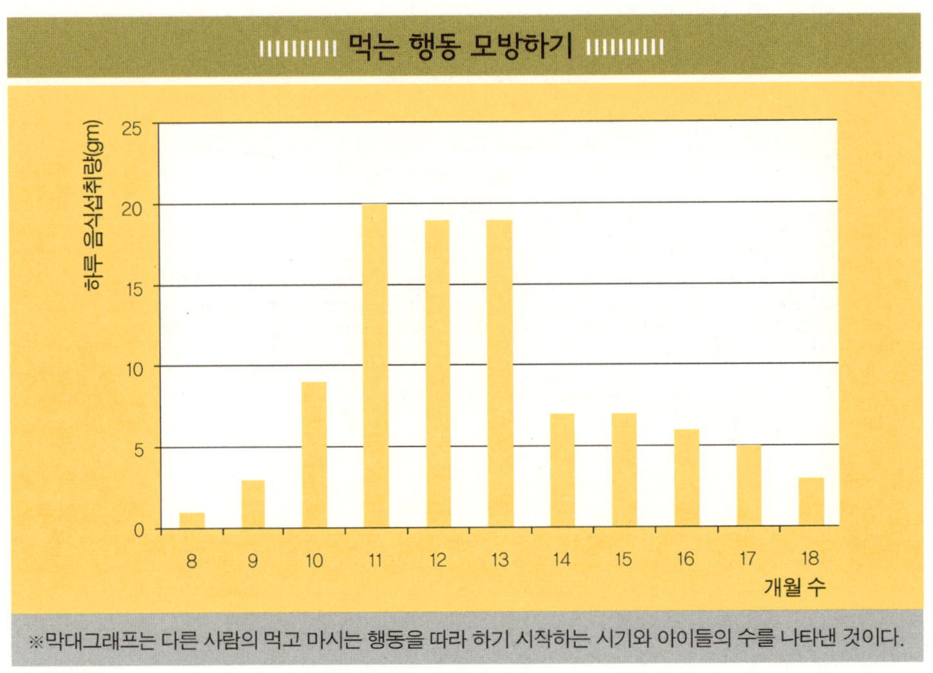

컵으로 마시기 ● 컵으로 먹으려면 요령이 좋아야 한다. 액체가 입술에 닿고 입안으로 흘러가기 시작하는 순간 흘러들어오는 양에 따라 적당히 컵의 기울기를 변화시켜야 한다. 컵을 너무 기울이면 액체가 입 밖으로 흐른다. 흘리지 않고 마시려면 소근육이 발달하여 섬세한 움직임이 가능해야 한다.

어떤 아이들은 12개월 무렵이 되면 컵으로 혼자 마실 수 있다. 그러나 대개는 18개월이 되어야 혼자 마실 수 있다. 빨대 컵을 사용하면 얼굴에 액체가 흐르지 않게 하면서 컵으로 마시는 법을 쉽게 익힐 수 있다.

어떤 아이들은 컵으로 마실 수 있으면서도 젖병을 떼어놓으려고 하지 않는다. 그런 아이들은 목이 말라서 젖병을 쥐고 있는 것이 아니다. 젖병을 쥐고 있으면 일종의 위안을 얻기 때문이다. 한마디로 젖병이 젖꼭지의 역할을 대신하는 것이다. 그래서 기분이 좋지 않거나 지루하거나 피곤하면 젖병을 오물오물 빤다. 그러나 젖병을 계속 물고 있으면 치아에 안 좋은 영향을 줄 수 있다.

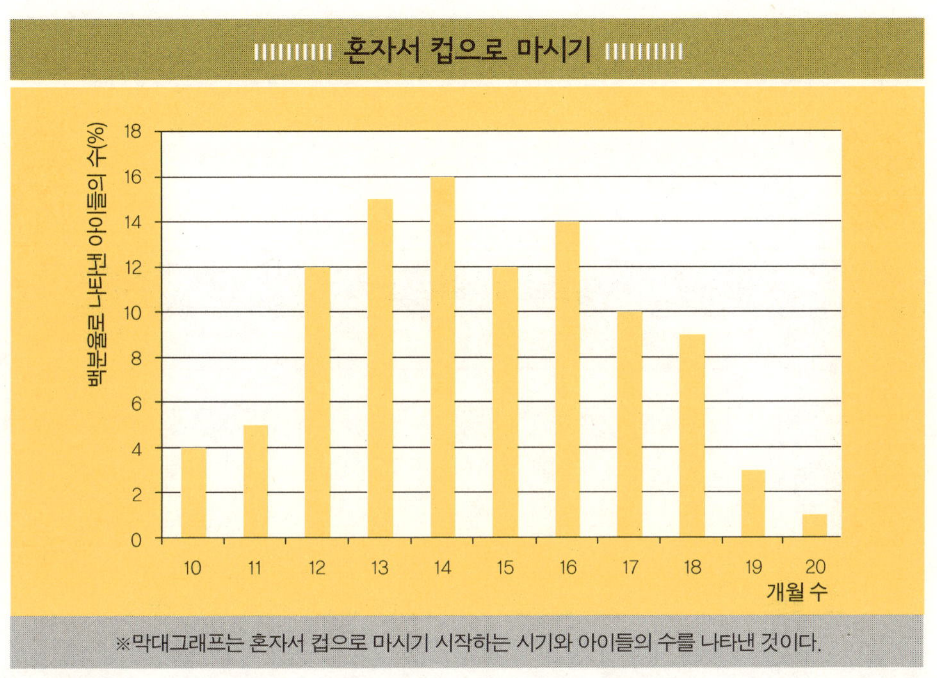

※막대그래프는 혼자서 컵으로 마시기 시작하는 시기와 아이들의 수를 나타낸 것이다.

숟가락질 하기
● 숟가락으로 먹는 것은 컵으로 마시는 것보다 더 요령이 좋아야 한다. 먼저 숟가락으로 음식을 뜨고 입으로 가져간 다음 숟가락을 기울이거나 돌리지 않고 들고 있다가 볼이나 코가 아닌 입안으로 음식물을 집어넣어야 한다. 혼자 숟가락으로 먹게 되면 아이는 일종의 성취감을 느끼며 자신을 자랑스러워한다.

숟가락을 사용하기 시작하는 시기는 아이마다 다르다. 어떤 아이들은 12개월 이전에 숟가락을 쥐고 혼자서 먹으려고 한다. 그러나 대부분의 아이가 12~18개월에 숟가락질을 시도한다. 아이가 숟가락에 관심을 보이고 그릇에 있는 숟가락을 입으로 가져가면 부모는 아이가 음식을 흘리더라도 그냥 놔둬야 한다. 그래야 아이가 혼자서 숟가락질을 배울 수 있다.

숟가락으로 먹기 시작하면 처음에는 서툴기 때문에 배불리 먹지 못한다. 만약 중간에 아이가 숟가락질을 중단하면 엄마가 먹여주는 것이 좋다. 아이가 숟가락질을 시작하면 따로 다른 그릇에 음식을 담아 준비해두어야 한다. 그래야 아이가 배불리 먹을 수 있고 중간에 숟가락질을 그만두어도 엄마가 따로 준비해놓은 음식을 먹일 수 있기 때문이다. 그러면 아이도 부담을 느끼지 않는다. 그러나 숟가락질을 시작하고 어느 정도 시간이 지나면 아이들은 숟가락에 흥미를 잃는다. 반면에 식욕은 왕성해져서 다시 엄마에게 먹여달라고 한다.

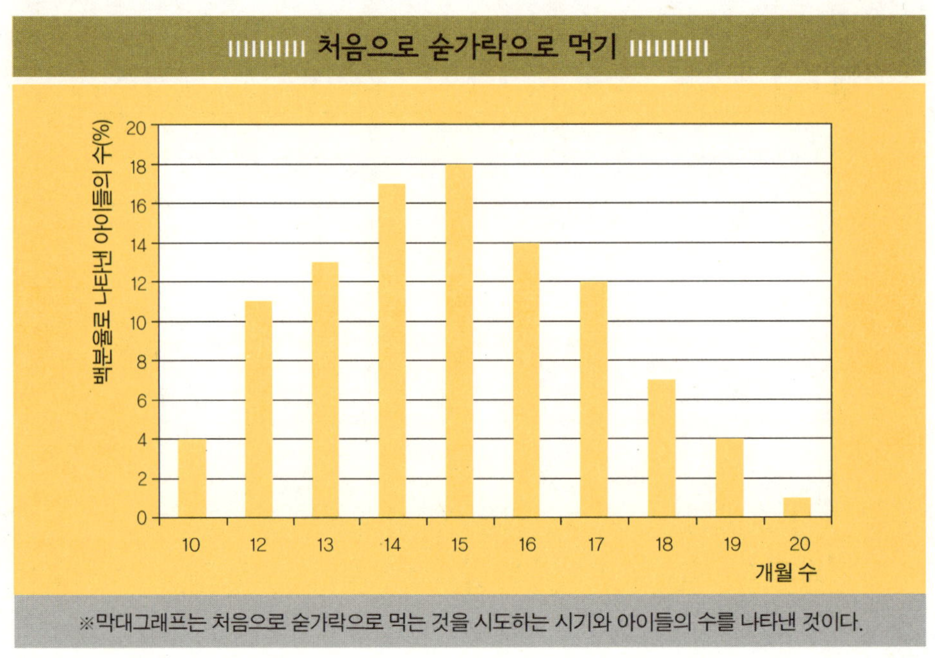

※막대그래프는 처음으로 숟가락으로 먹는 것을 시도하는 시기와 아이들의 수를 나타낸 것이다.

아이는 놀이를 통해 숟가락으로 먹는 법을 배워야 한다. 어떻게 숟가락으로 음식을 뜨는지, 음식을 흘리지 않게 숟가락을 잡고 있으려면 어떻게 해야 하는지 아이들은 자기 나름대로 생각하고 여러 방법을 시도해 본 후에 숟가락질을 익힌다. 그러다 보면 옷이나 의자, 바닥이 더러워질 수밖에 없다. 그러므로 아이가 음식을 흘려도 치우기 쉬운 부엌에서 먹이도록 하고 이유식 의자에 앉혀 턱받이를 매주고 혼자서 먹게 하는 것이 좋다. 그리고 엄마나 아빠의 입속에도 음식을 넣어달라고 하면 아이는 재미있게 숟가락질을 배운다.

숟가락질은 단 며칠 만에 혼자서 하는 아이도 있고 몇 주가 걸리는 아이도 있다. 이

과정에 부모가 간섭하지 않으면 아이는 혼자서 숟가락질을 하며 재미있는 경험을 할 수 있다. 그리고 사실상 부모가 아이에게 숟가락질을 가르쳐줄 수는 없다. 단지 아이에게 도움을 줄 뿐이다. 부모는 아이가 충분히 숟가락질을 연습할 수 있도록 식사시간을 넉넉하게 잡고 아이가 음식을 흘려도 화를 내면 안 된다.

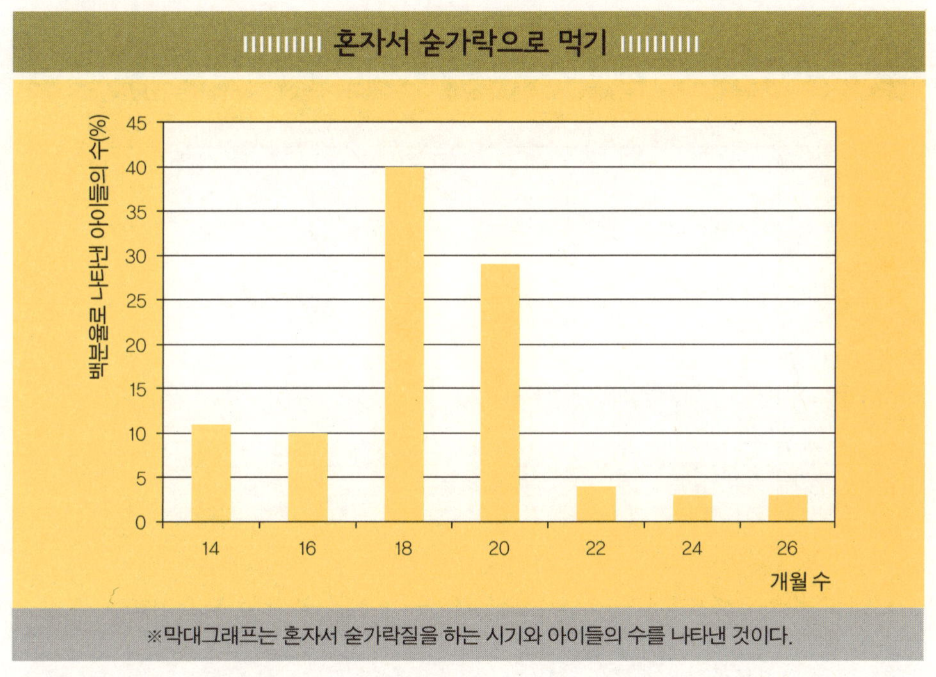

※막대그래프는 혼자서 숟가락질을 하는 시기와 아이들의 수를 나타낸 것이다.

　부모가 숟가락질을 못하게 하면 어떻게 될까? 그러면 아이는 당연히 저항할 것이고, 음식을 거부할 수도 있다. 최악의 경우에는 다시는 혼자서 숟가락질을 하려고 하지 않고 엄마, 아빠에게 계속 먹여달라고 한다. 보통 만 2살이 될 무렵이면 아이들은 갑자기 혼자서 먹으려고 하지 않고 숟가락질에도 관심을 보이지 않는다. 그렇다고 부모가 당황하면 안 된다. 먹여달라고 한다고 화를 내거나 혼내지 말고 인내심을 가지고 기다리면 언제가 다시 혼자서 먹으려 할 것이다. 아이는 숟가락으로 혼자 먹는 방법을 잊어버린 것이 아니라 잠시 휴식을 취하는 것이다.

포크 사용하기 ● 어떤 아이들은 잘게 썬 음식을 숟가락보다 포크로 더 잘 먹는다. 하지만 아이들의 포크 사용을 우려하는 부모도 더러 있다. 아마도 많은 부모가 아이가 포크로 먹다가 혀여나 다칠까 걱정하기 때문일 것이다. 그러나 끝이 뭉툭한 유아용 포크는 안전한 편이다. 24개월을 전후하여 대부분 아이가 음식을 많이 흘리지 않고 먹을 만큼 숟가락과 포크를 잘 사용한다.

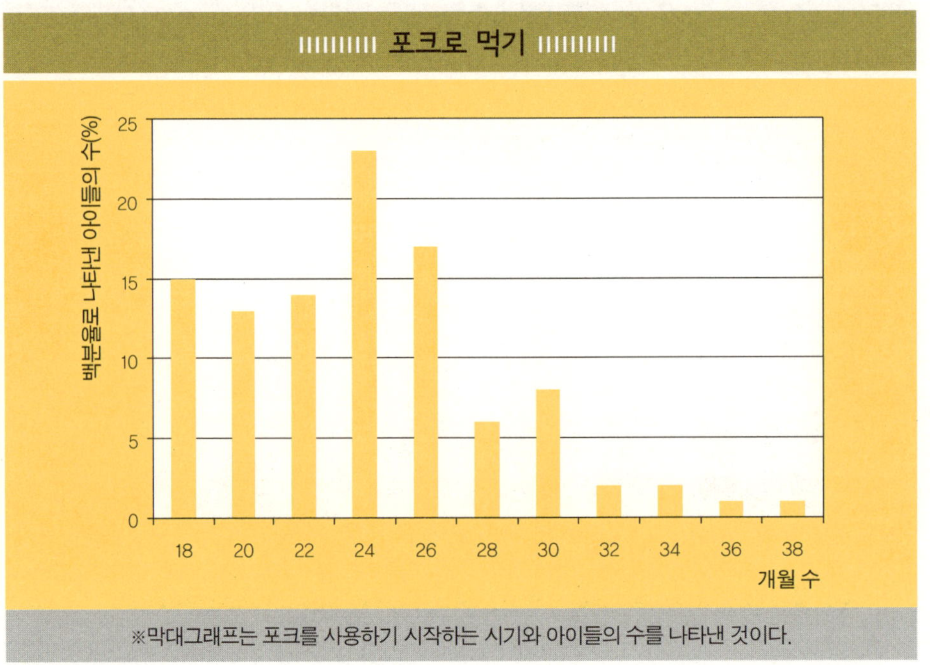

※막대그래프는 포크를 사용하기 시작하는 시기와 아이들의 수를 나타낸 것이다.

⭐ 아이가 침을 흘리는 것은 지극히 정상적인 현상이다

생후 3개월이 되면 침이 눈에 띄게 많이 분비된다. 먹을 때나 잘 때, 특히 놀 때 입에서 타액이 입가를 타고 끊임없이 흘러내린다. 침을 많이 흘리지 않는 아이도 있는 반면에 어떤 아이들은 윗도리가 젖을 정도로 많이 흘린다. 그러나 생후 12개월이 지나면 대부분의 아이가 침을 많이 흘리지 않는다. 그리고 18개월이 지나면 대부분의 아이들은 더 이상 침을 흘리지 않게 된다.

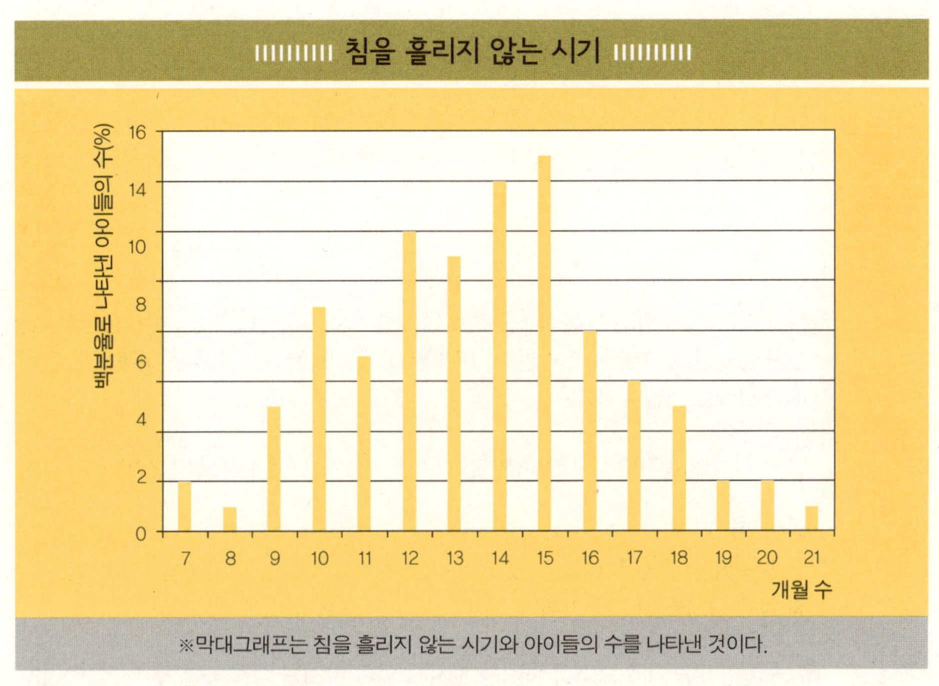

※ 막대그래프는 침을 흘리지 않는 시기와 아이들의 수를 나타낸 것이다.

Das Wichtigste in Kürze

내용 요약

1. 생후 12개월이 지나면 아이들은 가족들과 한식탁에서 밥을 먹기 시작한다. 아이는 다양한 음식을 골고루 먹어야 한다. 12개월이 지나도 분유나 모유는 여전히 중요한 무기질과 단백질 공급원이다.

2. 생후 24개월쯤 되면 아이는 어른들이 먹는 고형식을 먹을 만큼 발달한다.

3. 생후 10~24개월의 아이들은 개월 수가 같아도 먹는 양은 차이가 난다. 아이가 건강하고 활동적이고 몸무게와 신장변화곡선이 백분위수 기준표와 평행하게 진행되면 아이의 발육 상태는 양호한 것이다.

4. 가족들이 본보기를 보여야 아이는 혼자서 먹고 마시는 법을 배울 수 있다. 아이는 모방을 통해 혼자서 먹는 법을 배운다.

5. 생후 18~24개월이 되면 대부분의 아이가 혼자 컵으로 마시고 숟가락으로 먹을 수 있다.

6. 생후 18개월이 되면 대부분의 아이가 더 이상 침을 흘리지 않는다.

아이들은 왜 **공통적**으로 MSG를 좋아할까?

식사 예절과 식습관은 아이를 키울 때 무엇보다 중요한 주제로 여겨져왔다. 아이들은 대부분 자기가 좋아하는 음식만 먹으려고 하고 부모들은 아이의 편식 습관이 오래 지속될까 봐 걱정을 한다. 한쪽으로 치우친 음식 섭취는 건강을 해칠 수 있기 때문이다.

그러나 이러한 부모들을 안심시키는 연구결과가 있다. 미국에서 만 6살 미만의 아이들의 식습관을 연구하기 위해 아이들에게 몇 주 동안 먹고 싶은 것만 먹으라고 하고 아이들이 먹은 것을 꼼꼼히 기록했다. 그러자 대부분의 아이가 처음에는 자신이 좋아하는 음식만 골라 먹었지만 그것은 그리 오래가지 못했다. 실험을 시작하고 12주가 지나서 아이들의 상태를 체크해보니 아이들은 스스로 골고루 영양분을 섭취하고 있었다. 아이들의 몸은 중요한 영양소를 섭취할 수 있도록 자율적으로 통제된다는 것을 보여주는 결과이다.

좋아하는 음식과 싫어하는 음식

만 2~4살까지 아이들의 특징적인 식습관은 유난히 단것을 좋아한다는 것과 짠 음식을 좋아한다는 것이다. 아이들은 소금과 조미료, 특히 흔히 MSG라고 불리는 글루탐산나트륨을 좋아한다. 그래서 소금통을 핥기도 하고 액체 조미료를 손에 떨어트려 맛있게 빨아먹기도 한다. 이 시기에 소금이나 글루탐산나트륨에 대한 미각수용기가 집중적으로 발달하거나 신진대사를 위해 소금이 많이 필요한지는 아직 밝혀지지 않았다. 그러나 소금과 조미료에 대한 아이의 사랑은 오래가지 않는다.

소금, 글루탐산나트륨, 설탕과 같은 향미증진제는 어린아이들에게 부정적인 영향을 줄 뿐만 아니라 성인들에게도 필요 이상으로 음식을 많이 먹게 한다. 과식하는 결정적인 이유 중 하나가 바로 향미증진제이다. 간단한 실험을 통해 향미증진제가 얼마나 강한 영향력을 발휘하는지 알 수 있는데, 이는 글루탐산나트륨이 빠진 햄버거나 무설탕 요구르트를 먹으면 훨씬 빨리 포만감을 느낄 수 있다는 사실이다.

⭐ 중요한 것은 많이 먹이는 것이 아니라 골고루 먹이는 것이다

어린아이들은 특별히 좋아하는 음식이 있는 것처럼 특별히 싫어하는 음식도 있다. 하지만 부모는 아이가 편식하지 않고 식탁에 올린 음식을 골고루 먹길 바란다. 그러려면 새로운 음식을 먹일 때마다 소량을 천천히 먹게 하는 것이 좋다. 그래야만 아이는 시간의 여유를 갖고 처음 먹어보는 음식의 맛과 질감에 익숙해질 수 있다. 아이가 특정 음식을 싫어한다면 강제로 먹여서는 안 된다. 그보다는 유사한 음식이나 재료로 대체하는 것이 좋다. 예를 들어 아이가 유독 시금치를 싫어한다면 당근이나 콩, 또는 다른 채소를 먹게 하면 된다. 영양상 반드시 시금치를 먹일 필요는 없다.

올바른 식습관과 식사 예절을 익히게 하려면 아이만 따로 먹여서는 안 된다. 가족이나 다른 어른들, 다른 아이들과 함께 식사를 하면서 아이는 즐겁게 식사하는 법을 자연스레 배우게 된다. 또 부모의 식습관은 아이에게 중요한 영향을 준다. 예를 들어 엄마나 아빠가 채소를 먹지 않으면 아이도 채소를 먹지 않는다.

편식하는 습관을 고치려면 아이가 좋아하는 음식을 주기 전에 싫어하는 음식을 조금씩 줘서 먹어보도록 유도해야 한다. 중요한 것은 싫어하는 음식을 다 먹게 하는 것이 아니라 음식을 골고루 먹어보도록 동기를 만들어주는 것이다.

식사 예절_교육은 손가락으로 지적하는 것이 아니라 모범을 보이는 것이다

음식을 씹을 때 입 벌리지 마라, 팔꿈치 괴고 앉지 마라, 바르게 앉아라. 누구나 어렸을 때 이런 말을 들으면서 자랐을 것이다. 부모라면 당연히 아이의 식사 예절이 바르지 않을 때 지적하고 고쳐주려 한다. 식사시간은 같이 있는 모든 사람에게 편안하고 즐거운 시간이 되어야 한다. 그러기 위해서는 집 밖에서뿐 아니라 집에서 식사를 할 때도 식사 예절을 지킬 수 있도록 가르치는 것이 좋다.

올바른 식사 예절 가르치기

- 요리를 할 때 가능하면 아이와 함께 한다. 예를 들어 채소를 손질할 때나 씻을 때 아이와 함께 하면 아이가 음식을 소중히 다루는 법을 배운다.
- 가능하면 어른과 아이들이 함께 식사를 한다.
- 식사를 할 때 텔레비전을 켜지 않는다.
- 식사 시간에는 아이도 동참할 수 있는 대화를 나눈다. 예를 들어 아빠가 엄마에게 직장에서 화가 났던 일을 10분 넘게 이야기한다면 아이는 당연히 지루해할 것이고 다양한 수단으로 부모의 관심을 끌려고 할 것이다. 심하면 음식을 거부하고 식사가 끝나기 전에 자리에서 일어날 것이다. 반대

로 부모가 식사하면서 아이에게만 집중하는 것도 바람직하지 않다. 그러면 아이는 식사 시간에 자기가 중심이 되어야 한다고 인식해버릴 수 있다.

- 아이가 다 먹을 수 있는 만큼만 준다. 음식을 반 이상 남긴 접시를 치우는 것보다 모자라서 더 달라고 하는 것이 낫다.

- 아이에게 음식을 다 먹으라고 강요해서는 안 된다. 아이와 부모의 기 싸움은 먹는 즐거움을 망쳐버린다. 식탁에 어떤 음식을 올려놓을지 결정하는 것은 엄마, 아빠이다. 따라서 아이에게 차린 음식을 다 먹으라고 강요하는 것은 옳지 않다. 예를 들어 아이가 특정 채소를 좋아하지 않으면 다른 사람이 대신 먹으면 된다.

- 얼마나 먹을지 결정하는 것은 아이 몫이다. 따라서 부모가 아이가 먹는 양을 결정하거나 많이 먹었다고 칭찬하거나 적게 먹었다고 꾸중해서는 안 된다. "아, 예뻐. 다 먹었네." 등의 말도 할 필요가 없다. 아이는 먹을 때 부모의 뜻이 아니라 자기의 욕구를 따라야 한다.

- 아이가 '얌전히' 먹으려고 애쓰면 칭찬해주어야 한다. 혼자서 노력하는 것은 칭찬받을 만한 일이다.

- 아이가 음식을 가지고 장난하거나 바닥에 던지면 배가 부르다는 신호이다. 더 먹으라고 해도 계속 장난을 치면 음식을 치워야 한다. 그러나 한편으로 아이는 자신이 방치되어 있다고 느껴서 관심을 끌려고 음식으로 장난을 하거나 음식을 바닥에 던지는 경우도 있다. 만약 아이가 밥을 남겼다면 후식은 주지 않도록 한다.

- 어린아이들은 시간 감각이 없기 때문에 밥을 먹기 시작하면 식사시간이 언제까지인지 아이에게 알려주는 것이 좋다.

- 가능하면 식사가 끝나기 전에 자리를 뜨는 사람이 없어야 한다. 다만 아이들이 15분 이상 가만히 앉아 있지 못한다는 점은 염두에 두어야 한다.

● 아이가 어릴 때부터 가족생활에 참여할 수 있도록 배려해야 한다. 식사시간도 마찬가지이다. 아이가 먼저 자리를 뜨지 않게 하려면 상을 차리고 치우는 일을 돕게 하는 것이 좋다. 다른 사람을 도울 수 있다고 느끼면 아이의 자존감도 강해진다.

● 끼니 중간에 아이가 배가 고프다고 하거나 목이 마르다고 하면 과일을 주는 것이 좋다. 당분이 함유된 열량이 높은 음료수와 음식은 피해야 한다. 간식으로 배를 채우면 안 된다.

● 잘 먹지 않는 아이들은 가족들의 식사시간을 망치는 위험인물이다. 그런 아이들은 부모를 불안하게 한다. 하지만 식사시간이 아이가 고집을 부리고 부모가 화를 내며 대립을 벌이는 자리가 되게 해선 안 된다. 아이가 잘 먹지 않는다고 지나치게 불안해할 필요는 없다. 아이들은 자기가 필요한 만큼 먹는다. 또 적게 먹는다고 반드시 나쁜 것은 아니다.

● 건강한 식습관과 올바른 식사 예절을 몸에 익히게 한다고 아이가 원하는 것을 무조건 막으면 안 된다. 예를 들어 초콜릿은 당분이 높기 때문에 아이에게 좋지 않지만 아이가 평상시에 밥을 잘 먹고 간식으로 단것을 먹는 것이 습관처럼 되어버리지만 않는다면 가끔씩 초콜릿을 먹게 한다고 해서 큰 문제가 되지는 않는다. 단 간식이 아이의 식생활에 주가 되지 않도록 주의를 해야 한다.

아이가 건강한 식습관과 올바른 식사 예절을 익히게 하려면 무엇보다 가족들이 모범을 보이는 것이 중요하다. 먹는 것에 대한 부모의 생각과 부모가 좋아하거나 싫어하는 음식 등은 아이의 식습관 형성에 결정적인 영향을 미친다.

정성껏 준비한 식사를 가족이 함께 모여 먹으면서 즐기는 것을 부모가 중요하게 생각하면 아이도 함께 먹는 것을 중요하게 생각한다. 반면에 부모가 텔레비전을 보면서 테이크아웃한 인스턴트음식을 먹으면 아이는 올바른 식생활을 익히기 어렵다. 아이들은 교육을 통해서가 아니라 부모와 형제들을 보고 식습관과 식사 예절을 자연스럽게 익힌다. 아이를 위한 올바른 교육은 손가락으로 지적하는 것이 아니라 모범을 보이는 것이다.

Das Wichtigste in Kürze

내용 요약

1. 만 6살 미만의 아이들은 유난히 좋아하는 음식과 싫어하는 음식이 있다. 그러나 그러한 성향은 오랫동안 지속되지 않는다.

2. 생후 25~48개월의 아이들은 소금과 인공조미료를 좋아한다.

3. 소금, 글루탐산나트륨, 설탕과 같은 향미증진제는 가능한 한 피하는 것이 좋다.

4. 식사를 할 때 아이가 먹는 음식은 부모가 결정하더라도 먹는 양은 아이가 스스로 결정하도록 해야 한다. 또 아이가 싫어하는 음식을 부모가 억지로 먹게 강요해서는 안 된다.

5. 식사 시간에 온 가족이 편안하고 즐겁게 식사를 하려면 식사시간에 지켜야 할 규칙을 세워야 한다. 식사 예절은 교육을 통해서가 아니라 본보기가 되는 사람을 보고 익히는 것이다.

6. 규칙적인 시간에 가족이 함께 식사하면서 대화를 나누는 것이 얼마나 소중한지 아이가 느낄 수 있도록 해주어야 한다.

관계성 행동 | 운동능력 | 수면 | 울음 | 놀이행동 | 언어발달 | 영양발달과 식습관 | **성장발달** | 대소변 가리기

성장발달

같은 나이라도 성장속도는
아이마다 다르다

Entwicklung und Erziehung
in den ersten vier Jahren

BABYJAHRE

우리 아이, **정상적으로 성장**하고 있을까?

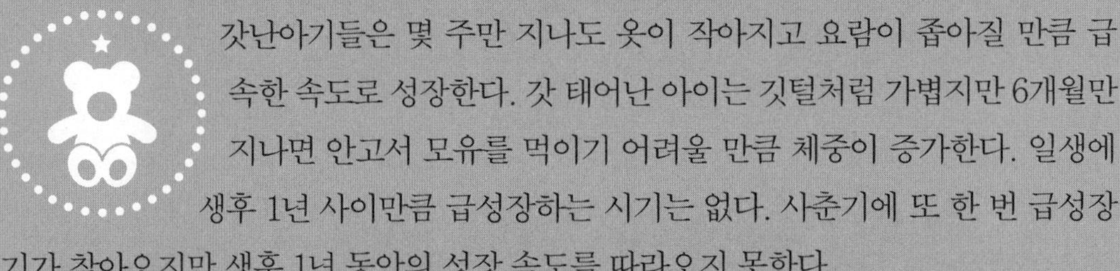

갓난아기들은 몇 주만 지나도 옷이 작아지고 요람이 좁아질 만큼 급속한 속도로 성장한다. 갓 태어난 아이는 깃털처럼 가볍지만 6개월만 지나면 안고서 모유를 먹이기 어려울 만큼 체중이 증가한다. 일생에 생후 1년 사이만큼 급성장하는 시기는 없다. 사춘기에 또 한 번 급성장기가 찾아오지만 생후 1년 동안의 성장 속도를 따라오지 못한다.

생후 3~4개월 동안 부모들은 아이의 성장에 특히 신경을 많이 쓴다. 체중과 신장의 증가가 아이의 건강을 판단하는 지표라고 생각하기 때문이다. 그래서 체중이 늘지 않거나 감소하면 불안해하고 걱정을 한다.

급격한 성장 시기

생후 1년 동안 이루어지는 아이의 역동적인 성장을 대변하는 몇 가지 놀라운 수치가 있다. 아이의 체중은 생후 5개월이 되면 태어날 때보다 2배 증가하고 12개월이 되면 3배가 된다. 특히 생후 2~3개월에 체중이 급격히 증가한다. 이 시기에 아이의 체중은 한 달 안에 800~900그램, 한 주에 200그램, 하루에 30그램씩 증가한다. 한 달에 증가하는 체중은 아이마다 다르다. 어떤 아이는 500그램밖에 안 느는 반면에 어떤 아이는 1200그램이나 증가한다.

그러나 3개월이 지나면 체중이 증가하는 속도가 점점 감소한다. 생후 12개월이 되면 한 달 평균 400그램, 생후 24개월이 되면 200그램 정도 증가한다. 생후 3~4개월의 체중 증가와 비교할 때 생후 24개월의 체중 증가는 4분의 1로 감소한다. 이렇게 성장 속도가 느려지기 때문에 아이가 먹는 양도 그만큼 줄어든다. 12개월이 지나면 그 전보다 먹는 양이 줄어들기도 한다.

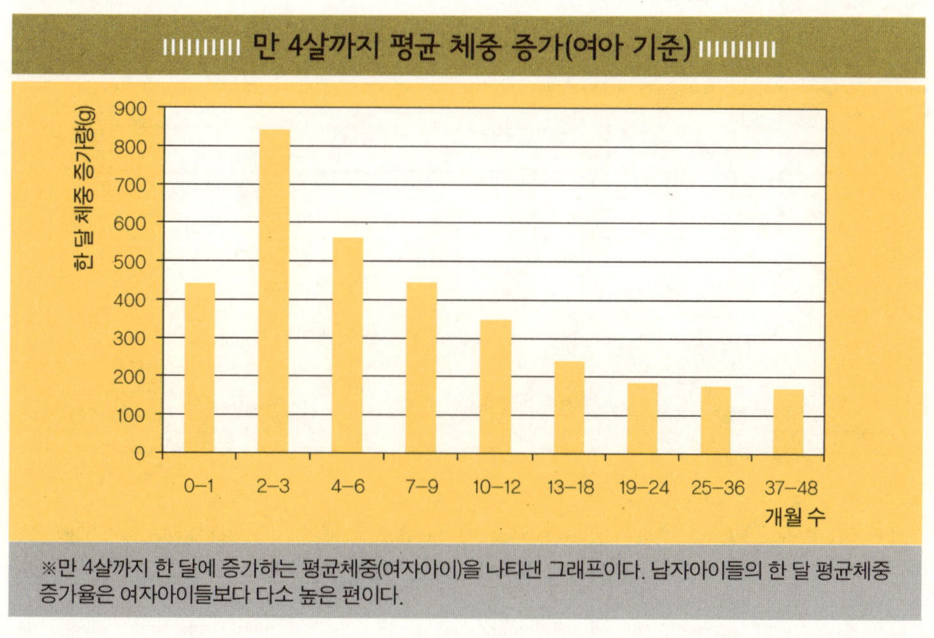

※만 4살까지 한 달에 증가하는 평균체중(여자아이)을 나타낸 그래프이다. 남자아이들의 한 달 평균체중 증가율은 여자아이들보다 다소 높은 편이다.

신장의 증가도 체중 증가와 비슷한 양상을 보인다. 생후 3개월 동안 아이의 신장은 매달 평균 3.5센티미터씩 증가한다. 다시 말해 하루에 1밀리미터 이상 키가 자란다.

체중 증가와 마찬가지로 신장의 증가도 아이마다 다르게 진행된다.

어떤 아이들은 한 달에 1.5센티미터밖에 안 크는 반면에 한 달에 5.5센티미터나 자라는 아이도 있다. 체중 증가와 마찬가지로 신장이 증가하는 속도도 생후 3개월이 지나면 눈에 띄게 감소한다. 생후 3~6개월에는 매달 평균 2센티미터, 12개월이 지나면 1센티미터씩 키가 자란다. 그리고 24개월이 지나면 한 달에 평균적으로 7밀리미터씩 증가한다. 이는 생후 3개월의 신장 증가와 비교했을 때 5분의 1밖에 안 되는 수치이다. 아이들마다 성장 속도가 다르지만 평균 수치와 기본적인 성장 형태는 모든 아이에게 적용할 수 있다.

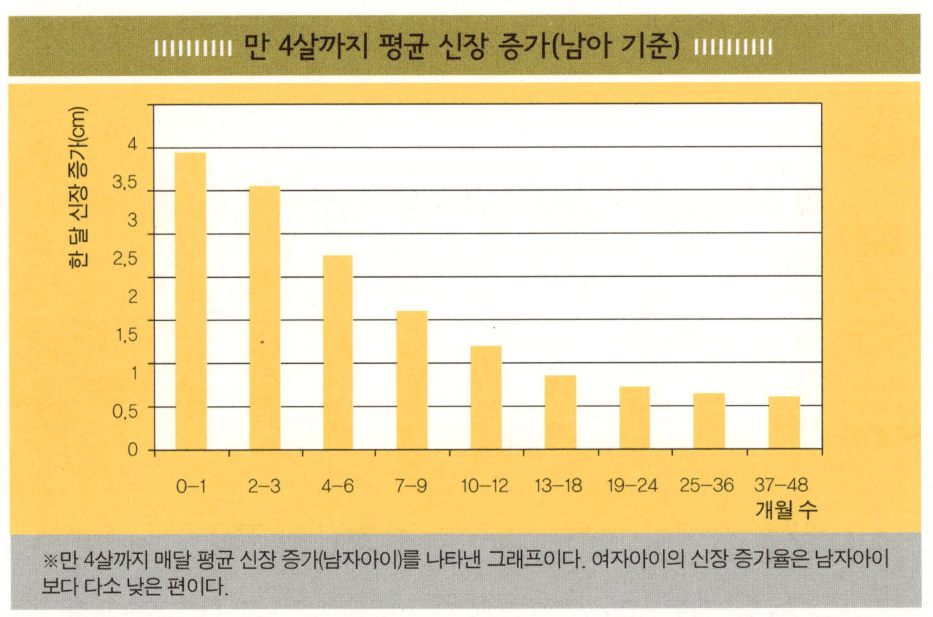

※만 4살까지 매달 평균 신장 증가(남자아이)를 나타낸 그래프이다. 여자아이의 신장 증가율은 남자아이보다 다소 낮은 편이다.

아이마다 성장 속도가 다르다

아이가 자라는 속도는 엄마의 배 속에 있을 때부터 다르다. 태어난 후에도 키와 몸무게가 증가하는 속도는 천차만별이다. 이러한 차이는 커가면서 더 커진다.

체중과 신장 증가 그래프를 보면 여자아이와 남자아이의 차이는 크지 않다. 단, 가장 키가 크고 체중이 많이 나가는 아이는 남자아이일 확률이 높고 가장 작고 체중이 적게 나가는 것은 여자아이일 확률이 높다.

성별의 차이보다 중요한 것은 체격의 편차가 크다는 점이다. 24개월이 되면 남자아이 중에 체중이 많이 나가는 아이는 16킬로그램이 나가는 반면, 적게 나가는 아이는 10~11킬로그램 안팎이다. 여자아이의 경우 적게 나가는 아이는 10킬로그램, 많이 나가는 아이의 체중은 14.5킬로그램이다. 또 남자아이 중에는 신장이 95센티미터나 되는 아이도 있는 반면에 82센티미터인 아이도 있다. 여자아이의 경우 같은 나이에 큰 아이의 신장은 92센티미터, 작은 아이는 80센티미터이다.

그러면 이렇게 아이들의 몸무게와 신장이 차이가 나는 이유는 무엇일까? 아이의 성장발육에 영향을 주는 요소는 다음과 같다.

아이의 성장발육에 영향을 주는 요소

● **유전**_ 키가 크고 작은 것은 부모로부터 물려받은 유전자에 의해 결정된다. 부모의 키가 다르듯 아이들도 키가 작은 아이도 있고 큰 아이도 있다. 부모의 키가 작으면 아이도 작고 부모의 키가 크면 아이도 클 가능성이 높다. 그러나 부모와 아이의 신장에 대한 통계를 보면 부모의 키와 관계가 없는 경우도 많다.

● **성장 속도**_ 신장의 차이는 성장 속도의 영향을 받는다. 아이마다 성장 속도가 다르기 때문에 신장도 차이가 날 수 있다. 예를 들어 처음엔 키가 작다가 나중에 크는 아이도 있고 그 반대의 경우도 있다.

다른 아이들보다 천천히 성장하는 아이는 성인이 되면 더 클 가능성이 높다. 반면에 성장 속도가 빨라서 어렸을 때 다른 아이들보다 큰 아이들은 성장이 빨리 멈출 가능성이 높기 때문에 성인이 되면 오히려 작을 수도 있다. 이 책을 읽는 독자들도 학창 시절에 작았던 아이가 어른이 돼서 큰 경우를 많이 봤을 것이다. 반대로 어렸을 때는 컸는

만 5살까지의 체중과 신장의 변화

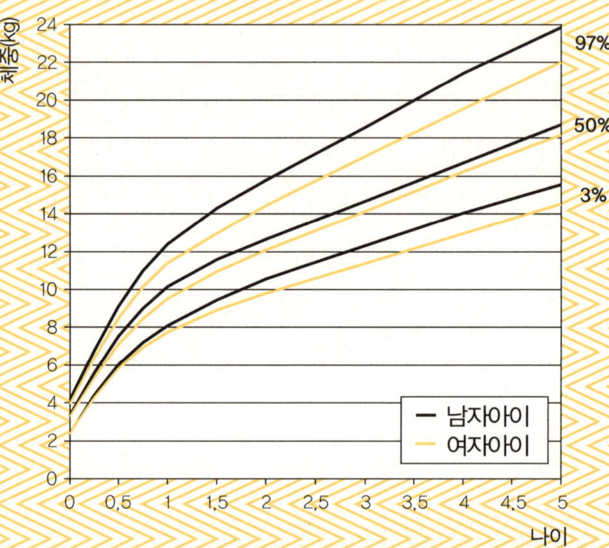

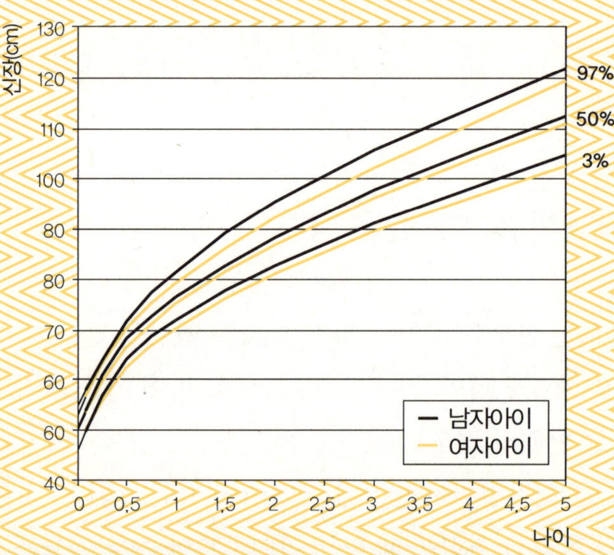

※남자아이와 여자아이의 차이가 아주 크지는 않다.

데 성인이 되어서는 작은 사람도 많다.

● **영양** _ 선진국에서는 영양 부족으로 아이가 정상적으로 발육하지 못하는 일은 더 이상 발생하지 않는다고 보아야 하지만 안타깝게도 식량 부족으로 아이들이 영양분을 충분히 섭취하지 못하는 나라가 지구상에 아직 많이 있다. 영양분을 충분히 섭취하지 못하면 아이들은 제대로 성장할 수 없다.

● **발달가속현상** _ 1935년 독일의 E.코흐가 발달가속현상(developing acceleration phenomena)을 제기한 이래 지난 150년 동안 유럽에서는 30년마다 평균 신장이 3센티미터가량 증가했다. 이처럼 평균 신장이 증가하는 이유는 도시화 과정과 밀접한 관계가 있으며 이에 따른 국민의 식생활과 건강이 개선되었기 때문으로 볼 수 있다. 이 밖에도 환경적 요소와 다양한 자극의 증가도 평균 신장 증가에 영향을 준다.

평균치를 벗어났다고 해서 다 비정상인 것은 아니다

영유아기 아이들의 신장과 체중은 차이가 크기 때문에 아이의 발달 상태를 제대로 판단하려면 체중과 신장의 정상 분포도를 참고하여 아이의 성장 과정을 관찰해야 한다. 정상성장 분포곡선은 백분위수 기준표에 가장 잘 나타나 있다. 백분위수 곡선은 일정한 시기에 아이들의 신체사이즈 분포를 나타낸 것이다(부록2 〈소아 표준 성장도 표(한국질병관리본부)〉 참조).

50퍼센트를 나타내는 곡선이 평균치이기 때문에 그것을 기준으로 아이의 체중과 신장이 정상인지 아닌지를 판단할 수 있다. 예를 들어 아이의 신장이 50퍼센트 곡선 이하이면 평균보다 작다고 볼 수 있으며, 97퍼센트를 나타내는 곡선과 일치하면 다른 아이들보다 월등히 크다고 판단할 수 있다. 드물긴 하지만 97퍼센트 곡선에 해당하는 아이도 정상에 속한다.

아래 그래프는 남자아이 5명의 신장을 백분위수 기준표에 표시한 것이다. 가로축은 개월 수를, 세로축은 신장을 나타낸다. 9개월이 된 아이 B의 신장은 50퍼센트 곡선과 일치한다. 다시 말해 B의 신장은 정확히 평균이라는 뜻이다. 반면에 개월 수가 같은 아이 D는 97퍼센트 곡선과 일치하는데, 이는 D가 개월 수가 같은 아이들보다 키가 월등히 크며 D보다 큰 아이들은 3퍼센트밖에 없다는 뜻이다. D는 9개월이나 먼저 태어난 C와 키가 비슷하다. 아이 A는 3퍼센트 곡선과 일치하는데 이는 또래에 비해 A가 작다는 뜻이다. 9개월 된 A는 6개월 된 E보다 작다.

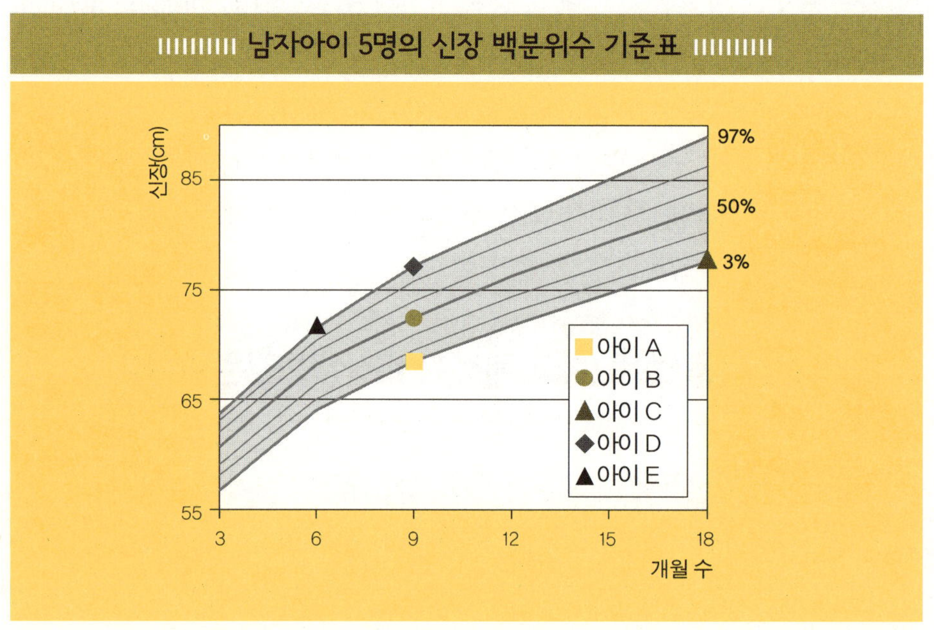

단 한 번의 측정으로 아이의 성장 상태를 판단하긴 어렵다. 따라서 아이의 성장 상태를 정확히 판단하려면 수개월에 걸쳐 측정한 수치를 기준으로 해야 한다.

형태의 전환_성장과 함께 변화하는 신체의 비율과 외관

성장은 단순히 몸집이 커지는 것만을 의미하지 않는다. 성장이라는 말에는 형태의 전환이라는 의미도 포함되어 있다. 성장과 더불어 신체 비율과 외관도 크게 변화한다. 초기 성장발육 단계에서 비율적으로 가장 큰 부분을 차지하는 것은 머리이다. 2개월 된 태아는 머리가 신체의 절반을 차지한다. 갓난아기의 경우 머리가 4분의 1을 차지하는 반면에 성인의 경우 머리가 차지하는 비율은 전체의 8분의 1밖에 안 된다. 신체 전체의 비율뿐 아니라 머리의 비율도 달라진다.

젖먹이 아기들은 얼굴이 작고 머리가 크다. 유아도해라고 불리는 이러한 특징은 다른 새끼 동물에게서도 관찰할 수 있다. 그러나 성장과 더불어 안면골격이 커지면서 두뇌보다 얼굴이 차지하는 비율이 커진다.

태아의 손과 발은 머리에 비해 발달이 늦다. 2개월이 되면 태아의 다리 길이는 전체 신장의 8분의 1 정도에 불과하다. 신생아의 경우 다리 길이는 신장의 3분의 1을 차지하고 성인은 다리가 신장의 절반을 차지한다.

젖먹이 아기들의 다리는 O자형이다. 이는 자궁의 좁은 공간 때문에 몸통에 다리를 쉽게 밀착시키기 위해서다. 생후 2년 동안 O자형 다리는 점점 반듯해지다가 만 4살이 되면 X자형으로 바뀐다. 그러나 학교에 갈 나이가 되면 다시 반듯해진다. 이렇게 형태가 전환하는 것은 나이와 기능에 따라 신체기관이 성장하는 속도가 다르기 때문이다. 두뇌는 신체기관 중에서 신체발달 초기 단계부터 중요한 역할을 한다.

두뇌의 성장이 가장 뚜렷한 시기는 출생 전부터 만 2살까지이다. 태어날 때 아이의 두뇌의 크기는 이미 성인의 두뇌 크기의 3분의 1이나 된다. 반면에 체중은 성인 체중의 20분의 1도 안 된다.

두뇌와 더불어 초기 단계에 성장하는 신체기관은 귀와 눈이다. 다리는 갓난아기일 때는 사용할 일이 없기 때문에 나중에 발달한다. 대근육 운동이 발달하면 다리도 함께 성장한다. 사춘기가 되면 급성장기와 함께 2차 성징이 찾아오고 마지막으로 형태의 전환이 이루어진다.

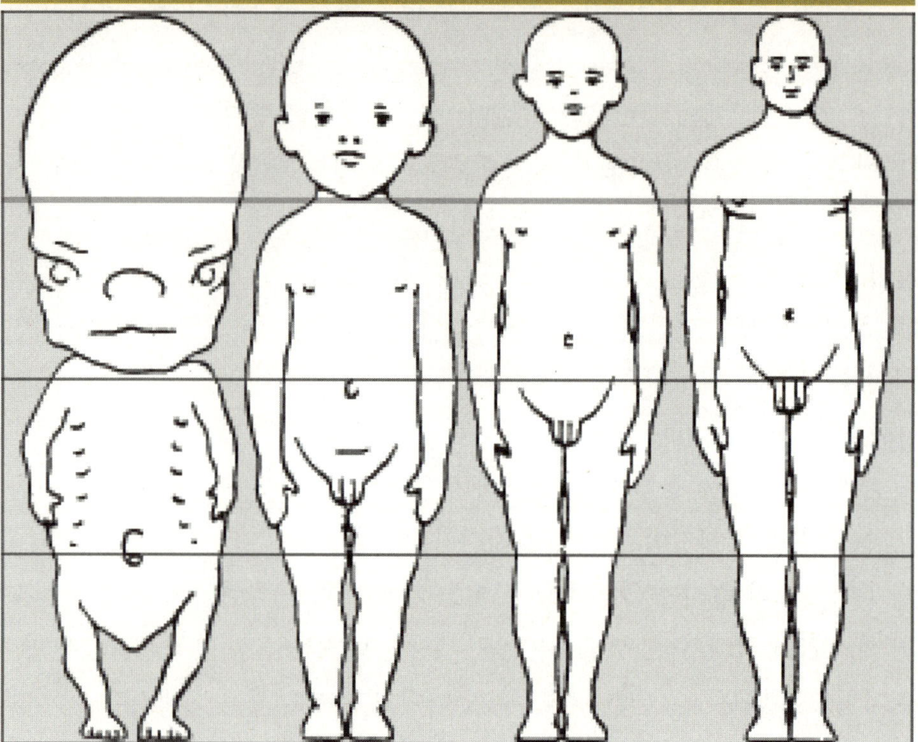

Das Wichtigste in Kürze
내용 요약

① 아이는 생후 2~3개월 동안 일생에서 가장 빠른 속도로 성장한다. 생후 3개월이 지나면 체중과 신장의 증가 속도는 점점 감소한다.

② 나이가 같아도 아이들의 몸무게와 키는 제각각이다. 사춘기 이전에는 남자아이들과 여자아이들의 신장과 몸무게는 큰 차이가 없다. 그래도 남자아이들이 여자아이들보다 조금 더 크고 체중이 조금 더 많이 나간다.

③ 아이의 성장발육 상태를 판단하려면 백분위수 기준표를 참고하는 것이 가장 좋다.(부록 2의 〈한국 소아 표준성장도표〉 참조)

④ 아이의 성장발육 상태가 정상이면 신장체중변화곡선이 백분위수 기준표의 곡선과 거의 평행하다. 다시 말해 체중과 신장이 지속적으로 증가하면 아이가 정상적으로 성장하고 있다고 판단할 수 있다.

⑤ 성장발육과 더불어 신체 비율이 변하면서 형태의 전환이 이루어진다.

태아시기

태아는 **엄마 배 속**에서부터 **생존을 위한 연습**을 한다

학문과 과학기술의 발달로 우리는 태아의 초기 발달 단계에 대한 중요한 정보를 얻을 수 있다고는 하나 아직도 알려지지 않은 것이 많다. 수정된 순간부터 출생할 때까지 약 40주 동안 태아의 신체 발달은 크게 초기, 중기, 말기의 세 단계로 나눌 수 있다.

신체기관의 기초 형성　집중적인 세포분열기가 지나고 임신 14일째가 되면 수정란은 머리와 몸통으로 나뉘고 여러 조직으로 세분화되며 두뇌와 척추의 기초가 형성된다. 21~28일이 되면 심장이 생겨 혈액이 흐르기 시작하고 단순한 형태의 장이 생기고 간, 췌장, 허파의 기초가 형성된다. 또한 나중에 팔다리와 골격을 형성하는 체절이 생긴다. 임신 42일이 지나면 손가락이 생기며 임신 3개월 초에 태아의 모든 신체기관의 기초가 형성된다. 이 시기에 세균 감염, 알코올, 약품 등이 태아에게 치명적인 영

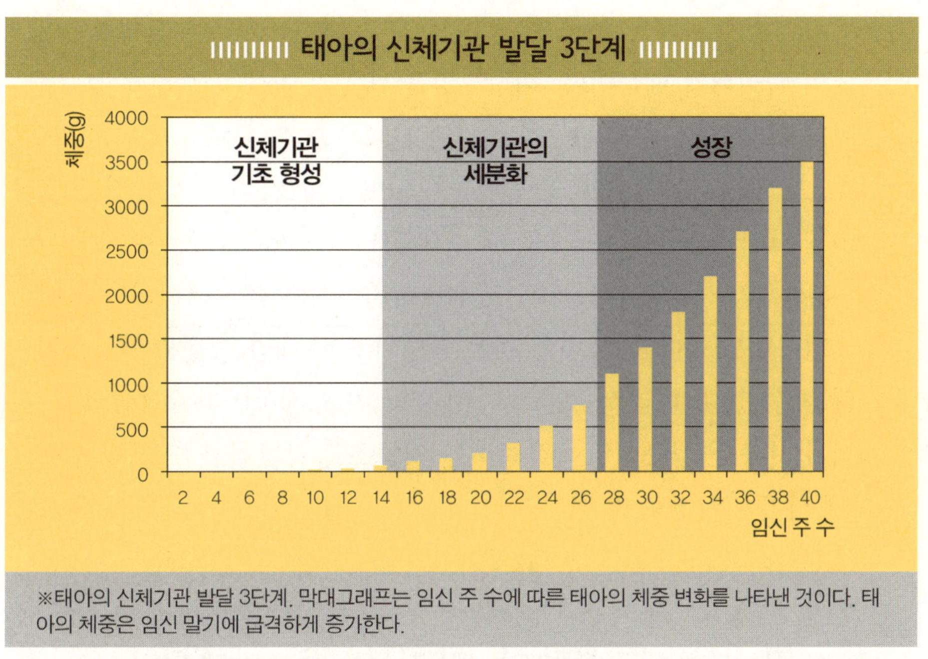

※태아의 신체기관 발달 3단계. 막대그래프는 임신 주 수에 따른 태아의 체중 변화를 나타낸 것이다. 태아의 체중은 임신 말기에 급격하게 증가한다.

향을 줄 수 있으므로 임신부는 각별히 주의를 기울여야 한다. 임신 3개월이 되면 태아의 무게는 30그램이며 신장은 6센티미터 정도이다.

신체기관의 세분화 ●

임신 3~6개월에 태아의 신체기관은 어느 정도 기능을 발휘할 만큼 세분화된다. 폐포와 기관지가 형성되고 청각기관과 눈이 발달한다. 또 유치 형성을 위한 무기질화가 시작된다. 태아의 신체기관은 형성되는 것에 그치지 않고 태어난 후에 제 기능을 발휘하기 위해 배 속에서부터 연습을 시작한다. 태아는 호흡 운동을 하고 양수를 마시고 장에서 수분을 흡수하고 신장을 통해 배출한다.

임신 6개월이 지날 무렵에 태아의 신체기관은 미숙아로 태어나도 생존할 만큼 성숙한다. 25~27주에 태어난 미숙아의 생존율은 50퍼센트에 가깝다. 이 시기에 태아의 몸무게는 500~800그램이며 신장은 35센티미터 정도이다.

체중과 신장의 증가 ●

임신 말기에 태아의 몸무게가 급격히 증가한다. 임신

26~40주에 태아의 몸무게는 4~7배로 증가한다. 그 이유는 모든 신체기관이 성장하고 피하지방이 축적되기 때문이다. 피하지방은 태아의 몸을 따뜻하게 보호해주기도 하지만 태어난 후 2~3일 동안 영양을 공급하는 역할을 한다.

출산 예정일을 앞둔 태아의 평균 몸무게는 여자아이는 3.3킬로그램, 남자아이는 3.5킬로그램이다. 그러나 체중이 2.5~3킬로그램인 태아도 있고 4.5킬로그램 이상인 태아도 있다. 신생아의 신장은 보통 50~52센티미터이지만 46센티미터인 아이도 있고 55센티미터인 아이도 있다. 쌍둥이인 경우 막달이 되면 태반을 통해 영양분이 충분히 공급되지 않을 수 있다. 따라서 보통 아이들보다 평균 체중이 600그램 적다. 그러나 신장은 차이가 없다. 세쌍둥이나 네쌍둥이는 영양을 공급받기가 더 어렵기 때문에 체중이 더 적게 나가고 신장도 더 작다.

임신부는 태아뿐만 아니라 자신도 돌보아야 한다

임신한 여성이 자신의 몸을 잘 챙기고 돌보면 배 속의 아이도 잘 자란다. 건강한 식생활과 육체적·정신적 안정은 태아의 정상적 발달을 위한 기본조건이다. 그러나 임신한 여성 중에 충분히 자신을 돌볼 조건을 갖추지 못한 이들도 많다. 가정 또는 직장에서 그들의 의무를 다하기 위해 육체적·정신적으로 스트레스를 받는 여성이 많기 때문이다. 그러므로 사회적인 차원에서 임신한 여성들을 배려하는 다양한 제도가 마련될 필요가 있다.

태아의 발달에 위협이 되는 외부 요소들은 매우 다양하다. 예를 들어 엄마가 세균에 감염되면 아이에게 전이된다. 아이에게 치명적인 영향을 줄 수 있는 대표적인 세균 감염 질병은 풍진과 톡소플라스마이다. 이러한 질병들은 예방할 수 있으므로 임신 전에 풍진 예방주사를 맞고 톡소플라스마 항체가 있는지 미리 검사를 해놓는 것이 좋다. 만약 항체가 없다면 임신 중에 가열하지 않은 생선과 육류, 멸균 처리가 안 된 유제품의 섭취를 피하고 개나 고양이를 멀리하는 것이 좋다.

Das Wichtigste in Kürze

내용 요약

1. 태아의 발달은 3단계로 나눌 수 있다.
   - 임신 초기에 신체기관의 기초가 형성된다.
   - 임신 중기에 신체기관이 세분화되고 부분적으로 기능한다.
   - 임신 말기에 태아의 신장과 체중이 증가하고 출생 시 몸을 따듯하게 보호하고 영양분을 공급해줄 피하지방이 형성된다.

2. 엄마의 건강한 식생활과 육체적 · 정신적 안정은 태아가 정상적으로 발달할 수 있는 기본조건이다.

3. 임신 중 위험한 세균 감염을 피하기 위해 임신 전에 예방주사(풍진)를 맞고 가열하지 않은 생선이나 육류, 멸균 처리되지 않은 유제품은 피해야 한다. 또 개와 고양이 같은 애완동물을 가까이하지 않는 것이 좋다 (톡소플라마증).

0~3개월

체중과 신장이 평균치를 밑도는 아이, 문제 없는 걸까?

이 세상에 태어난 순간부터 아이는 더 이상 엄마로부터 영양분을 공급받을 수 없다. 이제부터는 스스로 자신의 몸을 돌봐야 한다. 갓난아기는 천천히 음식물을 섭취하고 소화시킨다. 태어난 후 3~4일 동안 아이는 섭취한 양보다 더 많은 열량을 소비하고 섭취한 것보다 많은 양의 수분을 배출한다. 따라서 처음에는 체중이 감소한다. 섭취하는 영양분이 적기 때문에 생후 3~4일 동안 아이는 성장하지 않는다. 그러나 5~10일이 지나면 다시 성장에 필요한 영양분을 섭취하기 시작하고 그러고 나면 아이는 급속도로 성장한다.

이행기

　생후 3~4일 동안 아이들은 모두 체중이 감소한다. 그러나 감소하는 양은 아이마다 다르다. 아래 그래프는 생후 12일 동안 아이들의 체중 변화의 차이를 나타낸 것이다. 아기 A는 생후 이틀 동안 100그램이 감소했지만 5일이 지난 후 다시 체중을 회복했다. 아기 B는 생후 4일까지 200그램이 감소했지만 8일이 지난 후 원래 체중으로 돌아왔다. 아기 C는 생후 5일이 지나자 체중이 395그램이나 감소했다. 이는 아기 A의 체중 감량 정도보다 4배에 가까운 수치이다. 아기 C는 생후 12일이 지난 후에야 원래 체중을 되찾았다.

　통상 생후 4~5일 동안은 출생 시 체중의 3~4퍼센트 정도 체중이 감소한다. 그러나 어떤 아이들은 2퍼센트밖에 체중이 감소하지 않는가 하면 10퍼센트 이상 체중이 감소하는 아이들도 있다.

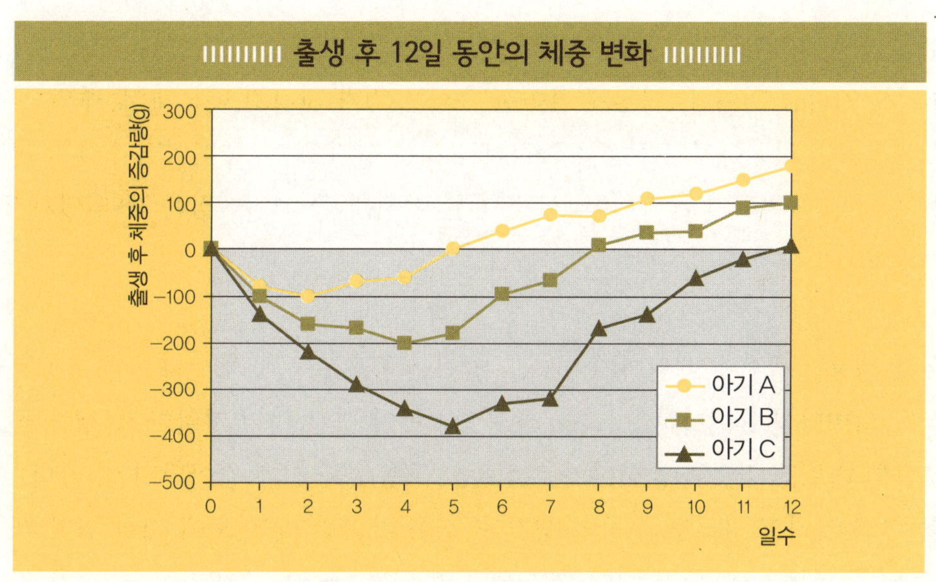

생후 3개월까지의 성장발달

　신생아의 신체 발달은 다음과 같은 요소로 설명할 수 있다.

● **체중 _** 생후 3개월 동안 체중은 급격히 증가한다. 특히 생후 2개월 때 가장 많이 증가하는데 평균 체중 증가량은 850그램이다. 그러나 아이마다 체중이 증가하는 속도와 양이 다르기 때문에 평균치를 밑도는 아이도 웃도는 아이도 많다. 500그램밖에 증가하지 않는 아이가 있는가 하면 1,000그램이나 증가하는 아이도 있다. 생후 3개월간은 보통 일주일에 80~300그램가량 체중이 증가하지만 1~2주 동안 전혀 체중이 증가하지 않을 수도 있다. 만약 3주 이상 체중이 늘지 않고 그대로이거나 감소하면 의사의 진단을 받는 것이 좋다.

● **신장 _** 생후 3개월간 아이들은 매달 평균 3.5센티미터쯤 키가 큰다. 하루에 1밀리미터 이상 자라는 것이다. 이렇게 급속한 속도로 키가 자라기 때문에 몇 주만 지나도 옷이 작아진다. 갓난아기의 신장을 측정하는 것은 쉽지 않다. 움직이거나 울기 때문에 측정하더라도 정확하지 않다. 따라서 12개월 이전에 측정한 신장은 큰 의미가 없다. 체중이 꾸준히 증가하면 신장도 증가한다.

● **두뇌 성장 _** 생후 12개월까지 머리도 엄청난 속도로 성장하기 때문에 머리둘레는 매달 1센티미터씩 늘어난다. 머리는 생후 2달 동안 가장 많이 자란다. 신생아들의 머리 모양은 대부분 비슷한데 이마가 편평하고 뒤통수를 길게 잡아당긴 것 같다. 어떤 아이들은 산류라고 불리는 부종이 생긴다. 산류는 분만 때 산도에 의한 압박 때문에 두개골과 두피 사이에 피가 고여 생기는데 빠르면 2~3일, 늦으면 2~3주가 지나면 자연스럽게 소멸된다.

생후 12개월 동안 아이의 머리는 서서히 형태를 잡는다. 머리 모양은 유전적인 영향을 많이 받지만 생후 2~3개월 동안은 중력도 아이의 머리 모양에 영향을 끼친다. 아이를 바로 눕히면 대부분 머리가 정면을 향하기 때문에 뒤통수가 납작해지기도 한다. 그러나 시간이 흐르면서 균형 잡힌 모양으로 바뀐다. 머리 모양을 예쁘게 하려면 아이가 깨어 있을 때 자주 엎어놓는 것이 좋으며 엎어놓으면 운동 발달에도 좋다. 아이를 바로 눕힐 때나 엎드려 눕힐 때나 머리는 항상 옆으로 돌려놓으면 부드러운 두개골에 중력이 영향을 주어 머리 모양이 길쭉하고 뒤통수가 잡아당긴 듯 뾰족해진다.

● **대천문** _ 갓난아기의 정수리 윗부분 한가운데에 틈새가 있는데 이를 대천문이라고 한다. 부모들 중에는 아이가 다칠까 봐 대천문을 만지길 두려워하는 이들도 많다. 대천문에는 아직 두개골이 형성되지 않았지만 인대와 같은 단단한 막이 두뇌를 보호하고 있기 때문에 대천문을 만진다고 해서 두뇌에 손상이 생기진 않는다.

만 2살이 될 때까지 아이들의 두뇌는 엄청난 속도로 성장하므로 두뇌가 성장할 수 있는 공간이 필요하기 때문에 두개골이 마주치는 부분에 틈이 생긴 것이다. 대천문이 닫히는 시기는 아이마다 다르지만 대개 9~18개월이 되면 닫힌다. 그러나 3~6개월에 닫히는 아이도 있고 21~27개월에 닫히는 아이도 있다.

머리숱도 아이마다 다르다. 태어날 때부터 머리숱이 많은 아이가 있는가 하면, 머리카락이 듬성듬성 자란 아이도 있다. 신생아의 머리카락은 생후 2~3개월이 지나면 부분적으로 빠진다. 그러고 나면 두껍고 튼튼한 머리카락이 자란다. 똑바로 누워 있는 시간이 긴 아이들은 누워서 머리를 이리저리 움직이기 때문에 뒤통수에 머리카락이 빠져 휑한 부분이 생기기도 한다.

정상적인 성장발육

무엇을 정상적인 성장발육이라고 할까? 부모는 무엇을 근거로 아이의 성장 상태를 판단할 수 있을까? 가장 좋은 방법은 백분위수 기준표를 참고로 아이의 성장 상태를 파악하는 것이다. 아이의 신장과 체중을 잰 다음 백분위수 기준표와 비교해보면서 체크를 해나가는 것이 좋다. 두위, 신장, 체중 성장곡선이 백분위수 기준표의 곡선과 평행하면 아이가 정성적으로 성장하고 있다고 판단할 수 있다. 아래 그래프는 6개월 간 측정한 아이의 체중과 백분위수 기준표를 비교한 것이다. 아이의 성장곡선은 백분위수 기준표의 50퍼센트 선을 밑돌지만 지속적으로 체중이 증가하고 있다. 성장 상태를 판단할 때 중요한 것은 아이의 체중이 얼마나 나가나, 키가 얼마나 큰가가 아니라 지속적으로 체중과 키가 증가하는가이다. 발육이 부진하면 백분위수 기준표의 곡선을 밑돌 것이고 발육이 과대하면 기준표에 표시된 기준선을 초월할 것이다. 지속적인 체중 증가는 아이가 정상적으로 성장하고 있다는 증거이다. 따라서 생후 3개월이 될 때까지 1~2주에 한 번씩 체중을 측정해야 아이의 성장 상태를 정확히 파악할 수 있다.

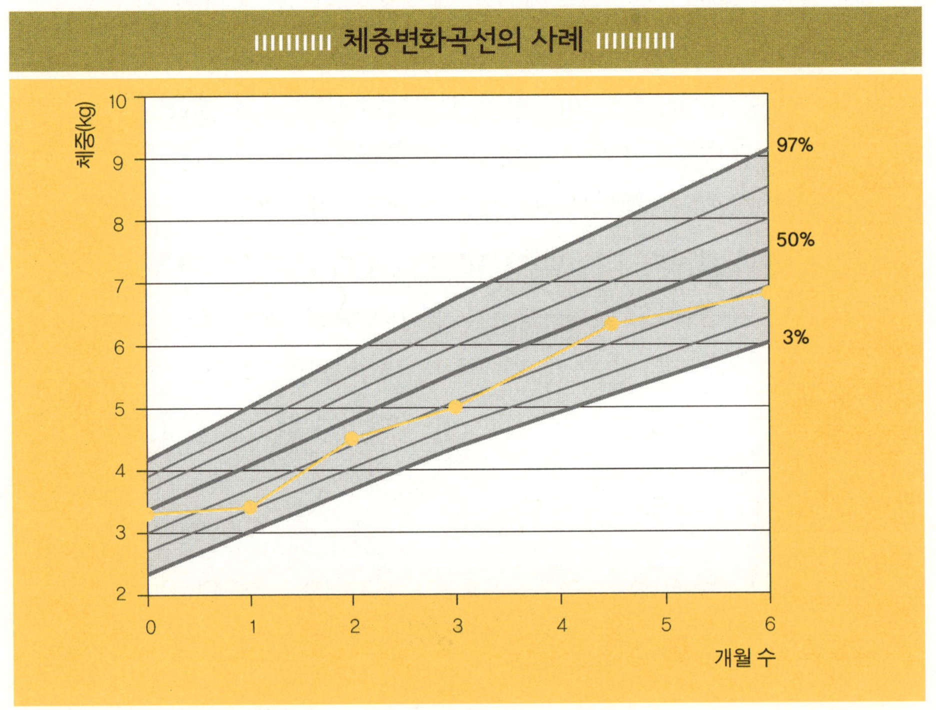

⭐ 병균 감염에 대한 저항력

신생아들은 배 속에 있을 때 엄마한테 면역체를 받기 때문에 처음 2~3개월은 병원체에 대한 저항력이 높다. 그래서 병에 잘 안 걸린다. 하지만 모든 병원체에 대한 항체를 가지고 있는 것은 아니다. 세균으로부터는 몸을 잘 지킬 수 있지만 바이러스에 대한 저항력은 없다. 따라서 감기에 걸린 사람은 아이에게 가까이 가면 안 된다. 단순한 감기라도 아이에겐 큰 타격이 될 수 있기 때문이다. 아이의 기관지는 충분히 성숙되지 않았고 폭이 좁다. 게다가 아이들은 코로만 숨을 쉬기 때문에 콧물감기나 기관지염에 걸리면 아주 힘들어한다.

Das Wichtigste in Kürze

내용 요약

① 생후 3~4일이 되면 출생 시 체중의 10퍼센트까지 감소한다. 그러나 5~14일이 되면 출생 시의 체중을 회복한다.

② 생후 3개월까지 아이의 체중과 신장은 급속도로 증가한다. 머리 또한 놀라운 속도로 성장한다.

③ 아이의 성장발육이 정상이라면 신장체중변화곡선이 백분위수 기준표에 표시된 평균선(50퍼센트 선)과 평행할 것이다. 평균보다 높거나 낮더라도 지속적으로 체중과 신장이 증가하면 정상으로 성장하고 있다는 증거이다.

④ 생후 12개월 동안 아이들의 머리는 자기만의 형태를 갖추어간다. 머리 모양은 중력과 체질적인 특징에 영향을 받는다.

⑤ 대천문은 대개 6~24개월에 닫힌다.

⑥ 생후 3개월간 아이는 엄마에게서 받은 면역 성분 덕분에 세균성 질병으로부터 몸을 보호할 수 있다. 그러나 바이러스 질병에 대한 항체는 없기 때문에 감기에 걸릴 수 있고, 기관지가 덜 발달한 아이는 호흡이 힘들어진다. 따라서 감기에 걸린 사람은 아이에게 가까이 가면 안 된다.

생후 3~4개월이 지나면 부모들은 아이가 모유나 분유를 잘 먹고 체중이 증가하면 아이가 잘 자라고 있다고 믿는다. 그러나 4~12개월이 되면 아이의 변화된 욕구에 맞게 영양을 공급해주어야 한다. 6개월이 지나면 모유나 분유만으로 아이가 필요한 영양분과 열량을 충분히 공급할 수 없기 때문에 이유식을 시작해야 한다.

⭐ 아이가 잘 먹고 잘 놀아도 체중이 증가하지 않으면 문제가 있는 것이다

생후 3개월이 지나면 한 달에 한 번씩 체중을 측정해도 충분하다. 그러나 저울을 완전히 등한시해서는 안 된다. 아이가 잘 먹고 잘 놀아도 체중이 증가하지 않는 경우도 많기 때문이다. 다음 페이지 그래프의 사례를 보자. 아이는 생후 2개월이 될 때까지 정상적으로 체중이 증가했다. 그 후로 아이의 엄마는 아들이 잘 먹고 있다고 생각했기 때문에 체중을 측정하지 않았다. 그러나 5개월이 돼서 영유아 정기검진을 하러 소아과에 갔더니 의사 선생님이 지난 2개월 동안 300그램밖에 체중이 늘지 않았다고 말했다. 엄마는 의사 선생님의 말을 듣고 불안해졌다. 엄마는 아이가 배가 고프면 신호를 보낼 것이라고 생각했기 때문이다. 그러나 아이는 칭얼대지 않고 잘 놀았다. 아이의 상태를 파악하기 위해 엄마는 수유를 한 다음에 체중을 측정했다. 그 결과 모유의 양이 적다는 것을 알았다. 그래서 모유 수유를 한 다음 분유를 주고, 이유식을 시작했다. 그러자 아이는 정상 체중을 되찾았고 생후 7개월 이후부터는 백분위수 기준표의 선과 평행하게 증가했다.

아래 그래프를 보면 생후 2~5개월에 아이의 체중이 백분위수 기준표에 표시된 선을 밑돌기 시작하더니 6개월이 지나자 하위 3퍼센트 선 아래로 떨어졌다. 그러나 8개월을 기점으로 아이는 체중을 다시 회복하기 시작하여 10개월이 되었을 때 다시 정상 수준을 되찾았다.

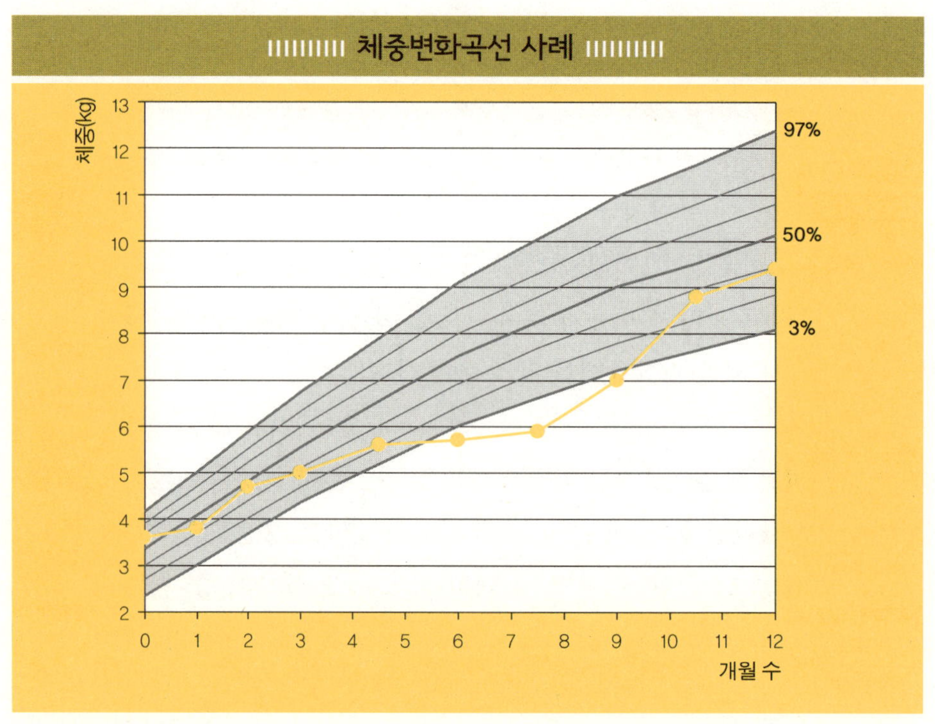

앞에서 이미 언급한 것과 같이 아이의 신장체중변화곡선이 백분위수 기준표에 나타난 기준선과 평행하면 아이가 정상적으로 성장하고 있다고 판단할 수 있다. 다시 말해 중요한 것은 체중이 많이 나가거나 적게 나가는 것, 키가 작거나 큰 것이 아니라 체중과 신장의 지속적인 증가이다.

다음 페이지의 그래프는 여자아이 세 명의 신장과 체중을 비교한 것이다. 아이 A는 체중이 많이 나가는 편이고 아이 B의 체중은 평균이며 아이 C의 체중은 평균 미만이다. 그러나 세 아이의 체중은 백분위수 기준표의 곡선과 대략 평행으로 증가하기 때문에 정상적으로 성장한다고 할 수 있다. 체중변화곡선이 백분위수 기준표의 기준선과 평행하면 신장변화곡선도 비슷하게 진행된다.

체중변화곡선과 신장변화곡선을 비교하면 아이의 체중이 정상인지, 과체중인지, 체중 미달인지 판단할 수 있다. A의 경우 체중변화곡선이 백분위수 기준표의 평균치보다 높은 반면, 신장은 평균치에 가깝다. 따라서 아이 A는 신장에 비해 체중이 많이 나간다. 반대로 아이 B는 체중변화곡선이 평균치보다 낮지만 신장변화곡선은 평균치보다 높다. 신장에 비해 마른 편인 것이다. 아이 C는 작은 편이지만 체중도 평균 이하이기 때문에 신장과 비교했을 때 체중이 적당하다. 신장체중변화곡선의 차이가 심하면 소아과 의사에게 진료를 받는 것이 좋다.

처음 나는 이

아이가 이가 나기 시작하면 부모는 기쁘기도 하지만 동시에 걱정도 하게 된다. 이가 나기 시작한다는 것은 아이의 성장발육 상태가 양호하다는 증거이지만 이가 날 때 동반되는 여러 가지 증상 때문에 걱정도 되는 것이다.

아이가 생후 5~10개월이 되면 대부분 이가 나기 시작한다. 하지만 드물게는 태어날 때 이미 이가 난 아이도 있고 만 1살이 지나야 이가 나기 시작하는 아이도 있다.

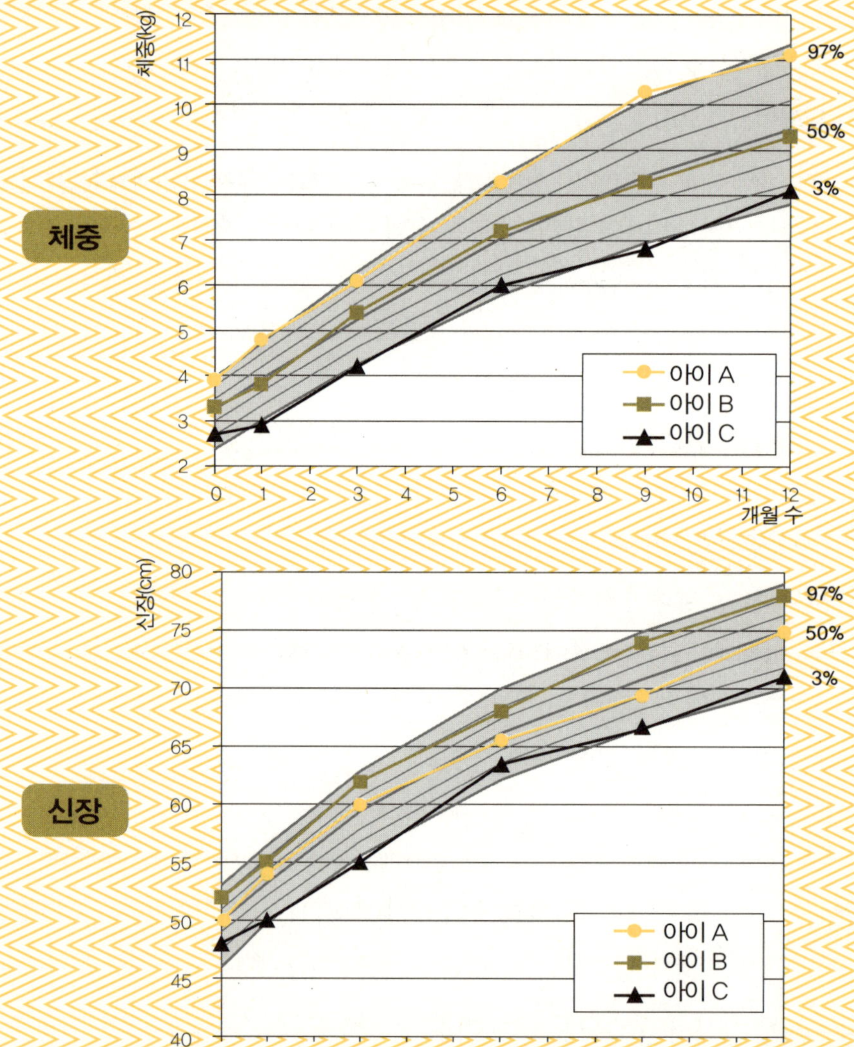

※세 아이의 신장변화곡선은 각기 다르게 진행되지만 각각의 곡선은 백분위수 기준표의 기준선과 평행에 가깝게 진행되고 있음을 알 수 있다.

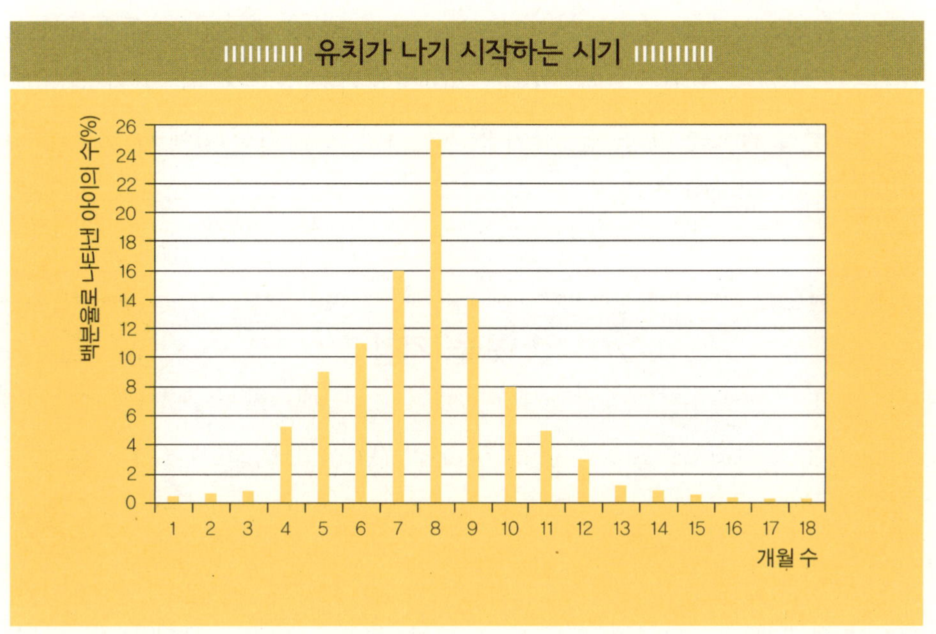

⭐ 이가 날 때 동반되는 여러 가지 증상들

아이들 중 절반 이상은 이가 날 때 아무런 통증이나 불편을 느끼지 않는다. 하지만 이가 나면 여러 가지 불쾌한 증상이 동반되는 경우도 많이 있다. 침 분비가 증가하고 밤에 잠을 잘 못 자고 열이 난다. 또 질병에 감염되기 쉬우며 설사를 하기도 하고 소화 불량과 식욕 부진이 동반되기도 한다. 볼이 빨갛게 붓고 염증이 생길 수도 있고 침을 많이 흘리며 딱딱한 물건을 자주 물려고 하고 우는 횟수도 증가한다. 아이들 중 4분의 1은 이가 나는 자리가 빨갛게 붓고, 만지면 통증을 느낀다. 어떤 아이들은 이가 날 때 묽은 변을 보기도 하고 엉덩이가 짓무르기도 한다.

그러나 이가 나는 것과 세균 감염, 고열은 관계가 없다. 영유아기의 아이들은 한 해 평균 10차례 이상 감기에 걸린다. 따라서 이가 나서 열이 나고 병이 생기는 것이 아니라 마침 감기에 걸렸거나 다른 병이 생겼을 때 이가 난 것일 가능성이 크다.

이가 날 때 아이의 고통을 줄여주려면 치아발육기를 사용하는 방법이 있다. 치아발육기를 냉장고에 넣었다가 아이에게 물려주면 잇몸의 통증을 가라앉힐 수 있다. 요즘에는 플라스틱이나 실리콘으로 만든 치아발육기가 시중에 많이 판매되고 있지만 아이가 잡고 물기 쉬운 물건이면 어떤 것이든 치아발육기 역할을 할 수 있기 때문에 굳이 돈을 주고 구입할 필요는 없다. 단, 각이 뾰족하거나 너무 커서 입에 넣기 어렵거나 깨지기 쉬운 물건을 피해야 한다.

열, 콧물, 기침

생후 4개월이 지나면 배 속에 있을 때 엄마에게서 받은 면역 성분이 점점 줄어들기 시작한다. 그래서 열을 동반한 코감기, 기침감기, 열꽃, 설사병을 자주 앓게 된다. 단순한 질병은 피해갈 수도 없고 피해서도 안 된다. 아이들은 질병을 유발하는 인자들과 접하면서 면역체계를 단련시켜나가기 때문이다. 다시 말해 면역체계를 발달시키려면 세균이나 바이러스와 같은 항원과 접촉해야 한다. 그래야만 아이가 흔한 질병을 이겨내면서 건강해지게 된다.

Das Wichtigste in Kürze
내용 요약

1. 체중과 신장이 백분위수 기준표의 선을 따라 꾸준히 증가하면 아이의 성장발육이 양호하다고 볼 수 있다.

2. 생후 3개월이 지나면 적어도 한 달에 한 번은 체중을 측정하는 것이 좋다.

3. 대부분의 아이는 생후 5~10개월에 이가 나기 시작한다. 그러나 이가 빨리 나는 아이는 생후 1개월에, 늦게 나는 아이는 18개월에 첫니가 생긴다.

4. 이가 날 때 대부분의 아이는 통증을 느끼지 않고 별다른 증상도 동반되지 않는다. 그러나 아이들의 4분의 1은 이가 날 때 침을 많이 흘리고 자주 울며 설사를 하고 엉덩이가 빨갛게 헐기도 한다.

5. 고열, 콧물, 기침과 같은 증상은 이가 나는 것과 관계가 없다.

6. 6개월 이후 고열을 동반한 콧물 기침 감기, 열꽃, 설사가 자주 발생한다. 그러나 이러한 병원체와 접촉해야만 아이의 면역체계가 성숙할 수 있다.

10~24개월

치아발달과 충치 예방

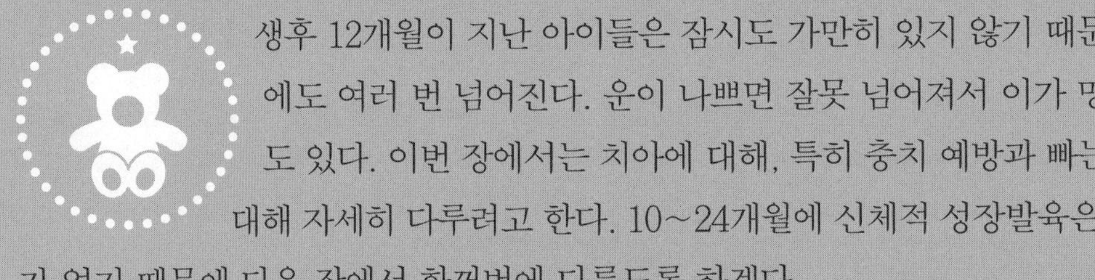

생후 12개월이 지난 아이들은 잠시도 가만히 있지 않기 때문에 하루에도 여러 번 넘어진다. 운이 나쁘면 잘못 넘어져서 이가 망가질 수도 있다. 이번 장에서는 치아에 대해, 특히 충치 예방과 빠는 습관에 대해 자세히 다루려고 한다. 10~24개월에 신체적 성장발육은 큰 변화가 없기 때문에 다음 장에서 한꺼번에 다루도록 하겠다.

⭐ 치아가 나오는 순서와 시기는 아이마다 다르다

유치가 날 때 일정한 순서가 있는데, 가장 먼저 앞니가 나고 그 다음에는 송곳니와 소구치가 나고 마지막으로 대구치가 난다. 그리고 윗니보다는 아랫니가 빨리 발달하는 편이다. 그러나 모든 아이의 이가 순서대로 나는 것은 아니다. 앞니가 날 때 바깥부터 나는 아이도 있고 드물긴 하지만 어금니부터 나는 아이도 있다.

아래 표를 보면 각 치아가 나오는 순서와 시기는 아이마다 다르다. 앞니는 태어나고 3~4주가 지나서 나오기도 하고 12개월이 지나서 나오기도 한다. 두 번째 어금니는 빠르면 19개월, 늦으면 36개월에 나온다.

|||||||| 유치가 나는 순서와 남는 치아 ||||||||

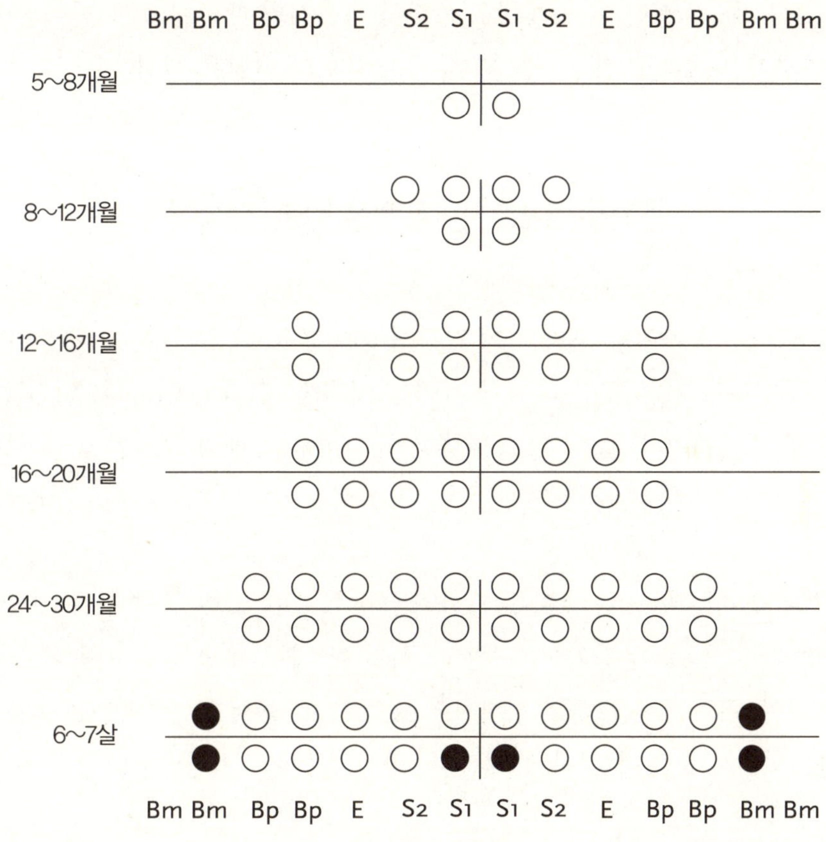

	Bm	Bm	Bp	Bp	E	S2	S1	S1	S2	E	Bp	Bp	Bm	Bm
5~8개월							○	○						
8~12개월						○	○○ / ○○		○					
12~16개월			○ / ○		○ / ○	○ / ○	○ / ○	○ / ○			○ / ○			
16~20개월			○ / ○	○ / ○	○ / ○	○ / ○	○ / ○	○ / ○	○ / ○	○ / ○	○ / ○			
24~30개월		○ / ○	○ / ○	○ / ○	○ / ○	○ / ○	○ / ○	○ / ○	○ / ○	○ / ○	○ / ○	○ / ○		
6~7살	● / ●	○ / ○	○ / ○	○ / ○	○ / ○	○ / ●	○ / ●	○ / ○	○ / ○	○ / ○	○ / ○		● / ●	

| | Bm | Bm | Bp | Bp | E | S2 | S1 | S1 | S2 | E | Bp | Bp | Bm | Bm |

• S:앞니 • E:송곳니 • Bp:소구치 • Bm:대구치

12개월이 지나면 이가 나올 때 통증이나 다른 증상이 동반되지 않기 때문에 대부분의 부모는 이가 나오는 것에 크게 신경을 쓰지 않는다. 그래서 이가 나오는 줄도 모르고 있다가 갑자기 이가 나온 것을 발견한다.

아이가 넘어질 때 만약 입이 먼저 땅에 닿으면 한 개 이상 치아의 뿌리가 흔들릴 수도 있고 심한 경우 잇몸이나 턱뼈를 뚫고 들어갈 수도 있다. 만약 이런 사고가 발생하면 어떻게 해야 할까? 유치는 영구치가 자랄 자리를 확보하는 역할을 하기 때문에 될 수 있으면 발치하지 않는 것이 좋다. 설령 이가 빠졌다고 해도 다시 제자리에 넣어보는 것이 좋다. 한 번 빠진 이는 제대로 성장하지 못하기 때문에 두세 달이 지나면 회갈색으로 변하지만 그래도 영구치를 위한 자리 확보의 역할은 한다.

충치를 유발하는 주범은 바로 간식이다

부모라면 누구나 아이가 충치 없이 건강한 치아를 갖길 원한다. 그래서 아이에게 열심히 이 닦는 법을 가르친다. 하지만 아이는 이 닦는 걸 힘들어한다. 이 닦는 것 외에 효과적으로 충치를 예방할 수 있는 방법은 규칙적으로 불소 치료를 하고 건강한 식생활을 유지하는 것이다. 다음은 지난 20년간 실시된 충치 연구 결과를 정리한 것이다.

구강 위생 ● 양치만으로 충치를 완전히 예방할 수는 없다. 치주염을 예방하려면 치아보다 잇몸을 보호해야 한다. 양치를 너무 자주, 너무 세게 하면 잇몸이 드러나고 법랑질(잇몸의 머리의 표면을 덮고, 상아질을 보호하는 유백색의 반투명하고 단단한 물질-역주)이 마모되어서 오히려 치아에 해롭다. 따라서 양치질을 심하게 힘을 주어서 하는 것은 좋지 않다.

12개월이 지나면 아이는 서서히 양치질하는 법을 배운다. 그러나 처음에는 이를 닦는다는 의미보다 양치질하는 습관을 들이는 것이 중요하다. 아이는 가족들이 양치질하는 것을 보고 따라 하면서 자연스럽게 습관을 들인다. 칫솔질이 서투른 아이들은 수

동보다 전동 칫솔을 더 좋아하는데 실제로 전동 칫솔을 사용하는 것이 효과적이기도 하다. 그리고 아이들은 치약을 대부분 삼키기 때문에 불소가 적고 아이들의 입맛에 맞는 어린이용 치약을 사용하는 것이 좋다.

불소 ● 불소를 독으로 착각하는 사람이 많은데 불소는 철분, 칼슘, 요오드, 인산염과 같이 우리 몸에 필요한 미량원소 중 하나이다. 몸에 필요한 미량원소가 하나라도 빠지면 다른 어떤 것으로도 대체할 수 없다. 불소는 치약, 식수, 소금, 알약 등 여러 가지 방법으로 섭취할 수 있다. 불소를 많이 섭취한다고 해도 건강에 문제가 생기는 것은 아니다. 불소를 많이 섭취했을 경우 한 가지 단점은 치아가 얼룩덜룩해지고 하얗게 탈색된다는 것이다. 스위스에서는 지난 25년간 불소 치료를 도입한 후 초등학교 아동의 충치 발생률이 85퍼센트나 감소했다고 한다.

음식 ● 충치를 발생시키는 주범이 설탕, 정확히 말하면 포도당, 과당과 같은 단당류라는 것은 이미 오래전에 밝혀졌다. 입 안에 있는 세균과 당분이 만나면 당분이 산으로 변해서 치아를 공격하기 때문이다. 과당이든 포도당이든 각설탕이든 당분은 모두 충치를 유발한다. 당도가 높은 건과일과 꿀은 치아에 해롭지 않다고 믿는 사람이 많지만 그 역시 충치를 생기게 한다. 건과일은 당도가 높고 끈적끈적하기 때문에 치아에 오래 붙어 있다. 꿀, 과일주스, 초콜릿, 사탕, 아이스크림 역시 충치를 유발시키는 음식이다. 이런 음식을 자주 섭취하면 충치 발생에 지대한 영향을 미친다.

단것을 끊는 것은 쉬운 일이 아니다. 또 충치를 예방하기 위해 당분 섭취를 아예 금하는 것도 어렵다. 다행히 스웨덴의 과학자 구스타프손(Gusstafsson)과 그의 동료들은 식사를 할 때 섭취하는 당분은 충치를 유발하는 확률이 낮다고 증명했다. 충치를 발생시키는 주범은 간식을 통해 섭취되는 당분이라는 것이다.

그러나 아이들은 간식을 먹어야 한다. 그렇다면 아이에게 적합한 간식거리는 무엇일까? 가장 좋은 것은 사과, 배, 당근과 같은 신선한 과일과 채소이다. 과일과 채소 다음으로 아이들에게 좋은 간식거리는 빵이나 치즈, 요구르트 같은 유제품이다. 그리고 간식으로 피해야 할 것에는 아이스크림이나 초콜릿과 같이 당도가 높은 음식이 있다.

한 가지 음식만 많이 먹는 것도 좋지 않다. 과일은 초콜릿이나 아이스크림보다 당분은 적지만 산도가 높기 때문에 너무 과하면 치아에 해로울 수 있다. 바나나의 경우는 당도가 높고 끈적끈적하기 때문에 씨가 있는 과일보다는 치아에 좋지 않고 건과일과 과일주스도 당도가 높다. 특히 과일주스는 당도뿐 아니라 산도도 높기 때문에 많이 마시면 충치를 유발한다. 아이의 충치를 예방하려면 부모는 다음과 같은 점을 주의해야 한다.

● 간식으로 단것을 주지 않는다. 충치 예방을 위해 가장 필요한 조치이다.

● 불소 치료를 한다. 불안하면 소아과 의사나 치과 의사에게 상담을 받고 치료를 시작한다.

● 구강 위생에 신경을 쓴다. 양치질을 습관화하도록 한다.

공갈젖꼭지 물릴까, 말까?

아이들은 배가 고프지 않을 때도 무언가를 빤다. 잠들거나 안정을 찾으려 할 때, 피곤하거나 심심할 때도 아이들은 손가락이나 공갈젖꼭지를 빤다. 만 2살까지의 아이들은 정도의 차이는 있지만 모두 빠는 습관이 있다. 아이들마다 손가락 빠는 습관이 조금씩 다른데 엄지손가락을 빠는 아이도 있고 검지나 중지, 약지를 빠는 아이도 있다. 어떤 아이들은 이불이나 베개 커버와 같은 물건을 빨기도 한다.

만 3살이 되면 빠는 횟수가 서서히 줄어든다. 그래도 만 3~4살 때도 50퍼센트 이상의 아이들이 빠는 습관을 보인다. 만 5살이 되면 빠는 습관이 있는 아이들은 35퍼센트로 감소하고, 만 7살이 되면 전체 아이들의 5퍼센트만이 계속해서 손가락이나 사물을 빤다. 특히 손가락을 빠는 아이들이 공갈젖꼭지를 빠는 아이들보다 빠는 습관을 잘 고치지 못한다. 성인 중에도 잘 때 엄지손가락을 빠는 사람이 있다.

이처럼 빠는 버릇을 고치는 것은 쉽지 않은 일이기 때문에 빤다, 안 빤다가 아니라 무엇을 빠느냐가 중요하다. 손가락을 빠는 아이들은 언제든 빨고 싶을 때 자기 손가락을 빨 수 있기 때문에 부모도 편하고 아이도 편하다. 그러나 손가락을 빨면 위턱이 변형될 수 있고 심하면 아래턱도 변형되어 부정교합이 될 수 있다. 손가락을 빠는 것보다 공갈젖꼭지를 빠는 아이들은 턱 관절이 변형될 확률이 적다. 다만 공갈젖꼭지의 단점은 생후 2~3개월까지 아이가 혼자 젖꼭지를 찾아 물지 못하기 때문에 항상 부모가 물려줘야 한다는 것이다. 수고를 덜려면 아이 침대에 아이의 손이 닿을 만한 곳에 공갈젖꼭지를 여러 개 놓아두는 것이 좋다. 단, 고리를 달거나 끈으로 목에 묶어주면 위험할 수 있으므로 주의해야 한다.

부정교합이 되는 것을 예방하려면 생후 1~2주부터 공갈젖꼭지를 물리는 것이 좋다. 대부분의 아이가 공갈젖꼭지로 만족한다. 그러나 공갈젖꼭지를 거부하고 손가락만 빠는 아이들도 있다.

⭐ 음료수가 든 병을 습관적으로 빠는 것은 심각한 결과를 초래한다

무엇보다 심각한 결과를 초래하는 것은 병을 빠는 습관이다. 플라스틱 병에 사과, 오렌지, 포도 주스를 넣고 종일 빨고 다니는 아이가 늘어나고 있다. 과일주스는 당도와 산도가 높기 때문에 치아를 공격한다. 하루에도 수십 번씩 과일주스가 담긴 병을 빨면 이가 상하는 것은 물론 당분도 필요 이상으로 당분을 섭취하게 된다. 특히 밤에 병을 입에 물고 자는 습관은 아주 위험하다. 장시간 물고 있다가 가끔 한두 번 빠는데, 그럴 때마다 당도와 산도가 높은 주스가 치아를 공격한다. 밤중에는 주스뿐 아니라 우유도 먹이지 않는 것이 좋고 아이가 컵을 사용하기 시작하면 병을 주지 않는 것이 좋다. 공갈젖꼭지를 빨 듯 음료수가 든 병을 빨면 다음과 같은 심각한 결과를 낳는다.

● 계속 병을 빨면 아이는 그만큼 열량과 수분을 많이 섭취하기 때문에 식욕이 감소한다. 그러면 제때 잘 안 먹게 된다.

● 당분, 산, 향료를 필요 이상으로 섭취하면 설사를 할 수 있고, 설사로 엉덩이가 빨갛게 짓무른다.

● 필요 이상으로 당분을 섭취하는 습관은 비만의 원인이 되고 그 밖의 문제를 발생시킬 수 있다.

Das Wichtigste in Kürze

내용 요약

1. 생후 24~30개월이 되면 유치가 모두 자란다.

2. 충치를 예방하려면 • 설탕을 사용하지 않았거나 당분이 낮은 음식을 간식으로 선택하고 • 불소 치료를 하고 • 양치질을 잘 한다.

3. 아이들의 90퍼센트 이상이 만 2살까지 손가락이나 공갈젖꼭지를 빤다. 만 5살이 된 아이들의 35퍼센트는 여전히 손가락이나 공갈젖꼭지를 빤다.

4. 공갈젖꼭지를 빨면 손가락을 빨 때보다 턱이 변형될 확률이 낮다. 병을 빠는 습관은 당장 고쳐야 한다.

아이들은 만 3~4살 때는 만 2살 때와 비교하면 신체적으로 크게 성장하지 않는다. 그래서 부모들은 아이가 얼마나 컸는지 알아채지 못하기도 한다. 그러나 오랜만에 만나는 친척이나 지인들은 아이가 큰 것을 보고 깜짝 놀란다. 그제야 부모들은 아이가 많이 큰 것을 실감한다. 만 3~4살 때 이루어지는 특징적인 신체 변화는 다음과 같다.

키가 자란다 ● 만 2살 때까지 아이의 몸은 바로크 시대 예술품에 등장하는 천사와 비슷하다. 머리는 둥글고 크며 배는 동그랗게 앞으로 나오고 등과 엉덩이가 만나는 부분이 앞으로 휘었다. 그리고 다리는 O자형이다. 그러나 만 4살이 되면 아이들의 몸은 위로 늘어난다. 배는 평평해지고 등도 반듯해지며 O자형의 다리는 X자형으로 바뀐다. 그러다 취학 연령이 되면 다리가 반듯해진다.

부모를 닮아간다 ● 부모가 크면 아이도 크고, 반대로 부모가 작으면 아이도 작을 확률이 높다. 그러나 출생 시에는 그렇지 않다. 신생아의 키와 몸무게는 부모의 체격이 아니라 임신 중 영양 조건에 의해 결정되기 때문이다. 일반적으로 태반의 발달 상태가 좋으면 아이에게 영양분을 충분히 공급할 수 있기 때문에 태아가 크고 몸무게도 많이 나간다. 그러나 태반이 작고 상태가 좋지 않으면 태어날 때 아이의 몸무게가 덜 나가고 키도 작다.

옆 페이지의 그래프의 사례를 예로 들어보자. A는 태어날 때 46센티미터에 2.5킬로그램이었고 출생 시 신생아 평균 신장보다 4센티미터나 작았다. 하지만 그래프를 보면 A가 만 4살이 될 때까지 얼마나 급속도로 성장했는지 알 수 있다. 4살이 된 지금 A의 신장은 평균 이상이다. A의 부모도 평균 신장보다 크다. 반대로 B는 출생 시 체중은 4.8킬로그램이었고 키는 54센티미터로 평균 신장보다 4센티미터가 컸다. B의 엄마는 임신 중에 임신성 당뇨병을 앓았다. 그 때문에 B가 평균 신장보다 더 큰 것이다. 출생 시 B는 과성장 상태였다. 그러나 만 4살이 될 때까지 B의 성장 속도는 보통 수준이었다. B는 태어날 때 A보다 9센티미터나 컸다. 그러나 지금은 A와 큰 차이가 없다. B의 부모도 그리 큰 편이 아니다.

A와 B의 성장곡선을 보면 다음과 같은 내용을 알 수 있다.

● 출생 전 태아의 성장발육은 임신 중의 영양 조건에 의해 결정된다.

● 만 4살까지 아이는 자기만의 성장발육 속도를 찾는다. 아이의 키와 몸무게는 부모를 닮는다. 출생 시 아이의 몸무게와 키가 부모가 태어났을 때의 그것과 비슷하다면, 아이는 백분위수 기준표의 기준선과 거의 평행하게 성장할 것이다.

만 4살이 되면 아이들은 서서히 부모를 닮아간다. 아이의 몸무게와 키도 부모가 어렸을 때와 비슷한 성장 양상을 보인다. 초등학교 취학 이후에는 그러한 성향이 더 강해진다. 그러나 아이마다 성장 속도가 다르고 부모가 어렸을 때와 다른 아이도 있지만, 사춘기가 되어 급성장기가 찾아오면 대부분의 아이가 부모의 모습과 많이 비슷해진다.

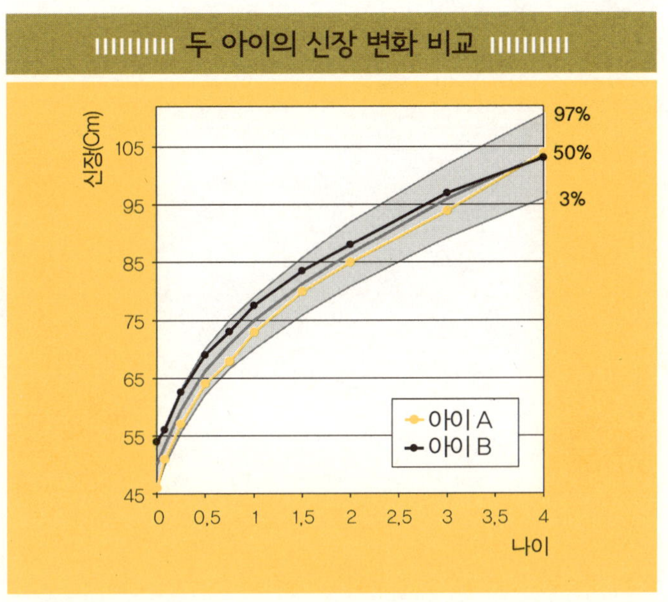

성장과 질병_아이는 아프면서 저항력을 기른다

취학 이전의 아이들은 단순한 질병을 달고 산다. 어린이집에 다니는 아이 중에는 1년에 12차례 이상 병에 걸리는 아이들도 있다. 다른 아이나 어른들과 접촉하지 않는 아이도 1년에 여러 번 병치레를 할 수 있다. 만 3살 이전에 많이 아프지 않은 아이들은 유치원이나 학교에 입학하면 다른 아이들이 이미 앓았던 병을 앓게 된다.

우리 주변은 아무리 위생적으로 생활한다고 해도 질병을 유발시키는 병원체를 완전히 없애버릴 수는 없다. 그리고 면역체계가 발달하려면 아이들은 병원체와 접촉하여 저항력을 길러야 한다. 즉 병원체에 감염되었다가 이겨내면서 저항력이 생기는 것이다. 아이들은 아프면 열이 나고 짜증을 내고 설사나 기침과 같은 증상이 동반된다. 병에 걸려 아픈 것은 성장 과정의 한 부분이다.

물론 아이의 생명을 위협하는 질병은 피해야 한다. 따라서 폴리오나 디프테리아를 비롯한 각종 소아질병을 예방할 수 있는 백신을 맞춰야 한다.

Das Wichtigste in Kürze
내용 요약

1. 만 4살이 될 때까지 몸 전체의 자세와 다리모양이 완전히 제자리를 잡는다.

2. 만 4살이 되면 아이들은 부모의 키를 닮아가기 시작한다.

3. 영유아기의 아이들은 한 해 평균 6회 정도 가벼운 질병을 앓지만, 적게 앓는 아이는 3번, 병치레를 많이 하는 아이는 12번이나 질병에 걸린다.

4. 아이들이 질병에 걸리는 것을 무조건 나쁘게 볼 필요는 없다. 아이들의 면역체계가 이 세상에 존재하는 병원체들을 이겨낼 수 있을 만큼 발달하려면 병에 걸려서 이겨내봐야 한다. 질병에 걸리면 고열을 비롯한 각종 증상이 동반된다.

5. 예방주사는 영유아기 아이들에게 치명적인 질병에 대한 저항력을 길러준다.

und Erziehung
sien vier Jahren

BABYJAHRE

09

대소변 가리기

배변 훈련
억지로 시키지 말라

0~48개월

아이들은 대부분 스스로 대소변을 가린다

아이들은 일정한 시기가 되면 더 이상 기저귀를 차지 않으려고 한다. 처음에는 낮에 기저귀를 차지 않고 혼자서 대소변을 가리기를 시작하다가 점차 밤에도 기저귀를 차지 않으려 하고 결국에는 스스로 기저귀를 때는 경우가 많다. 이처럼 아이가 스스로 기저귀를 떼려는 것은 자연스러운 일일까? 배변 훈련을 하지 않아도 아이 혼자 대소변을 가릴 수 있을까? 1970년대까지 부모들은 반드시 배변 훈련을 해야 한다고 생각했다. 그러나 지난 20~30년 동안 부모들의 교육관은 근본적으로 변화했다. 부모들은 아이가 대소변을 가리는 데 도움을 주긴 하지만 대부분은 아이 스스로 터득한다.

이 장에서는 아이의 대소변 가리기에 대한 전반적인 내용을 살펴볼 것이다. 전체적으로 다루는 내용이 짧으므로 태아시기에서부터 48개월까지 장을 구분하지 않고 통합해서 다루게 될 것이다.

자연의 메커니즘

배 속의 태아는 3개월이 지나면 신장으로 혈액 안의 노폐물을 걸러낸다. 그러면 소변이 생성되기 시작하기 때문에 생성된 소변을 규칙적으로 양수에 배출한다.

아프리카나 남아메리카 등 지구상에는 아직도 수백만 명이 넘는 엄마들이 발가벗은 아이를 안거나 업어서 키운다. 그럼에도 아이의 배설물로 인해 엄마의 옷을 더럽히는 일은 잘 일어나지 않는다. 그것은 바로 자연이 다음과 같은 메커니즘을 발전시켰기 때문이다. 갓난아기는 소변이나 대변을 배설하기 몇 초 전에 울음을 터트리거나 몸통이나 다리를 갑작스럽게 움직임으로써 엄마에게 경고신호를 보내는 것이다.

그밖의 문화권에서도 갓난아기들은 이러한 행동을 보이지만 부모가 그러한 행동에 반응하지 않기 때문에 2~3주가 지나면 사라진다. 그러나 2~3개월이 지나도 대소변을 볼 때 울거나 불안하게 움직이거나 표정이 변하는 아이도 있다.

배변 훈련을 시작하기 적당한 시기는 언제일까?

요즘 부모 중에 12개월이 되기 전부터 배변 훈련을 시작하는 부모는 매우 드물다. 그러나 1950년대까지는 지금과 전혀 달랐다. 생후 3개월 때부터 배변 훈련을 시작하는 부모도 있었다. 부모는 기저귀를 차던 아이를 요강에 앉히고 어느 정도 훈련이 되면 변기에 앉혀 용변을 보게 했다.

1960년대와 70년대에 부모의 교육관이 아이 중심으로 바뀌면서 부모의 행동 또한 근본적으로 변화했다. 더불어 배변 훈련에 대한 생각의 변화에 크게 기여한 것은 과학 기술의 발달 덕택이다. 탈수기와 세탁기가 보급되면서 기저귀를 빨기 쉬워졌을 뿐 아니라 일회용 기저귀라는 획기적인 상품이 보급되기 시작했기 때문이다. 그러면서 배변 훈련을 시작하는 시기도 12개월 이전에서 14개월 이후로 늦춰졌다.

그렇다면 아이들이 대소변을 가리기 시작하는 시기도 그만큼 늦춰졌을까? '취리히 종단연구'에 따르면 부모들은 1960년대까지 이른 시기부터 배변 훈련을 했지만 원하던 결과는 얻지 못한 것으로 나타났다. 일찍부터 하루에 몇 번씩 요강에 앉혀도 아이들은 부모가 원하는 만큼 빨리 대소변을 가리진 못했다.

요즘 부모는 보통 24개월 때부터 배변 훈련을 시작한다. 심지어 만 3살이나 4살부터 배변 훈련을 시작하는 부모도 있다. 그렇다면 배변 훈련을 시작하기 적당한 시기는 과연 언제일까? 결론적으로 말하면 아이가 기저귀를 떼고 싶다고 신호를 보낼 때까지 기다리는 것이 가장 바람직하다. 아이는 대소변이 마려우면 얼굴을 찡그리거나 용변을 보고 싶을 때 전형적으로 관찰되는 몸짓을 한다. 또 말을 할 줄 아는 아이는 용변을 보고 싶다고 말한다. 용변을 봐야 한다는 것을 의식적으로 인지하는 것은 대소변을 통제하기 위한 필수조건이다.

⭐ 배변 훈련을 일찍 한다고 해서 아이가 대소변을 빨리 가리는 것은 아니다

이른 시기에 배변 훈련을 하면 대소변을 빨리 가릴까? '취리히종단연구'에 의하면 부모가 일찍부터 자주 유아용 변기에 앉힌 아이가 늦게 배변 훈련을 시킨 아이보다 빨리 대소변을 가리는 것은 아닌 것으로 나타났다. 빠른 아이는 생후 12~18개월부터 대소변을 가리지만 대부분의 아이들이 생후 18~36개월에 대소변을 가린다. 단, 여자아이들이 남자아이들보다 대체적으로 대소변 가리는 시기가 빠르다.

아이가 스스로 대소변을 가리려고 하면 부모 주도하에 배변 훈련을 시킨 것보다 빨리 기저귀를 뗀다. 그러므로 아이가 먼저 신호를 보내면 부모는 배변 훈련을 시작해야 한다. 이때 부모에게 주어진 두 가지 과제는 아이에게 본보기가 되는 동시에 아이가 스스로 대소변을 가릴 수 있도록 도와주는 것이다.

아이가 대소변을 가리려면 유아용 변기보다 먼저 본보기가 필요하다. 자발적으로 대소변을 보려는 의지가 생기면 아이는 변기에 관심을 보인다. 그리고 손위 형제와 같이 화장실에 가려고 하기도 한다. 다른 가족들이 아이와 함께 화장실에 갈 기회를 주면 아이는 용변을 보는 방법을 배울 수 있다.

손위 형제가 있는 아이들은 그렇지 않은 아이들보다 대소변 가리기가 쉬운 반면 외동이나 첫 아이인 경우에는 부모가 본보기를 보여주지 않으면 대소변 가리기가 어렵다. 화장실 문을 닫고 아이가 모방할 수 있는 기회를 차단해버리면 어쩔 수 없이 억지로 아이에게 대소변 가리는 방법을 가르쳐야 한다.

부모에게 주어진 또 한 가지 과제는 아이가 혼자서 하려는 노력을 지지해주는 것이다. 이때 도움이 될 만한 내용은 다음과 같다.

● 아이가 혼자서 옷을 벗고 입을 수 있어야 한다. 그러려면 신축성이 좋은 바지를 입히는 것이 좋다. 단추나 지퍼, 멜빵이 달린 바지를 입히면 아이가 혼자 입고 벗기 어렵다.

● 바지를 내리는 것은 문제가 되지 않지만 바지를 다시 입는 것이 어렵다. 밑으로 내려간 허리춤을 끌어올리기 어렵기 때문이다. 이때 엄마나 아빠가 허리춤을 올리는 방법을 보여주면 아이에게 도움이 될 것이다.

● 어떤 아이들은 유아용 변기를 사용하지 않으려 한다. 대신 엄마, 아빠나 손위 형제들처럼 변기에 앉으려 한다. 하지만 변기에 앉을 때 밑으로 떨어질까 봐 무서워한다. 따라서 배변 훈련을 위한 유아용 변기커버를 끼워주고 다리를 올릴 수 있는 의자와 팔을 지탱할 수 있는 장치를 해주면 안심하고 볼일을 볼 것이다.

24개월 때 대소변을 가리는 아이는 많지 않다. 대부분은 24~48개월에 대소변을 가린다. 통상 30개월이 지나면 대변을 가리기 시작하고 48개월이 지나면 아이들의 90퍼센트가 완전히 대변을 가릴 줄 안다. 그러나 10퍼센트의 아이들은 가끔 바지나 기저귀에 대변을 보기도 한다. 대변을 가리기 시작하면 낮에 소변을 가리기 시작한다. 그러나 가끔 대변을 가리는 시기보다 늦게 소변을 가리는 아이도 있다.

만 3살이 지나도 아이가 스스로 대소변을 가리려 하지 않으면 부모는 조바심을 낸다. 그러나 불안해할 필요는 없다. 다음 페이지의 그래프를 보면 알 수 있듯이 아이들의 25퍼센트가 만 3살이 지나서 대소변을 가린다. 그리고 억지로 배변 훈련을 시킨다고 대소변을 빨리 가리는 것은 아니다.

배변 훈련 시기

배변 훈련을 시작하는 연령과 아이들의 수를 백분율로 나타낸 그래프

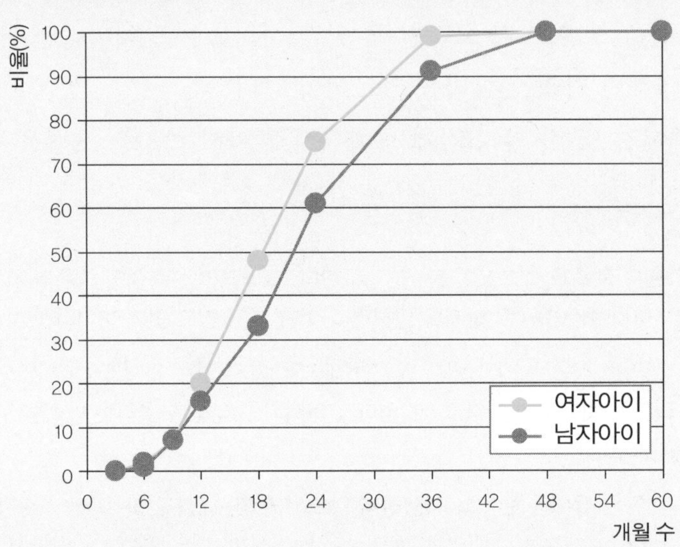

대소변을 가리는 시기

아이들이 스스로 용변을 보는 시기를 백분율로 나타낸 그래프

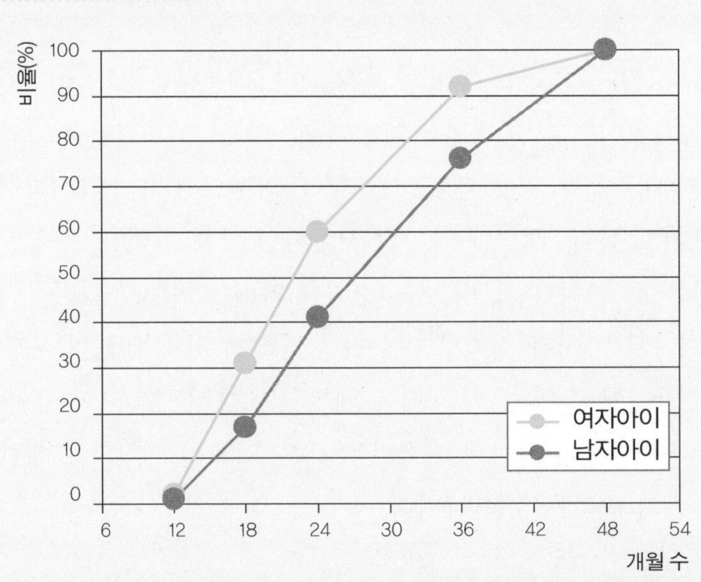

완전히 대변을 가리는 시기
완전히 대변을 가리는 시기와 아이들의 수를 백분율로 나타낸 그래프

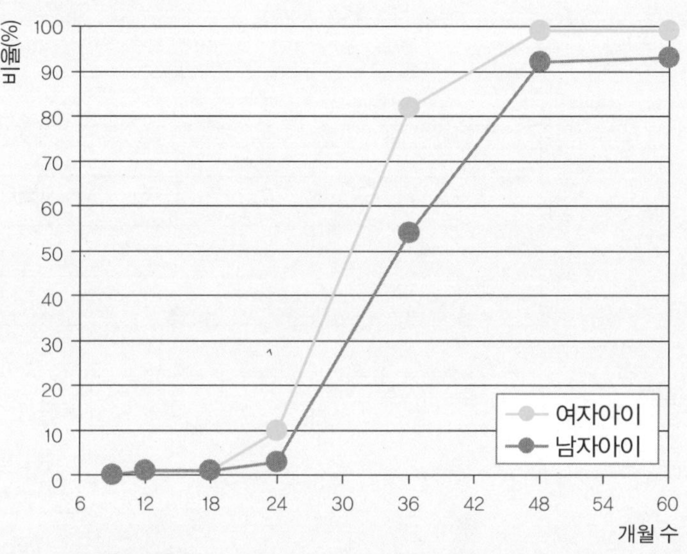

비율(%)
여자아이
남자아이
개월 수

낮에 소변을 가리는 시기
낮에 소변을 가리는 시기와 아이들의 수를 백분율로 나타낸 그래프

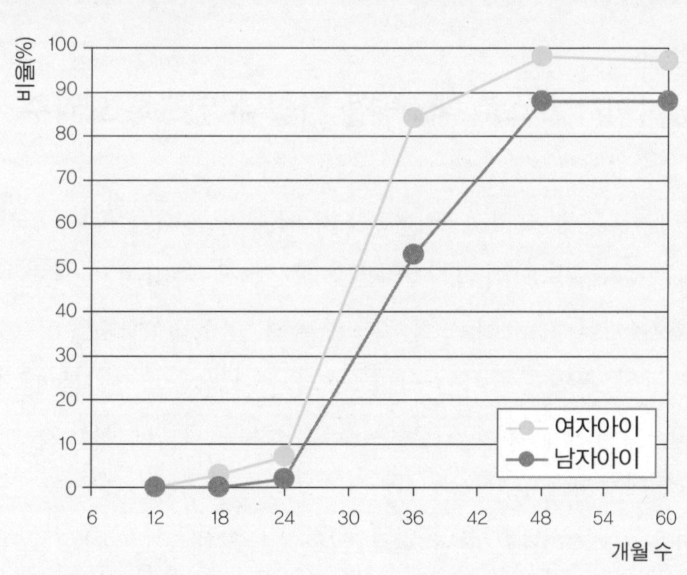

비율(%)
여자아이
남자아이
개월 수

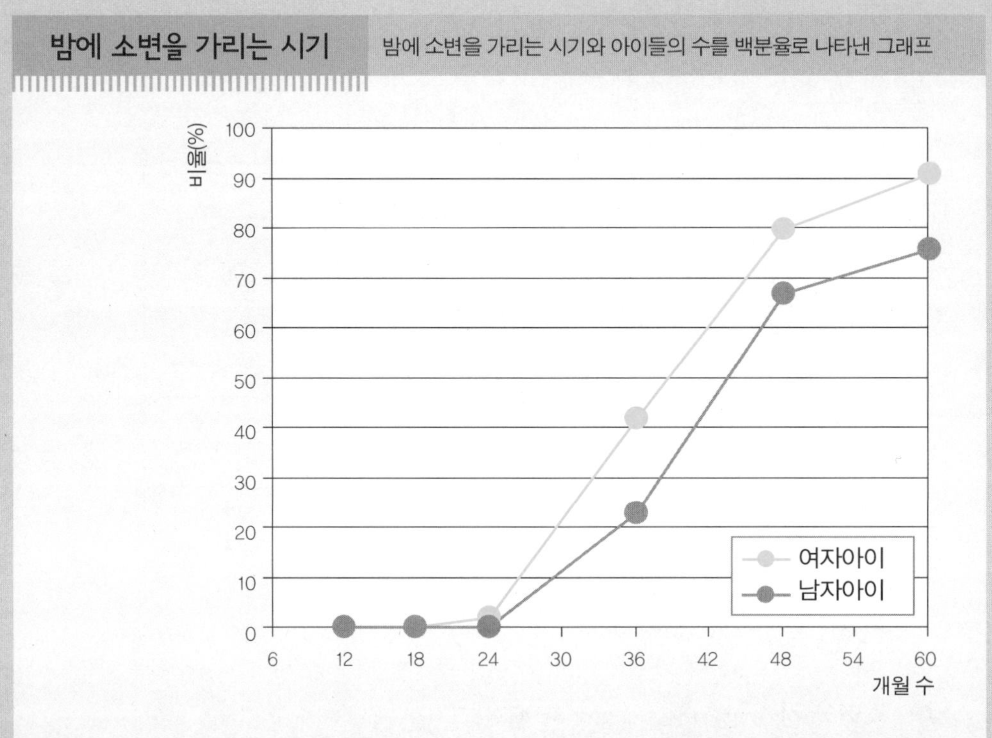

아이가 스스로 대소변을 가릴 수 있도록 도와주라

부모가 아이의 행동에 적절하게 반응하지 않으면 아이가 배변 훈련을 시작할 적절한 시기를 놓칠 수도 있다. 아이가 스스로 대소변을 가리려는 신호를 보내면 부모는 아이를 도와주어야 한다. 그리고 아이가 스스로 대소변 가리는 것을 익힐 수 있도록 도와주고 기저귀를 채우지 말아야 한다. 그러나 단번에 기저귀를 뗀다는 생각은 옳지 않다. 아이들은 기저귀에 용변을 보는 데 익숙하기 때문에 아이가 기저귀를 떼는 것은 많은 노력이 필요하다.

낮에 대소변을 가리면 서서히 밤에도 소변을 가리게 된다. 아이들의 50퍼센트가 36개월 지나서 소변을 가린다. 그러나 아이들 중 10퍼센트가량이 유치원에 입학할 연령에도 밤에 오줌을 싼다. 그리고 여자아이들보다 남자아이들이 밤에 오줌을 많이 싼다. 또 부모나 가까운 친척 중에 대소변을 늦게 가린 사람이 있으면 아이도 그럴 가능성이 높다.

인내심을 가지고 아이에게 맞춰주면 배변 훈련은 그렇게 힘든 일이 아니다. 아이들은 스스로 대소변을 가리려고 하는 시기가 있다. 그 시기를 파악해 아이에게 본보기가 되어주고 용변을 보는 방법을 가르쳐주면 아이는 스스로 용변을 본다. 그리고 가능한 한 아이가 스스로 할 수 있게 도와줘야 한다. 그래야만 자존감이 강해지고 스스로 대소변을 가리게 되었다고 자신을 자랑스러워할 것이다.

Das Wichtigste in Kürze
내용 요약

1 대소변을 가리는 시기는 아이마다 다르다. 개별적인 성숙 속도에 따라 그 시기는 달라진다.

2 이른 시기에 집중적으로 배변 훈련을 시킨다고 대소변을 빨리 가리는 것은 아니다.

3 대소변을 가릴 준비가 되면 아이는 스스로 용변을 보려고 한다. 아이는 배설 욕구를 의식적으로 인지하고 그것을 통제함으로써 자발적으로 대소변을 가리고자 하는 의지를 알린다.

4 대소변을 가리기 위해서 아이에게 필요한 것은 강제적인 배변 훈련이 아니라 모방할 수 있는 본보기와 자발적인 노력을 도와줄 사람이다.

부 록

1.0~48개월까지 성장기록표 2.한국 소아 표준 성장도표(2007) 3.한국 영유아 신체발육 표준치(2007) 4.아이를 위해사용하는 시간 측정해보기 5.아이의 24시간 수면기록표 작성해보기

Entwicklung und Erziehung
in den ersten vier Jahren
BABYJAHRE

0~48개월까지 성장기록표

0~6개월	날짜	개월 수	특이사항
미소를 짓는다			
밤에 깨지 않고 잔다(6~8시간)			
엎드린 자세에서 뒤집는다			
잡는다			
이유식을 먹기 시작한다			

6~12개월			
배밀이를 한다			
긴다			
소리를 따라 한다			
혼자 앉는다			
일어선다			
엄지와 검지로 물건을 잡는다			
손을 흔들며 '바이 바이' 하고 인사한다			
까꿍 놀이를 한다			
낯을 가린다			

12~24개월			
단순한 행동을 따라 한다			
그림책을 본다			
통을 채웠다 비우는 놀이를 한다			
탑을 쌓는다			
처음으로 단어를 말한다			
눈과 입 등 신체 부위를 안다			
걷는다			

	날짜	개월 수	특이사항
'엄마' '아빠'를 말한다			
가족과 함께 먹는다			
혼자서 컵으로 마신다			

24~36개월

	날짜	개월 수	특이사항
인형을 가지고 논다			
레고나 블록을 가지고 논다			
이름을 말한다			
일인칭을 사용한다			
단어 두 개로 된 문장을 말한다			
세발자전거를 탄다			
혼자서 계단을 오른다			
혼자서 계단을 내려간다			
혼자서 숟가락질을 한다			
혼자서 옷을 벗는다			
혼자서 옷을 입는다			

36~48개월

	날짜	개월 수	특이사항
단순한 퍼즐을 맞출 수 있다			
단순한 사람 그림을 그릴 수 있다			
역할놀이를 할 수 있다			
단순한 문장을 구사할 수 있다			
복수를 사용할 수 있다			
동사의 시제를 변형할 수 있다			
CD나 테이프로 구연동화를 듣는다			
보조바퀴가 달린 두발자전거를 탄다			

한국 소아 표준성장도표(2007)

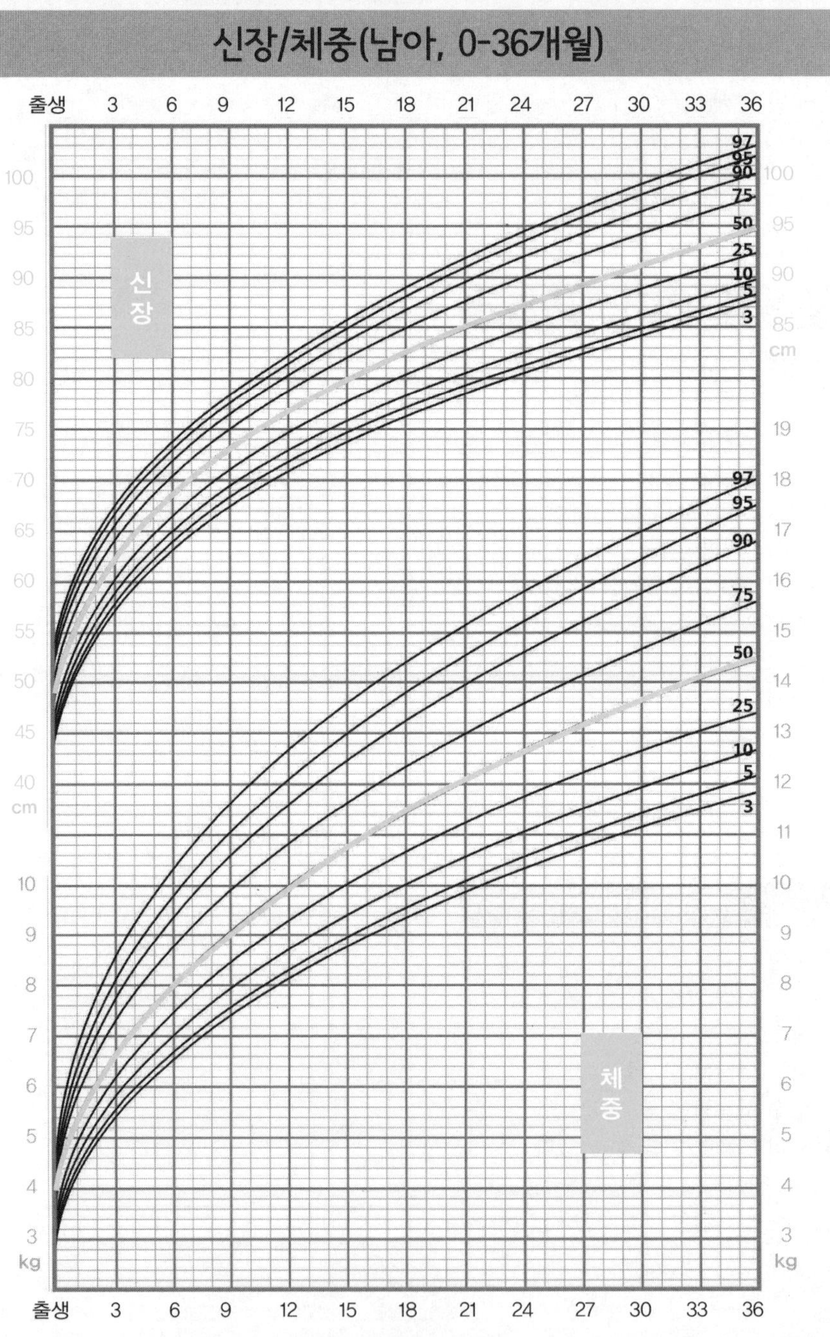

신장/체중(여아, 0-36개월)

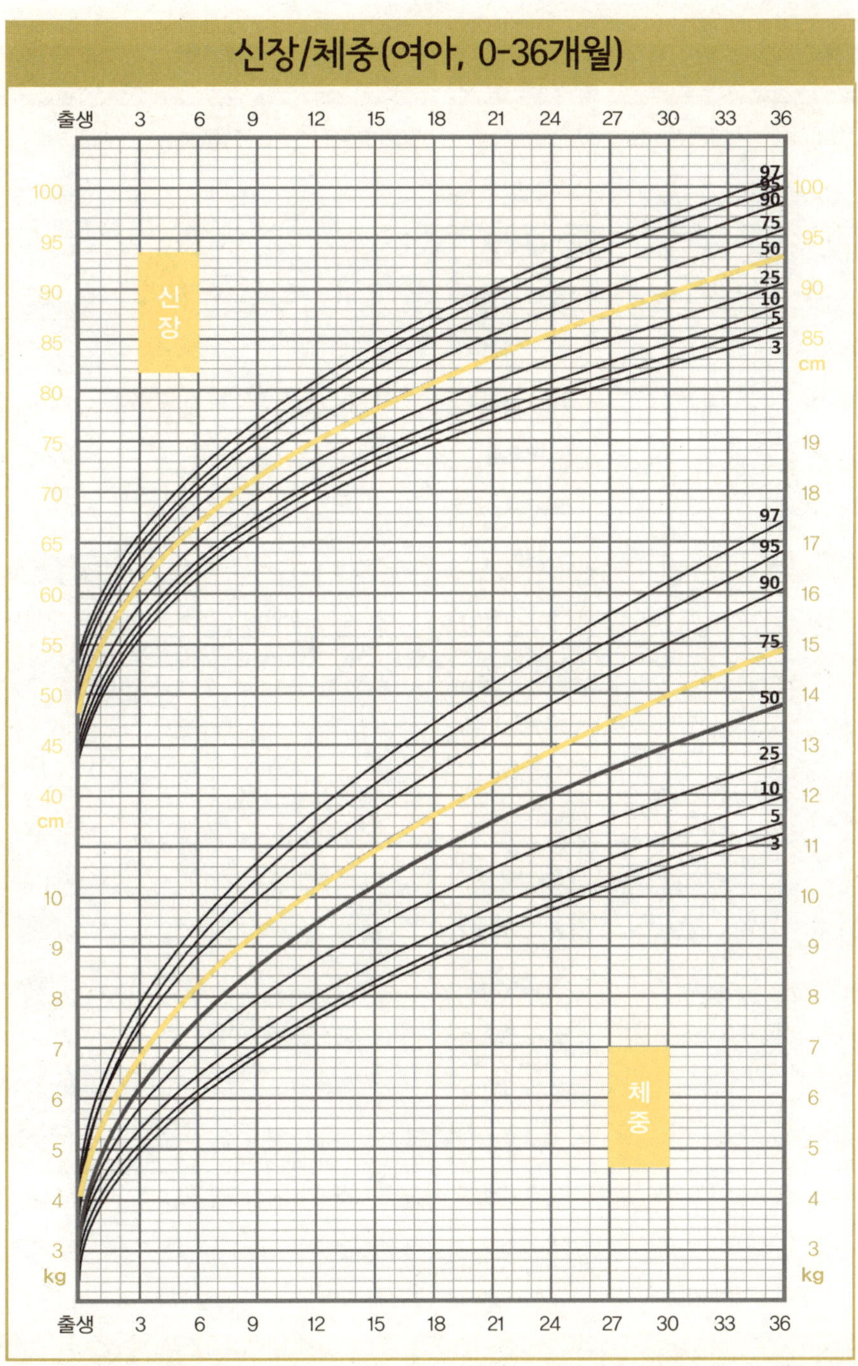

한국 영유아 신체발육 표준치(2007)

남아			연령	여아		
체중(kg)	신장(cm)	머리둘레(cm)		체중(kg)	신장(cm)	머리둘레(cm)
3.41	50.12	34.70	출생시	3.29	49.35	34.05
5.68	57.70	38.30	1~2개월	5.37	56.65	37.52
6.45	60.90	39.85	2~3개월	6.08	59.76	39.02
7.04	63.47	41.05	3~4개월	6.64	62.28	40.18
7.54	65.65	42.02	4~5개월	7.10	64.42	41.12
7.97	67.56	42.83	5~6개월	7.51	66.31	41.90
8.36	69.27	43.51	6~7개월	7.88	68.01	42.57
8.71	70.83	44.11	7~8개월	8.21	69.56	43.15
9.04	72.26	44.63	8~9개월	8.52	70.99	43.66
9.34	73.60	45.09	9~10개월	8.81	72.33	44.12
9.63	74.85	45.51	10~11개월	9.09	73.58	44.53
9.90	76.03	45.88	11~12개월	9.35	74.76	44.89
10.41	78.22	56.53	12~15개월	9.84	76.96	45.54
11.10	81.15	47.32	15~18개월	10.51	79.91	46.32
11.74	83.77	47.94	18~21개월	11.13	82.55	46.95
12.33	86.15	48.45	21~24개월	11.70	84.97	47.46
13.14	89.38	49.06	2~2.5세	12.50	88.21	48.08
14.04	93.13	49.66	2.5~3세	13.42	91.93	48.71
14.92	96.70	50.10	3~3.5세	14.32	95.56	49.18
15.91	100.30	50.43	3.5~4세	15.28	99.20	49.54
16.97	103.80	50.68	4~4.5세	16.30	102.73	49.82
18.07	107.20	50.86	4.5~5세	17.35	106.14	50.54

※표준치 제정 연구기관 : 보건복지부 질병관리본부 / 대한소아과락회 / 소아청소년 신체발육표준치 제정위원회

아이를 위해 사용하는 시간 측정해보기

◉ 측정 방법

주말을 포함해 1주일 동안 측정한다.

일주일에 측정한 시간을 7로 나누어 하루 평균시간을 산출한다.

예: 운동 3번 × 1~1.5시간. 일주일에 3~4.5시간.

하루에 운동을 위해 사용하는 시간 약 0.5시간

내용	시간	내용	시간
아이 돌보기		외출	
직업과 관련된 일		소속된 단체 활동	
가사		기타 외부 활동	
식사		텔레비전 시청	
수면		신문읽기, 독서	
신체 위생 청결		교통수단으로 이동하는 시간	
취미		기타	
운동			

◉ 자기 판단 : 아이를 위해 사용하는 시간의 실제 비율을 기록하여 미리 예상했던 비율과 비교해본다.

아이를 위해 사용하는 시간			
실제 비율			
미리 예상했던 비율			

아이의 24시간 수면기록표 작성해보기

수면 지속 시간, 잠자리에 든 시간과 깬 시간 등을 기록하면 아이의 수면 패턴을 파악할 수 있다. 적어도 7일 이상 수면기록표를 작성해야 한다. 가장 좋은 것은 14일 동안 지속하는 것이다. 기록하는 방법은 다음과 같다.

자는 시간은 가로선으로 표시한다.

- 깨어 있는 시간은 빈칸으로 둔다. ———
- 울거나 칭얼대는 시간은 파도 모양의 곡선으로 표시한다. ∿∿∿
- 식사 시간은 역삼각형으로 표시한다. ▽

24시간 수면기록표 작성 예

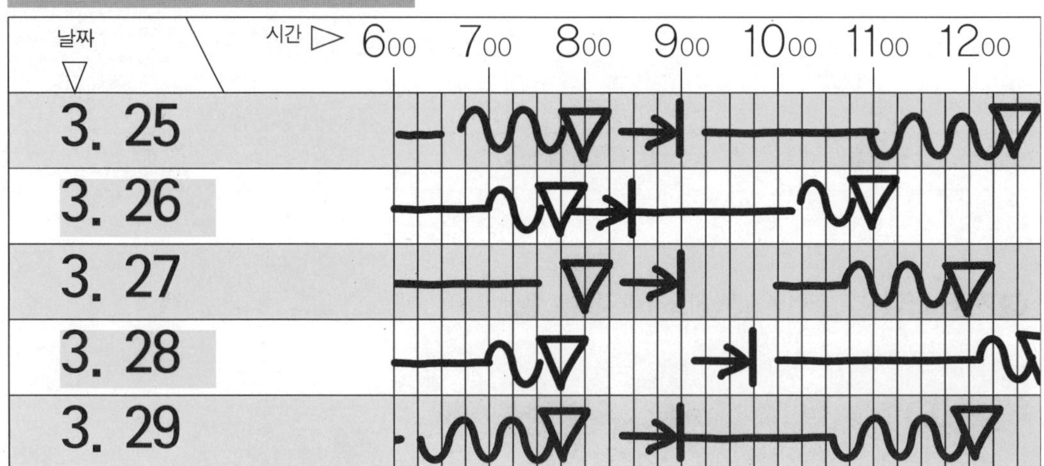

24시간 수면기록표

이름: 　　　　　　　　　　출생일자: 　　　　　나이:

▽ 날짜	시간 ▷

시간 ▷ 6₀₀ 7₀₀ 8₀₀ 9₀₀ 10₀₀ 11₀₀ 12₀₀ 13₀₀ 14₀₀ 15₀₀ 16₀₀ 17₀₀ 18₀₀ 19₀₀ 20₀₀ 21₀₀ 22₀₀ 23₀₀ 24₀₀ 1₀₀ 2₀₀ 3₀₀ 4₀₀ 5₀₀ 6₀₀

수면시간 ——　　깨어 있는 시간　　운 시간 〰〰　　식사 시간 ▽　　잠자리에 든 시간 →|

감사의 말

　병원에서 진료와 연구를 하면서 알게 된 모든 아이들과 부모들에게 특별히 감사의 말을 전하고 싶다. 그들이 없었다면 30년 이상 지속된 연구를 할 수 없었을 것이고 이 책 역시 세상에 태어날 수 없었을 것이다.

　만약 내 자신이 지금은 성인이 된 딸아이 셋을 기르지 않았다면, 손자손녀 4명의 할아버지가 아니라면, 부모라면 누구나 경험할 기쁨이나 걱정을 제대로 설명할 수 없었을 것이다. 직접 아기를 키워보지 않으면 우는 아기를 진정시키기 위해 하룻밤에도 여러 번 깨야 하는 고통을 공감하지 못할 것이다. 아이를 키워본 사람이라면 잠에서 한번 깨면 다시 잠들지 못해서 피로가 누적되고 하루 종일 고생을 한 경험이 한 번쯤 있을 것이다. 나는 의사이기에 앞서 한 사람의 부모로서 아이가 잘 먹지 않으면 얼마나 불안한지, 아이가 세상을 발견해 나가는 것을 지켜보면서 부모가 얼마나 뿌듯해 할지 잘 안다. 딸들과 손자손녀들 덕분에 나는 아주 가까운 곳에서 아이의 성장발달 과정을 지켜볼 수 있었다. 그 아이들 덕분에 나는 아이들의 특정한 행동을 이해했다. 무엇보다 아이들 덕분에 인간에 대해, 이 세상에 대해 다시금 경탄할 수 있었다.

　내가 이 책을 집필하고 수정하는 데 집중할 수 있도록 이해하고 도와준 가족에게 감사의 말을 전한다. 내 가족은 인내심을 가지고 지켜봐주었을 뿐 아니라 내 글을 읽고 의견을 말해주고 사진과 그림을 선택하는 데도 큰 도움을 주었다.

　원고 수정에 특히 많은 도움을 준 카롤리네 벤츠(Caroline Benz), 모니카 체르닌(Monika Czernin), 캐티 에터(Kaethi Etter), 에바 가흐터(Eva Gachter), 카티야와 브레니 하플레(Katja und Vreni Happle), 페터 훈켈러(Peter Hunkeler), 오스카 예니(Oskar Jenni), 프란치스카와 페터 노이하우스(Franziska und Peter Neuhaus), 마르쿠스 슈미트(Markus Schmid), 하이디 시모니(Heidi Simoni), 카트린 솔라나(Kathrin Solana), 특히 요하나 라르고(Johanna Largo)와 안네 리히터(Anne Richter)에게 감사의 말을 전한

다. 이들 모두 이 책이 세상에 나오는 데 많은 도움을 주었다.

이 책에 가족사진 또는 아이 사진을 게재할 수 있도록 허락해준 마틴과 레굴라 바흐만(Martin und Regula Bachmann), 베아트리스와 빌리 바우르(Beatrice und Willi Baur), 카롤리네와 다니엘 벤츠(Caroline und Daniel Benz), 우르술라와 우르스 보시시오(Ursula und Urs Bosisio), 에벨리네와 페터 훈켈러(Eveline und Peter Hunkeler), 에바와 페터 가흐터(Eva und Peter Gachter), 오스카와 손야 예니(Oskar und Sonja Jenni), 하이디와 빌리 로너(Heidi und Willy Lohner), 로렌츠와 미하엘라 누린(Lorenz und Michaela Lunin), 하인츠 마이어와 자비네 슈타거(Heinz Meier und Sabine Stager), 루칠라와 로베르토 니더러(Lucila und Roberto Niederer), 안드레와 하인츠 풀버(Andrea und Heinz Pulver), 루트와 게오르그 쉴로서(Ruth und Georg Schlosser), 마리안네 젠과 페터 루츠(Marianne Senn und Peter Rutz), 바바라와 롤란트 쉴트크네흐트(Barbara und Roland Schiltknecht), 카를로스와 카트린 솔라나(Carlos und Kathrin Solana), 이레네와 베르너 슈파니(Irene und Werner Spahni), 클라우디아와 빌리 슈필러(Claudia und Willy Spiller), 헬렌과 롤프 슈테르(Helen und Rolf Suter), 수잔네와 마르쿠스 슈타르크(Susanne und Markus Stark), 디아네와 쿠르트 바헤(Diane und Kurt Wache), 카테리네와 우르스 발터(Catherine und Urs Walter), 안야 바이제와 마르틴 애쉴리만(Anja Weise und Martin Aeschlimann), 에스터와 울리히 부르쉬(Esther und Ulrich Wursch)에게 진심으로 감사의 말을 전한다.

마지막으로 교열을 책임져준 브리타 에게테마이어(Britta Egetemeier)와 마그레트 플라트(Margret Plath), 마르쿠스 도크호른(Markus Dockhorn)에게 감사드린다. 그들의 적극적인 도움 때문에 이 책을 훌륭하게 마무리할 수 있었다.

_레모 H. 라르고

찾아보기

INDEX

ㅈ